电气控制与 PLC 应用技术

主　编　夏　聘　易良廷

人民交通出版社股份有限公司

北　京

内 容 提 要

本书主要介绍了常用低压电器的基本知识、交流异步电动机和直流电动机的电气控制基本环节、电气控制系统及其分析方法，列举了城市轨道交通车站风机控制系统、电梯运行控制系统和传统车床电气控制系统的电路实例并进行了系统的分析；在 PLC 部分主要介绍了可编程序控制器的基本知识，并以 S7-200 SMART 和 FX_{2N} 系列可编程控制器为例，讲解了 PLC 的基本指令和应用编程。本书内容丰富、重点突出，每章配有大量的习题和思考题，便于教学和读者自学。

本书适用于高职高专、继续教育电气类、机电类、自动化类及其他相关专业的教学，也可供有关专业师生和从事电气工程的技术人员参考。

图书在版编目(CIP)数据

电气控制与 PLC 应用技术/夏聘，易良廷主编. —
北京：人民交通出版社股份有限公司，2020.10（2025.7 重印）
ISBN 978-7-114-16820-8

Ⅰ.①电… Ⅱ.①夏… ②易… Ⅲ.①电气控制 ②PLC 技术 Ⅳ.①TM571.2 ②TM571.6

中国版本图书馆 CIP 数据核字(2020)第 163566 号

Dianqi Kongzhi yu PLC Yingyong Jishu

书　　名：**电气控制与 PLC 应用技术**
著 作 者：夏　聘　易良廷
责任编辑：闫吉维　郭红蕊
责任校对：席少楠
责任印制：张　凯
出版发行：人民交通出版社股份有限公司
地　　址：(100011)北京市朝阳区安定门外外馆斜街 3 号
网　　址：http://www.ccpcl.com.cn
销售电话：(010)85285911
总 经 销：人民交通出版社股份有限公司发行部
经　　销：各地新华书店
印　　刷：北京虎彩文化传播有限公司
开　　本：787×1092　1/16
印　　张：19.5
字　　数：463 千
版　　次：2020 年 10 月　第 1 版
印　　次：2025 年 7 月　第 5 次印刷
书　　号：ISBN 978-7-114-16820-8
定　　价：45.00 元

前言
FOREWORD

电气控制技术在现代生产过程中的应用非常普遍。本书内容涵盖了传统的继电—接触器控制技术和现今常用的 PLC 程序控制技术，并紧密结合现代电气控制技术的实际应用和发展趋势而编写。

本书从介绍常用低压电器元件入手，通过电气控制系统中的各种基本环节分析，由浅入深地介绍了继电—接触器控制系统的工作原理，并结合常用电气控制应用实例进行了全面和系统的分析。在对传统的车床电气控制系统分析之外，还分析了城市轨道交通车站风机控制系统和电梯运行控制系统中的常见电气控制环节；PLC 部分则以西门子公司的 S7-200 SMART 和三菱公司的 FX_{2N} 系列可编程控制器为例，介绍了 PLC 的基本指令和程序设计等内容。

本书作为“重庆市高等职业院校专业能力建设（骨干专业）项目”的重要成果之一，以培养综合应用型人才为目标，在注重理论分析的基础上，结合实践性教学环节，力图做到深入浅出、主次分明、详略得当，着重培养学生在电气系统中分析问题和解决问题的能力。本教材还有配套的实训教材，包含了电气控制和 PLC 应用中的常用实训案例，使学生在理论学习和实训操作过程中，提高实际动手能力和团队合作能力。

本书适用于高职高专、成人高校的电气类、机电类、自动化类及其他相关专业的教学，也可供有关专业师生和从事电气工程的技术人员参考。本书内容丰富、重点突出，同时配有大量的习题和思考题，便于教学和自学。

全书由重庆交通职业学院组织编写，其中绪论和第一章～第三章由夏聘编写，第四章～第六章由易良廷编写。全书由夏聘负责统稿，图表和文字校对处理工作由郑宇和甘凤萍完成，严伟民和敖卫东老师也对本书的编写提出了宝贵的意见和建议，在此一并表示感谢。

限于时间仓促，书中难免存在疏漏和不足之处，敬请广大读者批评指正。

作　者

2020 年 7 月

目录
CONTENTS

绪　论

一、电气控制与 PLC 技术的发展历程

电气控制技术是伴随着电机制造技术、数控技术和计算机应用技术同步发展起来的。它经历了几个不同的发展阶段:刀开关、控制器等电器的手动控制阶段;继电器、接触器控制的自动控制阶段;可编程控制器的程序控制阶段。

在现代生产活动中,通常根据电动机运动形式的复杂程度和控制要求的不同,选择不同的控制方式。

手动控制阶段的设备简单,缺少安全保护机制,可靠性较低,而且依赖人工操作,一般仅用于较简单电气控制系统的部分环节。

继电器—接触器控制具有控制方法简单、工作可靠、成本低等特点,属于有触点控制系统,适用于固定动作要求的控制系统,但不适用于较复杂和控制要求经常改变的控制系统。

而可编程控制器是在计算机技术基础上发展起来的,将自动化技术、计算机技术、通信技术融为一体的新型工业自动控制装置。可编程控制系统的可靠性高,抗干扰能力强,硬件配套齐全,功能完善,软件编程简单且适用性强、容易改造,被广泛应用于较复杂生产设备的自动控制。随着科技水平的发展,目前的可编程控制器的品种更丰富、规格更齐全,且配有完美的人机界面和完备的通信设备,以更好地适应各种工业控制场合的需求。

早期的可编程逻辑控制器简称 PLC(Programmable Logic Controller),而现在的可编程控制器其功能大大超过了逻辑控制的范围,简称 PC(Programmable Controller)。为了区别于个人电脑 PC(Personal Computer),依然沿用以前的简称 PLC。

掌握好电气控制与 PLC 应用技术,对提高现代工业自动化水平和生产效率具有重要意义。

二、本书的结构及性质

本书包含两个部分:前半部分为电气控制部分,内容包括常用低压电器的介绍,电气控制电路的基本环节,交流异步电动机和直流电动机的各种启动、制动、调速控制线路分析,以及典型电气控制系统的分析和简单控制电路的设计;后半部分为 PLC 部分,包括 PLC 的基本概念及工作原理介绍、以 S7-200 SMART 和 FX_{2N}系列 PLC 为例的程序指令以及应用实例程序设计等内容。

本书适用于高职高专电气类、机电类、自动化类及相近专业开设的电气控制与 PLC 及其相近课程。该类课程是一门实践性很强的专业课程,在电类专业中通常是一门要求较高的必修课程。本书从基本元器件、基本环节入手,由浅入深地分析电气控制线路,并用大量实例讲述电气原理图、电气控制环节的分析方法和 PLC 程序设计方法,旨在让学生能由简单到复杂,循序渐进地学习并掌握电气控制的基本思想和 PLC 的编程思路和方法。

三、本书的学习目标

在电气控制与 PLC 相关课程的学习过程中，结合本书的内容，可设定以下学习目标：

1. 电气控制技术的学习要求

(1) 了解常用低压电器的原理及其使用方法。

(2) 掌握交流异步电机的启动、制动、调速等电气控制环节。

(3) 了解直流电机的基本电气控制环节。

(4) 掌握电气原理图的识读方法和技巧。

(5) 熟悉常用电气控制系统的分析方法和思路。

(6) 了解简单电气控制电路的基本设计方法。

2. PLC 编程基础及应用的学习要求

(1) 了解 PLC 的基本概念和工作原理。

(2) 掌握 S7-200 SMART PLC 的基本指令和编程软件使用方法。

(3) 掌握 FX_{2N}系列 PLC 的基本指令和编程软件使用方法。

(4) 掌握常用电气控制电路基本环节的 PLC 程序编写。

(5) 了解简单应用场景的 PLC 程序设计思路和方法。

此外，在学习理论知识的过程中，还要求提高动手能力，能识读和绘制简单电气控制原理图，结合实操案例，独立完成电气控制电路的接线，并且能够在 PLC 编程软件中完成相应的程序编写和功能实现。

第一章　常用低压电器

在电气控制系统中，经常使用到各式各样低压电器设备。本章将介绍低压电器的定义和分类、常用低压电器的结构及原理，以及各种低压电器的电气符号和在电气控制系统中的作用。

第一节　低压电器的基础知识

一、低压电器的定义

1. 电器

电器是一种能根据外界信号（机械力、电动力和其他物理量）和要求，手动或自动地接通、断开电路，以实现对电路或非电对象的切换、控制、保护、检测、变换和调节的元件或设备。凡是对电能的生产、输送、分配和使用起控制、调节、检测、转换及保护作用的电工器械均可称为电器。

2. 低压电器

低压电器是指工作在交流电压1200V、直流电压1500V及以下的电路中，以实现对电路或非电对象的控制、检测、保护、变换、调节等作用的电器。

低压电器产品一直沿着体积小、质量轻、安全可靠、使用方便的方向发展，主要途径是利用微电子技术提高传统产品的性能。低压电器是电气控制系统中的基本组成元件，控制系统的优劣与所用低压电器直接相关。

二、低压电器分类

低压电器的品种规格繁多，构造各异，按其用途可分为低压配电电器和低压控制电器；按照操作方式可分为自动电器和非自动电器；按照输出触点的工作形式可分为有触点和无触点系统。综合考虑各种电器的功能和结构特点，正确选用各种电器元件，可以组成具有各种控制功能的控制电路，满足不同设备的控制要求。

（1）按功能用途分类，可以分为低压配电电器和低压控制电器。

低压配电电器主要包括刀开关、组合开关、熔断器和自动开关等。它们主要用于低压配电系统中，实现电能的输送、分配及保护电路和用电设备的作用。

低压控制电器主要用于电气控制系统中，实现发布指令、控制系统状态及执行动作等作用，一般包括接触器、继电器、主令电器和电磁离合器等。

（2）按工作原理分类，可以分为电磁式电器和非电量控制电器。

电磁式电器是根据电磁感应原理来动作的电器。如交流、直流接触器，各种电磁式继电器，电磁铁等。

非电量控制电器，是依靠外力或非电量信号（如速度、压力、温度等）的变化而动作的电器。如转换开关、行程开关、速度继电器、压力继电器、温度继电器等。

（3）按动作方式分类，可分为自动电器和手动电器。

自动电器是指依靠电器本身参数变化（如电、磁、光等）而自动完成动作切换或状态变化的电器，如接触器、继电器等；而手动电器是指依靠人工直接完成动作切换的电器，如按钮、刀开关等。

第二节　电磁式低压电器的结构及原理

电磁式低压电器在现代电气系统中占有十分重要的地位，应用也最为普遍。各种类型电磁式低压电器主要由电磁机构、执行机构和灭弧装置组成，利用电磁感应原理工作。

一、电磁机构的结构与原理

常用电磁机构的结构形式如图1-1所示。

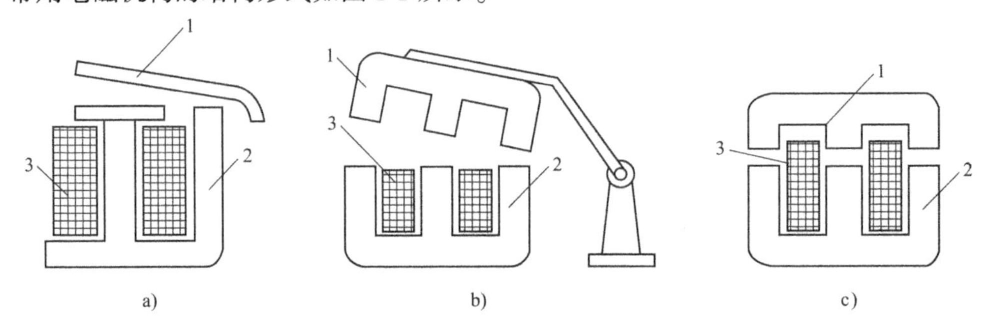

图1-1　电磁机构的结构形式

1-衔铁；2-铁芯；3-线圈

衔铁、铁芯、线圈是电磁式电器的三大重要部件。

电磁机构工作的基本原理是：线圈通入电流，产生磁场，磁场经铁芯、衔铁和气隙形成回路，产生电磁力，将衔铁吸向铁芯。简单来讲，就是通过控制线圈里的电流，来实现控制衔铁位置，而衔铁又会控制电路的通断。

二、触头系统

衔铁控制电路的通断，是依靠衔铁上面的触头系统实现的。

衔铁吸向铁芯产生接触，这个接触点叫作触头。通常可分为动触头和静触头。可以移动的就是动触头，固定不动的就是静触头。很多时候，我们还可以分为常开触头和常闭触头。触头平时是分离的，当线圈通电时，触头闭合，这种就叫常开触头；相反，触头平时是接触的，当线圈通电时，触头分离，这种就是常闭触头。

常见的触头的接触形式有点接触桥式、面接触桥式和线接触式，如图1-2所示。

衔铁跟铁芯通过触头进行接触，这个接触点会存在接触电阻。接触电阻过大就会对电路造成一定程度的影响。为了在衔铁和铁芯导通的时候减小接触电阻，常使用以下几个方法：

(1)选用电阻率小的触头材料,使触头本身的电阻尽量减小;

(2)增加触头的接触压力,一般在动触头上安装触头弹簧;

(3)改善触头表面状况,尽量避免或减小表面氧化膜形成,在使用过程中尽量保持触头清洁。

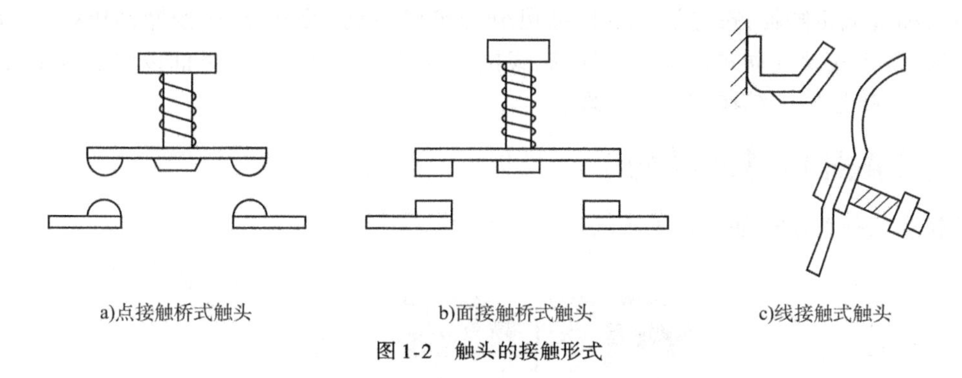

图 1-2 触头的接触形式

三、灭弧系统

触头在通电状态下,动、静触头脱离接触时,触头表面的自由电子大量溢出,产生蓝色的光柱,即电弧。

电弧实际上是一种气体放电现象。所谓气体放电,就是气体中有大量的带电质点作定向运动。在触头间隙中形成了炽热的电子流即电弧。显然,电压越高,电流越大,电弧功率也越大。

电弧的产生会对电路和电器带来一些危害,包括:

(1)延长了切断故障的时间;

(2)高温引起电弧附近电气绝缘材料烧坏;

(3)形成飞弧,造成电源短路事故。

为了避免电弧带来的危害,一些电器中加入了灭弧措施,可以让电弧迅速冷却熄灭。

灭弧的方法主要有电动力吹弧、拉弧、纵缝灭弧、栅片灭弧(长弧割短弧)、多断口灭弧、利用介质灭弧、改善触头表面材料等。

通过这些灭弧方法来保护触头系统,降低它的损伤,提高触头的分断能力,从而保证整个电器安全可靠地工作。如图 1-3 所示为栅片灭弧方法的原理示意图。

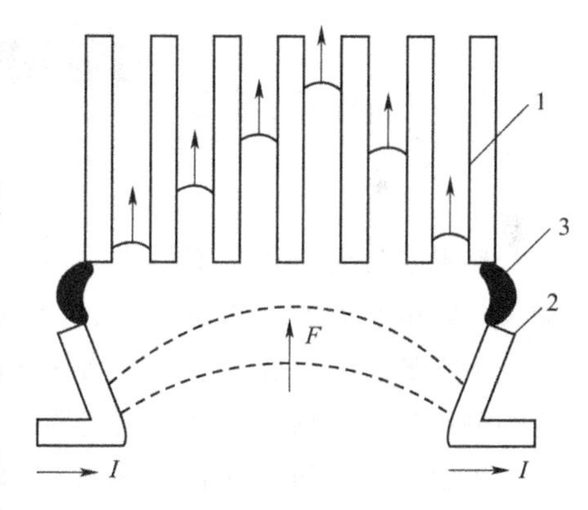

图 1-3 栅片灭弧原理图

1-灭弧栅片;2-触点;3-电弧

第三节 接 触 器

接触器是一种用于中远距离、频繁地接通与断开交、直流主电路及大容量控制电路的一种自动开关电器。接触器应用非常广泛,主要控制对象是电动机,也可以用于控制电热器、电照明、电焊机和电容器组等电力负载。

接触器具有操作频率高、使用寿命长、工作可靠、性能稳定、维护方便等优点，同时还具有低压保护功能，因此，在电力拖动和自动控制系统中，接触器是运用最广泛的低压电器之一。

接触器的种类很多，按电压等级可分为高压接触器和低压接触器；按电流种类可分为交流接触器和直流接触器；按主触头的极数可分为单极、双极及三极等；按操作机构原理可分为电磁式、液压式及气动式。其中，以电磁式接触器应用最为广泛。下面以电磁式低压接触器为例，介绍接触器的结构和工作原理。

一、接触器的基本结构

接触器的外部结构如图 1-4 所示。

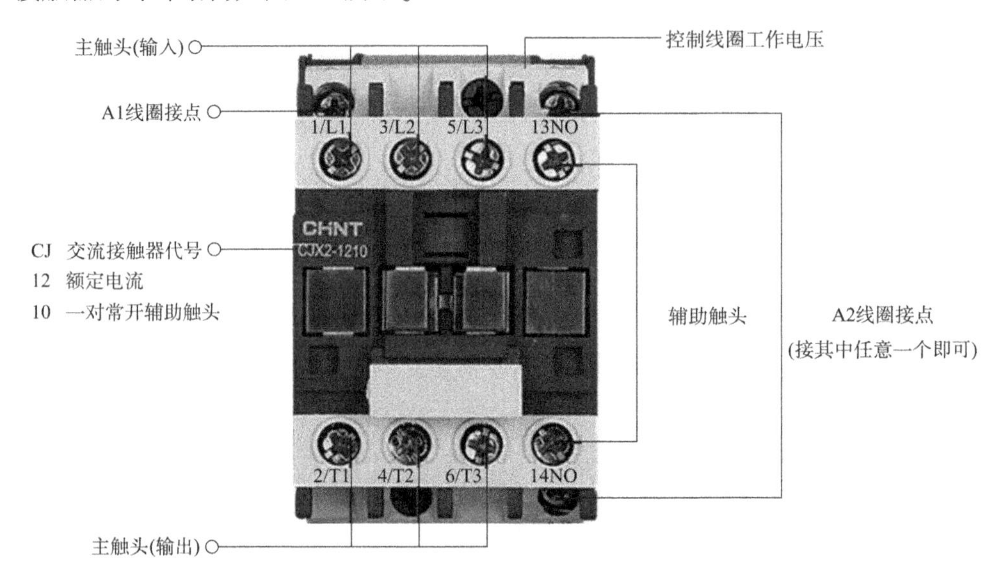

图 1-4 接触器外部结构图

接触器外部有很多对触头，分别为主触头和辅助触头。触头可以分为常开触头和常闭触头（也叫动合触头和动断触头），分别用“NO”和“NC”表示。

上面的三个主触头 L1-L3，是三相交流电的输入端；下面三个主触头 T1-T3，是三相交流电的输出端。主触头的作用就是对三相交流电的通断进行控制。

主触头旁边有一对辅助触头，图 1-4 中的接触器，配备了一对常开辅助触头；有些接触器也可配备常闭触头，可以通过接触器的型号进行区分。图 1-4 中接触器型号为 CJX2-1210，其中 CJ 表示交流接触器，12 表示该接触器的额定电流为 12A，10 就表示它有一对常开辅助触头；如果最后两位是 01，表示有一对常闭辅助触头；如果是 11，则表示常开常闭辅助触头各有一对。

在实际电路应用中，一对辅助触头往往是不够用的，这时候可以使用附加的辅助触头，就像搭积木一样，在接触器上层接上辅助触头。其外形如图 1-5 所示。

除此之外，还有一对线圈接点 A1 和 A2，分布在接触器的上边沿和下边沿。

接触器的内部结构如图 1-6 所示，其主要组成包括触头、衔铁、线圈、铁芯、灭弧罩等。

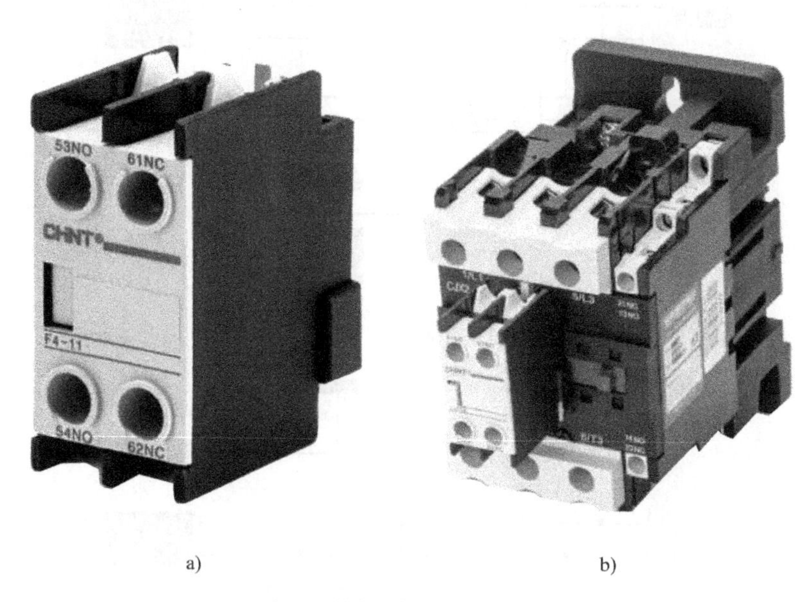

a)　　　　　　　　　　b)

图 1-5　接触器辅助触头 F4-11 型

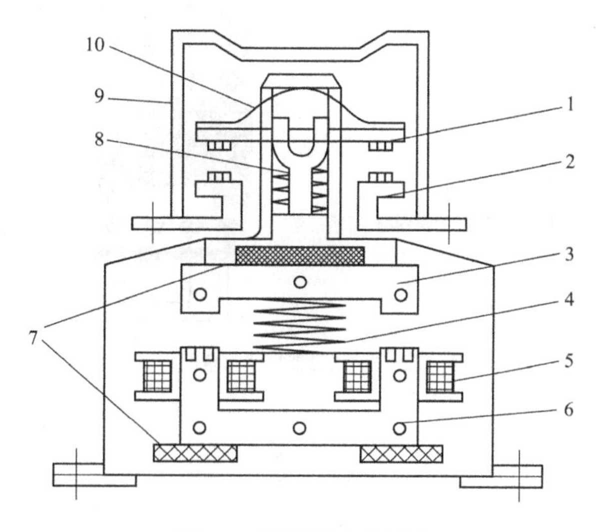

图 1-6　接触器内部结构图

1-动触桥;2-静触点;3-衔铁;4-缓冲弹簧;5-电磁线圈;6-铁芯;7-垫毡;8-触点弹簧;9-灭弧罩;10-触点压力弹簧片

二、接触器的工作原理

电磁式接触器的工作原理很简单,当线圈加额定电压时,衔铁吸合,带动常闭触头断开,常开触头闭合;当线圈电压消失,触头在弹簧作用下恢复常态。

在实际电路中,还需要将辅助触头和线圈接入控制电路,来达到控制主电路的目的。接触器的接线示意图如图 1-7 所示。

在电气原理图中,接触器的电气符号如图 1-8 所示,图中辅助触点有常开触点和常闭触点两大类。

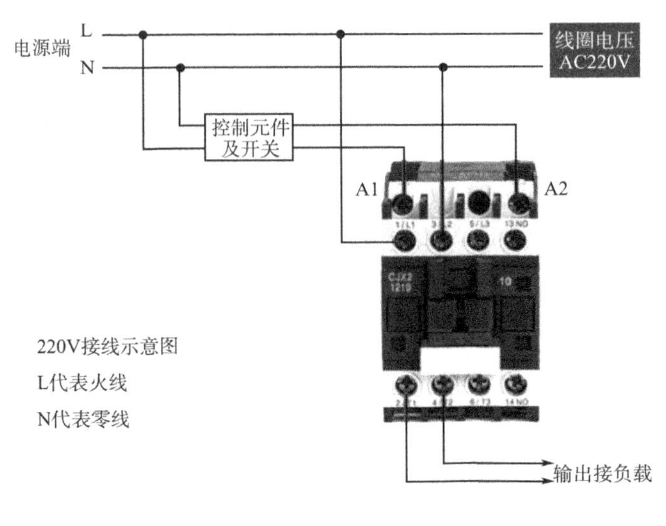

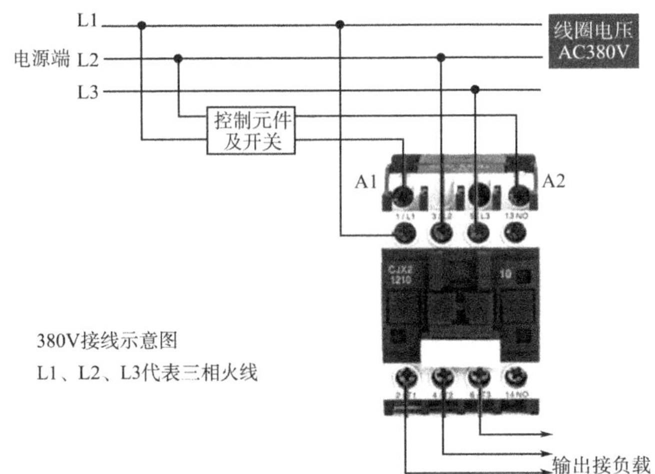

图 1-7　接触器接线示意图

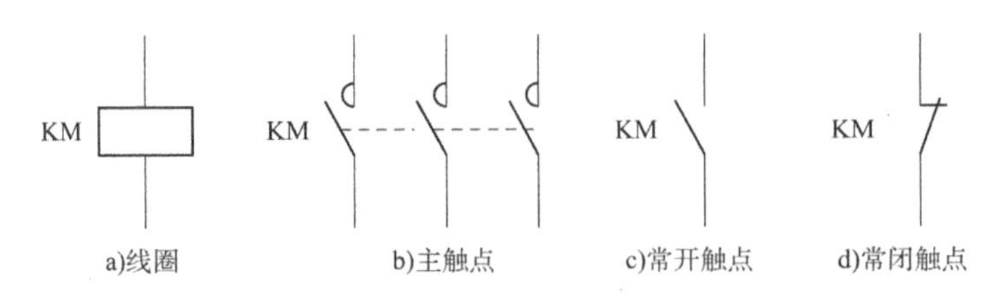

图 1-8　接触器的电气符号

三、接触器的选择和使用

在选择合适的接触器之前，需要了解接触器的主要参数，主要包括以下几个：

(1)额定电压：指主触点的额定电压，在接触器铭牌上标注。一般有交流 220V、380V 和 660V，直流 110V、220V 和 440V。

(2)额定电流：指主触点的额定电流，在接触器铭牌上标注。它是在一定的条件(额定电压、使用类别和操作频率等)下规定的，常用的电流等级有 10 ~ 800A。

(3)线圈的额定电压:指加在线圈上的电压。常用的线圈电压有交流220V和380V,直流24V和220V。

(4)接通和分断能力:指主触点在规定条件下能可靠地接通和分断的电流值。在此电流值下,接通电路时主触点不应发生熔焊,分段电路时主触点不应发生长时间燃弧。

接触器的正确选择通常遵循以下原则:

(1)根据电路中负载电流的种类选择接触器的类型。

(2)接触器的额定电压应大于或等于负载回路的额定电压。

(3)吸引线圈的额定电压应与所接控制电路的额定电压等级一致。

(4)额定电流应大于或等于被控主回路的额定电流。

而在接触器使用过程中,需要注意以下事项:

(1)接触器安装前应先检查线圈的额定电压是否与实际需要相符。

(2)接触器的安装多为垂直安装,其倾斜角不得超过5°;否则会影响接触器的动作特性;安装有散热孔的接触器时,应将散热孔放在上下位置,以降低线圈的温升。

(3)接触器安装与接线时应将螺钉拧紧,以防振动松脱。

(4)接线器的触头应定期清理,若触头表面有电弧灼伤时,应及时修复。

第四节　继　电　器

继电器是一种利用各种物理量的变化,将电量或非电量信号转化为电磁力或使输出状态发生阶跃变化,从而通过其触头或突变量促使在同一电路或另一电路中的其他器件或装置动作的一种控制元件。它用于各种控制电路中进行信号传递、放大、转换、联锁等,控制主电路和辅助电路中的器件或设备按预定的动作程序进行工作,实现自动控制和保护的目的。

继电器在电气控制系统中应用非常广泛。常用的继电器按动作原理分为电磁式、磁电式、感应式、电动式、光电式、压电式、热继电器与时间继电器等;按激励量不同分为交流、直流、电压、电流、中间、时间、速度、温度、压力、脉冲继电器等。如图1-9所示为常见继电器外形图。

图1-9　常见继电器外形

电气控制系统中使用的继电器大部分都是电磁式的,大概占90%以上。电磁式继电器的结构和原理与电磁式接触器大致相同,也是由电磁机构和触点系统组成。但电磁式继电器在结构上体积较小、动作灵敏,没有庞大的灭弧装置,且触点的种类和数量也较多。其价格低廉、使用维护方便,被广泛应用于电气控制系统中。

与接触器相比较，它们的主要区别在于：

(1)继电器可对多种输入量的变化作出反应，而接触器只有在一定的电压信号作用下动作；

(2)继电器用于切换小电流的控制电路和保护电路，而接触器用来控制大电流电路；接触器的主触点可以通过大电流，而继电器一般只能通过小电流；

(3)继电器一般没有灭弧装置，也无主辅触点之分等。

下面介绍几种常见的继电器。

一、电压继电器

电压继电器是反映电压变化的控制电器。它用于电力拖动系统的电压保护和控制。

电压继电器的线圈匝数多、导线细，使用时并接于电路中，与负载相并联，动作触点串接在控制电路中。

根据用途可分为过电压继电器和欠电压继电器。

过电压继电器是反映上限值的。当线圈两端所加电压为额定值时，衔铁不产生吸合，触点不动作；当线圈电压高于其额定电压的某一规定值时衔铁才产生吸合，触点动作。因为直流电路不会产生波动较大的过电压现象，所以没有直流过电压继电器产品。交流过电压继电器在电路中起电压保护作用。

欠电压继电器是反映下限值的。当线圈两端所加电压为额定值时，触点动作；当线圈电压低于额定值而达到某一规定值时，触点复位。它在电路中用作低电压保护。

电压继电器的电气符号如图1-10所示。

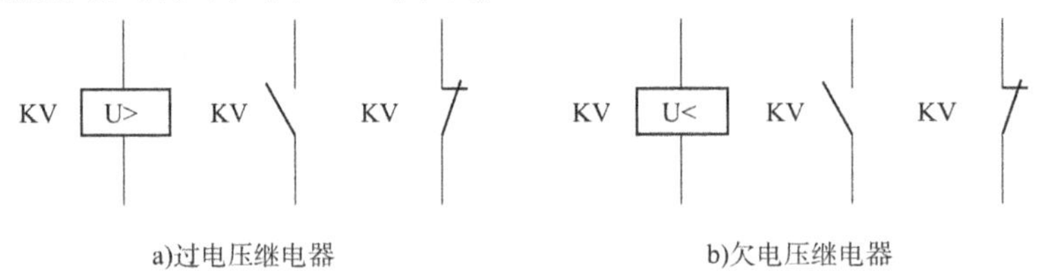

a)过电压继电器　　b)欠电压继电器

图1-10　电压继电器的电气符号

选用电压继电器时，首先要注意线圈电压的种类和电压等级应与控制电路一致。另外，在选型时，根据在控制电路中的作用来选择过电压继电器或者欠电压继电器。最后，根据控制电路的功能要求选择触点的类型(常开或常闭)和数量。

二、电流继电器

电流继电器是反映电流变化的控制电器。它的触点动作与线圈电流大小有关。

它的特点是线圈串接于电路中，导线粗、匝数少、阻抗小。使用时串接于主电路中，与负载相串，动作触点串接在辅助电路中。

根据用途可分为过电流继电器和欠电流继电器。

过电流继电器是反映上限值的。当线圈中通过的电流为额定值时，触点不动作，当线圈电流超过额定值达到某一规定值时，触点动作。主要用于重载或频繁启动的场合，作为电动机主电路的过载和短路保护。

欠电流继电器是反映下限值的。当线圈中通过的电流为额定值时,触点动作,当线圈电流低于额定值而小于某一规定值时,触点复位。

电流继电器的电气符号如图 1-11 所示。

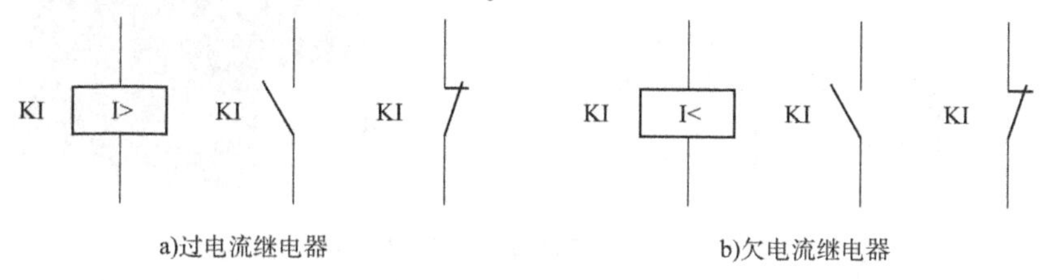

图 1-11　电流继电器的电气符号

选用电流继电器时首先要注意线圈电压的种类和等级应与负载电路一致。另外,要根据对负载的保护作用,来选用过电流或者欠电流继电器。最后,要根据控制电路的要求选择触点的类型(常开或常闭)和数量。

三、中间继电器

中间继电器在控制电路中起信号传递、放大、切换和逻辑控制等作用。它属于电压继电器的一种,主要用于扩展触点数量,实现逻辑控制。中间继电器也有交、直流之分,可分别用于交流控制电路和直流控制电路。它的结构和工作原理与接触器相同,故也称为接触器式继电器。但与接触器相比,它的触点数量较多,并且没有主、辅之分。另外,其触头的额定电流较大。

中间继电器的电气符号如图 1-12 所示。

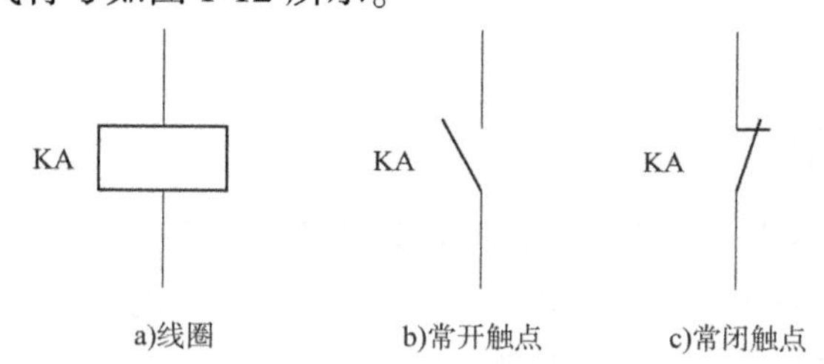

图 1-12　中间继电器的电气符号

中间继电器的主要技术参数有额定电压、额定电流、触点对数以及线圈电压种类和规格等。选用时要注意线圈的电压种类和电压等级应与控制电路一致。另外,要根据控制电路的需求来确定触点的形式和数量。

四、热继电器

热继电器是电流通过发热元件加热使双金属片弯曲,推动执行机构动作的电器。它主要用来保护电动机或其他负载免于过载,以及作为三相电动机的断相保护。一般由发热元件、双金属片和触头及动作机构等部分组成。

热继电器利用电流的热效应原理以及热膨胀原理设计,实现三相交流电动机的过载保护。但由于热继电器中发热元件有热惯性,在电路中不能做瞬时过载保护,更不能做短路保护。因此,它不同于过电流继电器和熔断器。

热继电器的电气符号如图 1-13 所示。关于热继电器的文字符号，本书统一采用 KH 来表示，在有些文献中也常用 FR 来表示热继电器。

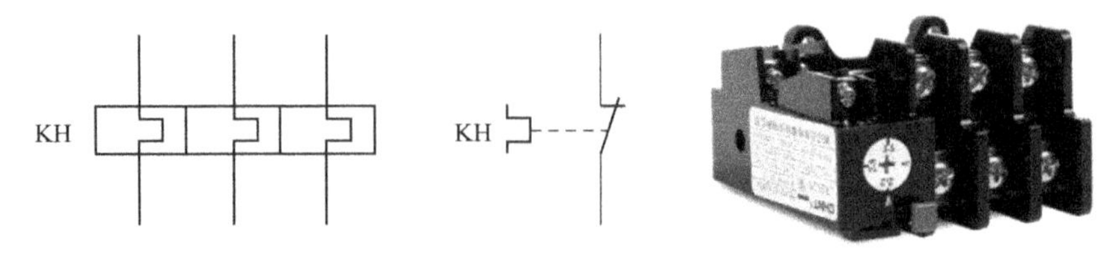

图 1-13　热继电器的电气符号及实物图

热继电器的选用，直接影响着对电动机进行过载保护的可靠性。通常选用时应按电动机形式、工作环境、启动情况及负荷情况等几方面综合加以考虑。

(1)原则上热继电器的额定电流应按电动机的额定电流选择。对于过载能力较差的电动机，其配用的热继电器的额定电流可适当小些。通常，选取热继电器的额定电流为电动机额定电流的 60% ~80% 。

(2)在不频繁启动的场合，要保证热继电器在电动机的启动过程中不产生误动作。当电动机启动电流为其额定电流 6 倍以及启动时间不超过 6s，且很少连续启动时，就可按电动机的额定电流选取热继电器。

(3)当电动机为重复且短时工作时，要注意热继电器的允许操作频率。因为热继电器的操作频率是很有限的，如果用它保护操作频率较高的电动机，效果很不理想，有时甚至不能使用。

对于可逆运行和频繁通断的电动机，不宜采用热继电器保护，必要时可以选用装入电动机内部的温度继电器。

五、时间继电器

时间继电器是从得到输入信号(线圈的通电或断电)开始，经过一定的延时后才输出信号(触点的闭合或断开)的继电器。在电气控制系统中，基于时间原则的控制要求很常见，所以时间继电器是一种很常用的低压控制器件。

时间继电器按延时方式可分为两类，即通电延时型和断电延时型。

通电延时型的特点是，接收输入信号后延迟一定的时间，输出信号才发生变化；当输入信号消失后，输出瞬时复原。

断电延时型的特点是，接收输入信号时，瞬时产生相应的输出信号；当输入信号消失后，延迟一定的时间，输出才复原。

时间继电器的电气符号如图 1-14 所示，外形结构如图 1-15 所示。

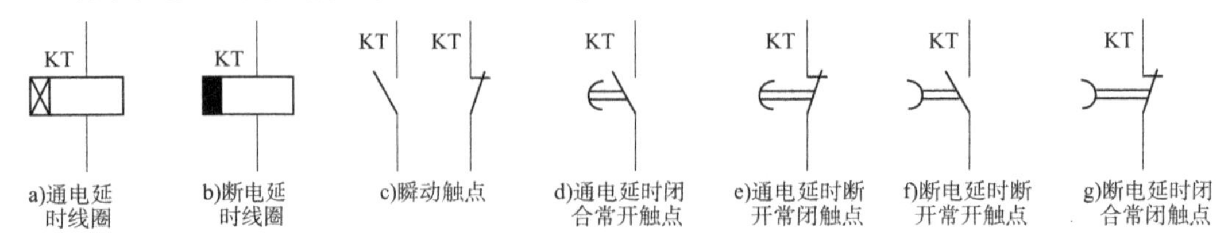

图 1-14　时间继电器的电气符号

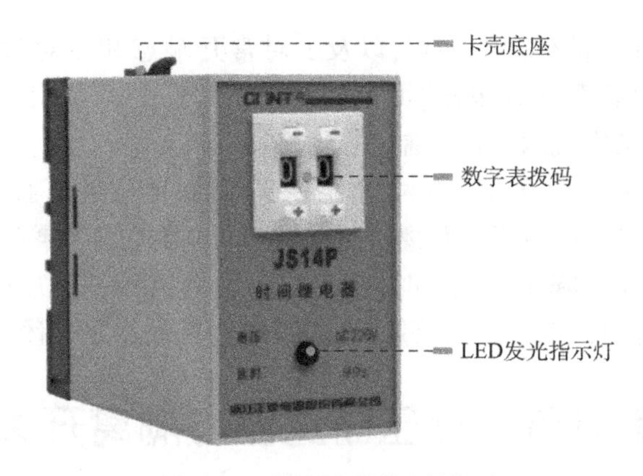

图 1-15　时间继电器外形结构图

六、其他继电器

除了以上常见继电器,还有很多特殊使用场景的继电器,比如速度继电器、液位继电器、压力继电器、温度继电器等。它们的原理大致相同,都是通过获取某种物理量的变化信号,来控制继电器触点的通断,进一步实现控制主电路的目的。下面简单介绍速度继电器和液位继电器。

速度继电器是按速度原则动作的继电器。它主要应用于三相笼型异步电动机的反接制动中,因此,又称作反接制动控制器。其用于反接制动的工作原理详见本书第二章的介绍。

速度继电器的电气符号如图 1-16 所示。

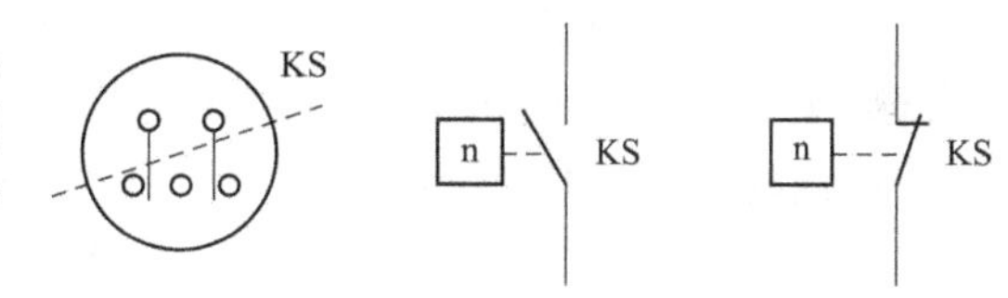

图 1-16　速度继电器的电气符号

液位继电器是通过水位探头检测液位高低,根据液位的高低变化来调节、控制水泵电动机的启停,从而实现供水和排水的功能。一般可分为供水型和排水型,常用于某些锅炉、水池和水柜等场景。

图 1-17 是利用 JYB714A 液位继电器实现供水和排水功能的接线示意图。该液位继电

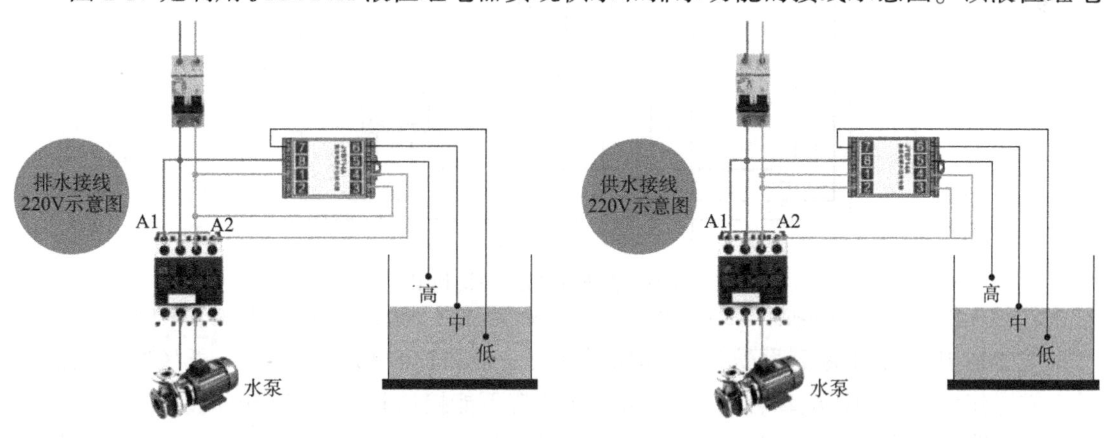

a)排水原理图　　b)供水原理图

图 1-17　液位继电器工作原理示意图

器包括 2 个线圈触点,3 个液位探头触点,以及 1 对常开触点和 1 对常闭触点。该液位继电器有交流 220V 和 380V 两种工作电压,可直接控制功率在 1kW 以下的水泵,若水泵功率大于 1kW,需通过接触器来实现水泵的控制。

图 1-17a) 中,当水位上升至高液位时,水与探头接触,液位继电器控制水泵开始排水;当液位下降到中液位以下时,水与探头脱离接触,液位继电器控制水泵关闭,停止排水。

图 1-17b) 中,当水位下降至中液位时,水与探头脱离接触,液位继电器控制水泵开始供水;当液位上升到高液位时,水与探头接触,液位继电器控制水泵关闭,停止供水。

第五节　低压断路器与隔离开关

低压断路器又称自动空气开关,在电气线路中起接通、分断和承载额定工作电流的作用,并能在线路和电动机发生过载、短路、欠电压的情况下进行可靠的保护。主要用于低压动力电路分配电能和不频繁通、断负载电路,并具有自动切断故障电路功能。在跳闸故障排除后可手动复位,一般不需要更换零部件,因而获得了广泛的应用。

一、低压断路器的结构及原理

低压断路器由触头系统、灭弧装置、各种可供选择的脱扣器与操作机构、自由脱扣机构等部分组成。各种脱扣器包括过电流、欠电压(失电压)脱扣器和热脱扣器等。低压断路器的内部结构如图 1-18 所示。

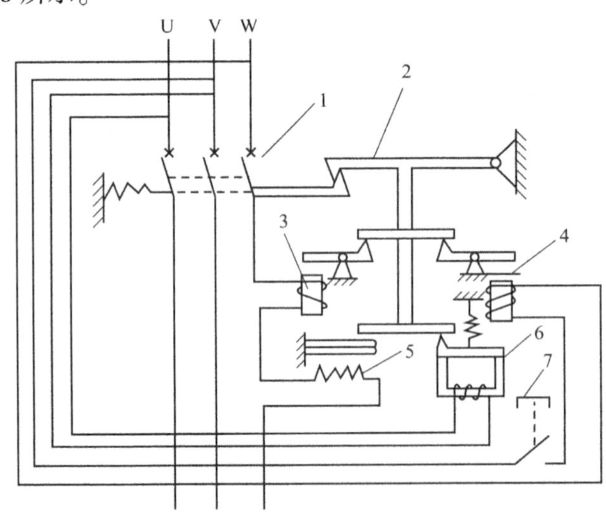

图 1-18　低压断路器内部结构图

1-主触头;2-自由脱扣机构;3-过电流脱扣器;4-分励脱扣器;5-热脱扣器;6-失压脱扣器;7-按钮

图 1-18 中的低压断路器选用了过载、欠压、分励和热脱扣等脱扣器。低压断路器的主触点靠操作机构手动或电动合闸,在正常工作状态下能接通和分断工作电流。

当电路发生短路或过电流故障时,过电流脱扣器 3 的衔铁被吸合,使自由脱扣机构脱开,低压断路器触点分离,及时有效地切除高达数十倍额定电流的故障电流。

若电网电压过低或为零时,失压脱扣器 6 的衔铁被释放,自由脱扣机构动作使低压断路

器触点分离,从而在零压时保证了电路及电路中设备的安全。

当电动机出现过载故障时,热脱扣器 5 机构动作使低压断路器触点分离,保证了电动机的安全运行。

而分励脱扣器 4 用于远距离操作。在正常工作时,其线圈是断电的;在需要远程操作时,按动按钮 7 使线圈通电,其电磁机构使自由脱扣机构动作,断路器跳闸。

二、低压断路器的主要参数

(1)额定电压:指断路器在长期工作时的允许电压,通常等于或大于电路的额定电压;

(2)额定电流:指断路器在长期工作时的允许持续电流;

(3)通断能力:指断路器在规定的电压、频率以及规定的线路参数(交流电路为功率因数,直流电路为时间常数)下,所能接通和分断的短路电流值;

(4)分断时间:指断路器切断故障电流所需的时间。

三、低压断路器的类型

低压断路器的类型有很多种,可以适用于不同的场景。

(1)按极数:可分为单极、两极、三极、四极;

(2)按保护形式:可分为电磁脱扣器式、热脱扣器式、复合脱扣器式(常用)和无脱扣器式;

(3)按分断时间:可分为一般式和快速式(脱扣时间在 0.02s 以内);

(4)按结构形式:可分为塑壳式、框架式、模块式等。

四、低压断路器的选用

(1)额定电流和额定电压应大于或等于线路、设备的正常工作电压和工作电流;

(2)热脱扣器的整定电流应与所控制负载(比如电动机)的额定电流一致;

(3)欠电压脱扣器的额定电压等于线路的额定电压;

(4)过电流脱扣器的额定电流应大于或等于线路的最大负载电流。

五、隔离开关

隔离开关(Disconnector,Isolating switch),也称刀开关,是低压电器中结构比较简单、应用十分广泛的一类手动操作电器,主要用作电源切除后,将线路与电源明显地隔离开,以保障检修人员的安全。一般来说,隔离开关只能用于隔离电源,使电源与电气设备之间有一个明显的断开点;而断路器还能为电路提供各种保护功能。

隔离开关的主要类型包括:带灭弧装置的大容量开启式刀开关、熔断器式隔离器、带熔断器的开启式负荷开关(胶盖开关)、带灭弧装置和熔断器的封闭式负荷开关(铁壳开关)等。

熔断器式刀开关由刀开关和熔断器组合而成,故兼有电源隔离和电路保护功能;铁壳开关除带有灭弧装置和熔断器外,还有弹簧储能机构可快速分断和接通,可用于手动不频繁地接通和分断负载电路,并对电路有过载和短路保护作用。

隔离开关的主要技术参数包括:额定电压(长期工作所承受的最大电压)、额定电流(长期通过的最大允许电流)以及分断能力等。

选择隔离开关时,其额定电压应大于或等于线路的额定电压,额定电流应大于或等于线路的额定电流。

低压断路器和隔离开关的电气符号如图 1-19 所示。

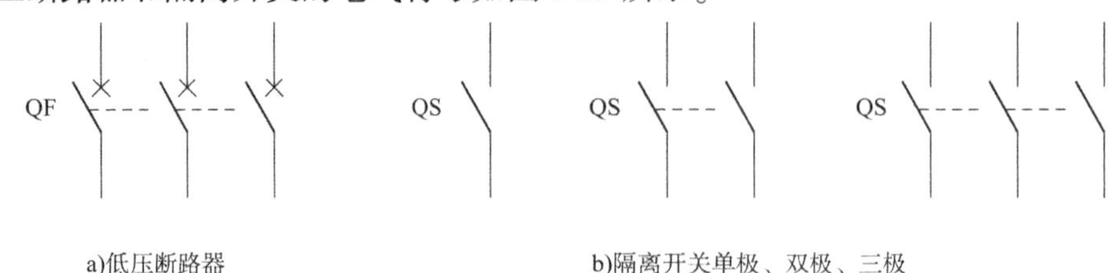

图 1-19 低压断路器和隔离开关的电气符号

第六节 熔 断 器

熔断器是一种结构简单、价格低廉、使用方便、应用普遍的保护电器,在低压配电电路中主要起短路和过电流保护作用。它一般串接于被保护电路的首端,当电路发生短路或者过载时,熔断器里面的熔管或者熔断丝就会断开,从而切断电路。

熔断器由熔体和安装熔体的外壳(或称绝缘底座)两部分组成。熔体是熔断器的核心,通常用低熔点的铅锡合金、锌、铜、银的丝状或片状材料制成。当通过熔断器的电流超过一定数值并经过一定的时间后,电流在熔体上产生的热量使熔体某处熔化而分断电路,从而保护了电路和设备。

熔断器有很多种类,按结构来分有插入式、螺旋式、封闭式等类型。此外,还有用于特殊场合的自复式熔断器和快速熔断器等。

(1)插入式熔断器

主要用于低压分支电路的短路保护,由于其分断能力较小,一般多用于民用和照明电路中。

(2)螺旋式熔断器

该系列产品的熔管内装有石英砂或惰性气体,用于熄灭电弧,具有较高的分断能力,并带熔断指示器。当熔体熔断时,指示器自动弹出。

(3)封闭式熔断器

这种熔断器分为无填料和有填料两种。无填料熔断器在低压电力网络成套配电设备中做短路保护和连续过载保护。其特点是可拆卸,即当熔体熔断后,用户可以按要求自行拆开,重新装入新的熔体。有填料熔断器具有较大的分断能力,用于较大电流的电力输配电系统中,还可以用于熔断器式隔离器、开关熔断器等电器中。

(4)自复式熔断器

自复式熔断器是一种新型熔断器。它利用金属钠做熔体,在常温下,钠的电阻很小,允许通过正常的工作电流。当电路发生短路时,短路电流产生高温使钠迅速气化,气态钠电阻变得很高,从而限制了短路电流。当故障消除后,温度下降,金属钠重新固化,恢复其良好的

导电性。其优点是能重复使用,不必更换熔体。

(5)快速熔断器

快速熔断器主要用于半导体整流元件或整流装置的短路保护。由于半导体元件的过载能力很低,只能在极短时间内承受较大的过载电流,因此,要求短路保护具有快速熔断的能力。快速熔断器的结构和有填料封闭式熔断器基本相同,但熔体材料和形状不同。

熔断器的电气符号及实物图如图1-20所示。

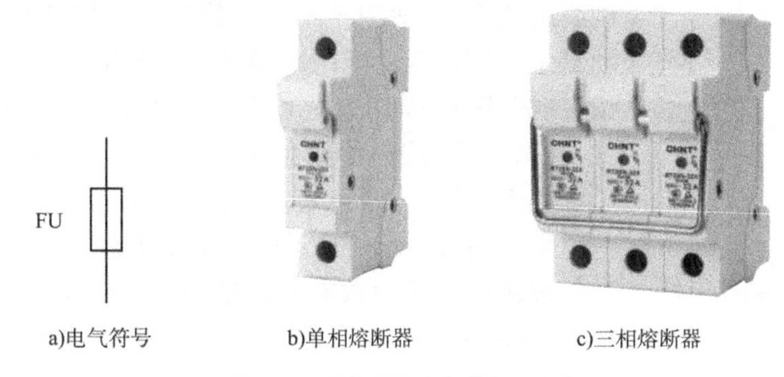

a)电气符号　b)单相熔断器　c)三相熔断器

图1-20　熔断器的电气符号及实物图

熔断器的主要技术参数有电压、电流和极限分断能力。选择熔断器类型时,主要依据负载的保护特性和短路电流的大小。

(1)对于变压器、电炉和照明等负载,熔体的额定电流应略大于或等于负载电流;

(2)对于输配电线路,熔体的额定电流应略大于或等于线路的安全电流;

(3)对电动机负载,熔体的额定电流应等于电动机额定电流的1.5~2.5倍。

同时使用熔断器时,还要注意区分使用场景:

(1)电网配电一般用封闭式熔断器或刀型触头熔断器;

(2)电动机保护一般用螺旋式熔断器;

(3)照明电路一般用插入式熔断器或圆筒帽型熔断器;

(4)保护可控硅元件则应选择快速熔断器。

第七节　主令电器

主令电器是自动控制系统中用于发送和转换控制命令的电器。主令电器用于控制电路,不能直接分合主电路。它可以接通或断开控制电路,以发布命令或信号,改变控制系统的工作状况。主令电器应用十分广泛,种类较多,常用的主令电器有控制按钮、行程开关、接近开关、光电开关、转换开关等。

一、控制按钮

控制按钮简称按钮,是一种结构简单且使用广泛的手动电器,通常用来接通或断开小电流控制的电路。它不直接去控制主电路的通断,而是在控制电路中发出"指令"去控制接触器、继电器等电器,再由它们去控制主电路。

按钮一般由按钮帽、复位弹簧、触点和外壳构成。触点分为动合触点(常开触点)和动断

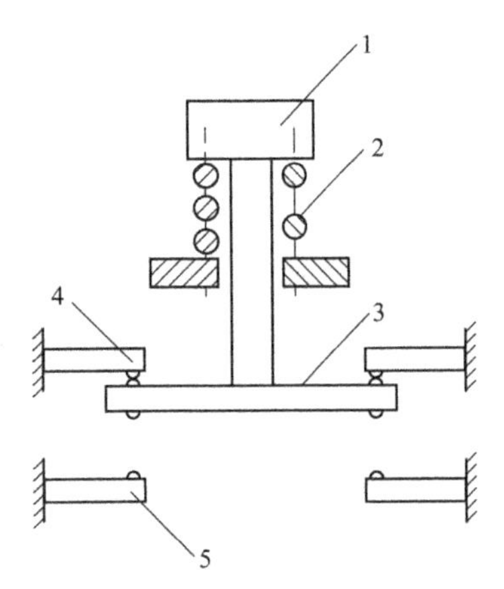

图1-21 控制按钮的内部结构图
1-按钮帽;2-复位弹簧;3-动触点;
4-动断静触点;5-动合静触点

触点(常闭触点)两类。其内部结构如图1-21所示。

按钮的工作原理很简单,当按钮帽1被按下时,动触点3下移,动断静触点4断开、动合静触点5接通;松开按钮帽在复位弹簧2的作用下,动触点3复位,动合静触点5断开,动触点3经过一定行程(时间)后,动断静触点4闭合复位。

按钮的结构形式和操作方法多种多样,可以满足不同控制系统的要求,适用于不同工作场合。按钮按功能可分为自动复位和带锁定功能两种形式;按结构可分为单个按钮和双钮、三钮式;按操作方式可分为一般式、蘑菇头急停式、旋转式、钥匙式等;按钮的颜色有红、绿、黑、黄、蓝、白、灰等,通常以红色表示停止,绿色表示启动,黑色表示点动;指示灯式按钮内可以装入指示灯显示电路工作状态。

按钮的主要参数有额定电压(交流380V/直流220V)和额定电流(5A)。选择按钮时主要考虑按钮的结构形式、操作方式、触点对数、按钮颜色以及是否需要指示灯等要求。

按钮的电气符号如图1-22所示。

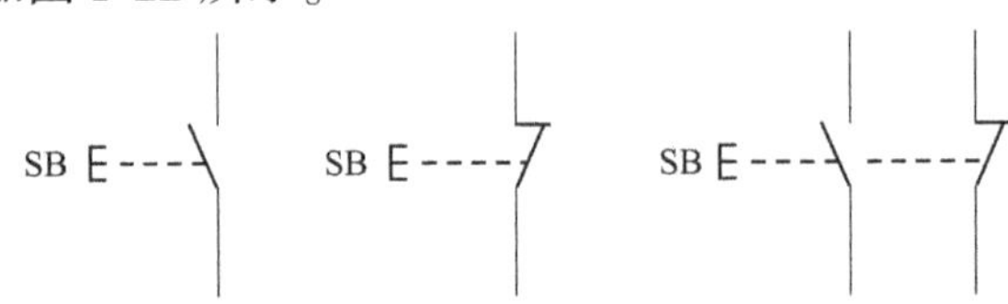

图1-22 按钮的电气符号

二、行程开关

行程开关又称限位开关,作用与按钮相同,但其触点的动作不是用手按动,而是利用机械运动部件的碰撞而动作,用来分断或接通控制电路。主要用于检测运动机械的位置,控制运动部件的运动方向、速度、行程长短以及限位保护。

行程开关广泛应用于各类机床、起重机械以及轻工机械的行程控制。当生产机械运动到某一预定位置时,行程开关通过机械可动部分的动作,将机械信号转换为电信号,以实现对生产机械的控制,限制它们的动作和位置,借此对生产机械给以必要的保护。

行程开关按其结构可分为直动式、滚轮式及微动式。

直动式行程开关的动作原理与按钮相同,但它的缺点是分合速度取决于生产机械的移动速度;当移动速度低于0.4m/min时,触点分断太慢,易受电弧烧损。此时,应采用有盘形弹簧机构瞬时动作的滚轮式行程开关。当生产机械的行程比较小且作用力也很小时,可采用具有瞬时动作和微小行程的微动式行程开关。

行程开关的主要参数有动作行程、工作电压及触头的电流容量等,在产品说明书中都有详细说明。

行程开关的电气符号如图1-23a)所示。

a)行程开关　b)接近开关

图1-23 行程开关和接近开关的电气符号

三、接近开关

接近开关又称作无触点行程开关。它是一种无接触式开关型传感器,当某种物体与之接近到一定距离时就发出动作信号;它不像机械行程开关那样需要施加机械力,而是靠移动物体与接近开关的感应头接近时,使其输出一个电信号来控制电路的通断。

接近开关的应用已远超出一般行程控制和限位保护的范畴,例如用于高速计数、测速、液面控制、检测金属体的存在、零件尺寸以及无触点按钮等。在继电—接触器控制系统中应用时,接近开关输出电路通常驱动一个中间继电器,由其触点对继电—接触器电路进行控制。

接近开关按工作原理可以分为高频振荡型、电容型、霍耳型等。

高频振荡型接近开关基于金属触发原理,主要由高频振荡器、集成电路(或晶体管放大电路)及输出电路三部分组成。其基本工作原理是,振荡器的线圈在开关的作用表面产生一个交变磁场,当金属检测体接近此作用表面时,在金属检测体中将产生涡流;由于涡流的去磁作用使感应头的等效参数发生变化,由此改变振荡回路的谐振阻抗和谐振频率,使振荡停止。振荡器的振荡和停振这两个信号,经整形放大后转换成开关信号输出。

电容型接近开关主要由电容式振荡器及电子电路组成。它的电容位于传感器表面,当物体接近时,因改变了其耦合电容值,从而产生振荡和停振使输出信号发生跳变。

霍耳型接近开关由霍耳元件组成,是将磁信号转换为电信号输出,内部的磁敏元件仅对垂直于传感器端面磁场敏感;当磁极 S 正对接近开关时,接近开关的输出产生正跳变,输出为高电平;若磁极 N 正对接近开关,输出产生负跳变,输出为低电平。

接近开关的电气符号如图 1-23b)所示。

四、光电开关

光电开关是利用红外发射和接收的原理来检测运动部件的接近,按照发射和接收的原理,可以分为对射式和反射式两种。

光电开关克服了接触式行程开关存在的诸多不足,还克服了接近开关的作用距离短、不能直接检测非金属材料等缺点。它具有体积小、功能多、寿命长、精度高、响应速度快、检测距离远以及抗电磁干扰能力强等优点,还可以非接触、无损伤地检测和控制各种固体、液体、透明体、柔软体和烟雾等物质的状态和动作。

目前,光电开关已被广泛用于物位检测、液位控制、产品计数、宽度判别、速度检测、定长剪切、孔洞识别、信号延时、自动门传感、色标检出以及安全防护等诸多领域。

五、转换开关

转换开关是一种多挡式、控制多回路的主令电器,它广泛应用于各种配电装置的电源隔离、电路转换、电动机远距离控制等;也常作为电压表、电流表的换相开关,还可用于控制小容量的电动机。

目前常用的转换开关主要有两大类,即万能转换开关和组合开关。两者的结构和工作原理基本相似,在某些应用场合可以相互替代。转换开关按结构可分为普通型、开启型和防护组合型等;按用途又分为主令控制和控制电动机两种。

万能转换开关是由多组相同结构的触点组件叠装而成。图1-24为万能转换开关某一层的结构原理图,它由操作结构、面板、手柄和数个触头等主要部件组成,用螺栓组成一个整体。触头底座由1~12层组成,其中每层底座最多可装4对触头,并由底座中间的凸轮进行控制。由于每层凸轮可做成不同的形状,因此,当手柄转到不同位置时,通过凸轮的作用,可使各对触头按所需要的规律接通和分断。

转换开关的电气符号如图1-25所示。

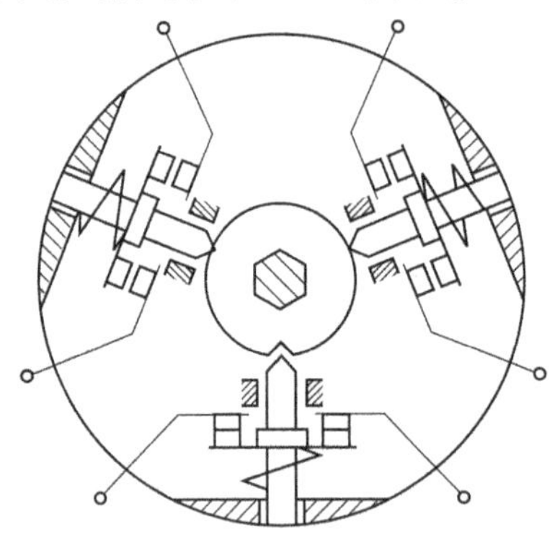

图1-24 万能转换开关结构示意图

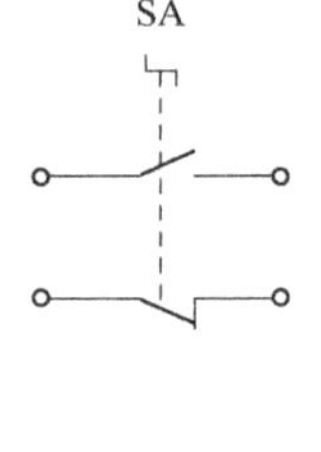

图1-25 转换开关的电气符号

六、信号电器

信号电器主要用来对电气控制系统中的某些信号的状态、报警信息等进行指示,主要有信号灯(指示灯)、灯柱、电铃和蜂鸣器等。

指示灯在各类电器设备及电气线路中做电源指示及指挥信号、预告信号、运行信号、故障信号及其他信号的指示。指示灯主要由壳体、发光体、灯罩等组成。外形结构多种多样,颜色一般有黄、绿、红、白、蓝五种,使用时按国标规定的用途选用,红色代表异常或警报,黄色代表警告,绿色代表安全或正常运转,蓝色用来特殊指示,白色代表一般信号。

指示灯的主要参数有安装孔尺寸、工作电压及颜色等。

信号灯柱是一种尺寸较大的、由几种颜色的环形指示灯叠压在一起组成的指示灯。它可以根据不同的控制信号而使不同的灯点亮。由于体积比较大,所以远处的操作人员也可看见信号。灯柱常用于生产流水线上用作不同的信号指示。

电铃和蜂鸣器都属于声响类的指示器件。在警报发生时,不仅需要指示灯指示出具体的故障点,还需要声响器件报警,以便告知在现场的所有操作人员。蜂鸣器一般用在控制设备上,而电铃主要用在较大场合的报警系统。

习题及思考题

1-1 常用低压电器有哪些主要类别?分别列举两种。

1-2 简述电磁式电器的基本结构和工作原理。

1-3 开关设备通断时,触头间的电弧是怎样产生的?会带来哪些危害?通常有哪些灭弧措施?

1-4　写出下列电器的作用、图形符号和文字符号：

(1)熔断器；(2)转换开关；(3)按钮开关；(4)低压断路器；(5)交流接触器；(6)热继电器；(7)时间继电器；(8)速度继电器。

1-5　简述交流接触器在电路中的作用、结构和工作原理。

1-6　在电动机的控制线路中，熔断器和热继电器能否相互代替？为什么？

1-7　自动空气开关有哪些脱扣装置？各起什么作用？

1-8　如何选择熔断器？

1-9　说明热继电器和熔断器保护功能的不同之处。

1-10　继电器与接触器有何异同？

1-11　时间继电器的种类有哪些？画出图形符号并解释各触头的动作特点。

1-12　简述液位继电器的工作过程。

1-13　控制按钮、行程开关、接近开关、光电开关和转换开关在电路中各起什么作用？

第二章　电气控制电路基本环节

第一节　电气控制系统图

为了清晰地表达生产机械电气控制系统的工作原理，便于系统的安装、调整、使用和维修，将电气控制系统中的电动机、电器和仪表等元器件用一定的图形符号和文字符号来表示，再将其连接情况用一定的图形表达出来，这种图形就是电气控制系统图。

电气控制系统图必须参照国家标准，采用统一的图形和文字符号以及技术规范进行绘制。我国当前推行的国家标准是《电气简图用图形符号》(GB/T 4728—2018)和《电气技术用文件的编制》(GB/T 6988.1—2008)。

常用的电气控制系统图有电气原理图、电气安装位置图及电气安装接线图等。

一、电气原理图

电气原理图是用来表示电路各电气元件中导电部件的连接关系和工作原理的图。

为了便于阅读和分析线路，电气原理图按照简单易懂的原则，根据控制线路的工作原理来绘制，图中包括所有电器元件的导电部分、接线端子和导线。如图 2-1 所示。

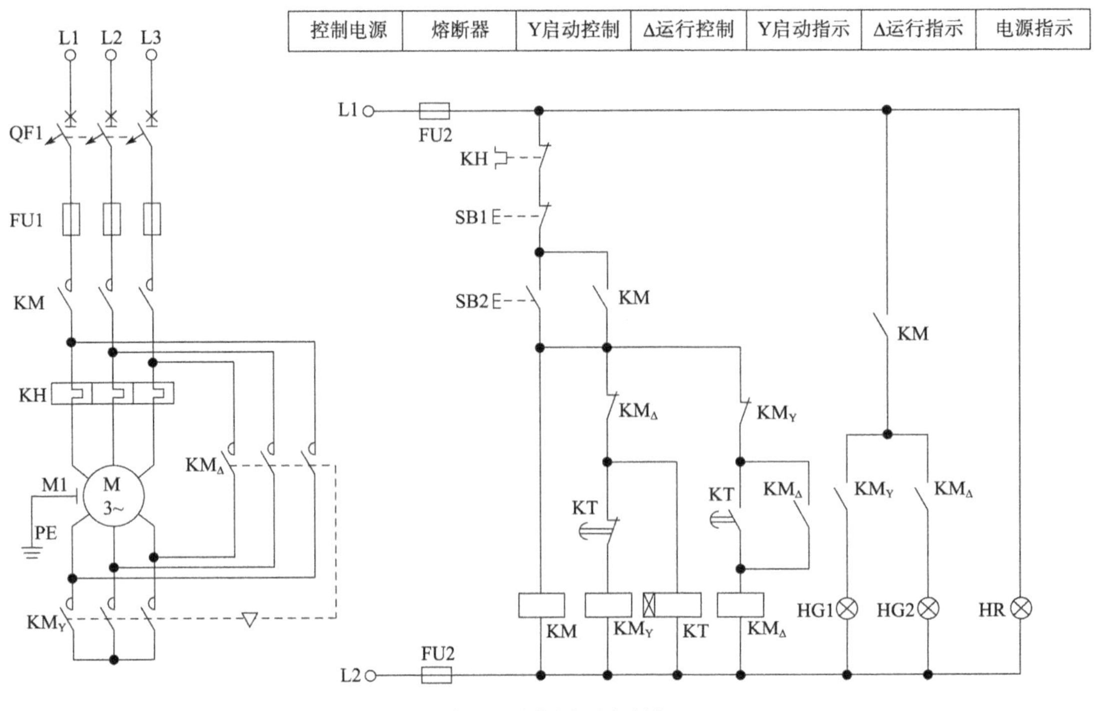

图 2-1　电气原理图示例

为使电路结构合理、层次分明，电气原理图一般分为主电路和辅助电路两部分。辅助电路又可分为控制电路和照明、指示电路。

主电路是指强电流通过的电路部分，主要由电动机及连接器件组成；辅助电路通过的电流很小，其中控制电路主要由继电器和接触器线圈、主令电器、控制触点及控制变压器等电器元件组成，实现基本逻辑控制；照明及信号指示电路主要用于线路工作状态的指示和工作照明。

1. 电气原理图的绘制原则

电气原理图的绘制应遵循以下原则：

(1) 主电路用粗实线绘制在图面的左侧或上方，辅助电路用细实线绘制在图面的右侧或下方。

(2) 电气元件的电气符号按功能布置、按动作顺序排列，布置顺序为从左到右，从上到下，并且不考虑元件的实际安装位置。

(3) 所有电器的动作部分均以自然状态(常态)绘出。所谓常态是指各种电器没有通电和没有外力作用时的工作状态。

(4) 同一电器的各部分，比如接触器的线圈、触点，它们需要分散在图中，为了表示是同一器件，要在电器的各部分使用同一符号来标明。

(5) 电动机和电器要采用国家标准规定的图形和文字符号绘制，文字符号通常标注在触点的侧面和线圈的下方，导线的交点处画实心圆点。

2. 电气原理图的分析方法

对电气原理图进行分析，一般可以采用查线读图法。

查线读图法以分析各个执行元件、控制元件和附加元件的作用、功能为基础，根据生产机械的生产工艺过程，分析被控对象的动作情况和电气线路的控制原理。这种方法具有直观性强、容易掌握等优点，在原理图分析中得到广泛的应用。

(1) 了解生产工艺与执行电器的关系。在分析电气线路前，应充分了解机械设备的动作及工艺加工过程，明确各个动作之间的要求，以及机械动作与执行电器间的关系，为分析线路提供线索、奠定基础。

(2) 分析主电路。从电动机主电路入手，根据主电路控制元件的触点、电阻和其他检测、保护器件，大致判定电动机的控制和保护功能。

(3) 分析控制电路。根据主电路控制元件主触点和其他电器的文字符号，在控制电路中找出相应控制环节以及各个环节间的相互关系。对控制电路由上往下、由左往右阅读，然后，设想按动某操作按钮，查对线路，观察哪些元件受控动作，并逐一查看动作元件的触点又如何控制其他元件动作，进而驱动被控对象如何动作。跟踪机械动作，当信号检测元件状态变化时，再查对线路观察执行元件的动作变化。读图过程中要注意器件间相互联系和制约的关系，直至将线路看懂为止。

(4) 化整为零的分析方法。电气控制线路通常由一些基本控制环节组成，对于较复杂的电路，通常根据控制功能，将控制电路分解成与主电路对应的几个基本环节，一个环节一个环节地去分析，然后把各个环节串起来，采用这种化整为零的分析方法，就不难看懂较复杂的电路图。

查线读图法的整个分析过程可以总结为以下几句话：

①先主电路，后控制电路。

②由上往下，由左往右。

③找准关系，化整为零。

二、电气安装位置图

电气安装位置图，也叫电器元件布置图，它是用来表明电气原理图中各元器件的实际安装位置的一种简图，如图 2-2 所示。它可采用简化的外形符号，一般可以用正方形、矩形或者圆形。图中各元件文字符号的标注必须与原理图中的标注相一致。

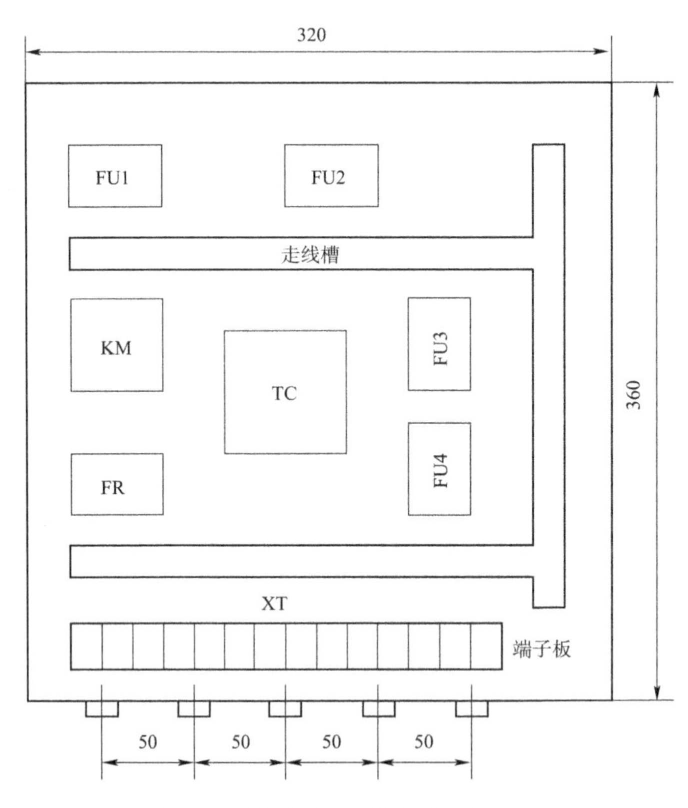

图 2-2　电气安装位置图(尺寸单位:mm)

电器元件的布置应注意以下几个方面：

(1)体积大和较重的电器元件应安装在电器安装板的下方，而发热元件应安装在电器安装板的上方。

(2)强电、弱电应分开，弱电应屏蔽，防止外界干扰。

(3)需要经常维护、检修、调整的电器元件安装位置不宜过高或过低。

(4)电器元件的布置应考虑整齐、美观、对称。外形尺寸与结构类似的电器安装在一起，以利安装和配线。

(5)电器元件布置不宜过密，应留有一定间距。如用走线槽，应加大各排电器间距，以利布线和维修。

三、电气安装接线图

电气安装接线图是根据电气设备和电气元件的实际位置绘制的，只用来表示电气设备和电气元件的位置、配线方式和连接方式，而不明显表示动作原理的图形。

它主要用于电器的安装接线、线路检查、线路维修和故障处理，通常与电气原理图和元件布置图一起使用。电气安装接线图如图2-3所示。

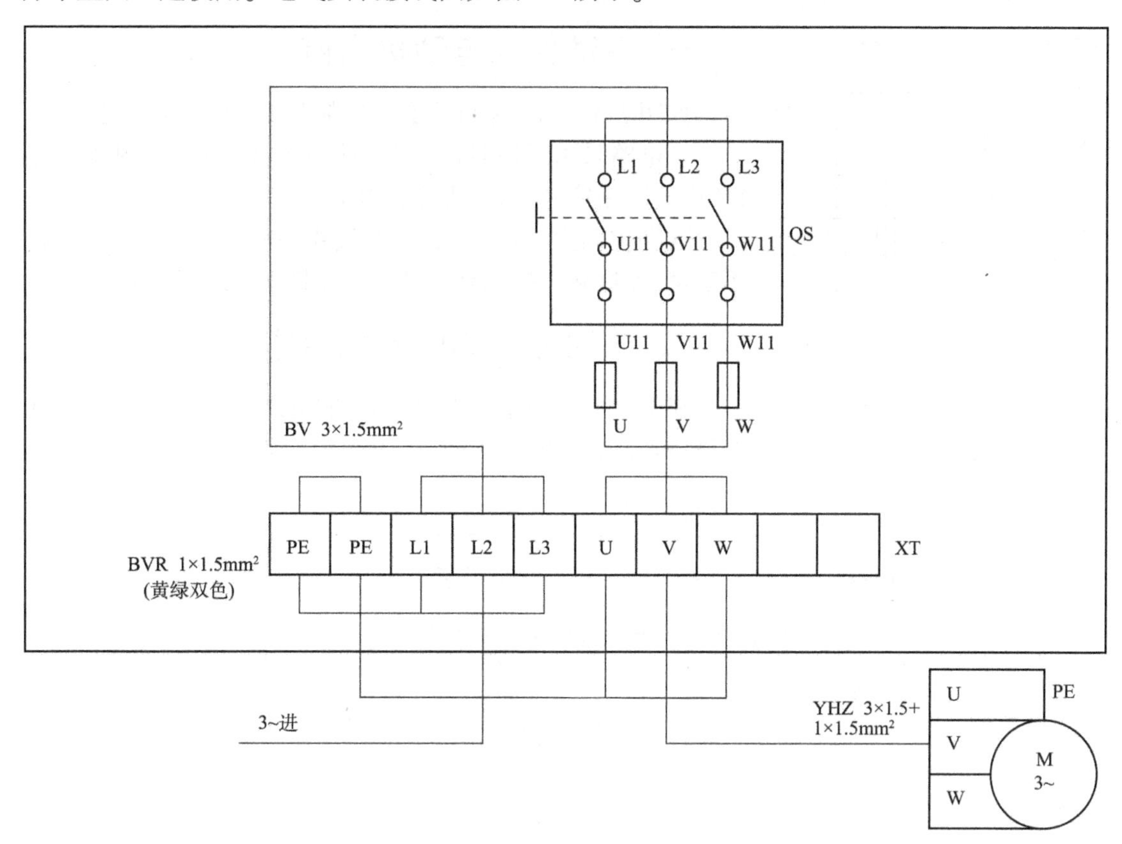

图2-3　电气安装接线图示例

电气安装接线图的绘制一般遵循以下原则：

(1)各电气元件均按实际安装位置绘出，元件所占图面按实际尺寸以统一比例绘制。

(2)一个元件中所有的带电部件均画在一起，并用点划线框起来，即采用集中表示法。

(3)各电气元件的图形符号和文字符号必须与电气原理图一致，并符合国家标准。

(4)各电气元件上凡是需接线的部件端子都应绘出，并予以编号，各接线端子的编号必须与电气原理图上的导线编号相一致。

(5)绘制安装接线图时，走向相同的相邻导线可以绘成一股线。

第二节　三相异步电动机点动与长动控制

在机械设备中，原动机拖动生产机械运动的系统称为拖动系统，常见的拖动系统有电力拖动、气动、液压驱动等方式。

电动机作为原动机拖动生产机械运动的方式称为电力拖动。电气控制就是指对拖动系统的控制。电气控制电路是由各种接触器、继电器、按钮、行程开关等电器元件组成的,用来对电动机的动作进行控制,这种方式叫作继电器—接触器控制方式。

常用的电气控制电路包括:电动机的启停控制、正反转控制、降压启动控制、调速控制和制动控制等基本控制环节。本章主要介绍笼型三相交流异步电动机的各种控制环节。

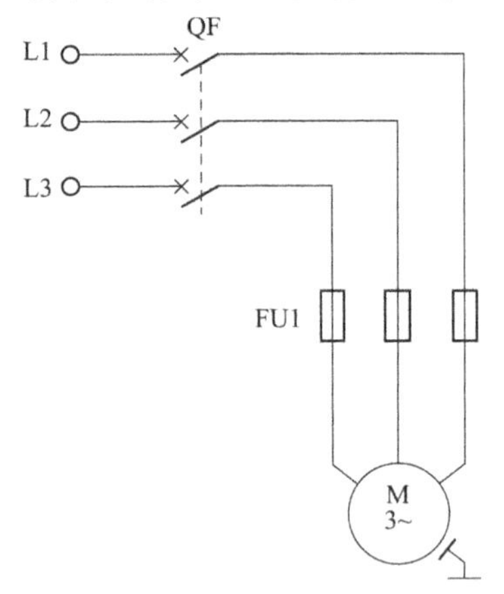

图 2-4 简单手动控制电路

一、手动控制电动机启停

如图 2-4 所示,为简单手动控制电动机启停的电路。

该电路采用断路器控制电动机的电源,采用三相熔断器 FU 作短路保护,使电路能可靠地工作。

这种控制方式的特点是:电气线路简单,但操作不方便、不安全,无过载、零压等保护措施,并且不能进行自动控制。

二、接触器控制电动机启停

在上个电路的基础上,增加控制电路,通过接触器对主电路进行控制,如图 2-5 所示。

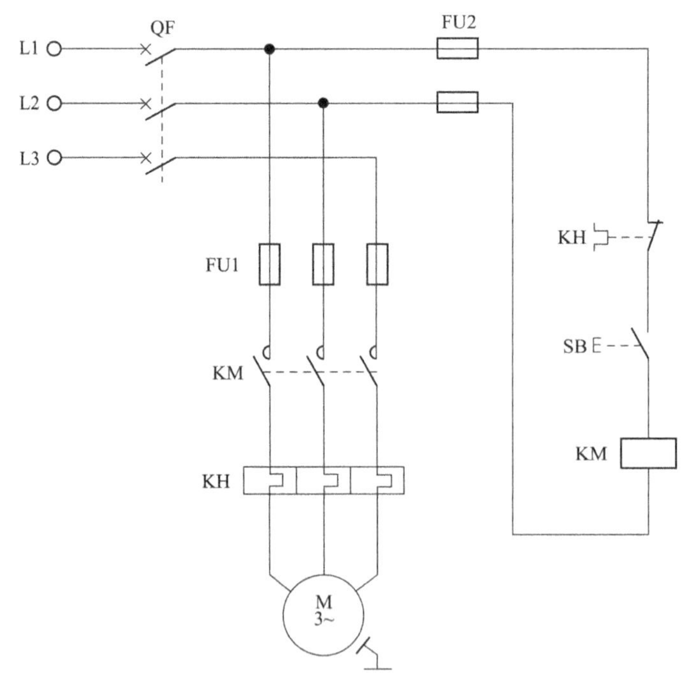

图 2-5 接触器控制电动机启停电路

为了便于读图和分析,通常把电路分为主电路和控制电路两部分:

1. 主电路部分(图 2-5 左侧部分)

左侧的主电路使用了断路器 QF 作为电源开关,引入三相交流电,然后通过一个三相熔断器 FU1,连接接触器 KM 的主触点,再通过一个热继电器 KH 接入三相电动机的定子。该

主电路通过接触器 KM 的主触点来控制电动机定子电流的通断。

2. 控制电路部分(图 2-5 右侧部分)

右侧控制电路引入了两相电源,同样使用了熔断器和热继电器作为保护设备,再通过按钮 SB 连接接触器 KM 的线圈。

该控制电路的工作原理为:通过按钮 SB 控制交流接触器线圈电流的通断,利用接触器的电磁机构,带动其主触点通断,从而达到控制电动机启动和停止的目的。

3. 电路保护分析

在本电路中使用的保护电器,可以实现短路保护和过载保护。

其中短路保护通过熔断器 FU 实现;而过载保护通过热继电器 KH 实现:当电动机负载超过额定值长期运行时,热继电器 KH 的热元件驱动其动断触点断开,使交流接触器 KM 的线圈断电,主触点打开,将电动机 M 从电源上切除,保证电动机不会因过热而烧毁。

4. 整体工作过程分析

该电路的整体工作过程如下:

(1)按下按钮 SB→KM 线圈通电→主触点接通→电动机 M 启动。

(2)松开按钮 SB→KM 线圈断电→主触点断开→电动机 M 停止。

简单地说,这个过程就是当按钮按下时,电动机工作;按钮松开后,电动机停止。这种控制方式叫作电动机的“点动”控制。

电动机的点动控制在工业生产中经常使用,比如需要对某些机械设备进行位置微调。但是,在有些生产活动中也经常需要让电动机一直连续运转,这就需要对电动机进行“长动”控制。

三、电动机的长动控制

如图 2-6 所示,此电路可以实现电动机的连续运行,称为电动机的“长动”。

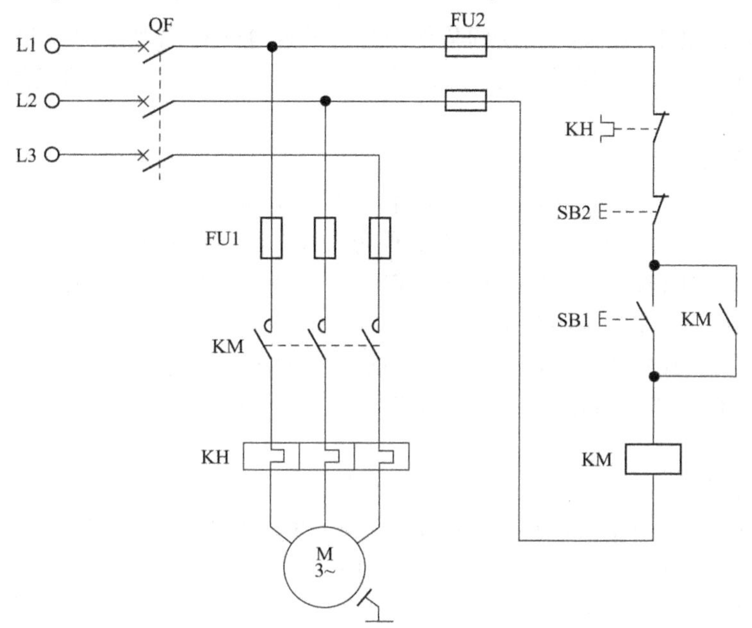

图 2-6　电动机的长动控制电路

1. 自锁

在之前的电动机点动控制电路中，增加了一个常开按钮 SB1，并且该按钮与接触器 KM 的一个常开辅助触点并联。当按下按钮 SB1 后，KM 线圈通电，KM 的辅助常开触点闭合，将按钮 SB1 的动合触点旁路，松开按钮 SB1 并复位后，电流经 KM 辅助触点流通，保持 KM 线圈不断电，从而在该电路中实现了“自锁”。

由常开按钮 SB1 和接触器 KM 的常开辅助触点并联组成的部分，称为“自锁单元”；接触器 KM 的这个辅助常开触点称为“自锁触点”。

2. 电路整体工作过程分析

由于按钮具有自动复位功能，当按钮按下后，紧接着松开后复位，这个操作过程简称为“按动”操作。

该电路的整体工作过程如下：

(1)按动按钮 SB1→KM 线圈通电→KM 主触点闭合→电动机 M 启动
→KM 辅助触点闭合→形成自锁

(2)按动按钮 SB2→KM 线圈断电→KM 主触点断开→电动机 M 停止
→KM 辅助触点断开→打断自锁

3. 电路的保护功能

此电路中的自锁环节能提供零压保护和欠压保护。

当电源断电又通电后，由于 KM 线圈断电，自锁电路打断，电动机不能自行启动工作，保证了设备运行的安全性，实现了零压保护。

当电源电压过低时，接触器 KM 衔铁释放，自锁触点断开，线圈断电，将电动机从电网上切除，实现了欠压保护。

四、电动机的点动和长动同时控制

在实际生产活动中，设备的点动调整往往与长期连续运行的要求同时并存，这就要求在长动电路的基础上加入点动操作功能。如图 2-7 所示，介绍了实现电动机的长动加点动操作控制的三种方式。

1. 机械互锁控制

图 2-7a)中，SB2 为长动按钮，按下后发生自锁，电动机持续运行。

复合按钮 SB3 为点动按钮，它由一个常开触头和一个常闭触头组成，这两个触头是联锁动作的，即当一个关闭时另一个就会打开。它们之间是一种互锁关系，称为“机械互锁”。在电路图中，通常用一条虚线连接两个触头来表示互锁关系。

当 SB3 按下时，其常闭触头断开，切断自锁电路；同时常开触点闭合，接触器 KM 线圈通电，电动机启动；但由于无自锁环节，松开按钮 SB3 后，KM 线圈断电，电动机停转，实现了电动机的点动控制。

2. 转换开关控制

图 2-7b)是用转换开关 SA 来选择长动与点动控制功能。当 SA 闭合时，SB2 为长动按钮；SA 打开时，自锁回路断开，此时 SB2 为点动控制按钮。

3. 中间继电器控制

图 2-7c)采用中间继电器 KA 实现点动控制。SB2 为长动按钮，SB2 为点动按钮。按下

SB2 时,中间继电器 KA 线圈通电自锁,KA 的另一动合触点同时闭合,使 KM 线圈通电,KM 主触点闭合,电动机开始转动;由于存在 KA 的自锁,故松开 SB2 后,接触器 KM 线圈仍然保持通电,实现了长动控制;按下 SB3 时,KM 线圈通电,使电动机转动,但由于无自锁环节,松开 SB3 后,KM 线圈断电,电动机停转,实现了电动机的点动控制。

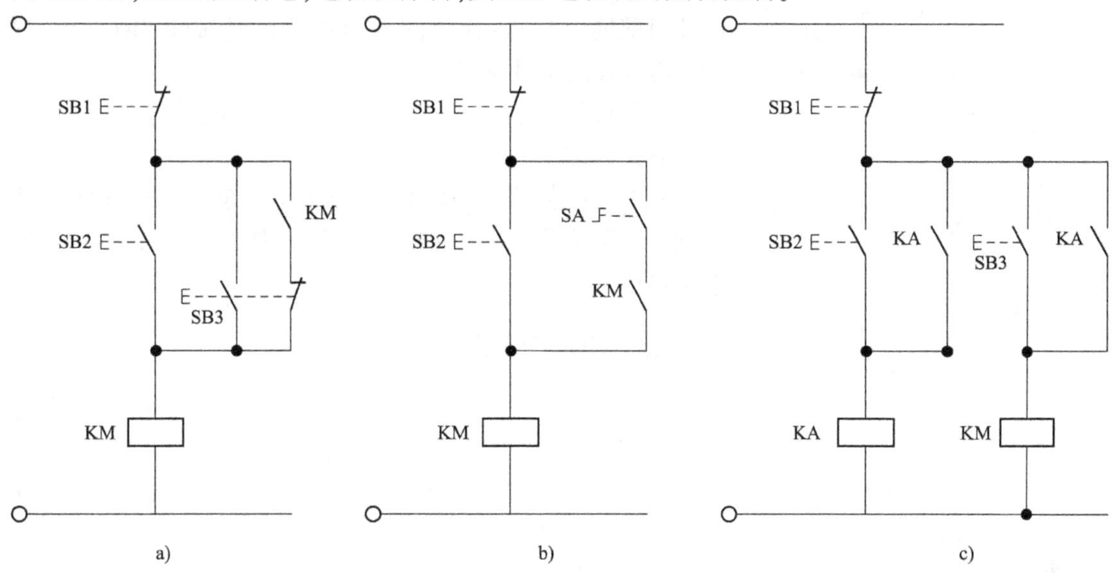

图 2-7　电动机的点动和长动同时控制电路

第三节　三相异步电动机多地和多条件控制

一、多地控制

在大中型设备上,为了操作方便,常常要求能在多个地点进行控制操作。

两地控制是在两个地点各设一套电动机启动和停止用的控制按钮。如图 2-8 所示电路,就能够实现两地控制。图中 SB2、SB1 为甲地控制的启动和停止按钮;SB3、SB4 为乙地控制的启动和停止按钮。

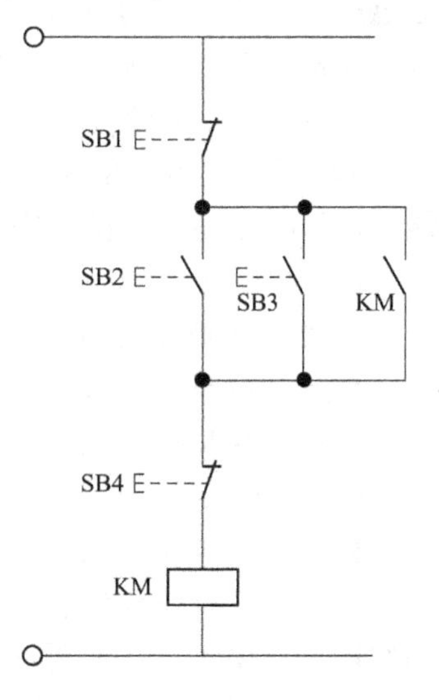

图 2-8　电动机的多地控制电路

多地控制电路的结构特点是:按钮的动合触点并联,动断触点串联。

多地启动按钮为动合触点,均能控制启动,故应满足或逻辑关系,将各启动按钮的动合触点并联连接;而停止按钮为打断自锁功能的动断触点,多地停止按钮均能打断同一线圈的自锁电路,故应满足与逻辑操作关系,将各停止按钮的动断触点串联连接。

二、多条件控制

多条件控制常用于设备的安全保护。比如大型冲床、压力机、桥式起重机和数控机床等设备，往往要求很多条件均满足时，设备才允许通电工作。

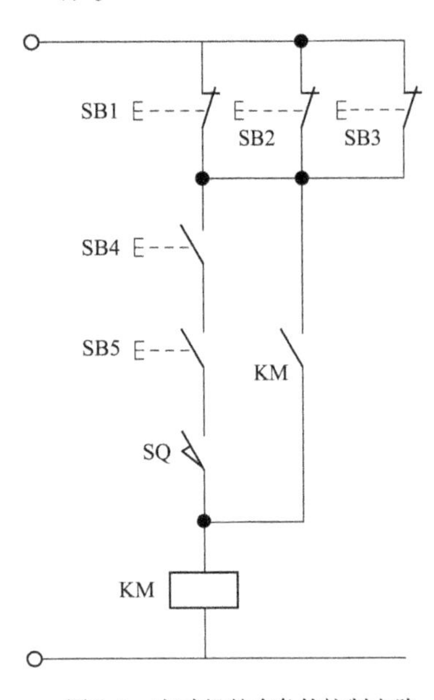

图2-9　电动机的多条件控制电路

如图2-9所示电路为多条件控制电路。该电路中，只有当SB4、SB5和SQ的动合触点均闭合的条件满足时，KM线圈才可能通电自锁；而线圈断电的条件是按钮SB1、SB2和SB3均打开的条件满足。

多条件控制电路的结构特点是：按钮的动合触点串联，动断触点并联。

利用这些使线圈通电和断电的条件，就可以构成多条件控制。实际应用中，常设置几个条件，作为控制系统的安全保护措施。

三、顺序控制

在多电动机驱动的生产机械上，各台电动机所起的作用不同，设备有时要求某些电动机按一定顺序启动工作，以保证设备的安全运行。例如铣床工作台（放置工件）的进给电动机必须在主轴（刀具）电动机启动的条件下才允许启动工作。这就对电动机启动过程提出了顺序控制的要求。实现顺序控制要求的电路称为顺序控制电路。

常用的顺序控制电路有两种：一种是主电路的顺序控制，另一种是控制电路的顺序控制。

1. 主电路顺序控制

主电路的顺序控制电路如图2-10所示。主电路中，接触器KM2的主触点串在接触器KM1的主触点下方。故只有当KM1主触点闭合，电动机M1启动后，KM2才能使电动机M2通电启动，从而实现了电动机M1、M2顺序启动的要求。图中启动按钮SB1、SB2分别用于两台电动机的启动控制，按钮SB3用于电动机同时停止控制。

2. 控制电路的顺序控制

如果不在电动机的主电路中采用顺序控制连接，可以用控制电路来实现顺序控制的功能，以下介绍三种不同的控制方式。

（1）方式一

如图2-11所示，接触器KM2的线圈串联在接触器KM1自锁触点的下方，所以只有当KM1线圈通电自锁、电动机M1启动后，KM2线圈才可能通电自锁，使电动机M2启动工作。该图中接触器KM1的辅助动合触点具有自锁和顺序控制的双重功能。

（2）方式二

如图2-12所示控制电路，将KM1的动合触点自锁功能和顺序控制功能分开，专用一个KM1的辅助动合触点作为顺序控制触点（右侧的KM1辅助触点），串联在接触器KM2的线圈回路中。当接触器KM1线圈通电自锁、动合触点闭合后，接触器KM2线圈才具备通电工作的先决条件，这样就实现了顺序启动控制的要求。该控制电路的停止顺序，

可以先按动停止按钮 SB2，电动机 M2 先停转；或按动停止按钮 SB1，电动机 M1、M2 同时停转。

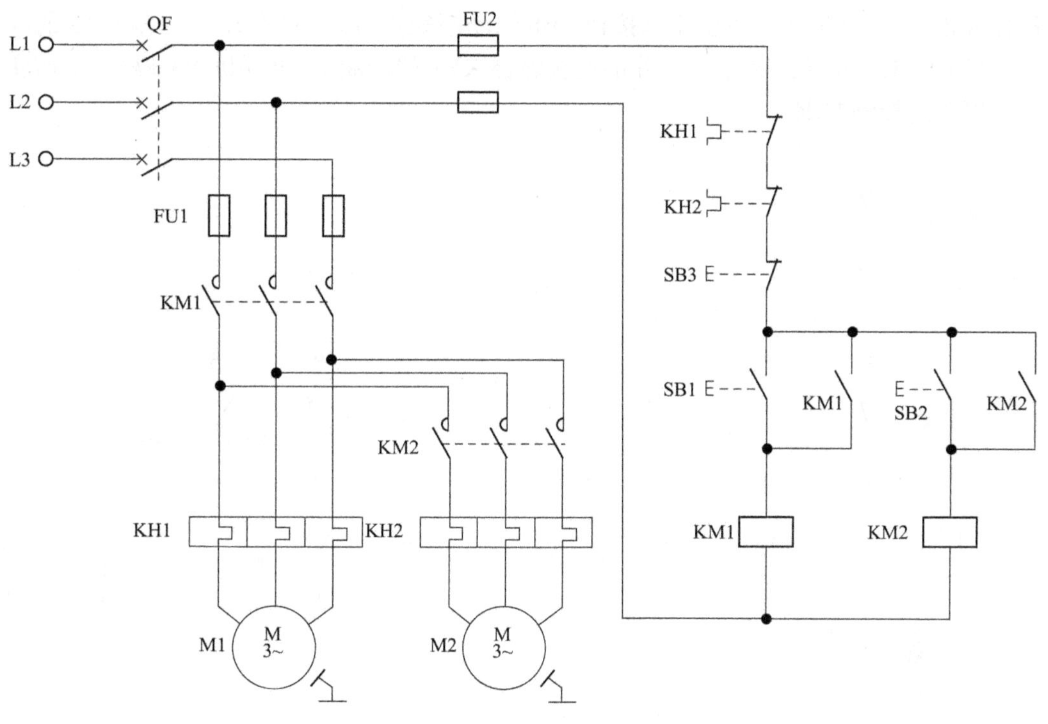

图 2-10　主电路实现顺序控制

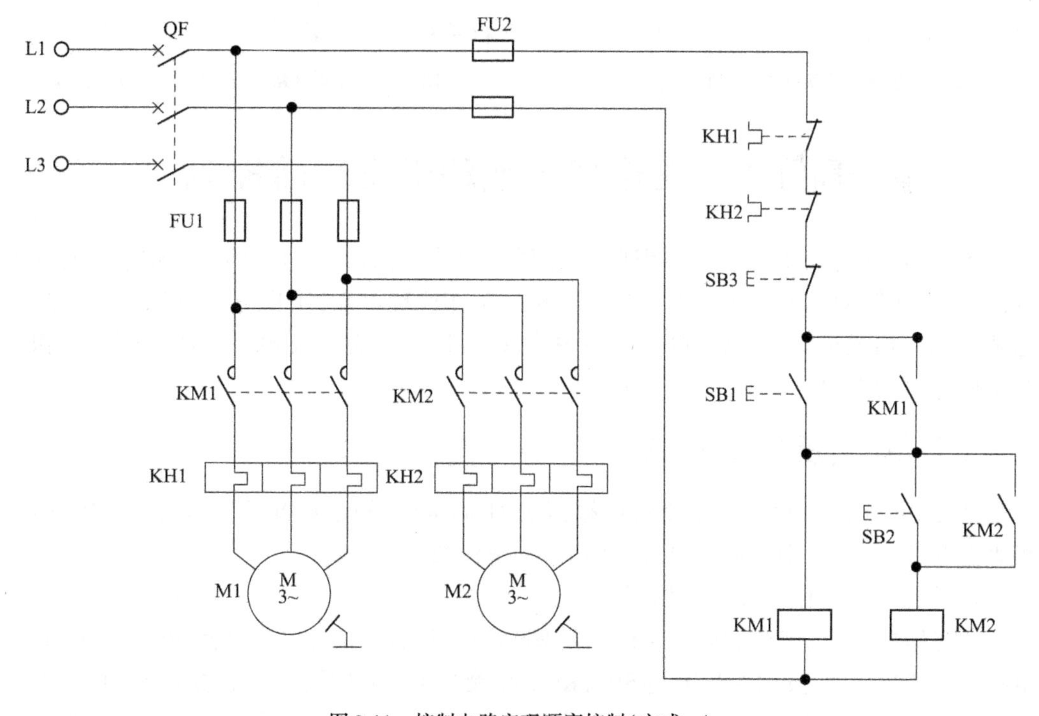

图 2-11　控制电路实现顺序控制(方式一)

(3)方式三

如图 2-13 所示电路,除具有顺序启动控制功能以外,还能实现逆序停车的功能。图中接触器 KM2 的动合触点并联在停车按钮 SB1 的动断触点两端,只有在接触器 KM2 的线圈断电、电动机 M2 停转后,操作 SB1 才能使接触器 KM1 线圈断电、电动机 M1 停转,从而实现了逆序停车的控制要求。

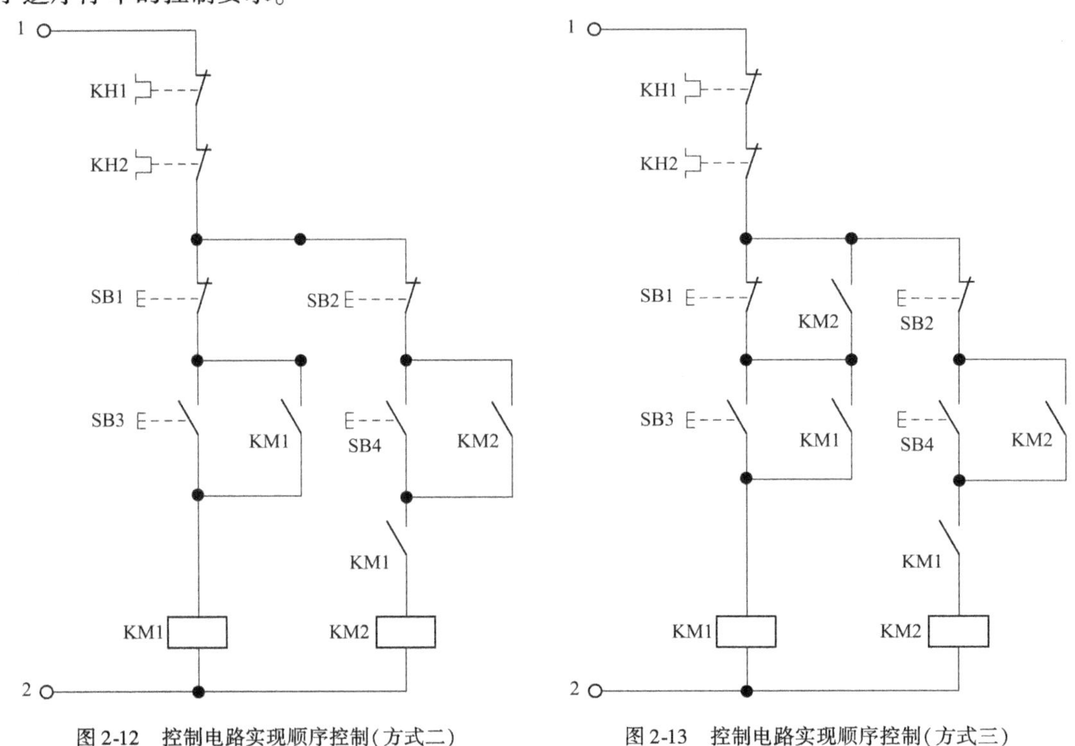

图 2-12　控制电路实现顺序控制(方式二)　　图 2-13　控制电路实现顺序控制(方式三)

第四节　三相异步电动机正反转控制

在生产活动中,很多运动设备需要进行两个相反方向的运动,这就要求电动机能实现正、反两个方向转动。由三相交流异步电动机的工作原理可知,实现电动机反转的方法是将任意两根电源相线对调,在电动机主电路中,可以使用两个交流接触器分别提供正转和反转两个不同相序的电源。

一、简单正、反转控制电路

如图 2-14 所示电路中,两个交流接触器 KM1 和 KM2 的主触点通过不同的连接方式,将两根电源相线对调,分别构成正、反两个相序的电源接线。

该电路的整体工作过程分析如下:

按动正转启动按钮 SB1,接触器 KM1 线圈通电自锁,KM1 主触点闭合,电动机正向转动;在电动机正转过程中,按动停车按钮 SB3,KM1 线圈断电,自锁回路打开,主触点打开,电动机停转。再按动反转按钮 SB2,接触器 KM2 线圈通电自锁,KM2 主触点闭合,电动机反向转动。

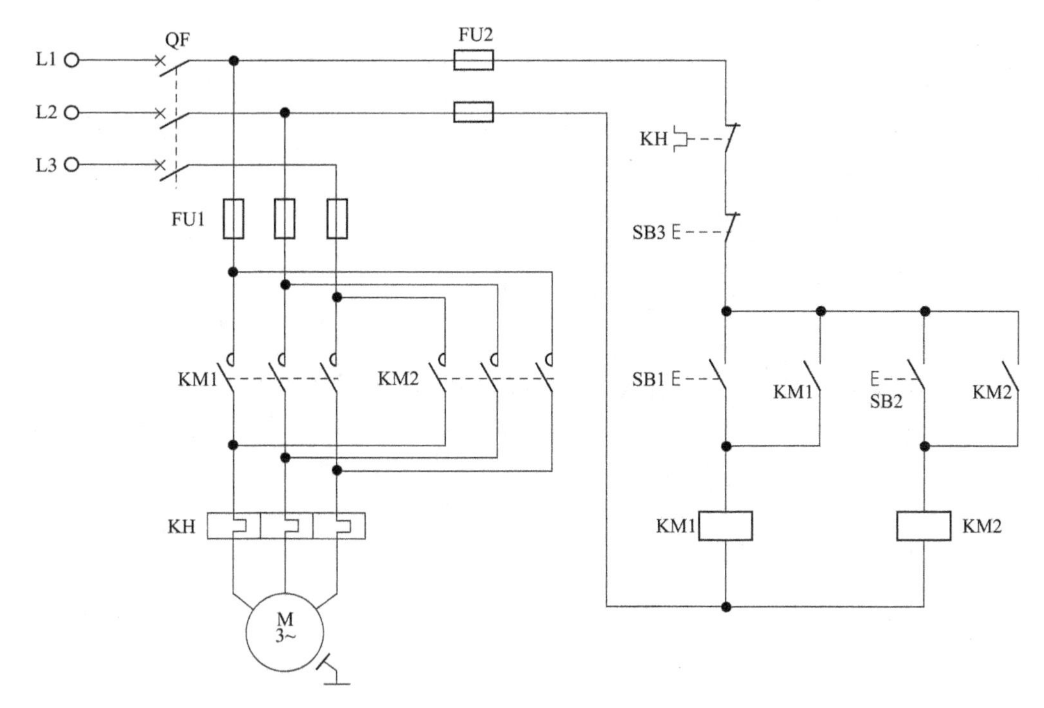

图 2-14　简单正、反转控制电路

在此电路中，如果同时按动正转按钮 SB1 和反转按钮 SB2，主电路中 KM1 和 KM2 的主触点将同时闭合，造成主电路电源短路。因此，本电路任何时刻，只允许有一个接触器的主触点闭合。

二、电气互锁的正、反转控制电路

为了实现上述控制要求，避免出现电源短路，将 KM1 和 KM2 的一对动断触点串接在对方线圈电路中，这样就形成相互制约的关系，称为“电气互锁”（或“电气联锁”）。

加入了电气互锁控制的电路如图 2-15 所示。当 KM1 线圈通电时，其串联在 KM2 线圈电路中的动断触点断开，使 KM2 线圈无法通电，从而保证了 KM1 主触点接通时，KM2 主触点无法接通；反之亦然。

在这个电路中，如果想让电动机由正转进入反转，或由反转进入正转，必须先按下停车按钮 SB3，然后再进行相反操作。

三、双重互锁的正、反转控制电路

为了方便操作，提高效率，在前图的基础上，增加按钮的机械互锁功能，这样同时采用了电气互锁和机械互锁的控制，称为“双重互锁”。

如图 2-16 所示，将正、反转按钮 SB1 和 SB2 的动断触点串到对方电路中，利用按钮动合、动断触点之间的机械连接，在电路中起相互制约的联锁作用。

在正转过程中，按动反转按钮 SB2，其动断触点使 KM1 线圈断电，自锁打开，电动机正转停止，右侧的 KM1 动断触点复位闭合，同时 SB2 的动合触点闭合，使 KM2 线圈通电自锁，电动机实现反转。

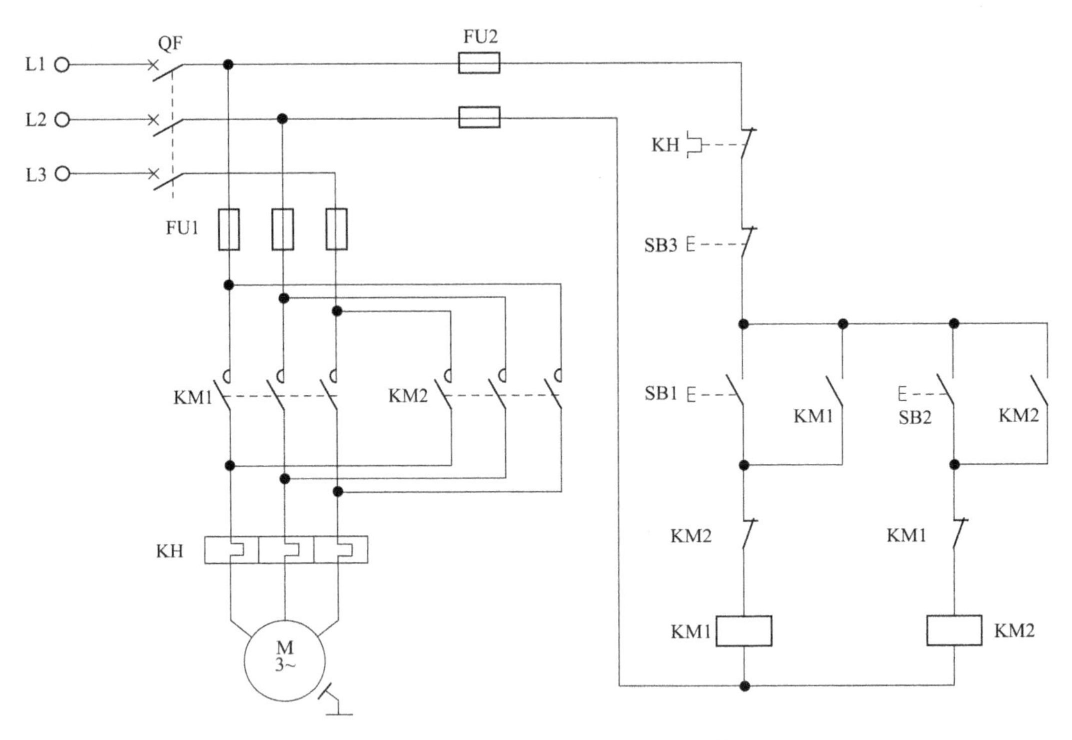

图 2-15　加入电气互锁的正、反转控制电路

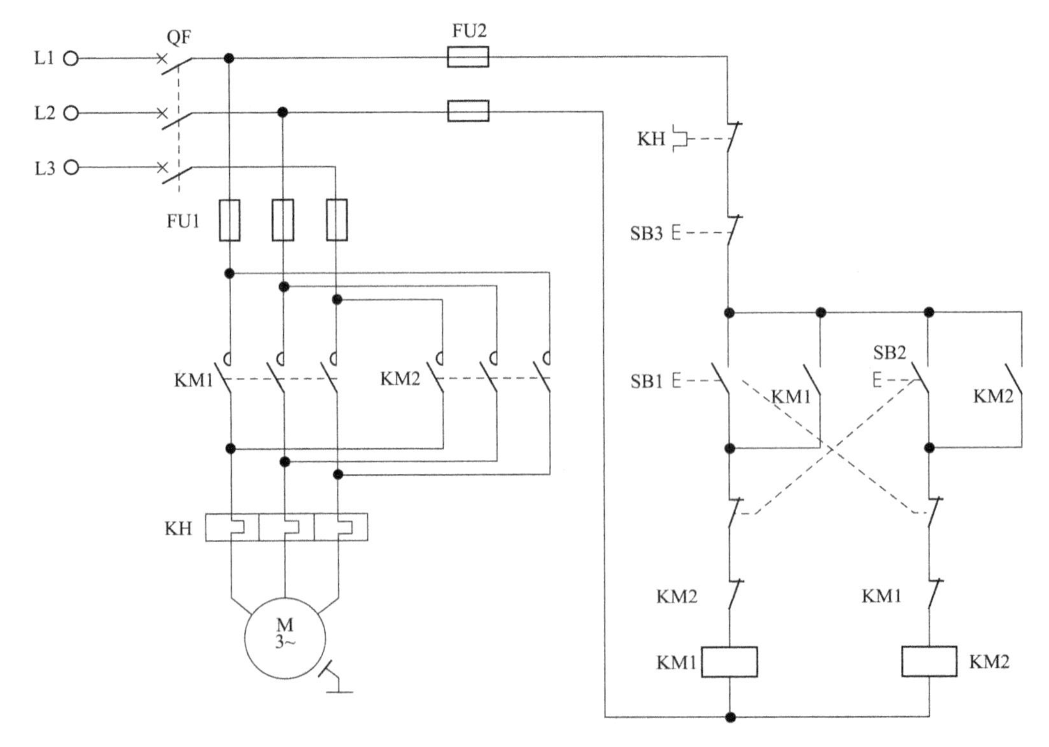

图 2-16　双重互锁的正、反转控制电路

同理，在反转过程中，按动正转按钮 SB1 可以使 KM2 线圈断电，KM1 线圈通电，电动机进入正转。

利用双重互锁控制，可以在电动机转动状态下，直接按动反向按钮，就可以进入相反方向的转动状态，而不必操作停止按钮，简化了电路操作，增加了电路的实用性。

四、应用实例：工作台自动循环控制

学习了电动机的正反转控制，下面来看一个应用实例：工作台自动循环控制。如图 2-17 所示为工作台往返运动示意图。图中行程开关 SQ1、SQ2 分别为工作台正、反向进给的换向开关，SQ3、SQ4 分别为正、反向限位保护开关。

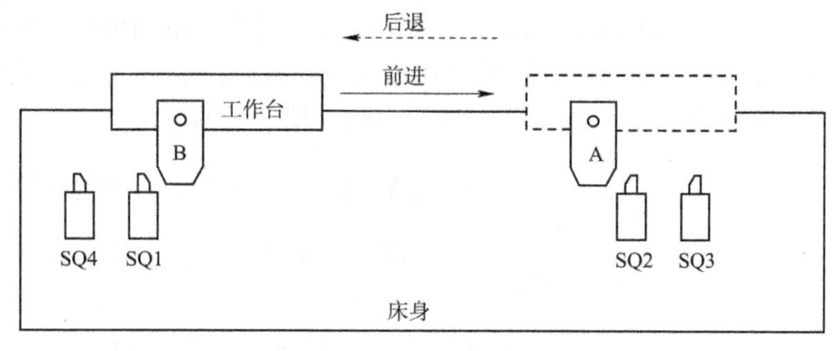

图 2-17　工作台往返运动示意图

工作台自动循环控制电路如图 2-18 所示。其整体工作过程分析如下：

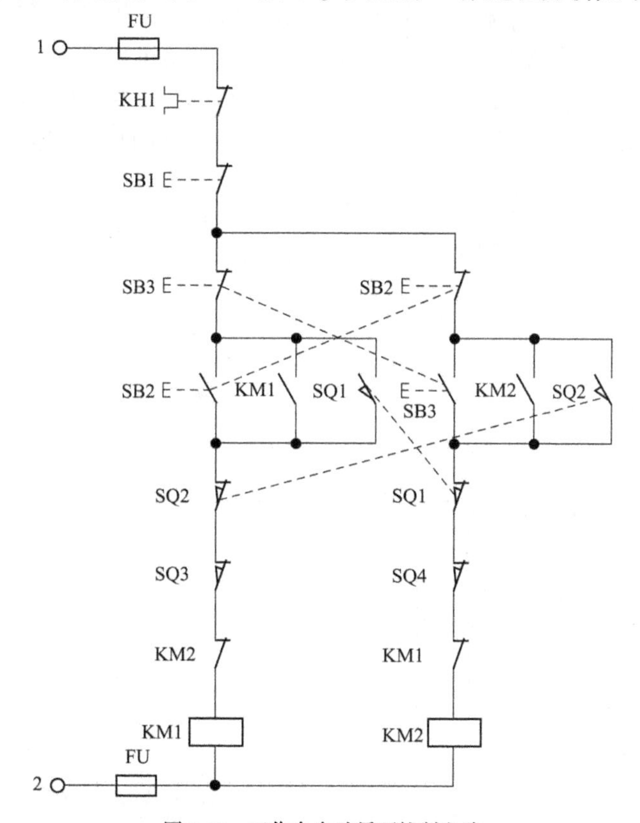

图 2-18　工作台自动循环控制电路

按动正转按钮 SB2，KM1 线圈通电自锁，电动机 M 正转，工作台实现自左向右的正向进给。进给到撞块压下行程开关 SQ2 时，其动断触点打开，KM1 线圈断电打开自锁，M 正转结束，同时 SQ2 的动合触点闭合，KM2 线圈通电自锁，电动机反转，工作台后退；工作台后退到撞块压下行程开关 SQ1，KM2 线圈断电，KM1 线圈通电自锁，电动机由反转进入正转。这样工作台将一直往返自动循环工作。任何时候按动停止按钮 SB1，工作台立即停止运动。

第五节　三相异步电动机降压启动控制

笼型三相交流异步电动机经常使用降低电源电压的方法来减小启动电流。但随着电源电压的下降，电动机的启动转矩也将下降，所以降压启动仅适用于电动机的空载或轻载启动。

常用的降压启动方法有：Y-Δ 启动、定子串电阻或电抗降压启动、自耦补偿启动、延边三角形启动等。本小节主要介绍 Y-Δ 降压启动和自耦补偿启动的方法。

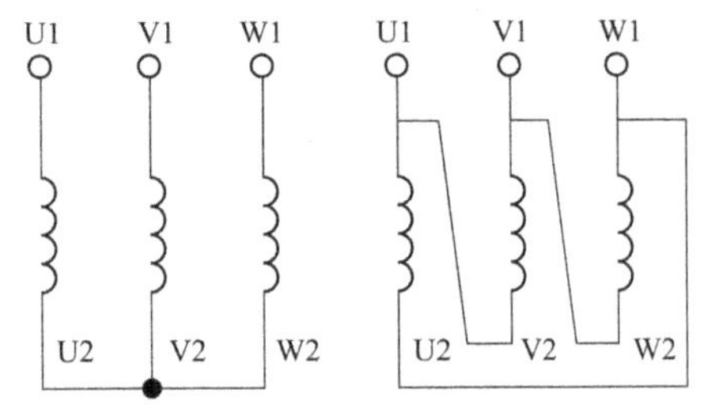

图 2-19　定子绕组 Y 形和 Δ 形接线原理图

一、Y-Δ 降压启动控制电路

Y-Δ 降压启动适用于定子绕组正常运行时为三角形连接的电动机。星形连接降压启动时，定子绕组承受相电压，启动电流降低为三角形启动电流的三分之一，启动转矩也降低为三角形启动转矩的三分之一。图 2-19 为电动机定子绕组 Y 形和 Δ 形接线原理图。

在图 2-20 的电动机 Y-Δ 降压启动控制电路中，当电动机启动时，定子绕组通过 KM 和 KM_Y 的主触点组成星形连接；启动完毕全压运行时，通过 KM 和 KM_Δ 的主触点组成三角形连接。控制电路按照时间控制原则，实现星型到三角形连接的自动切换。

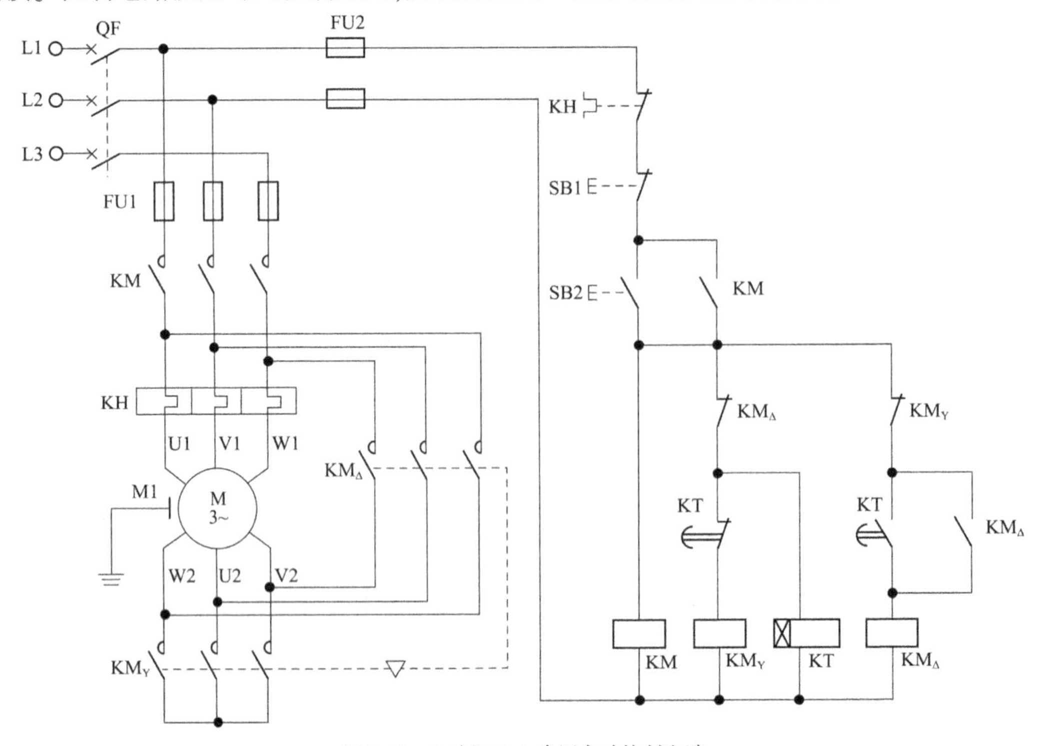

图 2-20　电动机 Y-Δ 降压启动控制电路

整个电路的工作过程分析如下：

按动启动按钮 SB2，接触器 KM 线圈通电自锁，接触器 KM_Y 线圈通电，主电路中 KM、KM_Y 主触点闭合，电动机 M 成星形连接开始启动，同时时间继电器 KT 线圈通电开始延时；延时时间到了后，接触器 KM_Y 线圈断电，主触点断开，解除星形连接，接触器 KM_{Δ} 线圈通电自锁，其主触点闭合，电动机 M 变成三角形连接开始全压运行，同时时间继电器 KT 线圈断电复位。

该控制回路中，KM_Y 和 KM_{Δ} 动断触点的另一个重要作用是实现电气互锁，以防止 KM_Y 和 KM_{Δ} 的主触点同时闭合造成电动机主电路短路，保证电路的可靠工作。

此外，该电路还具有短路、过载和零压、欠压等保护功能。

二、自耦补偿启动控制电路

自耦补偿启动是利用自耦变压器实现降压启动的方式。如图 2-21 所示，自耦变压器的绕组按星形连接接线，启动时将电源电压加到自耦变压器一次侧，电动机定子绕组接到自耦变压器二次侧，构成降压启动电路。启动一定时间，转速升高到预定值后，将自耦变压器切除，电动机定子绕组直接接到电源电压，进入全压运行。

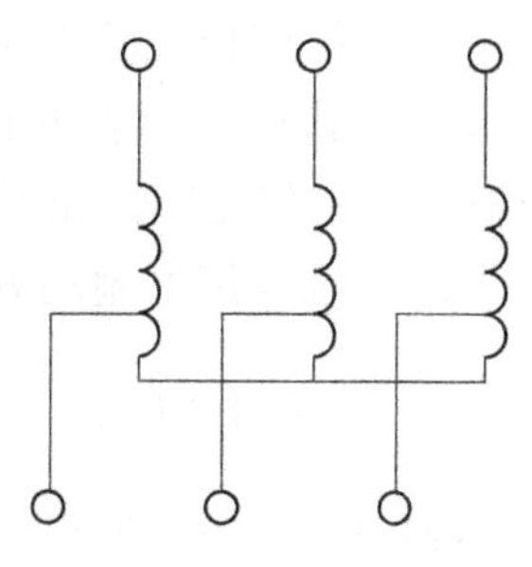

图 2-21　自耦变压器绕组示意图

自耦补偿启动通常适用于较大容量三相交流笼型异步电动机的不频繁启动。常用的自耦补偿启动装置可分为手动和自动两种操作形式。在实际应用中，自耦变压器的二次侧一般有三个抽头，使用时应根据负载情况及供电系统要求，选择一个合适的抽头。

自耦补偿启动控制电路如图 2-22 所示，该电路由主电路、控制电路和指示电路组成。主电路中自耦变压器 T 和接触器 KM1 的五个动合主触点构成自耦变压器的降压启动电路，接触器 KM2 的主触点用来实现全压运行。

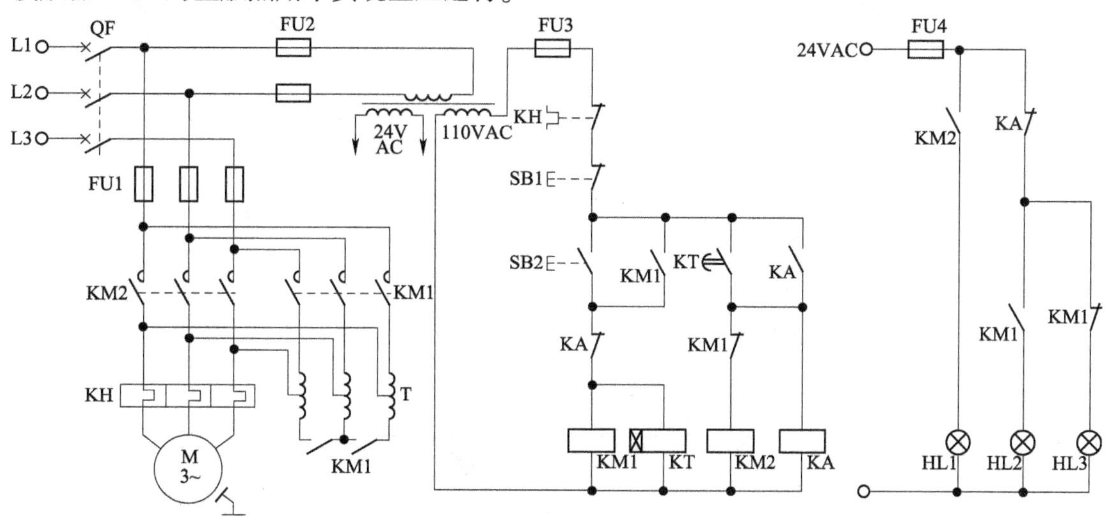

图 2-22　自耦补偿启动控制电路

启动过程按时间原则控制，工作过程分析如下：

按动启动按钮 SB2，接触器 KM1 线圈通电自锁，主电路电动机 M 经自耦变压器 T 降压启动;同时,控制电路中时间继电器 KT 线圈通电开始延时;延时时间结束后,中间继电器 KA 线圈通电自锁,接触器 KM1 线圈断电,其主触点断开,同时 KM1 的动断触点复位闭合,KM2 线圈通电,其主触点闭合,主电路切除自耦变压器,电动机 M 做全压运行。

该电路选用中间继电器 KA,用来增加触点个数,能提高控制电路设计的灵活性。指示电路用三个信号灯作电路工作状态指示,HL1 为全压运行状态指示,HL2 为降压启动过程指示,HL3 为通电停车指示。

第六节　三相异步电动机制动控制

由于机械惯性的影响,高速运转的电动机从切断电源到停止转动要经过一定的时间。这样往往满足不了某些生产工艺“快速、准确”停车的控制要求。所以工程上常常采用一些措施,使电动机迅速、准确地停车,称之为“制动”。

电动机常用的制动方法有机械制动和电气制动两大类。

一、机械制动

利用机械装置使电动机断开电源后迅速停转的方法,称为机械制动。机械制动常用的方法有电磁抱闸制动和电磁离合器制动。

1. 电磁抱闸制动

电磁抱闸制动装置一般由电磁操作机构和弹簧力机械抱闸机构组成。其控制电路如图 2-23 所示。该电路的工作原理分析如下:

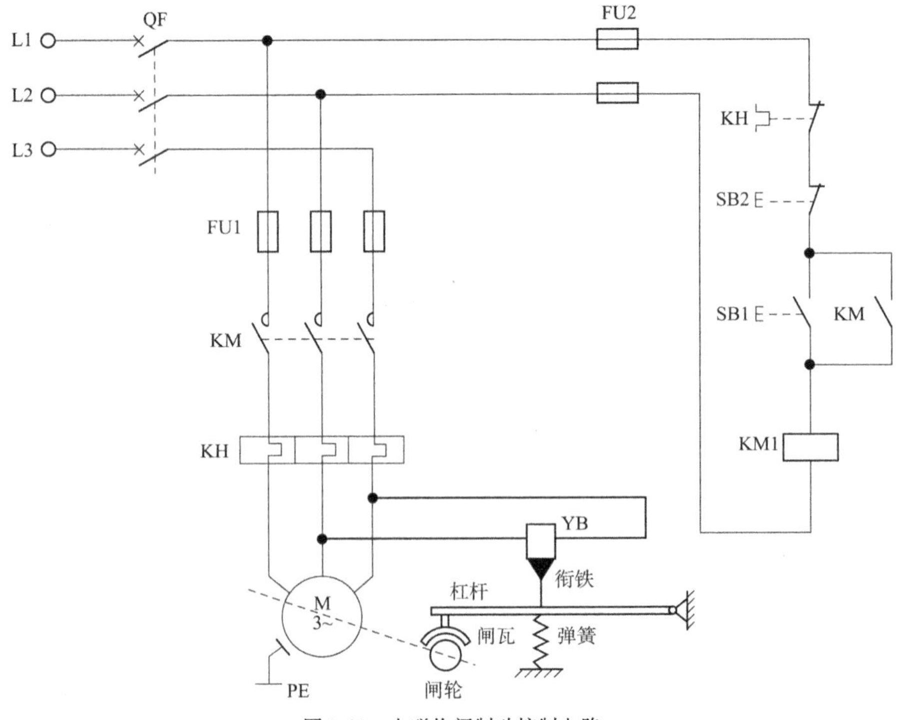

图 2-23　电磁抱闸制动控制电路

按动启动按钮 SB1,接触器 KM 线圈通电自锁,主电路电磁铁线圈 YB 通电,衔铁吸合,带动制动器闸瓦与闸轮分开,电动机 M 启动运转。

停车时,按下停止按钮 SB2,接触器 KM 线圈断电,其主触点断开,使电动机和电磁铁线圈 YB 同时断电,衔铁与固定铁芯分断,在弹簧力的作用下,闸瓦紧紧抱住闸轮,实现机械抱闸制动,电动机迅速停转。

电磁抱闸制动适用于各种传动机构的制动,多用于起重电动机的断电抱闸制动。

2. 电磁离合器制动

电磁离合器制动常用于电气传动和机械制动,其组成结构如图 2-24 所示。它的工作原理跟抱闸制动相同,区别在于它是依靠两片动、静摩擦片来实现机械制动或者传动的。

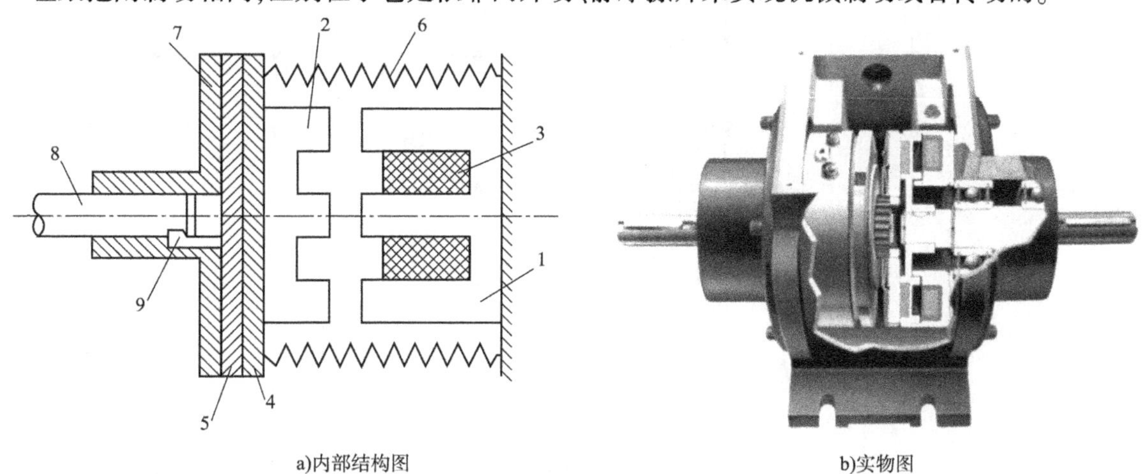

a)内部结构图　　b)实物图

图 2-24　电磁离合器结构图及实物图

1-静铁芯;2-动铁芯;3-励磁线圈;4-静摩擦片;5-动摩擦片;6-制动弹簧;7-凸缘;8-轮轴;9-键

二、电气制动控制

电气制动是在电动机上产生一个与原转动方向相反的电磁制动转矩,迫使电动机迅速停转。

用于快速停车的电气制动方法有能耗制动和反接制动。

1. 能耗制动

能耗制动是在切除三相交流电源之后,定子绕组通入直流电流,在定转子之间的气隙中,产生静止磁场,惯性转动的转子导体切割该磁场,形成感应电流,从而产生与惯性转动方向相反的电磁力矩而制动。能耗制动控制电路如图 2-25 所示。

该电路是按时间原则控制的半波整流能耗制动控制电路。接触器 KM1 的主触点用于电动机工作时接通三相电源,接触器 KM2 用于制动时接通半波整流电路提供的直流电源。半波整流电路的交流供电源为 220V 相电压,电路中电阻 R 起限制和调节直流制动电流的作用。

其工作过程分析如下:

按动按钮 SB2,接触器 KM1 线圈通电自锁,电动机 M 运行;

停车时,按动停车复合按钮 SB1,其动断触点切断接触器 KM1 线圈电路,动合触点使时

间继电器 KT 和接触器 KM2 线圈通电自锁,电动机定子绕组切除交流电流,并通入直流电流进行能耗制动;与此同时,时间继电器 KT 线圈通电延时,延时时间结束后,KM2 线圈断电,自锁触点断开,时间继电器 KT 线圈断电,主电路直流电源切除,制动过程结束。

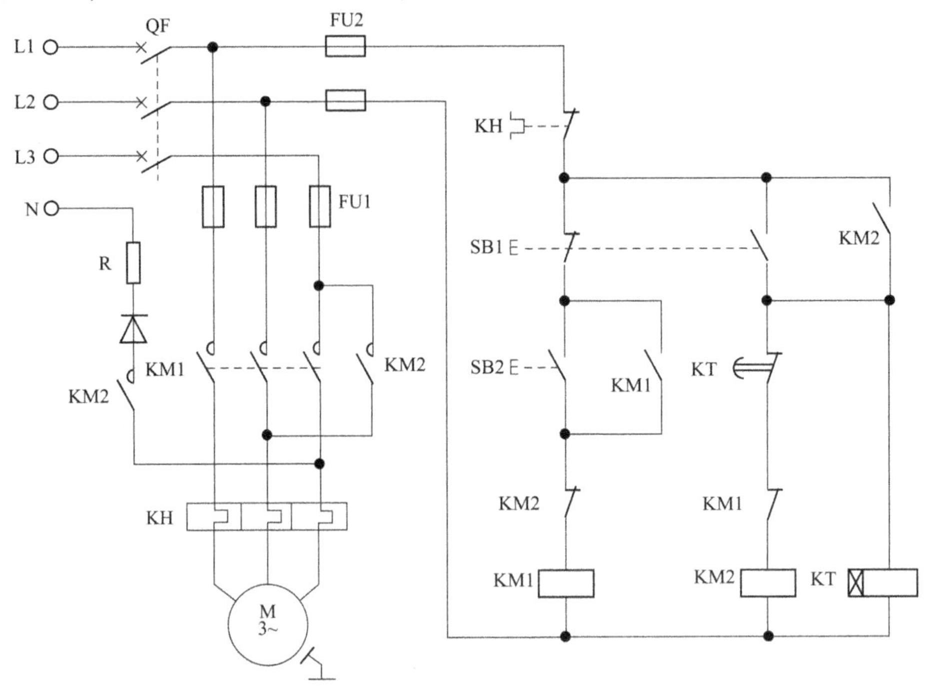

图 2-25　半波整流能耗制动控制电路

能耗制动的过程还可以按速度原则进行控制,制动力矩可以随着惯性转速的下降而减小,从而使制动平稳,并且可以准确停车,应用非常普遍。

2. 反接制动

反接制动靠改变定子绕组中三相电源的相序,产生一个与转子惯性转动方向相反的电磁转矩,使电动机迅速停下来,制动到接近零转速时,再将反相序电源切除。

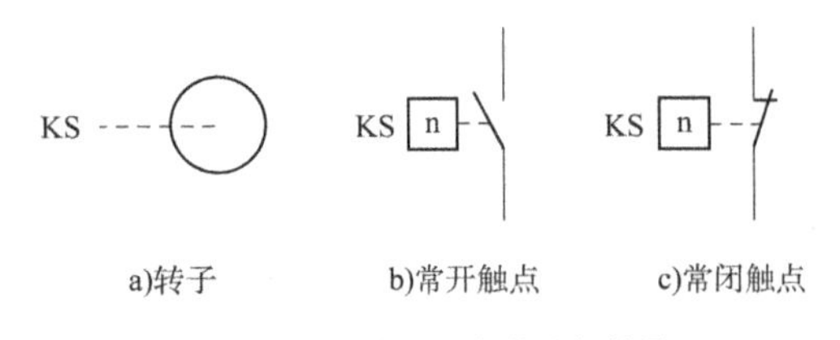

图 2-26　速度继电器的电气符号

通常采用速度继电器检测速度的过零点,以保证及时切除三相反相序电源。速度继电器的电气符号如图 2-26 所示。

如图 2-27 所示为单向运行的反接制动控制电路。主电路中,接触器 KM1 用于接通电动机工作相序电源,KM2 用于接通反接制动电源。因为电动机反接制动电流很大,通常在制动时串接限流电阻 R,来限制反接制动电流。

制动时,按动停止按钮 SB1,KM1 线圈断电,由于速度继电器 KS 的动合触点在惯性转速作用下保持闭合,使 KM2 线圈通电自锁,电动机实现反接制动;当转速接近零时,KS 动合触点复位断开,KM2 线圈断电,制动过程结束。

反接制动的优点是制动转矩大,制动效果显著,但制动不平稳,而且能量损耗大。

此外,还有更复杂的制动方式,比如电动机可逆运行反接制动,其控制电路如图 2-28 所示。

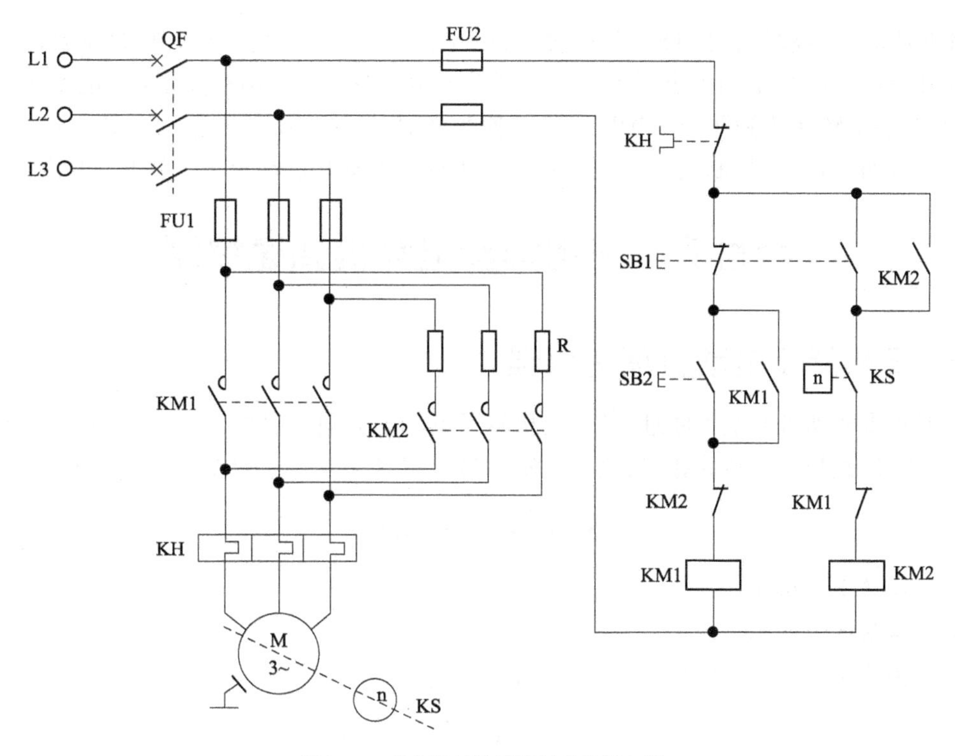

图 2-27　单向运行的反接制动控制电路

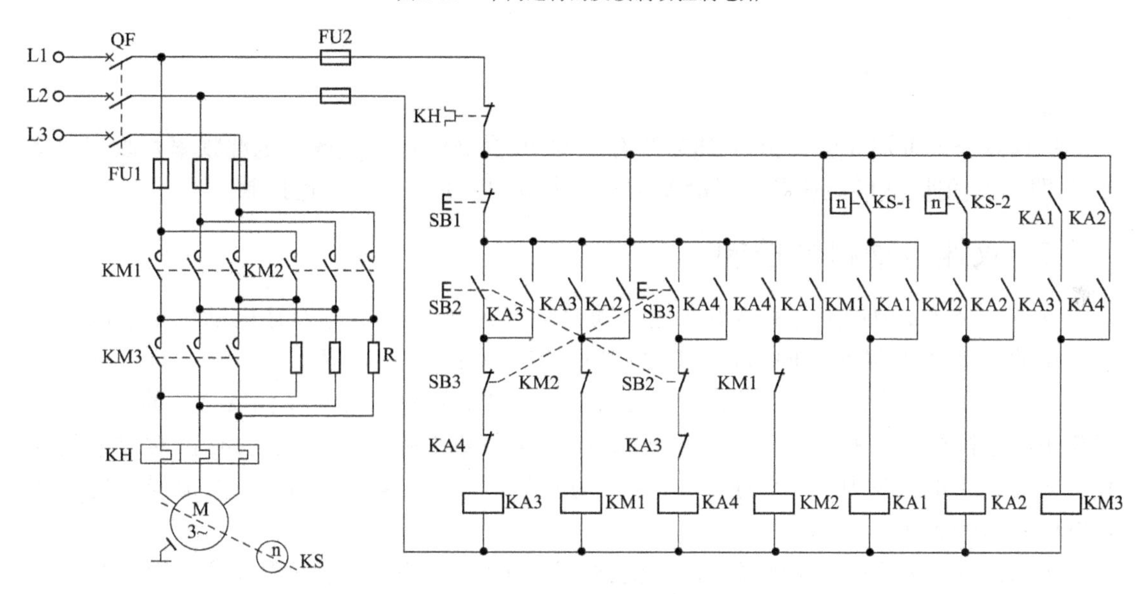

图 2-28　电动机可逆运行反接制动控制电路

图 2-28 中 SB2、SB3 分别为正反转控制按钮，SB1 为停车制动按钮，速度继电器的触点 KS-1 为正转常开触点，KS-2 为反转常开触点。当按动 SB2 后，KA3 线圈通电自锁，使 KM1 线圈通电，电动机定子串入电阻开始降压启动；当转速达到速度继电器动作值时，其正转常开触点 KS-1 闭合，使 KA1 和 KM3 线圈通电，短接定子电阻，电动机全压运行；当需要停车时，按动 SB1，使 KA3、KM1、KM3 线圈相继断电；由于此时电动机转子的惯性转速仍然很高，

速度继电器的正转常开触点 KS-1 尚未复原,KA1 仍处于工作状态,所以在 KM1 常闭触点复位后,KM2 线圈通电,电动机定子串入反接制动电阻,并接入反相序三相交流电源进行反接制动,使电动机转速迅速下降;当电动机转速低于速度继电器动作值时,KS-1 复位,KA1、KM2 线圈相继断电,反接制动过程结束。电动机反向启动和制动停车过程与正转相同。

第七节　三相异步电动机调速控制

一、三相异步电动机调速原理

根据异步电动机的基本原理可知,电机转子的转动方向与磁场旋转方向一致,但转子的转速不可能达到与磁场转速相等,这个差距用转差率 S 来表示。转差率的公式为:

$$S = \left(\frac{n_0 - n}{n_0}\right) \times 100\%$$

式中:n——转子的转速;

n_0——磁场的同步转速。

根据转差率的公式,可以推导出电动机的转速公式:

$$n = n_0(1 - S) = \frac{60f}{p}(1 - S)$$

式中:f——电源频率;

p——磁极对数;

S——转差率。

根据该公式可知,电动机的调速方法有三种:改变磁极对数 p、改变电源频率 f、改变转差率 S,即变极调速、变频调速及电磁滑差调速。本节主要介绍变极调速控制。

二、双速电动机的控制

常见的交流变极调速电动机有双速电动机和多速电动机,其中双速电动机是靠改变定子绕组的连接,形成两种不同的磁极对数,从而获得两种不同的转速。

双速电动机定子绕组常见的接法有 Y/YY 和 Δ/YY 两种。图 2-29 为 Δ/YY 的双速电动机定子绕组接线图。根据变极调速原理"定子一半绕组中电流方向变化,磁极对数成倍变化",定子绕组低速时为三角形连接,高速时为双星形连接。4/2 极的双速交流异步电动机控制电路如图 2-30 所示。

为保证变极前后电动机转动方向不变,要求变极的同时改变电源相序,主电路中接触器 KM1 用于三角形连接的低速控制,接触器 KM2、KM3 用于双星形连接接法的高速控制,高、低速时 W 与 U 接线关系对调(改变相序)。

图 2-30a)控制电路采用按钮进行高、低速控制。SB1 为低速运转控制按钮,SB2 为高速运转控制按钮,SB3 为停止按钮。

图 2-30b)控制电路采用转换开关 SA 选择低、高速运行。SA 在高速选择位置时可以实现先低速启动,然后高速启动和运行的控制要求,以减少高速运行时的启动电流,适用于功

率较大电动机的启动及调速控制。高速启动运行的过程分析如下：

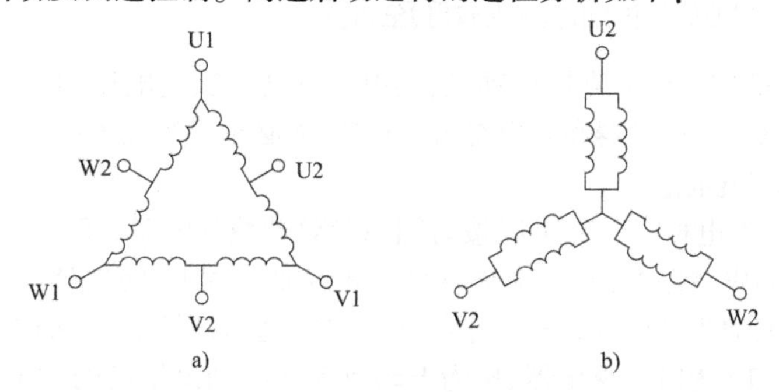

图 2-29　Δ/YY 双速电动机定子绕组接线图

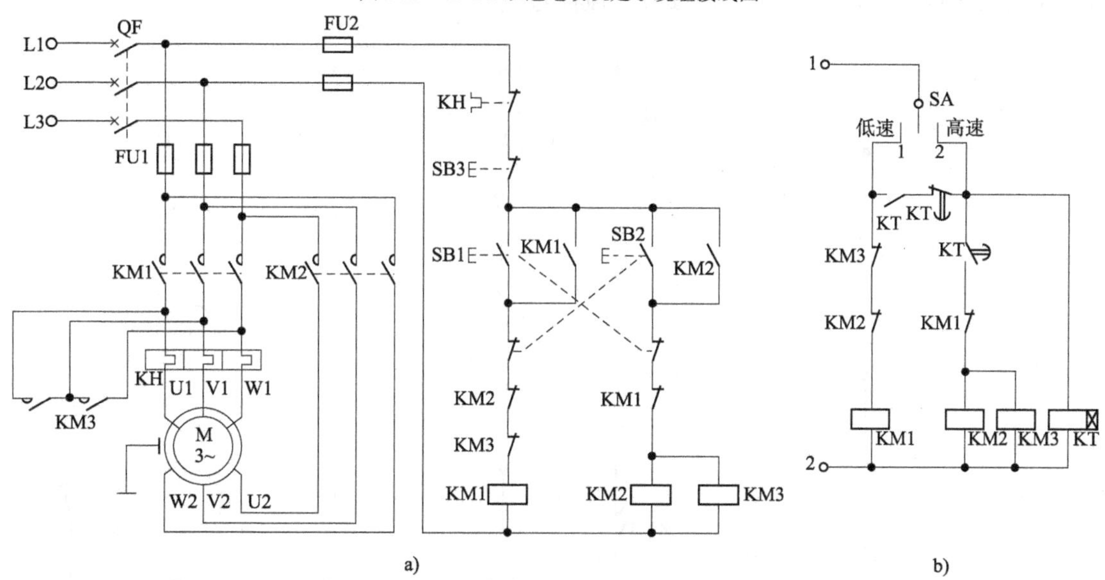

图 2-30　4/2 极的双速交流异步电动机控制电路

选择开关 SA 合向 2 高速，KT 线圈通电延时使 KM1 线圈通电，主电路电动机 M 做三角形连接低速启动，KT 的延时时间到后，使 KM1 线圈断电，KM2、KM3 线圈通电，电动机由低速启动自动切换到双星形连接的高速启动及运行工作状态。SA 合向 1 低速，接触器 KM1 线圈通电，主电路电动机 M 做三角形连接低速启动和运行。

第八节　直流电动机控制

直流电动机具有良好的启动、制动与调速性能，容易实现各种运行状态的自动控制。因此，在工业生产中直流拖动系统得到了广泛的应用，直流电动机的控制已成为电力拖动自动控制的重要组成部分。

直流电动机的控制电路有继电器—接触器基本控制线路和晶闸管控制系统两种，继电器—接触器控制系统具有控制线路简单、动作可靠、输出功率大等优点。直流电动机有串励、并励、复励和他励四种励磁方式，其控制电路基本相同。本节以并励直流电动机为例，介绍直流电动机的启动、反转、制动和调速的电气控制。

一、直流电动机单向旋转启动控制

直流电动机在额定电压下直接启动，启动电流可高达额定电流的 10～20 倍，产生很大的启动转矩，导致电动机换向器和电枢绕组的损坏，故必须采用加大电枢电阻或减低电枢电压的方法来限制启动电流。

如图 2-31 所示为电枢串二级电阻按时间原则启动控制电路。图中 KA1 为欠电流继电器（作为励磁绕组的失磁保护，避免励磁绕组因断线或接触不良引起“飞车”事故），KA2 为过电流继电器（对电动机进行过载和短路保护），KM1 为启动接触器，KM2、KM3 为短接启动电阻接触器，KT1、KT2 为时间继电器，R 为电动机停转时励磁绕组的放电电阻，V 为续流二极管（使励磁绕组正常工作时 R 上没有电流流过）。

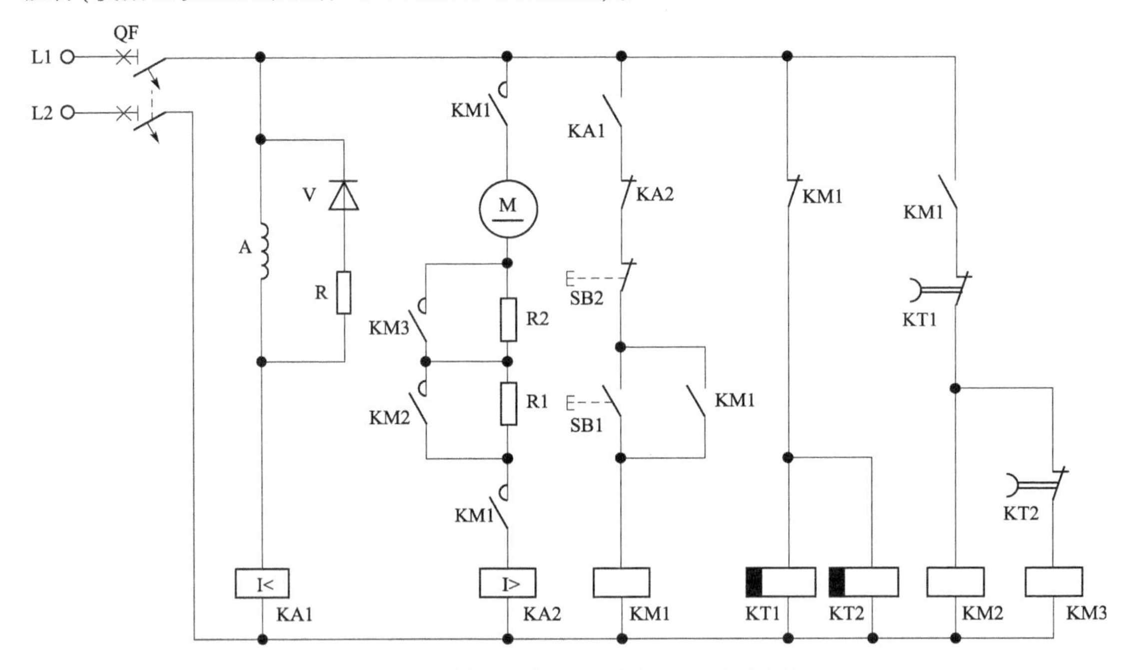

图 2-31　并励直流电动机电枢串电阻二级启动电路

该控制电路的工作原理分析如下：

合上断路器 QF，励磁绕组 A 得电励磁，KA1 线圈通电使其常开触点闭合，同时 KT1、KT2 通电，其常闭触点断开，切断 KM2、KM3 线圈电路，保证启动时电枢回路串入电阻 R1、R2。

按下启动按钮 SB1，KM1 通电自锁，其主触点闭合，接通电动机电枢电路，电枢串入二级电阻启动，同时 KT1、KT2 断电，为 KM2、KM3 通电短接电枢回路电阻做准备；经 KT1 延时时间后，其延时闭合触点闭合，KM2 通电，短接电阻 R1，电动机串接 R2 继续启动；经 KT2 延时时间后，其常闭触点闭合，KM3 通电，短接 R2，电动机在全压下运转，启动过程结束。

二、直流电动机正反转控制

直流电动机实现反转有两种方法：一是电枢反接法，二是励磁反接法。由于励磁绕组匝数多，电感大，在进行反接时的电流突变会产生很大的自感电动势，危及电动机及电器的绝

缘安全。同时励磁绕组在断开时，由于失磁造成很大电枢电流，容易引起“飞车”事故，因此，一般采用电枢反接法。在将电枢绕组反接的同时必须连同换向极绕组一起反接，以达到改善换向的目的。如图2-32所示为并励直流电动机电枢反接法的正反转控制电路。其工作原理分析如下：

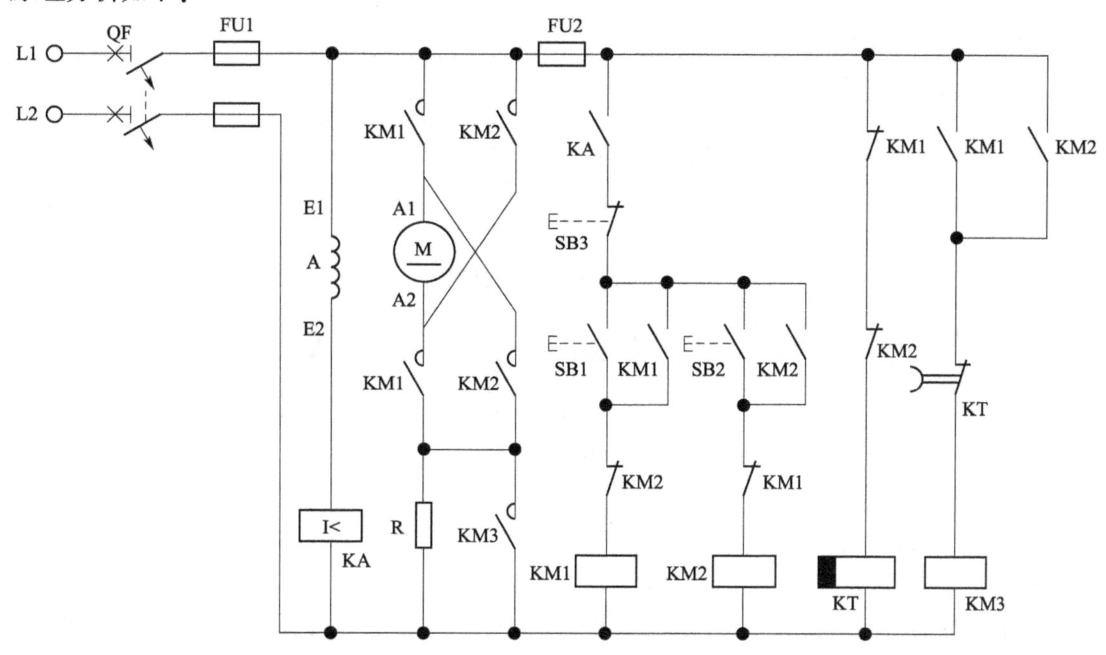

图2-32　并励直流电动机电枢反接法的正反转控制电路

该电路通过控制按钮SB1和SB2分别控制接触器KM1和KM2来实现直流电机M的电枢反转。

合上断路器QF，励磁绕组A得电励磁，KA线圈通电使其常开触点闭合，同时KT线圈通电，其常闭触点断开，切断KM3线圈电路，保证启动时电枢回路串入电阻R。

按下正转启动按钮SB1，KM1通电自锁，其主触点闭合，接通电动机电枢电路，电枢串入电阻R正转启动，同时KT断电，KM1辅助常开触点闭合；经KT延时时间后，其延时闭合触点闭合，KM3通电，其主触点闭合，短接电阻R，电动机全压正向运转。按下SB3可停止运转。

而当按下反转按钮SB2时，直流电机M的电枢反转，开始反向启动。其工作过程与正向启动相似，在此不再赘述。

三、直流电动机制动控制

与交流电动机一样，直流电动机的制动方法也分为机械制动和电气制动。机械制动常用电磁抱闸制动和电磁离合器制动，电气制动包括能耗制动、反接制动和再生发电制动。由于电气制动具有制动力矩大、操作方便、无噪声等优点，故其应用非常广泛。

1. 直流电动机能耗制动控制

能耗制动是指保持直流电动机的励磁电流不变，将电枢绕组的电源切除后，立即使其与制动电阻连接成闭合回路，电枢凭惯性处于发电运行状态，将转动动能转化为电能并消耗在电枢回路中,同时获得制动转矩,迫使电动机迅速停转。图 2-33 为并励直流电动机单向启动能耗制动控制电路。

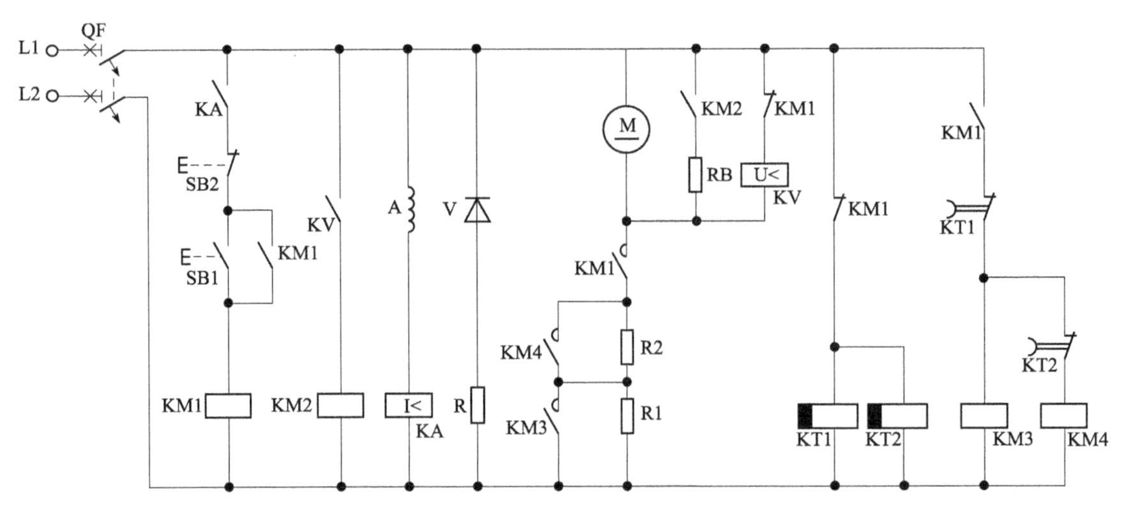

图 2-33　并励直流电动机能耗制动控制电路

按下停止按钮 SB2,KM1 线圈断电,其辅助常开触点断开,使 KM3、KM4 线圈断电,主触点断开,电枢回路断电;同时,KM1 的辅助常闭触头闭合,KT1、KT2 线圈得电使其常闭触点瞬时断开。

由于惯性运转的电枢切割磁力线,在电枢绕组中产生感应电动势,使并接在电枢两端的欠电压继电器 KV 线圈得电,其常开触点闭合,使 KM2 线圈得电,KM2 常开触点闭合,制动电阻 RB 接入电枢回路开始能耗制动;当电动机转速减小到一定值时,电枢绕组的感应电动势也随之减小,使 KV 释放,触点复位,KM2 断电,制动回路断开,能耗制动结束。

2. 直流电动机反接制动控制

直流电动机的反接制动,通常利用改变电枢两端电压极性,或改变励磁电流方向来改变电磁转矩的方向,形成制动力矩,使电动机迅速停转。并励直流电动机的反接制动通常是采用电枢绕组反接法。采用此方法进行反接制动时,因电枢绕组突然反接,电枢电流过大,易使换向器和电刷产生强烈的火花,对电动机的换向不利,故一定要在电枢回路中串入外加电阻,以限制电枢电流。此外,当电动机的转速接近于零时,应及时、准确、可靠地断开电枢回路的电源,以防止电动机反转。如图 2-34 所示为并励直流电动机双向启动反接制动控制电路。

当按下反接制动按钮 SB3 时,其常闭触点断开,KM1 线圈断电,触点复位。此时电动机仍惯性运转,感应电动势仍较高,电压继电器 KV 仍保持通电;同时,SB3 常开触点闭合,KM2、KM3 线圈得电,触点动作,使电枢绕组串入 RB 开始反接制动;当转速接近于零时,感应电动势也趋近于零,KV 断电释放,使 KM3、KM4 和 KM2 也断电,反接制动结束。

四、直流电动机调速控制

直流电动机调速通常有三种方法:一是电枢回路串电阻调速;二是改变主磁通调速;三是改变电枢电压调速。

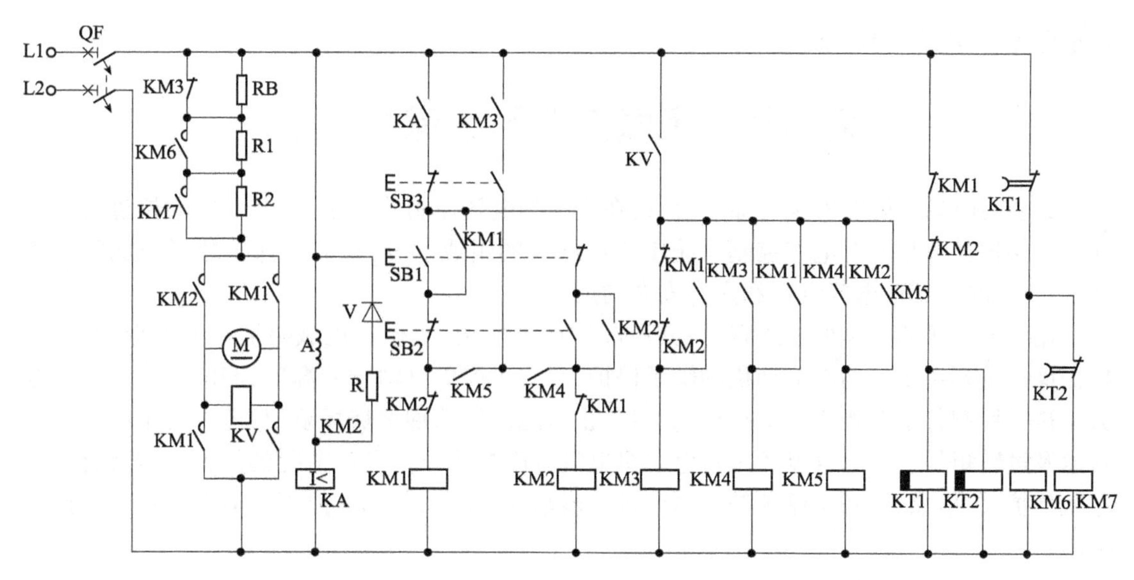

图 2-34　并励直流电动机双向启动反接制动控制电路

1. 电枢回路串电阻调速

这种调速方法是通过在直流电动机的电枢回路中,串接调速变阻器来实现调速的。其原理图如图 2-35 所示。电枢回路串电阻调速只能使电动机的转速在额定转速内调节,故其调速范围较窄,此外其稳定性也较差,能量损耗较大。但因其使用设备简单,操作方便,在短期工作、容量较小且机械特性硬度要求不高的场合使用广泛。例如蓄电池搬运车、无轨电车、吊车等生产机械上仍有使用。

2. 改变主磁通调速

改变主磁通调速是通过改变励磁电流的大小来实现的。当调节电阻器 RP 时,可以改变励磁电流的大小,从而改变主磁通的大小,实现了电动机的调速。但直流电动机在额定运行时,磁路已基本饱和,故此调速方法只能减弱励磁实现调速,也称为弱磁调速,即只能在额定转速以上范围内调速。但转速又不能调得过高,以免出现"飞车"事故。图 2-36 为并励直流电动机改变主磁通调速的原理图。

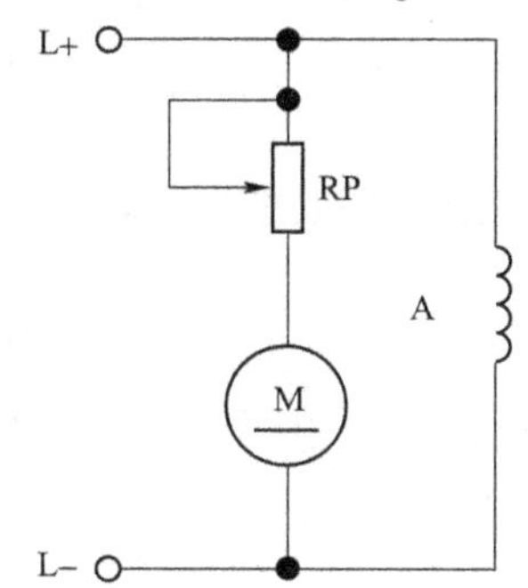

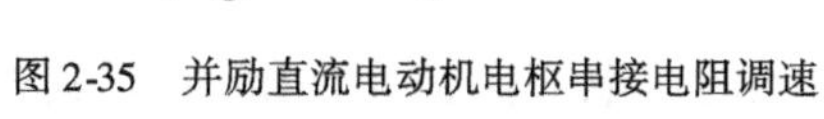

图 2-35　并励直流电动机电枢串接电阻调速

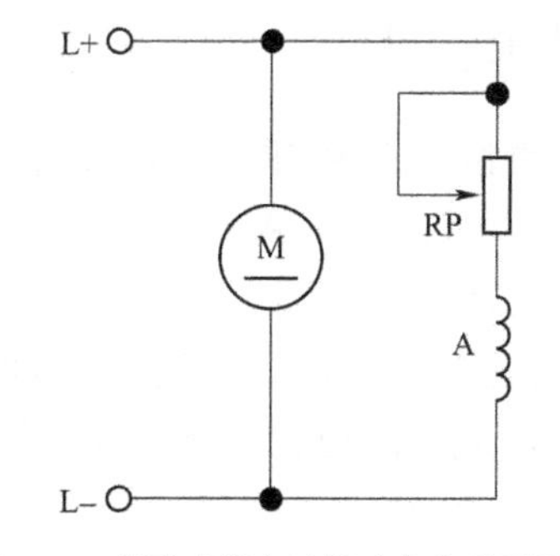

图 2-36　并励直流电动机改变主磁通调速

3. 改变电枢电压调速

改变电枢电压调速通常由晶闸管构成单相或三相全波可控整流电路,通过改变其导通角来实现降低电枢电压的控制。这种系统具有效率高、功率增益大、快速性和控制性好、噪声小等优点,因而得到广泛应用。

第九节　电气控制系统保护环节

为了使电动机能够安全可靠地运行,在实际的电气控制系统中,需要对电动机进行安全保护。保护环节是所有电气控制系统中不可缺少的组成部分,可靠的保护装置应能防止或减轻对电动机、其他电气设备和人身安全的损害。

用于电动机的安全保护装置,按其所起的保护作用,主要有机械保护和电气保护两类。机械保护主要用于大功率电动机的轴承保护,它一般需要对轴承的温度、润滑情况及振动等方面进行检测并采取相应的保护措施,以防止可能发生的轴承烧坏事故;还可用于电动机过转速及过转矩保护。电气保护是对电动机电气方面的故障或异常情况的保护,如短路保护、过载保护、欠压保护、漏电保护等。本节进一步阐述和总结各基本控制环节中使用到的保护措施。

一、短路保护

当电器或电路绝缘遭到损坏、负载短路、接线错误时将产生短路现象。短路时产生的瞬时故障电流可达到额定电流的十几倍到几十倍,使电气设备或配电电路因过流而产生电动力损坏,甚至因电弧而引起火灾。因此,短路保护必不可少。

短路保护要求具有瞬时特性。其保护方法有熔断器保护和低压断路器保护。

1. 熔断器保护

通常熔断器比较适用于对动作准确度和自动化程度要求较低的系统中,如小容量的笼型电动机、一般的普通交流电源等。

2. 低压断路器保护

当出现短路时,低压断路器电流线圈动作,将整个开关跳开,三相电源便同时被切断。断路器还兼有过载保护和欠压保护,不过其结构复杂、价格贵,不宜频繁操作,广泛用在要求较高的场合。

二、过电流保护

频繁启动和正反转、重复短时工作的电动机会引起电动机过电流运行。这种过电流比短路电流小,不超过6倍额定电流。

在过电流情况下,电器元件并不是马上损坏,只要在达到最大允许温升之前,电流值能恢复正常,还是允许的。但过大的冲击负载会使电动机流过过大的冲击电流,以致损坏电动机;同时,过大的电动机电磁转矩也会使机械的传动部件受到损坏。因此,要瞬时切断电源。

由于笼型电动机启动电流很大,如果要使启动时过电流保护元件不动作,其整定值就要大于启动电流,那么一般的过电流就无法使之动作了。所以过电流保护常用在直流电动机和绕线式异步电动机上。

电动机的过电流保护常用过电流继电器与接触器配合起来实现。

三、过载保护

过载是指电动机的电流大于其额定电流值,但在1.5倍额定电流以内。

电动机长期过载运行,其绕组温升将超过允许值,造成绝缘材料老化变脆,寿命减少,严重时会使电机损坏。

常用的过载保护元件是热继电器。

必须强调指出,短路、过电流、过载保护虽然都是电流保护,但由于故障电流的动作值、保护特性和保护要求以及使用元件的不同,它们之间是不能相互取代的。

四、失电压保护

为了防止电压恢复时电动机自行启动或电气元件自行投入工作而设置的保护叫作失电压保护。

采用按钮和接触器控制的启停电路就具有零电压保护作用。因为当电源电压消失时,接触器就会自动释放而切断电动机电源,当电源电压恢复时,由于接触器自锁触头已断开,不会自行启动。

如果不是采用按钮而是用不能自动复位的手动开关来控制接触器,则必须采用专门的零电压继电器来进行保护。工作过程中一旦失电,零电压继电器释放,其自锁电路断开,电源电压恢复时,不会自行启动。

五、欠电压保护

电源电压降低后电动机负载不变,将造成电动机电流增大,引起电动机发热,甚至烧坏电动机。

当电动机电源电压降到60%~80%额定电压时,将切断电动机电源,对电动机进行保护,这种保护称为欠电压保护。

采用按钮和接触器控制的电路同样具有欠电压保护作用。此外,还可采用欠电压继电器来实现欠电压保护。

六、过电压保护

电磁铁、电磁吸盘等大电感负载及直流继电器等,在通断时会产生较高的感应电动势,将使电磁线圈绝缘击穿而损坏,因此,必须采用过电压保护措施。

通常过电压保护是在线圈两端并联一个电阻、电阻串电容或二极管串电阻,以形成一个放电回路,实现过电压的保护。

七、直流电动机的弱磁保护

直流电动机必须在磁场有一定强度下才能启动,如果磁场太弱,电动机的启动电流就会很大;若直流电动机正在运行时磁场突然减弱或消失,直流电动机转速就会迅速上升,甚至发生“飞车”现象。因此应采取弱磁保护。

弱磁保护是通过在电动机励磁回路中串入欠电流继电器来实现的。在电动机运行时,若励磁电流过小，欠电流继电器将释放，其触头断开电动机电枢回路接触器线圈电路，接触器线圈断电释放，接触器主触头断开直流电动机电枢回路，电动机断开电源而停车，实现保护电动机的目的。

八、其他保护

除上述几种保护外，控制系统中还可能有其他各种保护，如超速保护、行程保护、油压（水压）保护、温度保护等。只要在控制电路中串接上能反映这些参数的控制电器的常开触头或常闭触头，就可实现有关保护。

习题及思考题

2-1　常用的电气控制系统图有哪些？它们的作用分别是什么？

2-2　绘制电气原理图应遵循哪些原则？

2-3　简述电动机点动和长动的控制原理。

2-4　分析题2-4图中各控制电路按正常操作时会出现什么现象？若不能正常工作，请加以改进。

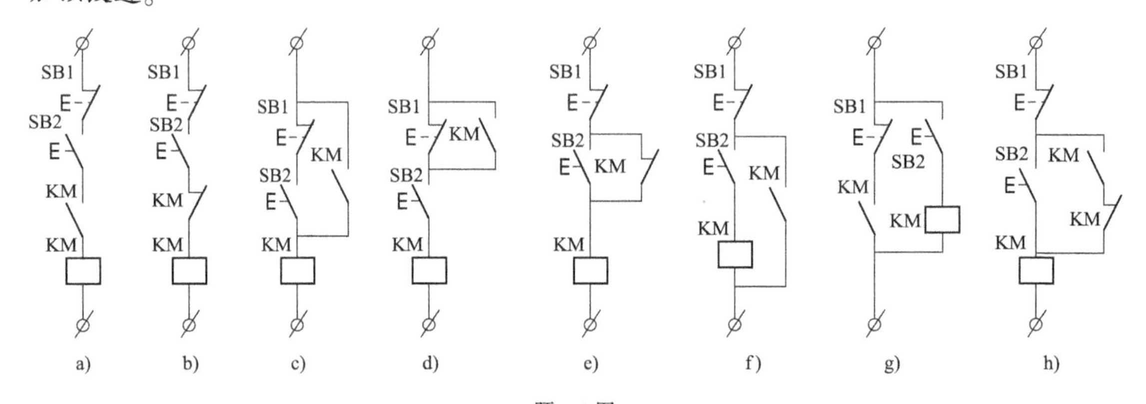

题2-4图

2-5　设计可从两地对一台电动机实现长动和点动控制的电路。

2-6　试画出某机床主电动机控制线路图。要求：(1)可正反转；(2)可正向点动；(3)两处启停。

2-7　如题2-7图所示，要求按下启动按钮后能依次完成下列动作：

(1)运动部件A从1到2；(2)接着B从3到4；(3)接着A从2回到1；(4)接着B从4回到3。

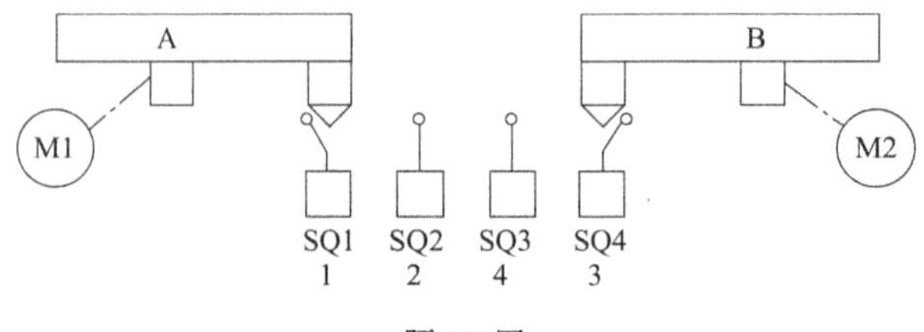

题2-7图

2-8　什么是双重互锁？它有何作用？

2-9　什么叫降压启动？常用的降压启动方法有哪几种？

2-10　试分析图2-20所示电路中，当KT延时时间太短时电路会出现什么现象？当延时闭合与延时打开的触点接反后，又将出现什么现象？

2-11　三相异步电机的制动控制有哪些方式？分别简述其工作原理。

2-12　三相异步电机的调速控制方式有哪些？

2-13　直流电动机启动时，为什么要限制启动电流？限制启动电流的方法有哪几种？

2-14　直流电动机的制动方法有哪几种？各有什么特点？

2-15　直流电动机的调速方法有哪几种？

2-16　电气控制系统的保护环节有哪些？分别采用什么元器件实现？

第三章　电气控制系统分析与设计

在复杂的生产运行活动中，电气控制系统是重要的组成部分，对电气控制系统工作过程的分析也尤为重要。本章将通过分析轨道交通车站风机控制系统、典型电梯运行控制系统及C650车床的电气控制线路，进一步介绍电气控制系统的组成以及各种基本控制环节在具体系统中的应用。同时，掌握分析电气控制电路的方法，从中找出规律，逐步提高阅读电气控制原理图的能力，并初步掌握简单电气控制电路的设计方法。

第一节　电气控制系统分析方法

一、电气控制系统分析基础

电气控制系统的功能是以满足机械设备控制要求为目的的。故详细了解设备的基本结构、工作原理、运动部件的动作要求，以及操作手柄、开关、按钮及位置(行程)开关的状态和控制作用是控制系统的分析基础。

分析电气控制系统的具体内容和要求主要包括以下两个方面：

(1)设备说明书

设备说明书一般由机械与电气两部分组成。在分析时首先要阅读这两部分说明书，了解设备的结构组成及工作原理、设备传动系统的类型及驱动方式、电气传动方式、设备的使用方法、各元器件在控制线路中的作用等。

(2)电气控制原理图

电气控制原理图是控制线路分析的中心内容。对原理图的分析，包含了主电路、控制电路、辅助电路、保护及联锁环节、指示电路以及特殊控制电路等部分的分析。分析电气原理图时，必须与阅读其他技术资料结合起来。

二、电气控制系统分析原则和方法

电气控制系统的分析主要结合电气原理图进行。

通常电气原理图可分为主电路和控制电路及信号指示电路等几部分，也可以按照电动机的编号将电路分成若干模块，甚至可以将每台电动机的控制系统按照其控制功能细分为若干个控制环节。通过对电路环节控制原理的分析，达到了解和掌握电动机各个控制环节以及整个设备电气控制线路原理的目的。为了对设备进行维护和检修，有时结合电气原理图对照电气接线图进行分析也是十分必要的。

分析电气原理图的一般原则是：先机后电、先主后辅、化整为零、集零为整、全局检查。通常分析电气控制系统时，要结合有关技术资料先分析机械原理和工艺，再分析电气原理；先分析主电路，再分析控制电路；将控制电路“化整为零”，以某一电动机或电器元件为对象，

从电源开始，自上而下，自左而右，逐一分析其接通及断开的关系，并区分出主令信号、联锁条件和保护要求，再将各个部分联系起来，从全局上分析整体系统功能。

分析电气原理图的方法与步骤如下：

(1)分析主电路。无论线路设计还是线路分析都应从主电路入手，而主电路的作用是保证电机拖动要求的实现。从主电路的构成可分析出电动机或执行电器的类型、工作方式、启动、转向、调速和制动等基本控制要求。

(2)分析控制电路。主电路的控制要求是由控制电路来实现的。运用“化整为零”的原则，将控制线路按功能不同划分成若干个局部控制线路，从电源和主令信号开始，经过逻辑判断，写出控制过程。

(3)分析辅助电路。辅助电路包括执行元件的工作状态显示、电源显示、参数测定、照明和故障报警等部分。很多部分是由控制电路中的元件来控制的，所以在分析辅助电路时，还要对照控制电路进行分析。

(4)分析联锁与保护环节。生产机械对安全性和可靠性有很高的要求。实现这些要求，除了合理地选择拖动、控制方案以外，在控制线路中还应设置一系列电气保护装置和必要的电气联锁。故在电气控制原理图的分析过程中，电气联锁与电气保护环节分析是一个重要内容。

(5)分析特殊控制环节。在某些控制线路中，还设置了一些与主电路、控制电路关系不密切，且相对独立的特殊环节。如产品计数装置、自动检测系统、晶闸管触发电路和自动调温装置等。这些部分往往自成一个小系统，需要灵活运用相关的电子技术、变流技术、自控系统、自动检测与转换等知识逐一分析。

(6)全局检查。经过“化整为零”地分析了每一局部电路的工作原理以及各部分之间的控制关系之后，还必须按“集零为整”的方法，检查整个控制线路，从全局上查看各控制环节之间的联系，进而清楚地理解原理图中每一个电气元器件的作用、工作过程及主要参数。

第二节　城市轨道交通车站风机控制系统

城市轨道交通的隧道通风系统是隧道安全运行的重要组成部分。通风系统能否正常工作与隧道运行环境条件、运行效率、运行安全密切相关。通风控制系统即在实时监测这些隧道环境参数的基础上，控制隧道内风机的开启及功率大小，以使各项空气指标符合安全行车标准，达到既保障安全行车，同时节约能源的目的。通过 PLC 和变频器、软启动器及各种传感器的配合使用，可以使通风控制的安全性、可靠性大大地提高，不仅节约了电能，而且还提高了设备的运转率。下面介绍在工程中常见的利用变频器和软启动器实现的风机运行控制系统。

一、变频器控制风机系统

1. 变频器介绍

变频器是用来把电压、频率固定不变的交流电变换成电压、频率可变的交流电。它可以降低电机启动时造成的冲击荷载,控制电机速度,把启动时间拉长,使电流变平缓,达到软启动的目的,同时还能提高电网及电动机的效率。变频器的优点还体现在节能方面。

变频器的电路一般由主电路、控制电路和保护电路等部分组成。主电路用来完成电能的转换(整流和逆变);控制电路用以实现信息的采集、变换、传送和系统控制;保护电路用于防止因变频器主电路的过压、过流引起的损坏,同时还保护异步电动机及传动系统等。

变频调速的应用领域非常广泛,它应用于风机、泵、搅拌机、挤压机、精纺机和压缩机,原因是节能效果显著;它应用于机床如车床、机械加工中心、钻床、铣床、磨床,主要目的是提高生产率和质量;它也广泛应用于其他领域,如各种传送带的多台电动机同步、调速和起重机械等。

2. 变频器的使用和设置

在城市轨道交通的隧道通风系统中,常见的 TVF 风机和轨排风机都可使用变频器控制。图 3-1 是以森兰 BT12S 型变频器为例的风机变频控制原理图,BT12S 型变频器是一种风机、水泵专用变频器。考虑到地铁隧道通风系统的重要性,在变频器发生故障时,也需要让风机继续工作,故该系统能实现将风机由变频运行切换为工频运行的控制。

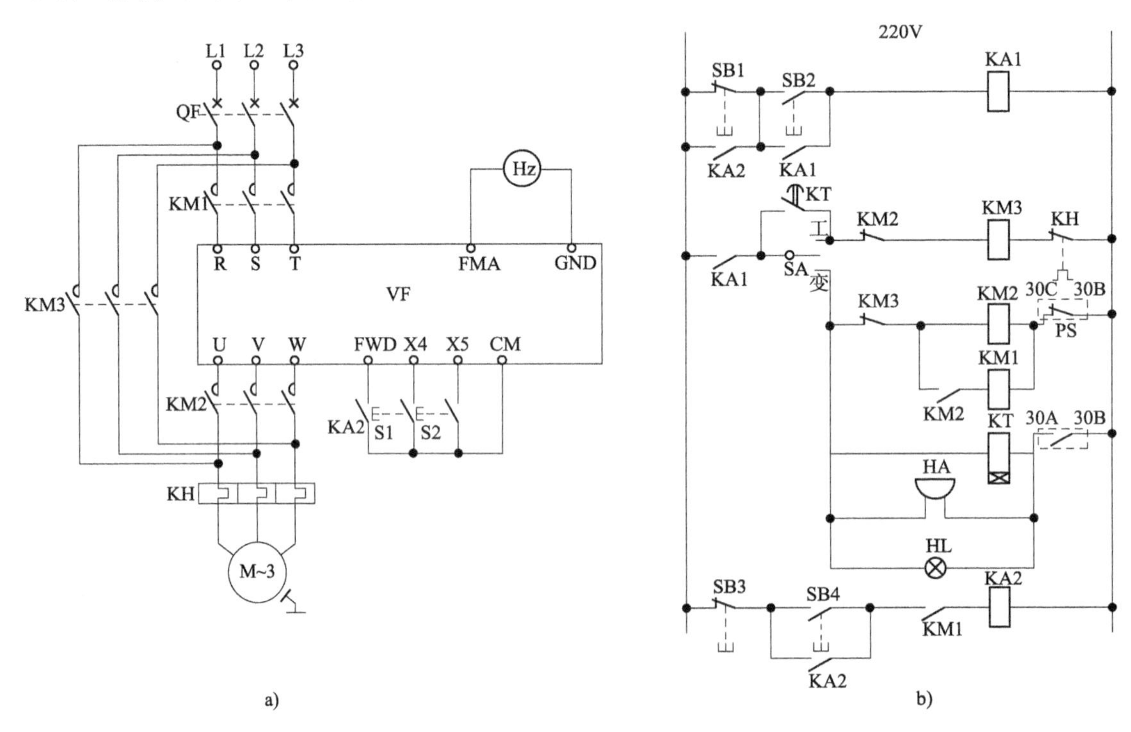

图 3-1 风机变频控制电路原理图

根据功能要求,首先要对变频器编程并设置参数。根据控制要求选择合适的控制模式、运行频率设定方式、控制端子功能等。对变频器参数的详细解释可参见相关变频器的使用手册。

在本例中,可将变频器的功能设置如下:

F01 = 5,频率由 X4 、X5 设定;

F02 = 1，使变频器处于外部 FWD 控制模式；

F28 = 0，使变频器的 FMA 输出功能为频率；

F40 = 4，设置电机极数为 4 极；

F69 = 0，选择 X4、X5 端子功能，即用控制端子的通断实现变频器的升降速。

当 X5 与公共端 CM 接通时，频率上升；X5 与公共端 CM 断开时，频率保持；

当 X4 与公共端 CM 接通时，频率下降；X4 与公共端 CM 断开时，频率保持。

使用 S1 和 S2 两个按钮分别与 X4 和 X5 相接，当按下按钮 S2 使 X5 与公共端 CM 接通时，控制频率上升；当松开按钮 S2，X5 与公共端 CM 断开时，频率保持。同样，按下按钮 S1 使 X4 与公共端 CM 接通，控制频率下降；松开按钮 S1，X4 与公共端 CM 断开，频率保持。

3. 主电路分析

通过断路器 QF 接入三相工频电源，接触器 KM1 的主触点用于将电源接至变频器的输入端 R、S、T，KM2 主触点用于将变频器的输出端 U、V、W 接至电动机，KM3 主触点用于短接变频器，将工频电源直接接至电动机。KM2 和 KM3 不允许同时接通，否则会造成变频器损坏，因此，在 KM2 和 KM3 之间必须有可靠的互锁控制。热继电器 KH 用于工频运行时的过载保护。

4. 控制电路分析

在控制电路中，通过转换开关 SA 进行“变频运行”和“工频运行”的切换。当 SA 合至“工频运行”方式时，按下启动按钮 SB2，中间继电器 KA1 通电自锁，使接触器 KM3 通电，主触点闭合，电动机直接接入工频电源运行；按下停止接钮 SB1，KA1 和 KM3 均断电，电动机停止运行。

当 SA 合至“变频运行”方式时，按下启动按钮 SB2，KA1 通电自锁，KM2 通电，主触点闭合，将电动机接至变频器的输出端。KM2 辅助常开触点闭合使 KM1 线圈通电，KM1 主触点闭合，将工频电源接至变频器的输入端，允许电动机启动。同时，KM3 线圈回路中的 KM2 常闭触点断开，确保 KM3 不能接通。按下按钮 SB4，中间继电器 KA2 通电动作，电动机进入“变频运行”状态。KA2 动作后，停止按钮 SB1 失去作用，以防止直接通过切断变频器电源使电动机停机。

在变频运行中，如果变频器因故障而跳闸，则变频器的保护触点 30B-30C 断开，接触器 KM1 和 KM2 线圈均断电，其主触点断开，切断了电源、变频器和电动机之间的连接。同时，30B-30A 触点闭合，接通报警扬声器 HA 和报警指示灯 HL，发出声光报警。同时，时间继电器 KT 得电，其触点延时一段时间后闭合，使 KM3 线圈通电，主触点闭合，电动机进入工频运行状态。

二、软启动器控制的风机系统

在风机控制系统中，有时也可以采用软启动器来配合变频器和 PLC 对风机进行启停控制。图 3-2 ~ 图 3-4 为软启动器配合 PLC 控制风机运行系统。

1. 软启动器介绍

软启动器通常串接于电源与被控电机之间，通过微电脑控制其内部的晶闸管触发

导通角实现交流调压，使电机输入电压从零以预设函数关系逐渐上升，直至启动结束，赋予电机全电压，即软启动。在软启动过程中，电机启动转矩逐渐增加，转速也逐渐增加，直到晶闸管全导通，电动机工作在额定电压的机械特性上，实现平滑启动，降低启动电流，避免启动过流跳闸。待电机达到额定转数时启动过程结束，为电机正常运行提供额定电压。软启动器不能调节电源频率，所以就不能从零压零频启动电动机，不能实现零冲击启动，并且不能调速。故软启动器经常用来启停控制，并且配合变频器来实现调速控制。

软启动器在现代工矿企业中广泛应用于水泵、风机、液压泵等负载电动机的启动，它在启动时比传统的直接启动电流冲击小、启动曲线平稳，同时还可以限制启动电流。使用效果超出了传统的 Y-Δ 降压启动、串电阻降压启动以及自隅变压器降压启动等，是代替传统启动设备的理想产品。

2. 软启动器的使用

软启动器的结构和功能都大同小异，其使用方法也简单。在本案例的风机控制系统中，采用了施耐德 ATS48 软启动器。该软启动器的控制电源采用交流输入，提供 4 个逻辑输入端口，其中两个可编程；并且带有进线接触器和旁路接触器，可实现自由停车或可控停车。其电气特性如表 3-1 所示。

ATS48 控制端子的电气特性 表 3-1

<table>
<tr><th>端　子</th><th>功　能</th><th>特　性</th></tr>
<tr><td>CL1
CL2</td><td>Altistart 控制电源</td><td>Q 型：220～415V（+10%-15%），50/60Hz
Y 型：110～230V（+10%-15%），50/60Hz</td></tr>
<tr><td>R1A
R1C</td><td>可编程继电器 r1 的常开触点</td><td rowspan="3">最小开关能力：
–直流 6V 时为 10mA
对感性负载的最大开关能力：
–对交流 230V 和直流 30V 为 1.8A
最大电压 400V</td></tr>
<tr><td>R2A
R2C</td><td>启动结束继电器 r2 的常开触点</td></tr>
<tr><td>R3A
R3C</td><td>可编程继电器 r3 的常开触点</td></tr>
<tr><td>STOP</td><td>启动器停机（状态 0 为停机）</td><td rowspan="4">4×24V 逻辑输入阻抗为 4.3k
$U_{max}=30V$，$I_{max}=8mA$
状态 1：$U>11V$，$I>5mA$
状态 0：$U>5V$，$I>2mA$</td></tr>
<tr><td>RUN</td><td>启动器运行
（如果 STOP 为 1，则状态 1 为运行）</td></tr>
<tr><td>LI3</td><td>可编程输入</td></tr>
<tr><td>LI4</td><td>可编程输入</td></tr>
<tr><td>24V</td><td>电源逻辑输入</td><td>+24V±25% 隔离并保护以防短路和过载
最大电流：200mA</td></tr>
<tr><td>LO +</td><td>电源逻辑输出</td><td>连接至 24V 或外部电源</td></tr>
</table>

续上表

端　子	功　能	特　性
LO1 LO2	可编程逻辑输出	2个集电极开路输出端，与1级PLC兼容，符合IEC65A-68标准 –电源+24V（最低12V，最高30V） –带有外接电源的每个输出端最大电流200mA
AO1	可编程模拟输出	输出可配置为0～20mA或4～20mA
COM	I/O公共端	0V
PTC1 PTC2	PTC传感器输入	25℃时传感器回路的总电阻为750Ω
（RJ45）	接头用于： –远程操作 –PowerSuite –通信总线	RS485 Modbus

ATS48的应用接线示例如图3-2所示。其两个逻辑输入端RUN（运行）和STOP（停机）

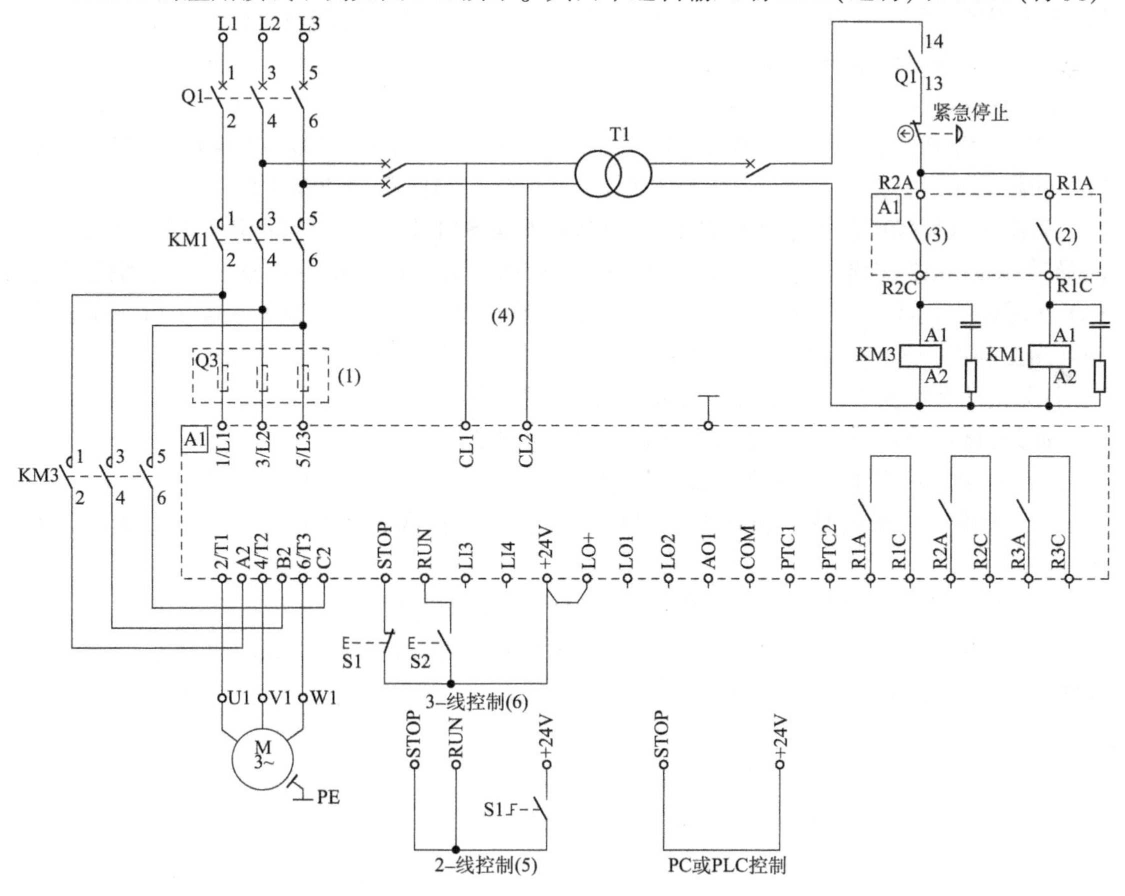

图3-2　ATS48应用接线图

可采用2线控制和3线控制来实现其功能。2线控制时,运行和停机是由状态1(运行)和0(停机)进行控制,RUN和输入状态同时考虑,在上电或故障手动复位时如果有RUN命令则电机会重新启动;3线控制时,运行和停机由2个不同的逻辑输入端控制,断开(状态0)STOP输入可获得停机,在RUN输入端的脉冲一直存储到停机输入断开为正。在上电或故障手动复位时或在一个停机命令之后,电机只能在RUN输入端已断开(状态0)之后跟着一个新脉冲(状态1)时才能上电。

3.风机控制系统主电路分析

如图3-3所示的风机控制主电路中,软启动器ATS48采用2线控制方式,通过中间继电器KA3的常开触点控制;可编程输入接口LI3作为故障闭锁信号由KA4的常开触点控制;接触器KM1、KM2控制风机正反转,接触器KM3旁路软启动器,接触器KMZD实现能耗制动控制,接触器KMJR实现电机绕组加热控制。此外,采用PZ80-E4型三相四线电能表进行电能监测,采用智能温湿度控制器实现防凝露自动加热控制。

4.风机控制电路和指示电路分析

风机控制电路和指示电路如图3-4所示。其中控制正反转和能耗制动的接触器KM1、KM2和KMZD,其线圈回路形成电气互锁,保障系统安全,并分别通过中间接触器KA1、KA2和KAZD的常开触点控制;旁路接触器KM3通过中间继电器KA5的常开触点控制;控制按钮S1为现场急停按钮开关。此外,HR1、HR2、HG、HY分别为正转、反转、停止和故障指示灯,并同时提供一组现场指示灯。

5.PLC控制电路分析

图3-5为PLC控制回路,在本例中采用的PLC为施耐德TWDLCAA40DRF型。有关PLC的相关知识会在第4章~第6章介绍,这里仅作控制回路的功能性介绍。

该系统以现场控制为最高优先级,通过转换开关SA1和SA2进行控制。当SA1在现场位置时,无论SA2在何位置,均只能在现场通过按钮开关SB1、SB2、SB3进行分合闸控制;当SA1在环控位置且SA2也在环控位置时,只能在环控柜内通过按钮开关SB4、SB5、SB6进行分合闸控制;当SA1在环控位置且SA2在BAS位置时,只能通过BAS系统远程进行分合闸控制;无论什么情况下,均可以通过BAS系统远程监测。

此外,该系统还需满足以下控制功能,可通过PLC编程实现:

(1)在手动状态下,当振动和轴温报警时,故障触点闭合,不允许风机运行;

(2)无论在自动还是手动状态下,仅当风阀打开时,风阀联锁触点闭合,才允许风机运行;

(3)当风机停止时需要给电机绕组加热,当风机启动前需要停止电机绕组加热;

(4)当接收到BAS系统的火灾状态时,风机的过载等故障不会引起风机停止,且火灾状态时风机正反转切换时间小于60s。

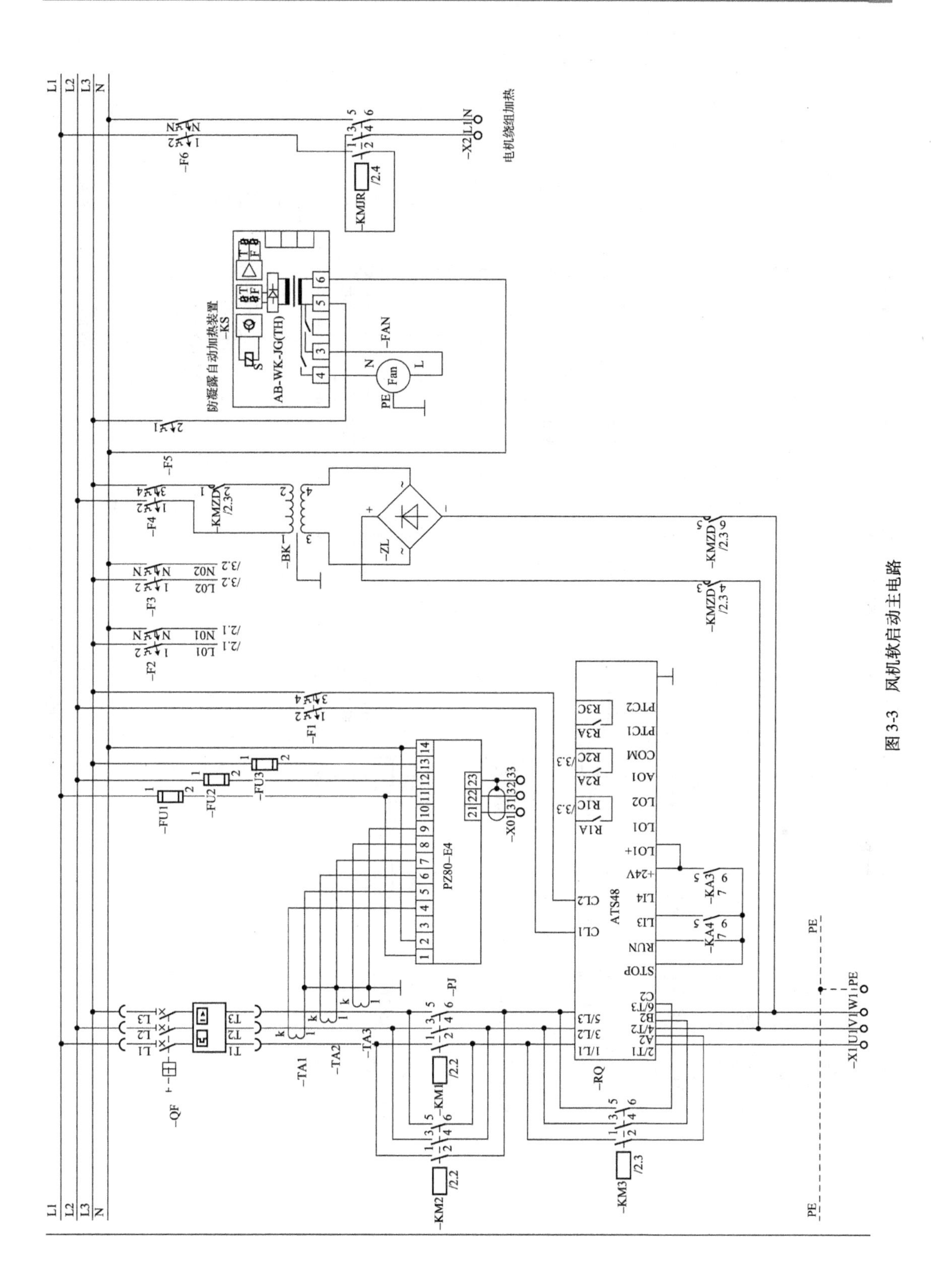

图3-3 风机软启动主电路

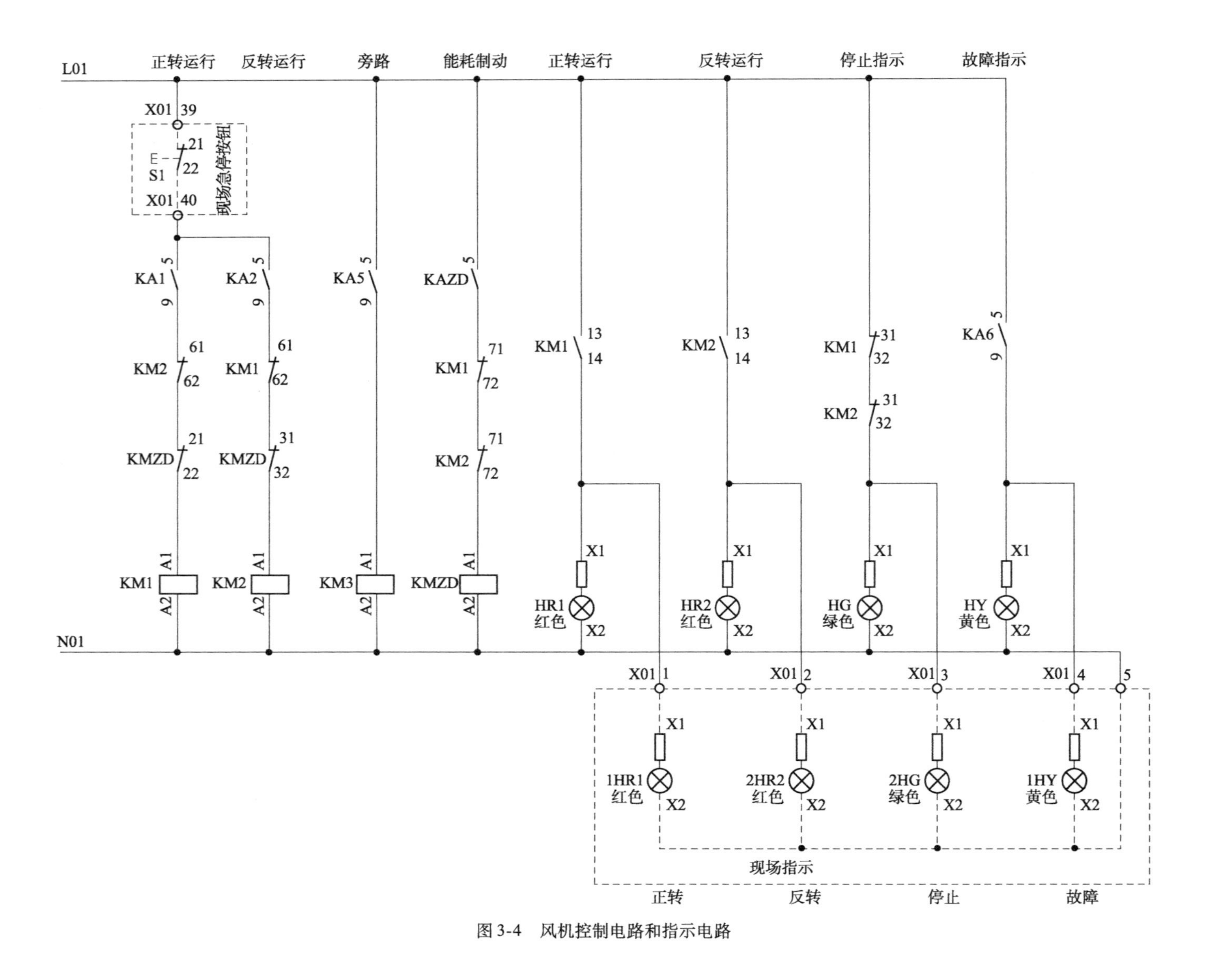

图 3-4　风机控制电路和指示电路

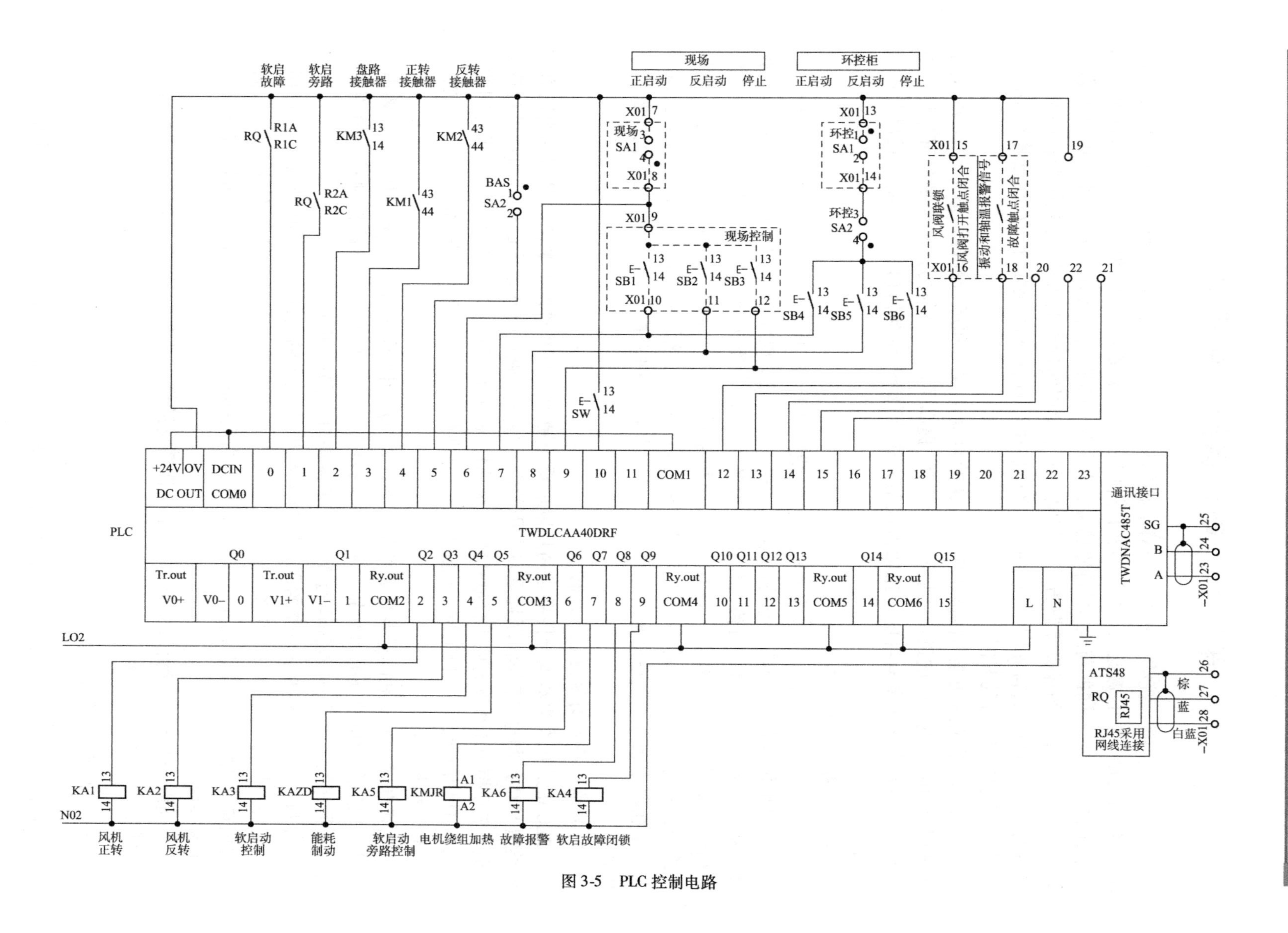

软启故障
软启旁路
盘路接触器
正转接触器
反转接触器
现场
正启动
反启动
停止
环控柜
正启动
反启动
停止
现场控制
风阀联锁
风阀打开触点闭合
振动和轴温报警信号
故障触点闭合
PLC
TWDLCAA40DRF
TWDNAC485T
通讯接口
ATS48
RJ45采用网线连接
棕
蓝
白蓝
风机正转
风机反转
软启动控制
能耗制动
软启动旁路控制
电机绕组加热
故障报警
软启故障闭锁

图 3-5　PLC 控制电路

第三节 电梯运行控制系统

电梯运行控制系统的主要作用是对电梯的运行实行操纵和控制，电梯的各种信号控制功能，包括启动、运行、减速、停车、开关门等，均是由信号控制系统控制实现的。根据不同的用途，电梯可以有不同的荷载、不同的速度，以及不同的驱动与控制方式。即使相同用途的电梯，也可采用不同的操纵控制方式。但电梯不论使用何种控制方式，总是按照轿内指令或层站召唤信号的要求，首先向上（或向下）启动加速运行，然后匀速运行，在临近停靠站时减速制动、平层停车、自动开门。

电梯控制系统的功能与性能决定着电梯的自动化程度和运行性能。微电子技术、交流调速理论和电力电子学的迅速发展及广泛应用，提高了电梯控制的技术水平和可靠性。电梯的信号控制系统主要有继电—接触器控制方式、可编程控制器（PLC）控制方式以及微机控制方式等。

1. 继电器—接触器控制方式

继电器—接触器控制方式原理简明易懂、线路直观、易于掌握。继电器通过触点断合进行逻辑判断和运算，进而控制电梯的运行。由于触点易受电弧损害，寿命短，因而继电器控制电梯的故障率较高，具有维修工作量大、设备体积大、动作速度慢、控制功能少、接线复杂、通用性与灵活性较差等缺点。对不同的楼层和控制方式，其原理图和接线图必须重新设计和绘制，而且控制系统由许多继电器和大量的触电组成，接线复杂、故障率高。因此，继电器—接触器控制方式已逐渐被可靠性高、通用性强的可编程控制器（PLC）及微机控制系统代替。

2. 可编程序控制器（PLC）控制

PLC很适合作为对安全性要求高且以逻辑控制为主的电梯控制系统。目前国内已有多种类型PLC控制电梯产品，而且更多在用的继电器—接触器方式电梯已采用PLC进行技术改造。PLC控制虽然没有微机控制功能多、灵活性强，但它综合了继电器控制与微机控制的许多优点，使用简便，易于维护，抗干扰能力强，可靠性高，且本身具有自诊断和故障报警功能。

3. 微机控制方式

当代电梯技术发展的重要标志就是微型计算机应用于电梯控制。现在国内外主要电梯产品均以生产微机控制电梯产品为主。微机控制应用于召唤信号处理、控制系统的调速装置以及群梯控制管理，可提高运行效率，减少候梯时间，节约能源。

由PLC或微机实现继电器的逻辑控制功能，具有较大的灵活性，不同的控制方式可用相同的硬件，只需把按钮、限位开关、光电开关、无点行程开关等电器元件作为输入信号，而把制动装置、接触器等功率输出元件接到输出端，当电梯的功能、层数变化时，可通过修改控制程序来实现。

下面以PLC电梯控制系统为例，介绍电梯系统的供电控制、变频调速控制、开关门控制、安全控制和制动控制等方面。

一、电梯供电系统

电梯供电一般采用三相五线制供电系统。图3-6为电梯供电系统原理图。主电路上有

电梯供电电源闸、极限电磁闸、控制柜电磁闸和电源开关,相序继电器用于控制电机的正反转,通过变压器降压可提供交流 110V 和直流 24V 电压。

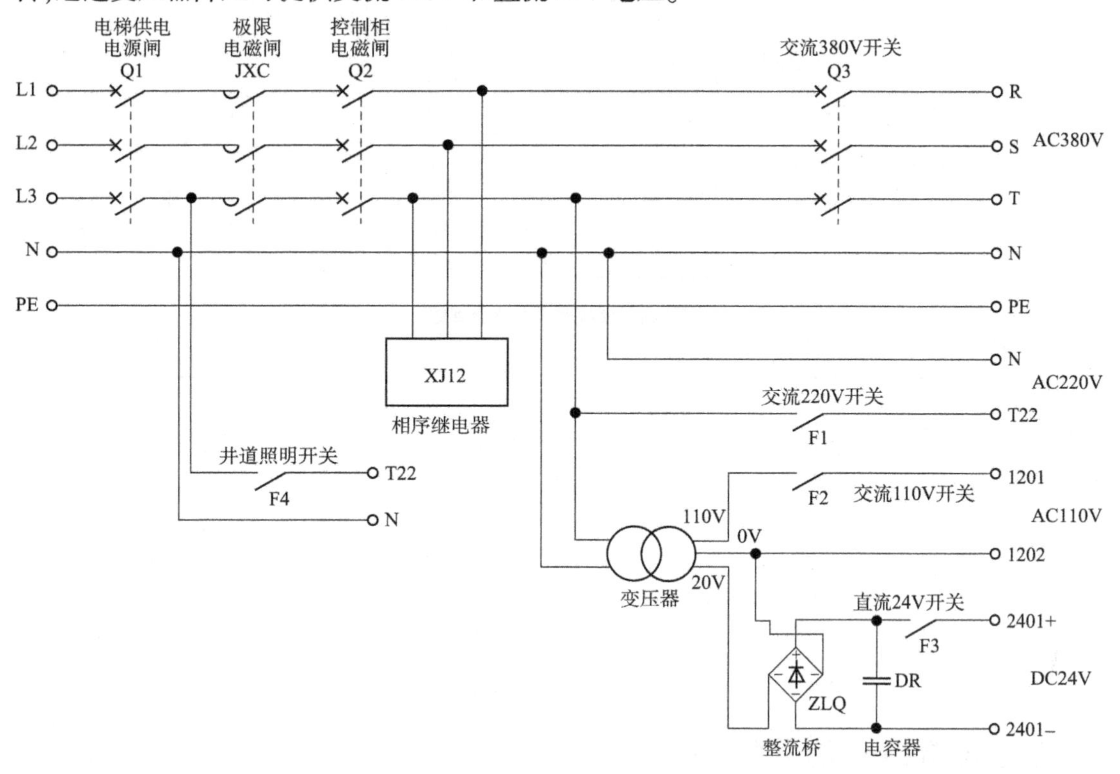

图 3-6 电梯供电系统原理图

图 3-7 为锁梯限位开关控制原理图。其中 TDD 是变频器输出继电器接点,通过锁梯开关可以实现对电梯供电的控制。上下极限开关 SJXK 和 XJXK 可为电梯提供限位保护。

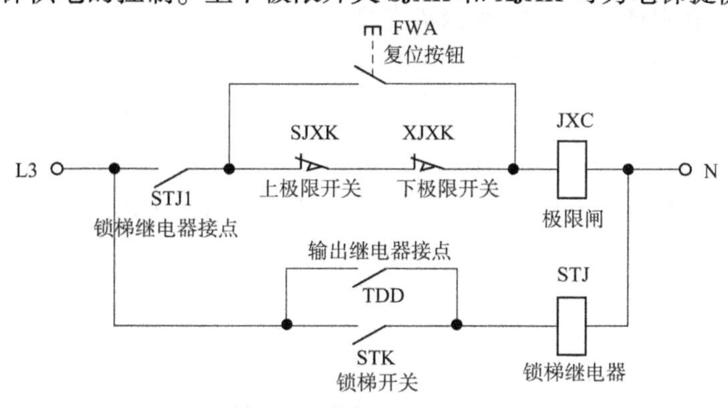

图 3-7 锁梯限位开关控制原理图

二、电梯变频调速控制

通过变频器对电梯电动机进行调速控制,其主电路原理图如图 3-8 所示。

变频器的控制电路如图 3-9 所示。该图为通过 PLC 向变频器发出控制信号。当变频器输入端 X1、X2、FWD(或 REV)同时有信号时,轿厢直接加速到正常行驶速度;有减速信号时，X2 断开，轿厢迅速减速到爬行速度；有平层信号时，X1 断开，FWD（或 REV）断开，PLC 输出为零，此时，抱闸系统对电机实行抱闸制动、平层。

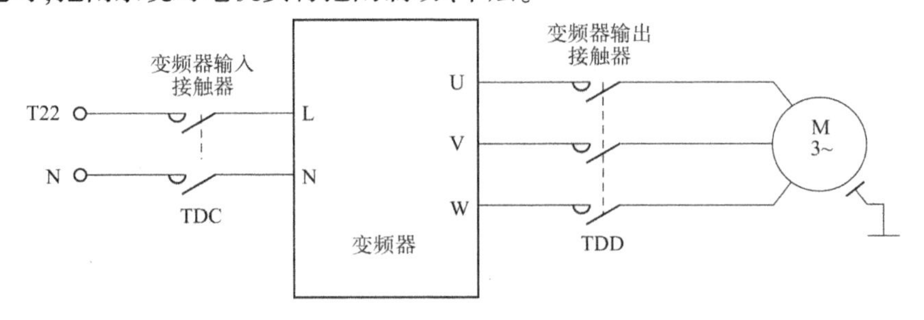

图 3-8　变频器主电路原理图

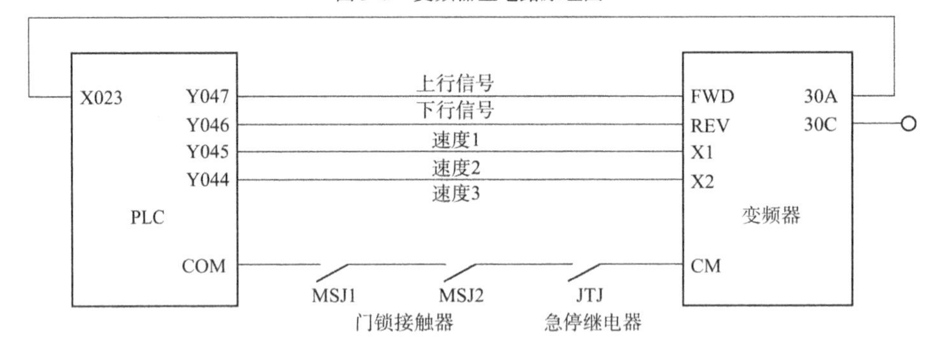

图 3-9　变频器控制电路原理图

三、电梯 PLC 信号控制

通过 PLC 可实现电梯选层控制、强电输出开关门控制和弱电信号输出控制等功能。

图 3-10 为 PLC 外呼、内选指令输入接线图。以六层楼为例，可通过电梯内和大厅内按钮实现选层控制。其中选层按钮采用 24V 直流供电。

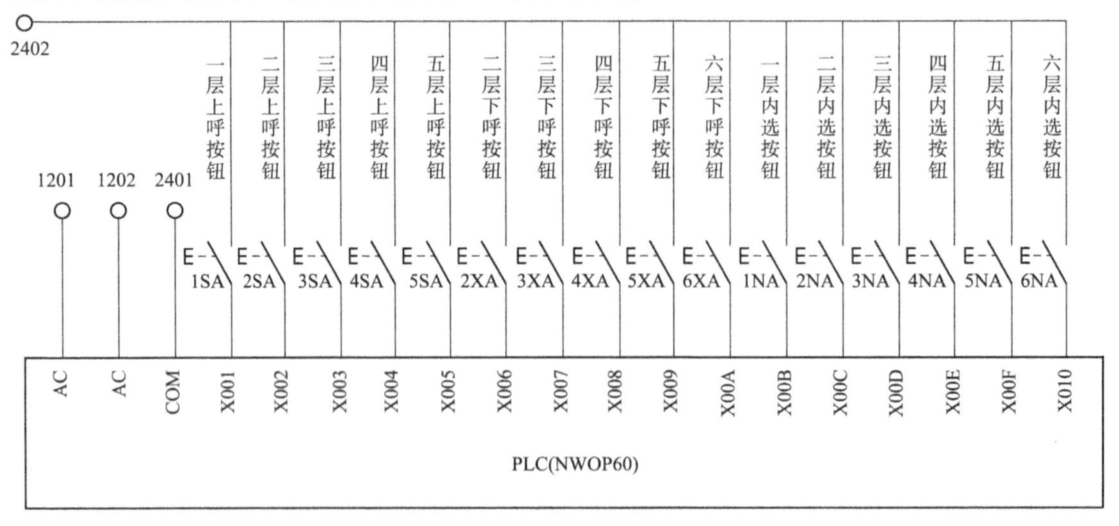

图 3-10　PLC 外呼、内选指令输入接线图

图 3-11 为 PLC 强电输出接线图。其中开关门继电器必须电气互锁，以防电源短路。

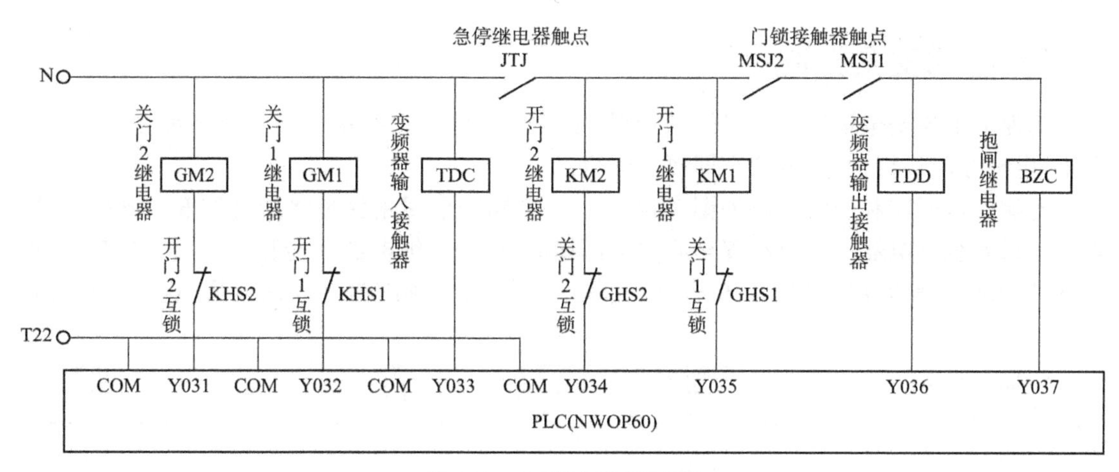

图 3-11 PLC 强电输出接线图

图 3-12 为 PLC 信号输出接线图,主要用于控制楼层指示、超载声光指示和数码管显示等。

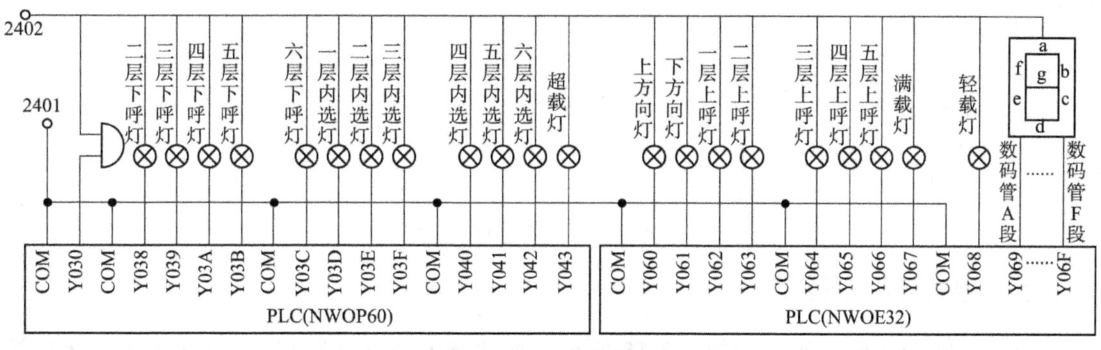

图 3-12 PLC 信号输出接线图

图 3-13 为开关门控制主电路,通过开门和关门接触器实现电动机的正反转控制。

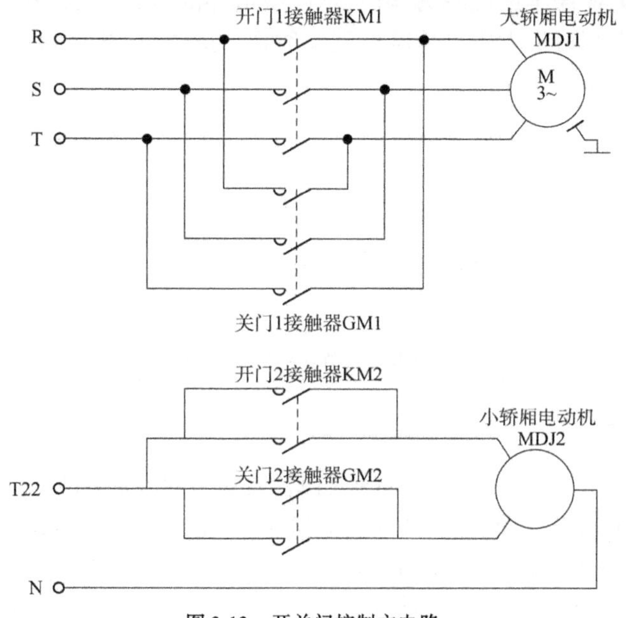

图 3-13 开关门控制主电路

四、电梯安全控制

为保证电梯安全运行，在电梯上装有许多安全部件。只有每个安全部件都在正常的情况下，电梯才能运行，否则电梯立即停止运行。

电梯安全回路和门锁回路如图3-14所示。电梯安全回路就是将所有的安全开关串联，控制一只安全继电器。当所有安全开关全部接通时，安全继电器才能吸合，并且在安全回路接通的情况下，所有层门和轿门的门锁开关全部接通，门锁继电器才能接通，这时电梯才能工作。

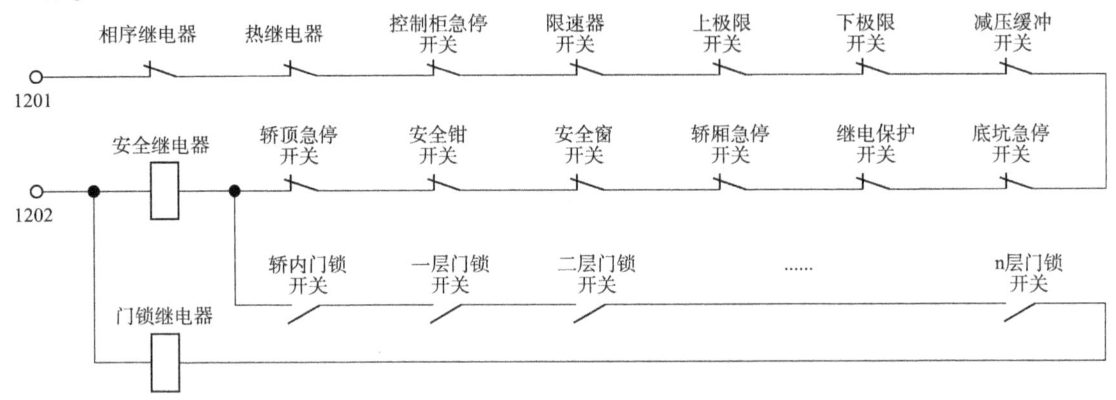

图3-14　电梯安全回路和门锁回路

五、电梯制动控制

电梯抱闸制动控制的原理如图3-15所示。抱闸继电器分两路接点，分别为上下运行控制。当电梯要投入工作时，抱闸继电器通电，常开触点闭合，抱闸线圈通电，制动器松闸，电梯才可启动、运行；电梯停车速度降为零后，抱闸继电器断电，触点断开，抱闸线圈断电释放，制动器抱闸。零速抱闸可最大限度地降低闸皮磨损。此外，图中二极管起放电续流的作用，压敏电阻起吸收过电压的作用。

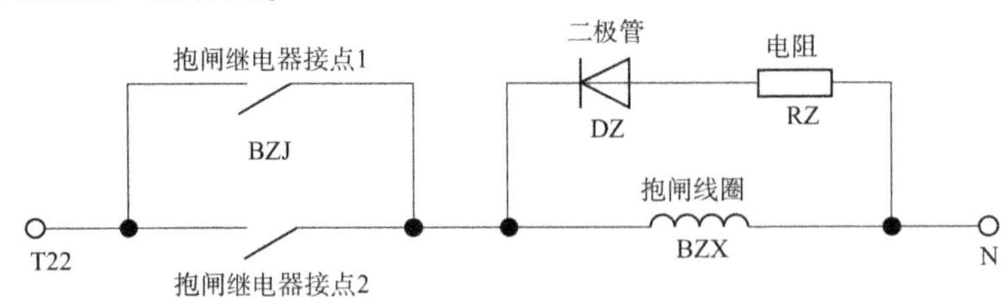

图3-15　抱闸制动控制原理图

六、电梯照明

电梯的照明一般可分为轿厢照明、井道照明、轿顶照明及底坑照明等。

轿厢照明根据轿厢大小、对照明的要求来设计，一般使用220V电源。此外，还需考虑安全照明，当停电或故障时，保证轿厢内有一定的照明时间，采用独立的后备电源，一般为12～36V。电梯的轿厢照明及风扇供电如图3-16所示。

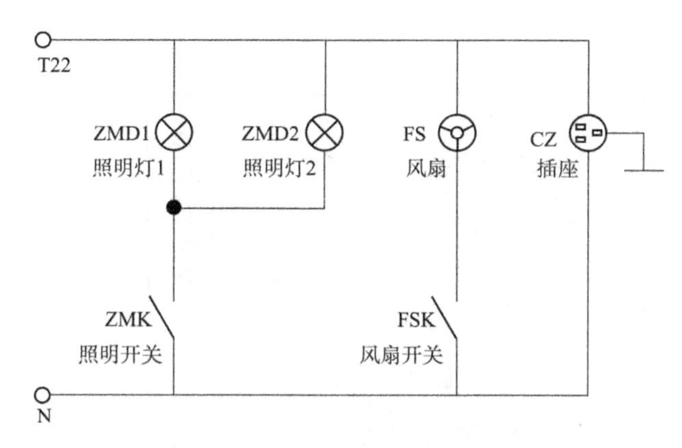

图 3-16　电梯轿厢照明电路图

井道照明根据井道总长度、井道壁的反光系数来设计，至少需要两个双掷开关，可以在机房或者底层进行开关控制。轿顶照明和底坑照明一般都采用 36V 安全电源。

第四节　C650 卧式车床电气控制电路

C650 卧式车床主要由床身、主轴变速箱、尾座、进给箱、丝杠、光杠、刀架和溜板箱组成。主要用作车削外圆、内圆、端面、螺纹螺杆等。车床的主运动是主轴通过卡盘带动工件做旋转运动，进给运动是溜板箱带动刀具作纵向或横向运动。为了满足机械加工工艺的要求，主轴旋转运动与带动刀具溜板箱的工步进给运动由同一台主轴电动机驱动。

一、C650 车床电力拖动的控制要求及特点

(1)主轴负载主要为切削性恒功率负载，要求正反转、反接制动和调速控制，系统采用齿轮变速箱的机械调速方式，要求电气控制系统实现正反转和反接制动控制。

(2)由于 C650 车床床身较长，为减少辅助工作时间，提高加工效率，设置了一台 2.2kW 的笼型三相交流异步电动机拖动刀架及溜板箱的快速移动，由于快速移动为短时工作制，要求采用点动控制。

(3)为了在机加工过程中对刀具进行冷却，车床的冷却液循环系统采用一台 125W 的三相交流异步电动机驱动冷却泵运转，冷却泵电动机要求采用启停控制。

二、C650 车床主电路分析

C650 车床的电气控制电路如图 3-17 所示，主电路中断路器 QF 为电源开关，开关右侧分别为电动机 M1、M2、M3 的主电路。

根据控制要求，主电路用接触器 KM1、KM2 主触点接成主轴电动机 M1 的正、反转控制电路；电阻 R 在反接制动和点动控制时起限流作用；接触器 KM3 在运行时起旁路限流电阻 R 的作用；电流互感器 TA、电流表 PA 和时间继电器 KT 用于检测主轴电动机 M1 启动结束后的工作电流，启动过程中 KT 动断延时触点闭合，电流表 PA 被旁路，启动结束，KT 动断延时断开触点打开，电流表 PA 投入工作，监视电动机运行时的定子工作电流。

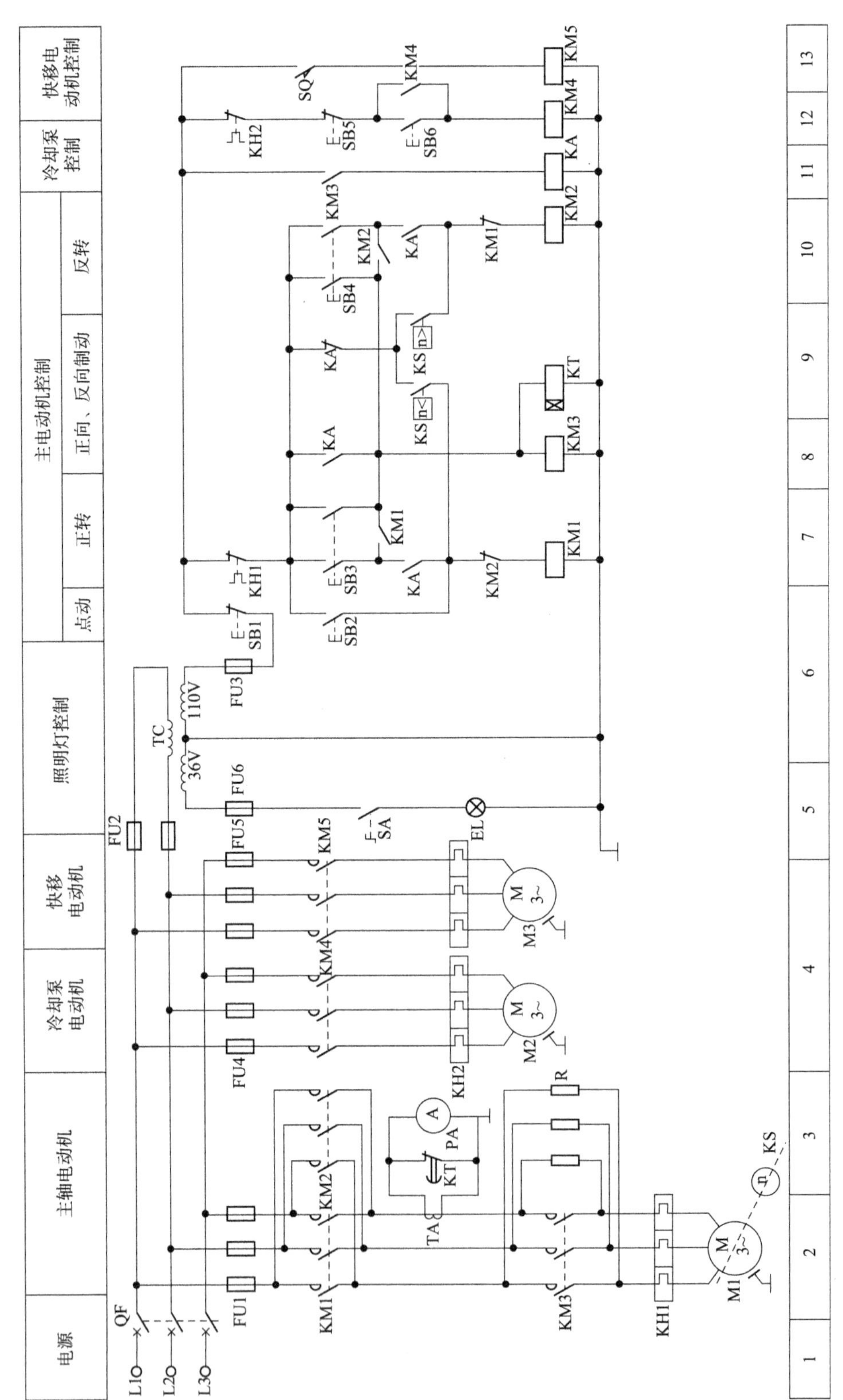

图 3-17 C650 车床控制电路

熔断器 FU1 用于电动机 M1 的短路保护，热继电器 KH1 用于过载保护，速度继电器 KS 用于检测电动机 M1 转动速度的过零点。

接触器 KM4 控制冷却泵电动机 M2 的启动和停止，KH2 用于电动机 M2 的过载保护。接触器 KM5 用于控制快速移动电动机 M3 的工作。由于快速移动为短时操作，故电动机 M3 不设过载保护。

三、控制电路分析

控制电路采用变压器 TC 隔离降压的 110V 电源供电，熔断器 FU3 用作控制电路的短路保护。控制电路由主轴电动机、刀架拖板快速移动电动机和冷却泵电动机三部分电路组成。

1. 主轴电动机 M1 的控制

主轴电动机 M1(30kW)不要求频繁启动，采用直接启动方式，要求供电变压器的容量足够大，主轴电动机能够实现正反转、正向点动、反接制动等电气控制。其控制电路如图 3-18 所示。下面具体分析各种控制过程。

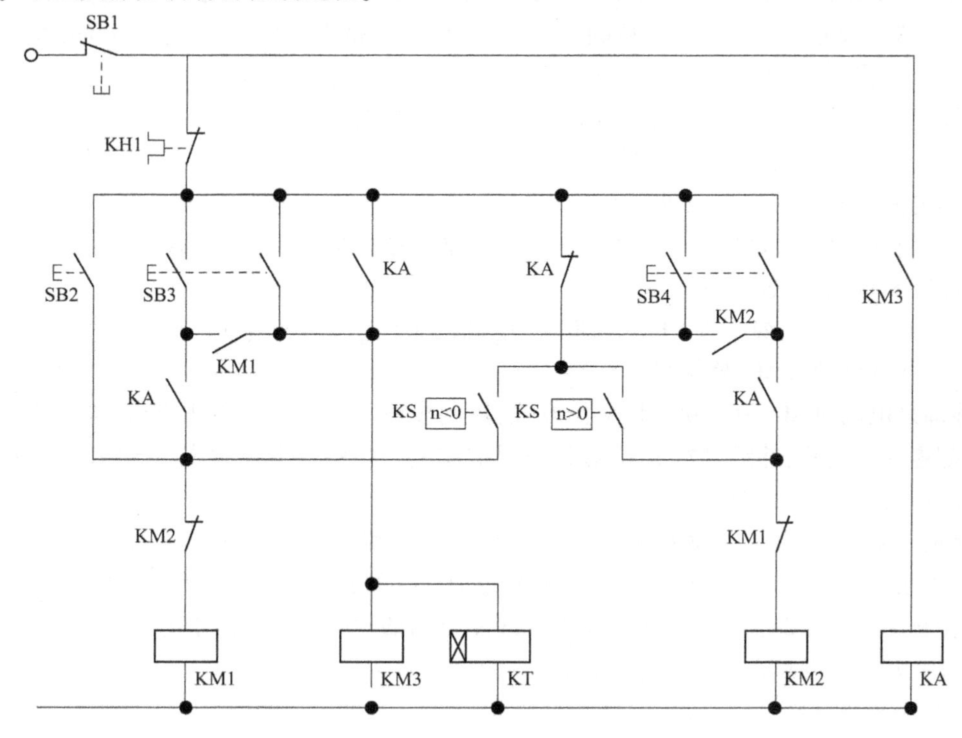

图 3-18　车床主轴电动机控制电路

(1)正、反转控制

按动正向启动按钮 SB3 时，两个动合触点同时闭合，SB3 右侧动合触点使接触器 KM3 通电、时间继电器 KT 线圈通电延时，中间继电器 KA 线圈通电，其动合触点使 KM3 和 KT 自锁，SB3 左侧动合触点使接触器 KM1 线圈通电，并通过 KA 的两个动合触点自锁，主电路的主轴电动机 M1 全压启动。

时间继电器 KT 延时时间到，启动过程结束，主轴电动机 M1 进入正转工作状态，主电路 KT 动断延时断开触点断开，电流表 PA 投入工作，动态指示电动机运行工作的线电流。在电动机正转工作状态,控制电路线圈通电工作的电器有 KM1、KM3、KT、KA 等。反向启动的控制过程与正向启动类似,SB4 为反向启动按钮,在 M1 反转运行状态,控制电路线圈通电工作的电器有 KM2、KM3、KT、KA 等。

(2)正向点动控制

按下点动按钮 SB2(手不松开)时,接触器 KM1 线圈通电(无自锁回路),主电路电源经 KM1 的主触点和电阻 R 送入主轴电动机 M1,主轴电动机 M1 正向点动;松开按钮 SB2 后,接触器 KM1 线圈断电,主轴电动机 M1 点动停止。

(3)反接制动控制

电动机 M1 的控制电路能实现正、反转状态下的反接制动。

M1 正转过程中,控制电路 KM1、KM3、KT、KA 线圈通电,速度继电器 KS 的正转动合触点($n>0$)闭合,为反接制动做好了准备。按动停止按钮 SB1,依赖自锁环节通电的 KM1、KM3、KT、KA 线圈均断电,自锁电路打开,触点复位;松开停止按钮 SB1 后,控制电流经 SB1、KA、KM1 的动断触点和 KS($n>0$)的动合触点使接触器 KM2 线圈通电,主轴电动机 M1 定子串电阻 R 接入反相序电源进行反接制动,当电动机转速接近于零时,KS($n>0$)的动合触点断开,KM2 线圈断电,电动机 M1 主电路断电,反接制动过程结束。

反转时的反接制动与正转反接制动相类似,在反转过程中,速度继电器 KS($n<0$)动合触点闭合,按下停车按钮 SB1,反转时通电电器的线圈断电、触点复位,松开停止按钮 SB1 后,控制电流经 KA、KM2 的动断触点和 KS($n<0$)的动合触点使 KM1 线圈通电,主轴电动机 M1 进行反转的反接制动,$n=0$ 时,KS($n<0$)的动合触点断开,KM1 线圈断电,主轴电动机 M1 主电路断电,制动过程结束。

熔断器 FU1 和热继电器 KH1 分别实现电动机 M1 的短路和过载保护。

2. 冷却泵电动机 M2 的控制

冷却泵电动机 M2 为连续运行工作方式,控制按钮 SB5、SB6 和接触器 KM4 构成电动机 M3 的起停控制电路,热继电器 KH2 起过载保护作用。熔断器 FU4 用作主电路的短路保护。

3. 刀架快速移动电动机 M3 的控制

转动刀架手柄,压下位置开关 SQ,接触器 KM5 线圈通电,电动机 M3 启动,经传动机构驱动溜板箱带动刀架快速移动。刀架手柄复位时,SQ 复位,KM5 线圈断电,快移电动机 M3 停转,快移结束。熔断器 FU5 用作电动机 M3 主电路的短路保护。由于电动机 M3 工作在手动操作的短时工作状态,故未设过载保护。

4. 车床照明电路

照明电路采用 36V 安全供电,开关 SA 为照明灯 EL 的控制开关,熔断器 FU6 作照明电路的短路保护。

第五节　电气控制电路设计

电气控制系统的设计,包括电气控制原理设计和工艺设计两个方面。电气控制原理设计以满足机械设备的基本要求为目标,综合考虑设备的自动化程度和技术的先进性。而工艺设计的合理性则决定着电气控制设备生产活动的可行性、经济性、造型的美观及使用与维

修的方便等技术和经济指标。电气控制系统设计涉及的内容很广泛,本小节仅对电气原理图的设计进行分析。

一、电气控制线路的设计原则

(1)尽量选用典型环节或经过实际检验过的控制线路。

(2)在控制原理正确的前提下,减少连接导线的根数与长度。电气原理图设计时,合理安排各电器元件之间的连线,尤其要注重电气柜与各操作面板、行程开关之间的连线,使其尽量合理。

(3)减少线圈通电电流所经过的触点点数,提高控制线路的可靠性。

(4)减少不必要的触点和电器通电时间。减少不必要触点的方法可使用卡诺图或公式法化简控制电路的控制逻辑。减少电器不必要的通电时间,可以节约电能,延长器件的使用寿命。比如降压启动控制电路启动过程结束后,应将控制启动过程用的时间继电器和其他电器线圈断电。

(5)电磁线圈的正确连接方法。电磁式电器的电磁线圈分为电压线圈和电流线圈两种类型。为保证电磁机构可靠工作,同时动作电器的电压线圈只能并联连接,电流线圈只能串联连接。

(6)控制电源的选择。主电路的电器,由于触点容量大,一般采用交流电器;而控制电路的电源则有很多不同的选择。对于简单的控制线路,可直接用交流电网供电;线路比较复杂、用的电器较多、对工作可靠性要求较高以及有安全照明要求时,可采用控制变压器隔离并降压的低压供电;在控制电路复杂、电器数量很多、对每一个电器可靠性要求高的场合,以及控制电路带有直流负载时,可采用低压直流电源供电。

二、电气控制原理图设计案例

三台电动机 M1、M2、M3,要求启动顺序为:先启动 M1,经时间 T_1 后启动 M2,再经时间 T_2 后启动 M3;停止顺序为:先停 M3,经时间 T_3 后再停 M2,再经时间 T_4 后停 M1。设计该系统的启停控制电路,同时考虑必要的保护。

1. 案例分析

该系统使用三个交流接触器 KM1、KM2、KM3 来控制三台电动机启停。一个启动按钮 SB1 和一个停止按钮 SB2,考虑到每个启动停止的动作都有时间要求,需要用四个时间继电器 KT1、KT2、KT3 和 KT4 来实现,设定其定时值依次为 T1、T2、T3 和 T4。该系统的工作顺序如图 3-19 所示。

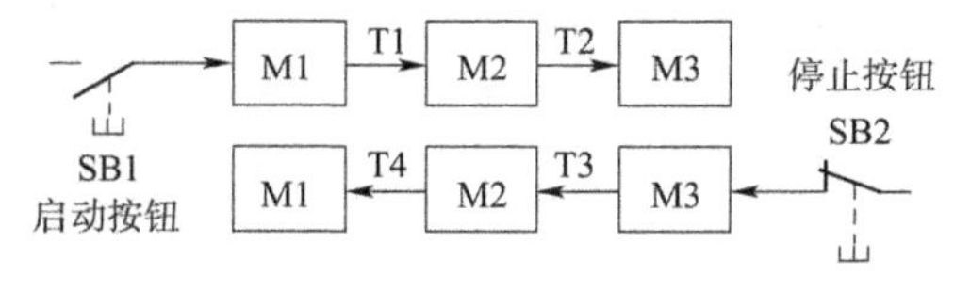

图 3-19　系统工作顺序图

2. 主电路设计

根据该系统的要求,M1 的启动信号为 SB1,停止信号为 KT4 计时到;M2 的启动信号为 KT1 计时到,停止信号为 KT3 计时到;M3 的启动信号为 KT2 计时到,停止信号为 SB2。

在设计时,考虑到启停信号要用短信号,所以要注意对定时器及时复位。该电气控制系统的主电路如图 3-20 所示。

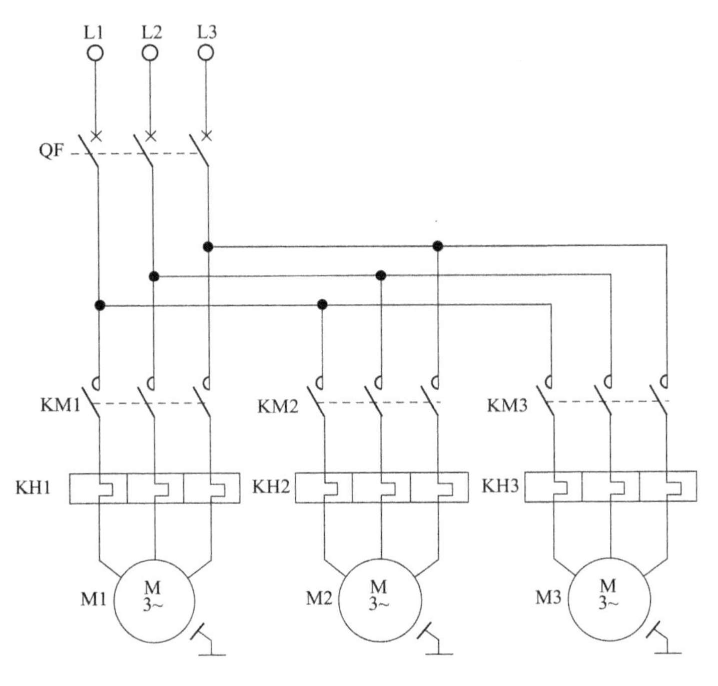

图 3-20　主电路图

3. 控制电路设计

该系统的电气控制电路原理图如图 3-21 所示。图中时间继电器 KT1、KT2 线圈上方串联了接触器 KM2 和 KM3 的常闭触点，这是为了得到启动短信号而采取的措施；KT2、KT1 线圈上的常闭触点 KT3 和 KT4 的作用是为了防止 KM3 和 KM2 断电后，KT2 和 KT1 的线圈重新得电而采取的措施。因为若 T2 < T3 或 T1 < T4 时，有可能造成 KM3 和 KM2 重新启动。

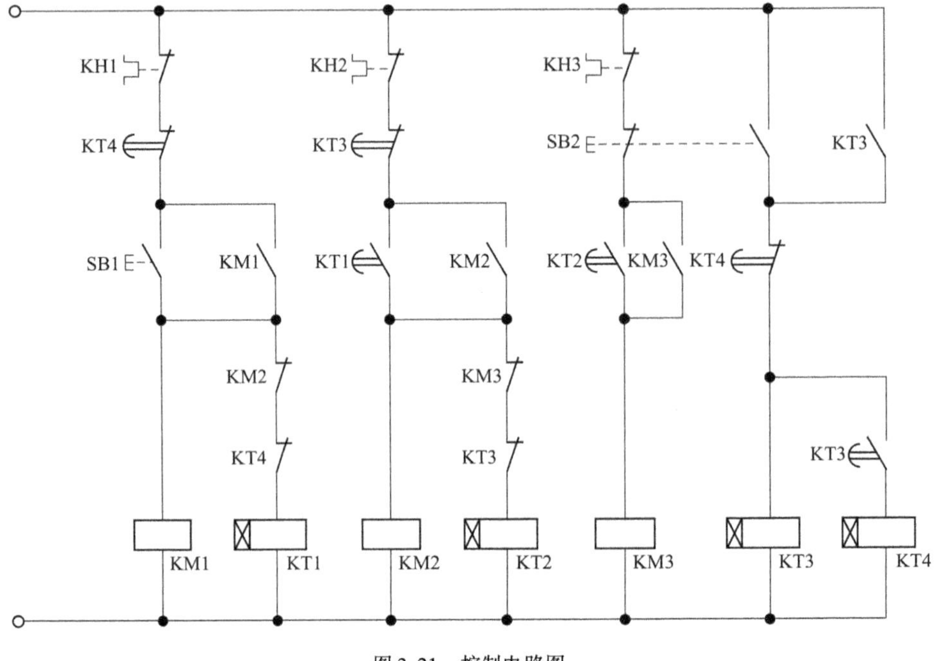

图 3-21　控制电路图

本例设计中的难点是找出 KT3、KT4 开始工作的条件以及 KT1、KT2 的逻辑。此外，本例中没有考虑时间继电器触点的数量是否够用的问题，实际选型时必须考虑这一点。

对于该系统的保护措施，使用 KH1、KH2 和 KH3 三个热继电器分别作为三台电动机的过载保护。

习题及思考题

3-1　简述电气控制系统分析的方法和原则。

3-2　简述变频器在电气控制习题中的作用。

3-3　试分析图 3-1 所示风机变频控制电路中具有哪些联锁与保护？它们分别有何作用？

3-4　简述软启动器的工作原理，并分析与变频器比较有何异同。

3-5　试分析图 3-5 所示风机控制电路中，中间继电器 KA1 ~ KA6 和 KAZD 的工作过程。

3-6　试分析图 3-14 所示电梯安全控制回路的工作原理。

3-7　试分析图 3-17 中主轴电动机 M1 的正反转控制过程。

3-8　试分析图 3-18 中车床主轴电动机控制电路中速度继电器的工作过程。

3-9　简述电气控制线路设计的基本原则。

3-10　M1、M2 两台电动机，要求 M1 启动 5s 后 M2 自动启动；M2 停止 3s 后，M1 方可停止(可停可不停)。画出主电路和控制电路，同时考虑必要的保护。

3-11　M1、M2 两台电动机，要求启动时 M2 先启动，M1 后启动；停止时 M1 先停止，M2 后停止。画出主电路和控制电路，同时考虑必要的保护。

3-12　三台电动机 M1、M2、M3，要求按下列顺序起动：M1 启动后，M2 才能启动；M2 启动后，M3 才能启动；停止时按逆序停止，试画出主电路和控制电路，同时考虑必要的保护。

3-13　设计一台机床控制电路。该机床共有三台电动机：主轴电动机 M1、润滑泵电动机 M2、冷却泵电动机 M3，设计要求如下：

(1) M1 单向运转，有机械换向装置，采用能耗制动；

(2) M2、M3 共用一个接触器控制，如 M3 不需工作，可通过转换开关 SA 切断；

(3) 主轴可点动试车且主轴电动机必须在润滑泵电动机工作 3min 后才能启动；

(4) 电网电压及控制线路电压均为 380V，照明电压 36V；

(5) 考虑必要的保护及照明。

第四章　可编程序控制器基本知识

第一节　可编程序控制器概述

可编程控制器(Programmable Controller)是计算机家族中的一员,是为工业控制应用而设计制造的。早期的可编程控制器称为可编程逻辑控制器,主要用来代替传统继电器以实现逻辑控制。随着技术的发展,这种装置的功能已经大大超过了逻辑控制的范围,因此,今天这种装置称作可编程序控制器,简称 PC。但是为了避免与个人计算机(Personal Computer)的简称混淆,所以将可编程控制器仍简称为 PLC。

一、PLC 的发展历程

在 20 世纪 60 年代,汽车生产流水线的自动控制系统基本上都是由继电接触控制系统构成的。当时汽车的每次改型都直接导致继电器控制装置的重新设计和安装。随着生产的发展,汽车型号更新的周期愈来愈短,这样,继电器控制的装置就需要经常地被重新设计和安装,既十分费时、费工、费料,又严重阻碍着汽车生产更新周期的缩短。为改变这一现状,美国通用汽车公司在 1969 年公开招标,要求用新的控制装置取代传统的继电器控制装置,并提出了 10 项招标指标:

(1)编程方便,现场可修改程序;

(2)维修方便,采用模块化结构;

(3)可靠性高于继电器控制装置;

(4)体积小于继电器装置;

(5)数据可直接送入管理计算器;

(6)成本可与继电器控制装置竞争;

(7)可输入 115V 的交流电;

(8)可输出 115V、2A 以上的交流,用以直接驱动电池阀、接触器等器件。

(9)在扩展时,只需要原系统进行很小的变动;

(10)用户程序存储器容量至少能扩展到 4kB。

1969 年,美国数字设备公司(DEC)研制出第一台 PLC,在美国通用汽车自动装配线上试用并获得了成功。这种新型的工业控制装置以其简单易懂、操作方便、可靠性高、通用灵活、体积小、使用寿命长等一系列优点,很快在美国其他工业领域得到推广应用。到 1971 年,PLC 已经成功地应用于食品、饮料、冶金、造纸等行业。

这一新型工业控制装置的出现,也受到了世界其他国家的高度重视。1971 年,日本从美国引进了这项新技术,很快研制出了日本国内第一台 PLC。1973 年,西欧诸国也研制出他们的第一台 PLC。我国从 1974 年开始研制,于 1977 年应用于工业领域。

虽然 PLC 问世时间不长，但是随着微处理器的出现，大规模、超大规模集成电路技术的迅速发展和数据通信技术的不断进步，促使 PLC 得到了迅速发展，其过程大致可分以下几个阶段：

1. 早期的 PLC(20 世纪 60 年代末—20 世纪 70 年代中期)

早期的 PLC，一般称为可编程序逻辑控制器。这个阶段的 PLC 多少有点继电器控制装置的替代物的含义，其主要功能只是执行原先由继电器完成的顺序控制、定时控制等。它在硬件上以准计算机的形式出现，在 I/O 接口电路上作了改进，以适应工业控制现场的要求。装置中的器件主要采用分立元件和中小规模集成电路，存储器采用磁芯存储器。另外还采取了一些措施，以提高其抗干扰的能力。在软件编程上，采用广大电气工程技术人员所熟悉的继电器控制线路的方式——梯形图。因此，早期 PLC 的性能要优于继电器控制装置，其优点包括简单易懂、便于安装、体积小、能耗低、有故障指示和可重复使用等。其中 PLC 特有的编程语言——梯形图一直沿用至今。

2. 中期的 PLC(20 世纪 70 年代中期—20 世纪 80 年代中后期)

在 20 世纪 70 年代，微处理器的出现使 PLC 发生了巨大的变化。美国、日本、德国等一些厂家先后开始采用微处理器作为 PLC 的中央处理单元(CPU)。这样，PLC 的功能得以大大增强。在软件方面，除了保持其原有的逻辑运算、计时、计数等功能以外，还增加了算术运算、数据处理与传送、通信、自诊断等功能。在硬件方面，除了保持其原有的开关模块外，还增设了模拟量模块、远程 I/O 模块、各种特殊功能模块等，并扩大了存储器容量，增大了各种逻辑线圈的数量，同时，还提供了一定数量的数据寄存器，使 PLC 可以拓展到更大的范围进行应用。

3. 近期的 PLC(20 世纪 80 年代中后期至今)

进入 20 世纪 80 年代中后期，由于超大规模集成电路技术的迅速发展，微处理器的市场价格大幅度下降，各种类型的 PLC 所采用的微处理器的档次得到普遍提高。特别是 20 世纪 90 年代中期至今，为了进一步提高 PLC 的处理速度，各制造厂商还纷纷使用了 16 位和 32 位的微处理器芯片，有的已经使用 RISC 芯片，促使 PLC 从软硬件水平到整体功能、性能都得到了极大的提升。

二、PLC 的未来发展

随着各行各业对 PLC 需求的不断扩大，在新的技术推动下，PLC 目前正在朝着两个完全不同的方向发展。

一是向大型化、复杂化、高功能化、分散型、多层分布式工厂自动化网络化方向发展。例如美国 GE 公司曾推出过的 GENETTWO 工厂自动化网络系统，不但具有逻辑运算、计时、计数等功能，还能够进行数值运算、模拟调节、监控、记录、显示、与计算机接口、数据传输等，可以实现中断控制、智能控制、过程控制和远程控制。这种 PLC 向上能与计算机通信，向下能直接控制机器人及伺服设备，还可以通过下级 PLC 去执行控制。从发展的眼光看，有关专家认为这种类型的 PLC 中的许多复杂功能今后将逐步为工控计算机取代。但是不同的意见认为工控计算机的能力再强，仍然需要 PLC 作为终端的控制部件。他们认为大型的 PLC 今后仍将是工业控制的主要设备。

二是向简易型和超小型方向发展。为了占领小型、分散、低要求的工业控制市场，各PLC生产厂家推出了许多简易、经济、超小型的PLC。这种类型的PLC多以单机型的形式出现，较多地用于实现“机电一体化”。由于成本低，操作使用简便，目前的市场面还在不断地扩大，发展迅猛异常。

三、PLC的定义

自PLC问世以来，尽管时间不长，但发展迅速。为了使其生产和发展标准化，国际电工委员会(IEC)在1987年2月通过了对PLC的定义：“可编程控制器是一种数字运算操作的电子系统，专为在工业环境应用而设计的。它采用一类可编程的存储器，用于其内部存储程序，执行逻辑运算，顺序控制，定时，计数与算术操作等面向用户的指令，并通过数字或模拟式输入/输出控制各种类型的机械或生产过程。可编程控制器及其有关外部设备，都按易于与工业控制系统联成一个整体，易于扩充其功能的原则设计。”

总之，PLC是一台计算机，是专为工业环境应用而设计制造的计算机。它具有丰富的输入/输出接口，并且具有较强的驱动能力。但PLC产品并不针对某一具体工业应用而设计，在实际选用时，需根据实际需求对硬件进行选用配置，根据控制要求对软件进行设计。

四、PLC的分类

PLC产品的种类很多，一般可以从它的结构形式、输入/输出点数及功能进行分类。

1. 按结构形式分类

由于PLC是专门为工业环境应用而设计的，为了便于现场安装和接线，其结构形式与一般计算机有很大的区别，主要有整体式和模块式两种结构形式。

(1)整体式结构。整体式结构的PLC是把CPU、存储器单元、输入/输出单元、外部设备接口单元和电源单元集中装在一个机箱内，形成一个整体，称为主机。这种整体式结构的PLC具有输入/输出点数少、体积小、价格低等特点。一般小型PLC常采用这种结构，适用于单体设备的开关量自动控制和机电一体化产品的开发应用等场合。

(2)模块式结构。模块式结构的PLC是把中央处理单元、存储器单元、输入/输出单元等做成各自相对独立的模块，然后按需求组装在一个带有电源单元的机架或母板上。这种模块式结构的PLC具有输入/输出点数多、模块组合灵活等特点，一般大、中型PLC采用这种结构，适用于复杂过程控制系统的应用场合。

2. 按输入输出点数和内存容量分类

为适应不同工业生产过程的应用要求，PLC能够处理的输入/输出点数是不一样的。按输入/输出点数的多少和内存容量的大小，可分为超小型机、小型机、中型机、大型机和超大型机五种类型。

(1)超小型机。超小型PLC的输入/输出点数在64点以下，内存容量在1kB以内。其输入/输出信号是开关量信号，功能以逻辑运算为主，并有定时和计数功能，结构紧凑，为整体式结构。

(2)小型机。小型PLC的输入/输出点数一般在128点以下，内存容量小于4kB。以开关量输入/输出为主，控制功能简单，结构形式多为整体型。

(3)中型机。中型PLC的输入/输出点数一般在128点至512点之间,内存容量小于8kB。既有开关量输入/输出,又有模拟量输入/输出,控制功能比较丰富,结构形式多为模块型。

(4)大型机。大型PLC的输入/输出点数在512点至1024点之间,内存容量小于16kB。除一般类型的输入/输出信号外,还有特殊类型的输入/输出单元和智能输入/输出单元,控制功能完善,结构形式采用模块型。

(5)超大型机。超大型PLC的输入/输出点数在1024点以上,内存容量大于16kB。除一般类型的输入/输出信号外,还有特殊类型的输入/输出单元和智能输入/输出单元,控制功能完善,可以与集散控制系统DCS相当,结构形式采用模块型。

3.按功能分类

根据工业生产过程中控制系统复杂程度的要求不同,PLC的功能各不相同,大致可分为低档、中档、高档三个类型。

(1)低档PLC以逻辑量控制为主,适用于开关量控制、定时/计数控制、顺序控制及少量模拟量控制等场合。它具有逻辑运算、定时、计数、移位及自诊断等基本功能,还可有输入/输出扩展和与外部设备通信的功能。

(2)中档PLC既有开关量的控制又有模拟量的控制,适用于小型连续生产过程的复杂逻辑控制和闭环调节控制场合。除具有低档机的功能外,还有较强的模拟量I/O、算术运算、数据传送与比较、数制转换、子程序、远程I/O以及通信联网等功能,有些还设有中断控制、PID回路控制等功能。

(3)高档PLC既有开关量的控制,又有模拟量的控制,可用于更大规模的过程控制,构成分布式控制系统,形成整个工厂的自动化网络。除具有中档机的功能外,还有较强的数据处理、模拟调节、特殊功能、算数运算、监视记录、打印等功能,以及更强的通信联网、中断控制、智能及过程控制等功能。

五、PLC的特点

1.抗干扰能力强,可靠性高

PLC的一个显著特点是可靠性高。PLC组成的控制系统用软件代替了传统的继电接触控制系统中复杂的硬件线路,同时,PLC自身采用了抗干扰能力强的微处理器作CPU,电源采用多级滤波和集成稳压技术,以适应电网电压的波动;输入/输出回路采用光电隔离技术,工业应用的PLC还采用了较多的屏蔽措施。所有这一切都使PLC本身的抗干扰能力得以提高,从而提高了整个系统的可靠性,使PLC的控制系统能在较恶劣的环境中良好地工作。因此,使用PLC的控制系统故障率应明显小于不使用PLC的控制系统。

2.接口模块丰富多样

PLC针对不同的工业现场信号,如交流或直流、开关量或模拟量、电压或电流、脉冲或电位、强电或弱电等,有相应的I/O模块与工业现场的器件或设备进行直接连接,如按钮、行程开关、接近开关、传感器及变送器、电磁线圈、控制阀等。另外,为了提高PLC的操作性能,它还有多种人—机对话接口模块;为了组成工业局部网络,它还有多种通信联网的接口模块等。

3. 结构模块化

为了适应各种工业控制需要,除了单元式的小型 PLC 以外,绝大多数 PLC 均采用模块化结构。PLC 的各个部件,包括 CPU、电源、I/O 等均采用模块化设计,由机架及电缆将各模块连接起来,系统的规模和功能可根据用户的需要自行组合,使系统构成十分灵活。PLC 的内部不需要接线和焊接,只要编程就可以使用,故安装方便。PLC 辅助触点的使用不受次数的限制,内部器件可多到使用户不感到有什么限制,只需考虑输入、输出点个数即可。

4. 编程简单,使用方便

PLC 的设计宗旨是方便用户使用,使计算机控制技术得到推广和普及。目前大多数的 PLC 均采用继电器控制形式的梯形图编程方式。采用这种编程方式既继承了传统控制线路的清晰直观感,又顾及了大多数电气技术人员的读图习惯。因此,这种编程方式简单易学,容易被技术人员接受,在一定程度上推动了计算机控制技术的普及和应用。相比而言,通常用作计算机控制的汇编语言编出的程序短小精悍,运行快。但是,由于汇编语言指令复杂较难掌握,程序通用性和易读性较差,而且对于大多数机电设备来说,PLC 编程所增加的运行时间微不足道,所以用汇编语言编程进行控制的方法一直得不到普及和推广。

5. 安装简单,维修方便

PLC 无须专门的机房,可以在各种工业环境下直接运行。使用时只需将现场的各种设备与 PLC 相应的 I/O 端相连接. 即可投入运行。各种模块上均有运行和故障指示装置,便于用户了解 PLC 运行情况和查找故障。由于采用模块化结构,因此,一旦某模块发生故障,用户可通过快速换模块修理使系统迅速恢复运行。

6. 设计施工周期短

使用 PLC 完成一项控制工程,在系统设计完成后,现场施工和 PLC 程序设计可同时进行,设计周期短,程序调试和修改方便。

正是由于有了上述优点,使得 PLC 受到了广泛的欢迎。

第二节　可编程序控制器组成

可编程序控制器虽然外观各异,但其硬件结构大体相同。主要由中央处理器(CPU)、存储器(RAM、ROM)、输入输出器件(I/O 接口)、电源及编程设备几大部分构成。PLC 的硬件结构框图如图 4-1 所示。

一、中央处理器(CPU)

中央处理器是可编程控制器的核心,它在系统程序的控制下,完成逻辑运算、数学运算、协调系统内部各部分工作等任务。一般来说,可编程控制器的档次越高,CPU 的位数越多,运算速度越快,指令越多,功能也越强。为了提高 PLC 的性能和可靠性,有的一台 PLC 采用多个 CPU。CPU 按 PLC 中的系统程序赋予的功能指挥 PLC 有条不紊地工作,完成如下工作:

(1)自诊断 PLC 内部电路工作状况和程序语言的语法错误等;

(2)采用扫描的方式,通过 I/O 接口接收编程设备及外部单元送入的用户程序和数据;

(3)从存储器中逐条读取用户指令,解释并按指令规定的任务进行操作运算等,并根据结果更新有关标志和输出映像存储器,由输出部件输出控制数据信息。

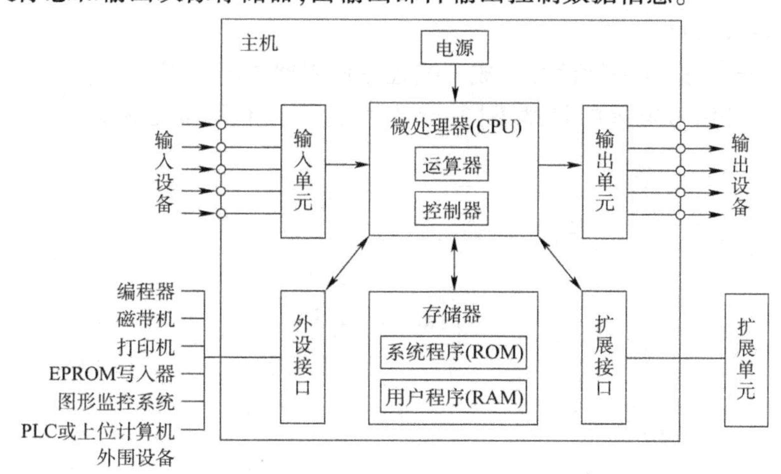

图 4-1 整体式 PLC 组成示意图

二、存储器

存储器是可编程序控制器存放系统程序、用户程序及运算数据的单元。和计算机一样,可编程序控制器的存储器可分为只读存储器(ROM)和随机读写存储器(RAM)两大类。只读存储器是用来存放永久保存的系统程序,一般为掩膜只读存储器和可电擦写只读存储器。随机读写存储器的特点是写入与擦除都很容易,但在掉电情况下存储的数据会丢失,一般用来存放用户程序及系统运行中产生的临时数据。为了能使用户程序及某些运算数据在可编程序控制器脱离外界电源后也能保持,机内随机读写存储器均配备了电池或电容等掉电保持装置。

可编程序控制器的用户存储器区域,按用途不同又可分为程序区和数据区。程序区是用来存放用 PLC 规定语言编写的应用程序的区域,该区域的程序可以由用户任意修改或增删。数据区是用来存放用户数据的区域,一般较小。在数据区中,各类数据存放的位置都有严格的划分。由于可编程序控制器是为熟悉继电接触控制系统的工程技术人员使用的,可编程序控制器的数据单元都叫作继电器,如输入继电器、辅助继电器、时间继电器、计数器等。其特点是它们可编程序,也称为 PLC 的编程“软元件”,是 PLC 应用中用户涉及最频繁的区域。不同用途的继电器在存储区中占有不同的区域。每个存储单元有不同的地址编号。

三、输入输出接口

输入输出接口是可编程序控制器和工业控制现场各类信号连接的部分。输入接口用来接收生产过程的各种参数,并存放于输入映象寄存器(也称输入数据暂存器)中。可编程序控制器中的程序运行结果被送到输出映象寄存器(也称输出数据暂存器),当 PLC 对输出接口进行周期刷新时,输出映像寄存器中的值由输出接口输出,通过机外的执行机构完成工业现场的各类控制。生产现场对可编程序控制器接口的一般要求是:要有较好的抗干扰能力,能满足工业现场各类信号的匹配要求。因此厂家为可编程序控制器设计了不同的接口单元。主要有以下几种：

1. 开关量输入接口

其作用是把现场的开关量信号变成可编程序控制器内部处理的标准信号。开关量输入接口按可接收的外信号电源的类型不同，分为直流输入单元和交流输入单元，如图4-2～图4-4所示。

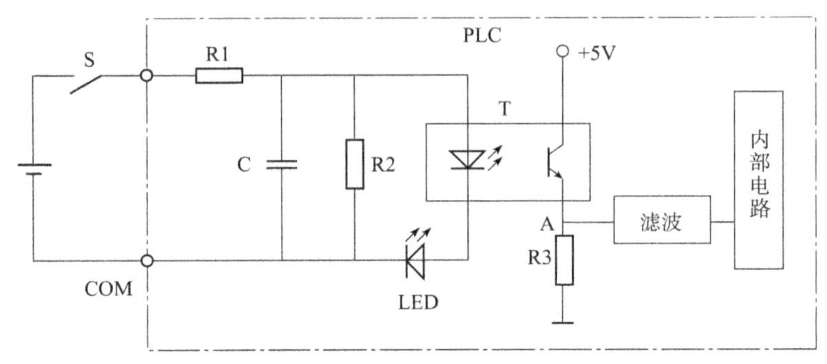

图4-2　开关量直流输入电路

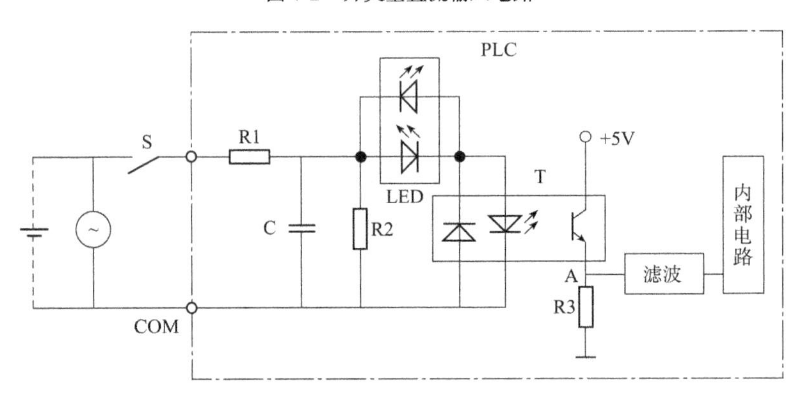

图4-3　开关量交流/直流输入电路

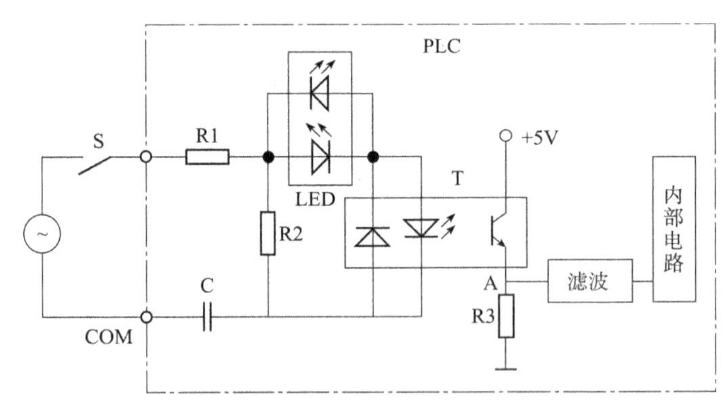

图4-4　开关量交流输入电路

输入接口中都有滤波电路及耦合隔离电路。滤波有抗干扰的作用，耦合有抗干扰及产生标准信号的作用。图中输入口的电源部分都画在了输入口外（虚线框外），这是分体式输入口的画法，在一般单元式可编程序控制器中输入口都使用可编程序控制器本身的直流电

源供电，不再需要外接电源。

2. 开关量输出接口

其作用是把可编程序控制器内部的标准信号转换成现场执行机构所需要的开关量信号。开关量输出接口内部参考电路如图4-5所示。

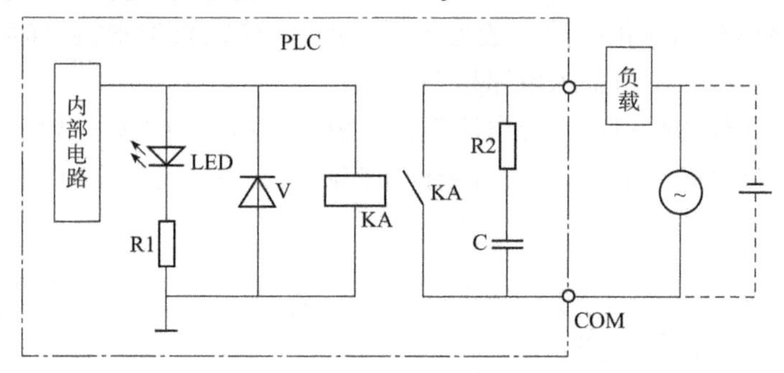

a)输出接口为继电器型

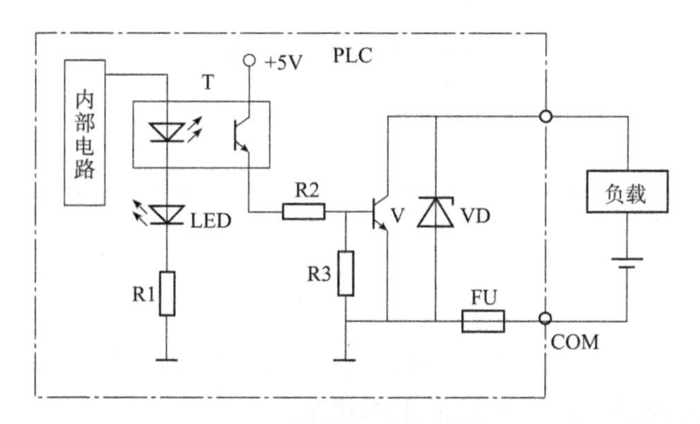

b)输出接口为晶体管型

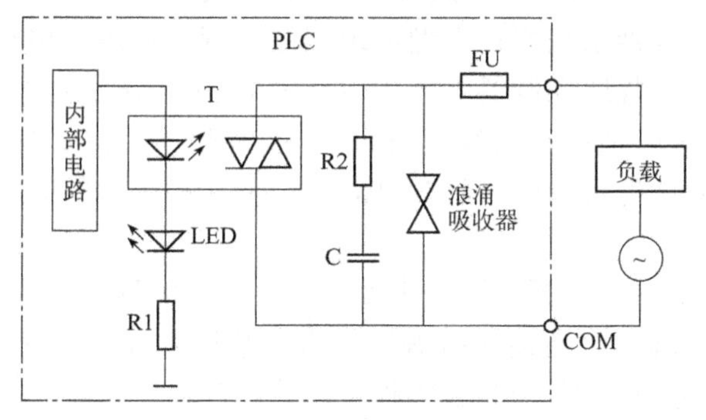

c)输出接口为可控硅型

图4-5　开关量输出接口电路

从图中看出，各类输出接口中也都具有光电耦合电路。这里特别要指出的是，输出接口本身都不带电源。而且在考虑外驱动电源时，还需考虑输出器件的类型。继电器式的输出接口可用于交流及直流两种电源，但接通、断开的频率低，晶体管式的输出接口有较高的接通、断开频率，但只适用于直流驱动的场合，可控硅型的输出接口仅适用于交流驱动场合。

3. 模拟量输入接口

其作用是把现场连续变化的模拟量标准信号转换成适合可编程序控制器内部处理的二进制数字信号。模拟量输入接口接收标准模拟电压或电流信号均可。标准信号是指符合国际标准的通用交互用电压电流信号值,如420mA 的直流电流信号、110V 的直流电压信号等。工业现场中模拟量信号的变化范围一般是不标准的,在送入模拟量接口时一般都需经过变送处理才能使用图 4-6 模拟量输入电路框图。

图 4-6 是模拟量输入接口的内部电路框图。模拟量信号输入后一般经运算放大器放大后进行 A/D 转换,再经光电耦合后,为可编程序控制器提供一定位数的数字量信号。

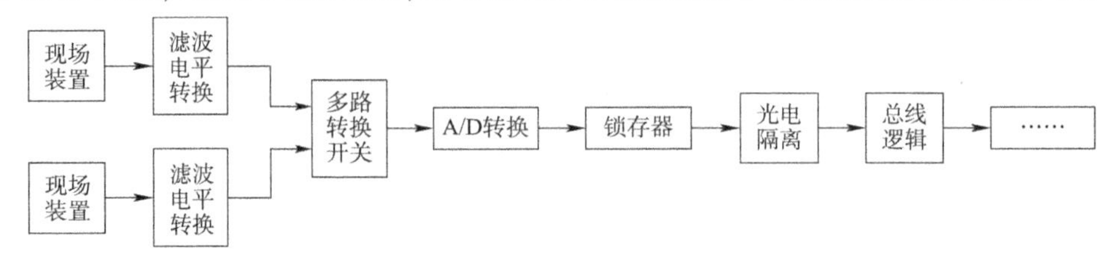

图 4-6　模拟量输入电路框图

四、电源

可编程序控制器的电源,包括为可编程序控制器各工作单元供电的开关电源及为掉电保护电路供电的后备电源。后备电源一般为电池。

五、编程器

编程器是 PLC 的重要外围设备。利用编程器将用户程序送入 PLC 的存储器,还可以用编程器检查程序、修改程序,监视 PLC 的工作状态。

常见的给 PLC 编程的装置有手持式编程器和计算机编程方式。在可编程序控制器发展的初期,使用专用编程器来编程。小型可编程序控制器使用价格较便宜、携带方便的手持式编程器,大中型可编程序控制器则使用以小 CRT 作为显示器的便携式编程器。专用编程器只能对某一厂家的某些产品编程,使用范围有限。手持式编程器不能直接输入和编辑梯形图,只能输入和编辑指令,但它有体积小、便于携带、可用于现场调试和价格便宜等优点。

按照功能强弱,手持式编程器又可分为简易型及智能型两类。前者只能联机编程,后者即可联机编程又可脱机编程。所谓脱机编程是指在编程时,把程序存储在编程器自身的存储器中的一种编程方式。它的优点是在编程及修改程序时,可以不影响 PLC 机内原有程序的执行,也可以在远离主机的异地编程后再到主机所在地下载程序。图 4-7 为 FX-20P 型手持式编程器。这是一种智能型编程器,配有存储器卡盒后可以脱机编程,本机显示窗口可同时显示四条基本指令。关于编程设备的使用可参阅相关说明。

计算机的普及,使得越来越多的用户使用基于个人计算机的编程软件。目前有的可编程序控制器厂商或经销商向用户提供编程软件,在个人计算机上添加适当的硬件接口和软件包,即可用个人计算机对 PLC 编程。利用微机作为编程器,可以直接编制并显示梯形图,程序可以存盘、打印、调试,对于查找故障非常有利。

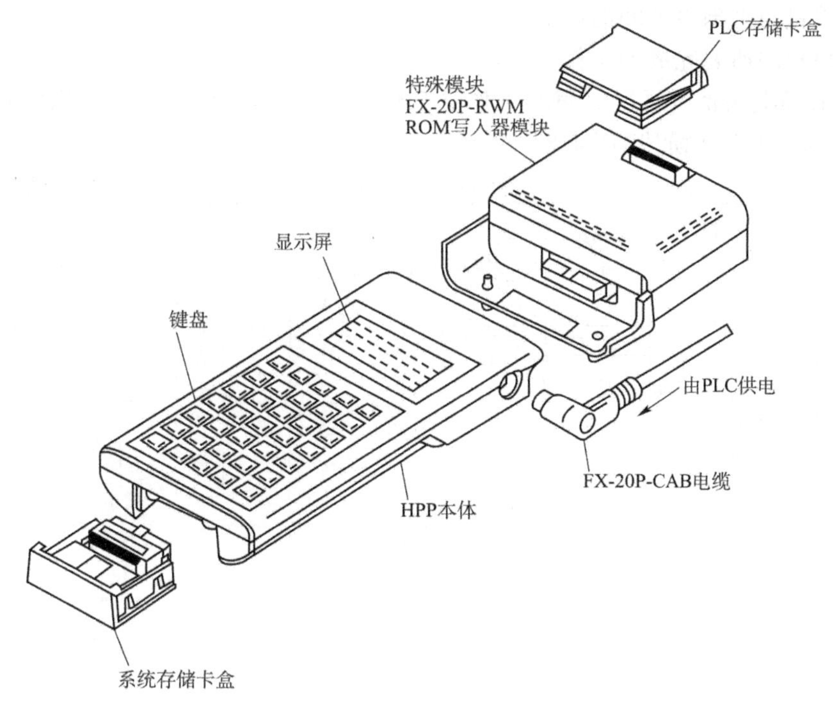

图 4-7　FX-20P 手持式编程器

六、其他外部设备

PLC 还配有其他一些外部设备：

(1)盒式磁带机用以记录程序或信息；

(2)打印机用以打印程序或制表；

(3)EPROM 写入器用以将程序写入到用户 EPROM 中；

(4)高分辨率大屏幕彩色图形监控系统用以显示或监视有关部分的运行状态。

第三节　可编程序控制器工作原理

可编程序控制器的工作原理与计算机的工作原理基本上是一致的，可以简单地表述为在系统程序的管理下，通过运行应用程序完成用户任务。但个人计算机与 PLC 的工作方式有所不同，计算机一般采用等待命令的工作方式。如常见的键盘扫描方式或 I/O 扫描方式。当键盘有键按下或 I/O 口有信号时则中断转入相应的子程序，而 PLC 在确定了工作任务、装入了专用程序后成为一种专用机，它采用循环扫描工作方式，即系统工作任务管理及应用程序执行都是以循环扫描方式完成的。

一、分时处理及扫描工作方式

PLC 正常工作时要完成如下的任务：

(1)计算机内部各工作单元的调度、监控；

(2)计算机与外部设备间的通信;

(3)用户程序所要完成的工作。

这些工作都是分时完成的。每项工作又都包含着许多具体的工作,以用户程序的完成来说又可分为以下三个阶段(图4-8):

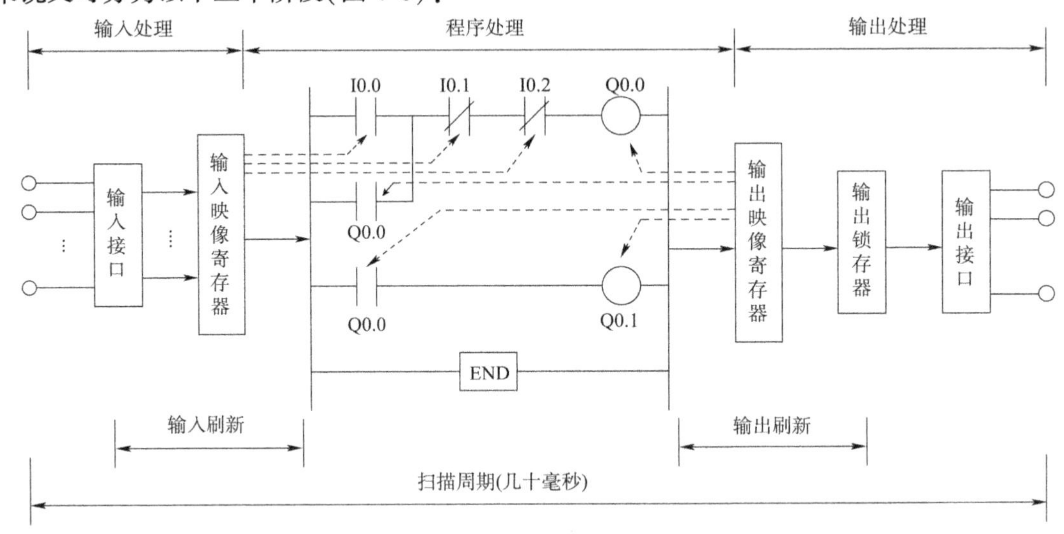

图4-8　执行用户程序的三个阶段示意图

1. 输入处理阶段

输入处理阶段也称输入采样阶段。在这个阶段中,可编程序控制器读入输入口的状态,并将它们存放在输入数据暂存区中。在执行程序过程中,即使输入口状态有变化,输入数据暂存区中的内容也不变,直到下一个周期的输入处理阶段,才读入这种变化。

2. 程序执行阶段

在这个阶段中,可编程序控制器根据本次读入的输入数据,依用户程序的顺序逐条执行用户程序。执行的结果均存储在输出状态暂存区中。

3. 输出处理阶段

输出处理阶段也叫输出刷新阶段,这是一个程序执行周期的最后阶段。可编程序控制器将本次用户程序的执行结果一次性地从输出状态暂存区送到各个输出口,对输出状态进行刷新。

这三个阶段也是分时完成的。为了连续地完成PLC所承担的工作,系统必须周而复始地依一定的顺序完成这一系列的具体工作。这种工作方式叫作循环扫描工作方式。

二、PLC的两种工作状态及扫描工作过程

PLC中的CPU有两种基本的工作状态,即运行(RUN)状态和停止(STOP)状态。CPU运行状态是执行应用程序的状态。CPU停止状态一般用于程序的编制与修改。除了CPU监控到致命错误强迫停止运行以外,CPU运行与停止方式可以通过PLC的外部开关或通过编程软件的运行/停止指令加以选择控制。图4-9给出了PLC运行和停止两种状态PLC不同的扫描过程。

由图可知，在这两个不同的工作状态中，扫描过程所要完成的任务是不尽相同的。

PLC通电后系统内部处理后进入用户程序服务状态（即进入循环扫描处理用户程序的状态），每个扫描周期处理用户程序的过程包括外部输入数据和信息的处理与服务、刷新监视定时器D8000（开机后由ROM送入的）扫描时间、程序处理、数据输出处理、系统状况自诊断处理，图4-9是PLC开机后的系统内部处理、一个扫描周期的处理过程和系统自诊断出错处理的流程示意图。

以OMRON公司C系列的P型机为例，其内部处理时间为1.26ms的执行编程器等外部设备命令所需的时间为12ms（未接外部设备时该时间为零）；输入、输出处理的执行时间小于1ms。指令执行所需的时间与用户程序的长短、指令种类和CPU执行速度有很大关系，PLC厂家一般给出的是每执行1K=1024条基本逻辑指令所需的时间（以ms为单位）。某些厂家在说明书中还给出了执行各种指令所需的时间。一般说来，一个扫描过程中，执行程序指令的时间占了绝大部分。

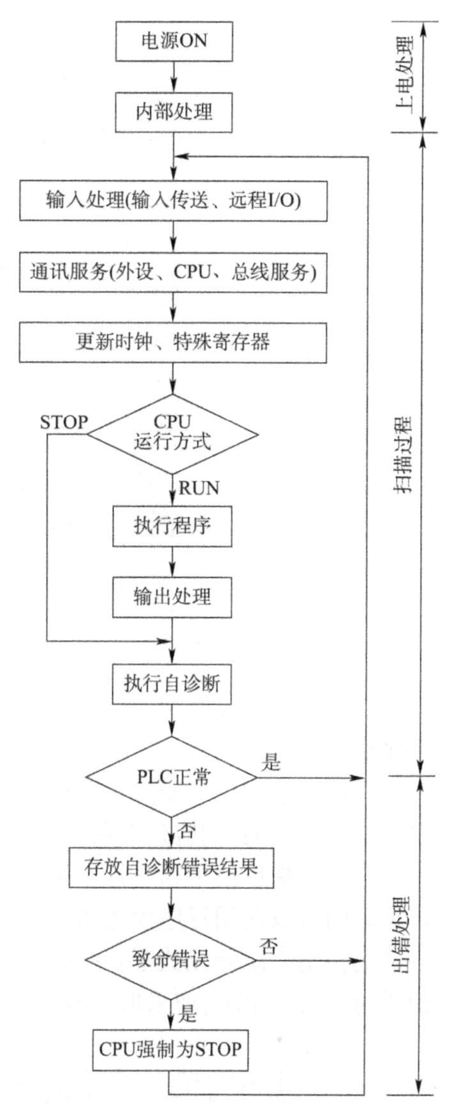

图4-9　PLC扫描工作过程示意图

三、输入输出滞后时间

输入输出滞后时间又称为系统响应时间，是指PLC外部输入信号发生变化的时刻起至它控制的有关外部输出信号发生变化的时刻止之间的时间间隔。它由输入电路的滤波时间、输出模块的滞后时间及因扫描工作方式产生的滞后时间三部分所组成。

输入模块的RC滤波电路用来滤除由输入端引入的干扰噪声，消除因外接入触电动作时产生抖动引起的不良影响。滤波时间常数决定了输入滤波时间的长短，其典型值为10ms左右。输出模块的滞后时间与输出所用的开关元件的类型有关；若是继电器型输出电路，负载被接通时的滞后时间约为1ms，负载由导通到断开时的最大滞后时间为10ms；晶体管型输出电路的滞后时间一般在1ms左右，因此开关频率高。

下面分析由扫描工作方式引起的滞后时间。在如图4-10所示梯形图中的X000是输入继电器接口用于接收外部输入信号。波形图中最上面一行是输入X000的外部输入信号。Y000、Y001、Y002是输出继电器，用来将输出信号传送给外部负载。波形图中X000和Y000、Y001、Y002的波形表示对应输入/输出数据锁存器的状态，高电平表示“1”状态，低电平表示“0”状态。

波形图中，输入信号在第一个扫描周期的输入处理阶段之后才出现，所以在第一个扫描周期内各数据锁存器均为“0”状态。

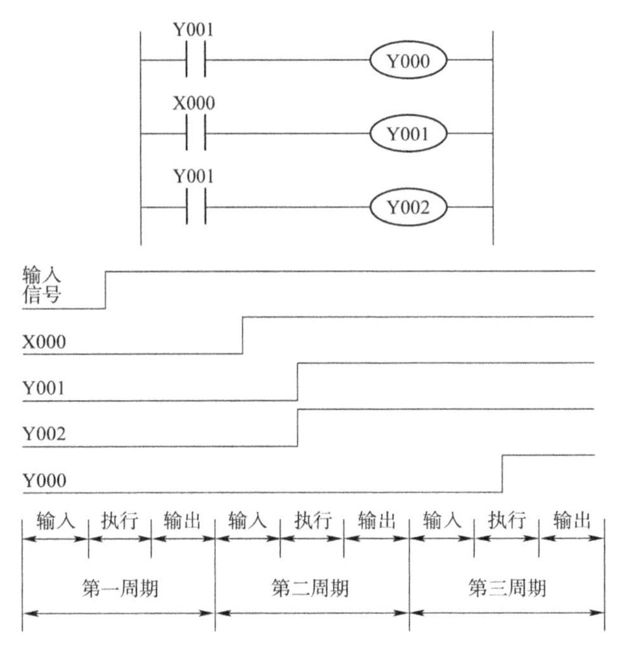

图 4-10　扫描工作方式引起的滞后时间

在第二个扫描周期的输入处理阶段，输入继电器 X000 的输入锁存器变为“1”状态。在程序执行阶段，由梯形图可知，Y001、Y002 依次接通，它们的输出锁存器都变为“1”状态。

在第三个扫描周期的程序执行阶段，由于 Y001 的接通使 Y000 接通。Y000 的输出锁存器驱动负载接通，响应延迟最长可达两个多扫描周期。

若交换梯形图中第一行和第二行的位置，Y000 的延迟时间将减少一个扫描周期，可见延迟时间可以使用程序优化的方法减少。PLC 总的响应延迟时间一般只有数十毫秒，对于一般的控制系统是无关紧要的。但也有少数系统对响应时间有特别的要求，这时就需选择扫描时间快的 PLC，或采取使输出与扫描周期脱离的中断控制方式来解决。

第四节　可编程序控制与继电接触控制比较

通过上面的介绍可知，继电接触控制系统指以电磁开关为主体的低压电器元件用导线依一定的规律将它们连接起来得到的继电器控制系统，接线表达了各元器件之间的关系。要想改变逻辑关系就要改变接线关系，显然是比较麻烦的。而可编程序控制器是计算机，在它的接口上接有各种元器件，而各种元器件之间的逻辑关系是通过程序来表达的，改变这种关系只要重新编排原来的程序就行了，比较方便。

从工业应用来看，可编程序控制器的前身是继电接触控制系统。在逻辑控制场合，可编程序控制器的梯形图和继电器线路图非常相似。但是这二者之间在运行时序问题上，有着根本的不同。对于继电器的所有触点的动作是和它的线圈通电或断电同时发生的。但在 PLC 中，由于指令的分时扫描执行，同一个器件的线圈工作和它的各个触点的动作并不同时发生。这就是所谓的继电接触控制系统的并行工作方式和 PLC 的串行工作方式的差别。如图 4-11 所示的梯形图程序叫作“定时点灭电路”。程序中使用了一个时间继电器 T5 及一个

输出继电器 Y005,X005 接收电路启动开关信号。

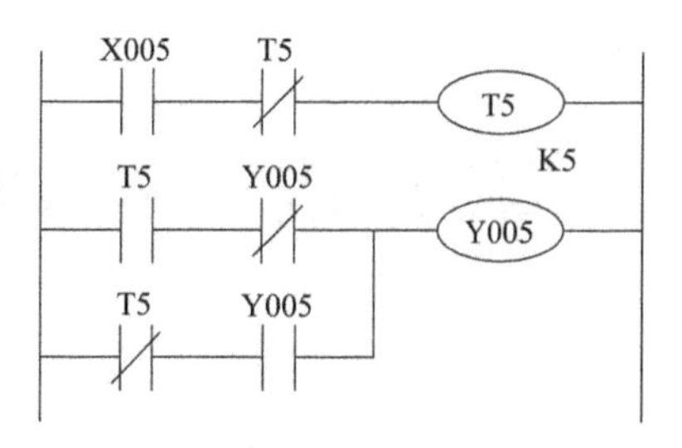

图 4-11　定时点灭控制梯形图

电路的功能是:Y005 接通 0.5s,断开 0.5s,反复交替进行,形成周期为 1s 的振荡器。这个电路是以 PLC 为基础才得以实现其功能,若将图中的器件换为继电接触器,电路是不可能工作的。例如,当时间继电器 T5 的线圈得电计时且时间到而动作时,接在线圈前边的 T5 的常闭触点就将断开线圈电路,使线圈失去得电条件,无法交替周而复始工作。这个梯形图的分析过程能很好地体现 PLC 程序扫描执行的特点。有兴趣的同学可自己分析。

习题及思考题

4-1　为什么说可编程序控制器是通用的工业控制计算机?和一般的计算机系统相比,PLC 有哪些特点?

4-2　作为通用工业控制计算机,可编程序控制器有哪些特点?

4-3　继电接触器控制系统是如何构成及工作的?可编程序控制器系统和继电器控制系统有哪些异同点?

4-4　可编程序控制器的硬件主要由哪几部分组成?简述各部分的作用。

4-5　什么是接线逻辑?什么是存储逻辑?它们的主要区别是什么?

4-6　可编程序控制器的输出接口有几种形式?它们分别应用于什么场合?

4-7　可编程序控制器有哪些常用编程语言?说明梯形图中能流的概念。

4-8　说明 PLC 中 CPU 的两种工作状态,一个扫描工作过程主要有哪几个阶段?每个阶段完成什么任务?在扫描过程中,输入暂存寄存器和输出暂存寄存器各起什么作用?

4-9　试分析图 4-11 所示梯形图的工作过程,为什么能形成周而复始的振荡?并画出波形图。

4-10　什么是 PLC 的输入/输出滞后现象?造成这种现象的主要原因是什么?可采用哪些措施缩短输入/输出滞后时间?

第五章　S7-200 SMART 可编程控制器

第一节　S7-200 SMART PLC 概述

一、S7 系列 PLC 产品

S7 系列 PLC 是德国西门子公司的产品，在我国的各行业控制中运用较为广泛。主要有 LOGO、S7-200、300、400、1200、1400、1500 等。

LOGO 和 S7-200 是超小型化的 PLC，适合于单机控制或小型系统的控制，可用于各行各业和各种场合中的自动检测、监测及控制等。其中，S7-200 SMART 是西门子公司经过大量市场调研，为中国客户量身定制的一款高性价比小型 PLC 产品。

S7-300 是模块化小型 PLC 系统，可用于对设备进行直接控制，可以对多个下一级的 PLC 进行监控，还适合中型或大型控制系统的控制，能满足中等性能要求的应用。

S7-400 则用于中、高档性能范围的 PLC，能进行较复杂的算术运算和复杂的矩阵运算，还可用于对设备进行直接控制，也可以对多个下一级的 PLC 进行监控。

S7-1200 是紧凑型 PLC，是 S7-200 的升级版，具有模块化、结构紧凑、功能全面、速度更快（接近 S7-300）等特点，适用于多种应用，能够保障现有投资的长期安全。

S7-1500 是新一代大中型 PLC，比 S7-300/400 的各项指标有很大的提高，专为中高端设备和工厂自动化设计，可供用户使用的充足的资源和超高速的运算处理速度，拥有卓越的系统性能，并集成一系列功能，包括运动控制、工业信息安全以及可实现便捷安全应用的故障安全功能。

二、S7-200 SMART PLC 性能特点

S7-200 SMART 与 S7-200 其他型号相比较，具有更优的性价比。归纳起来有以下八个方面的特点：

1. 机型丰富，配置灵活

提供不同类型、I/O 点数丰富的 CPU 模块，单体 I/O 点数最高可达 60 点，可满足大部分小型自动化设备的控制需求。另外，CPU 模块配备标准型和经济型供用户选择，对于不同的应用需求，产品配置更加灵活，最大限度地控制成本。

2. 选件扩展，精确定制

新颖的信号板设计可扩展通信端口、数字量通道、模拟量通道。在不额外占用电控柜空间的前提下，信号板扩展能更加贴合用户的实际配置，提升产品的利用率，同时降低用户的扩展成本。

3. 芯片高速，性能卓越

配备西门子专用高速处理器芯片，基本指令执行时间可达 0.15μs，在同级别小型 PLC

中遥遥领先。一颗强有力的“芯”，能让你在应对烦琐的程序逻辑、复杂的工艺要求时表现得从容不迫。

4. 以太互联，轻松组网

CPU 模块本体标配以太网接口，集成了强大的以太网通信功能。一根普通的网线即可将程序下载到 PLC 中，方便快捷，省去了专用编程电缆。通过以太网接口还可与其他 CPU 模块、触摸屏、计算机进行通信，轻松组网。

5. 三轴脉冲，控制自如

CPU 模块本体最多集成 3 路高速脉冲输出，频率高达 100kHz，支持 PWM/PTO 输出方式以及多种运动模式，可自由设置运动包络。配以方便易用的向导设置功能，快速实现设备调速、定位等功能。

6. 通用 SD 卡，方便下载

本机集成 MicroSD 卡插槽，使用市面上通用的 MicroSD 卡即可实现程序的更新和 PLC 固件升级，极大地方便了客户工程师对最终用户的服务支持，也省去了因 PLC 固件升级返厂服务的不便。

7. 软件友好，编程高效

在继承西门子编程软件强大功能的基础上，融入了更多的人性化设计，如新颖的带状式菜单、全移动式界面窗口、方便的程序注释功能、强大的密码保护等。在体验强大功能的同时，大幅度提高开发效率，缩短产品上市时间。

8. 完美整合，无缝集成

SIMATICS7-200SMART 可编程控制器，SIMATICSMARTLINE 触摸屏和 SINAMICSV20 变频器完美整合，为 OEM 客户带来高性价比的小型自动化解决方案，满足客户对于人机交互、控制、驱动等功能的全方位需求。

三、S7-200 SMART PLC 硬件结构

1. S7-200 SMART CPU

CPU 将微处理器、存储器、集成电源、输入电路和输出电路组合到一个结构紧凑的外壳中，形成功能强大的 Micro PLC。下载用户程序后，CPU 将包含监控应用中的输入和输出设备所需的逻辑。

S7-200 SMART CPU 系列包括 14 个 CPU 型号，参见表 5-1。分为两条产品线：紧凑型产品线和标准型产品线。CPU 标识的第一个字母表示产品线，紧凑型 I 或标准型(S)。标识的第二个字母表示交流电源/继电器输出 I 或直流电源/直流晶体管(T)。标识中的数字表示板载数字量 I/O 接口数。I/O 接口数后的小写字符“s”(仅限串行端口)表示新的紧凑型号。见表 5-2、表 5-3。

S7-200 SMART CPU　　表 5-1

组成	型号													
	SR 20	ST 20	CR 20s	SR 30	ST 30	CR 30s	SR 40	ST 40	CR 40s	CR 40	SR 60	ST 60	CR 60s	CR 60
紧凑型串行、不可扩展			×			×			×	×			×	×
标准，可扩展	×	×		×	×		×	×			×	×		

续上表

组　　成	型　　号													
	SR 20	ST 20	CR 20s	SR 30	ST 30	CR 30s	SR 40	ST 40	CR 40s	CR 40	SR 60	ST 60	CR 60s	CR 60
继电器输出	×		×	×		×	×		×	×	×		×	×
晶体管输出(DC)		×			×			×				×		
I/O 点(内置)	20	20	20	30	30	30	40	40	40	40	60	60	60	60

紧凑型不可扩展 CPU　　　表 5-2

特　　性		CPU CR40	CPU CR60
尺寸:宽×高×厚(mm)		125×100×81	175×100×81
用户存储器	程序	12kB	12kB
	数据	8kB	8kB
	保持性	最大 10kB	最大 10kB
板载数字量 I/O	输入 输出	24DI 16DQ 继电器	36DI 24DQ 继电器
扩展模块		无	无
信号板		无	无
高速计数器		100kHz 时 4 个,针对单相 或 50kHz 时 2 个,针对 A/B 相	100kHz 时 4 个,针对单相 或 50kHz 时 2 个,针对 A/B 相
PID 回路		8	8
实时时钟,备用时间 7d		无	无

注:最大 10kB,可组态 V 存储器、M 存储器、C 存储器的存储区(当前值)以及 T 存储器要保持的部分(保持性定时器上的当前值),最大可为最大指定量。

标准型可扩展 CPU　　　表 5-3

特　　性		SR20、ST20	SR30、ST30	SR40、ST40	SR60、ST60
尺寸:宽×高×厚(mm)		90×100×81	110×100×81	125×100×81	175×100×81
用户存储器	程序	12kB	18kB	24kB	30kB
	数据	8kB	12kB	16kB	20kB
	保持性	最大 10kB	最大 10kB	最大 10kB	最大 10kB
板载数字量 I/O	输入 输出	12DI 8DQ	18DI 12DQ	24DI 16DQ	36DI 24DQ
扩展模块		最多 6 个	最多 6 个	最多 6 个	最多 6 个
信号板		1	1	1	1
高速计数器		200kHz 时 4 个,针对单相或 100kHz 时 2 个,针对 A/B 相	200kHz 时 4 个,针对单相或 100kHz 时 2 个,针对 A/B 相	200kHz 时 4 个,针对单相或 100kHz 时 2 个,针对 A/B 相	200kHz 时 4 个,针对单相或 100kHz 时 2 个,针对 A/B 相

续上表

特　　性	SR20、ST20	SR30、ST30	SR40、ST40	SR60、ST60
输出脉冲	2个,100kHz	3个,100kHz	3个,100kHz	3个,100kHz
PID回路	8	8	8	8
实时时钟,备用时间7天	有	有	有	有

注:1. 可组态V存储器、M存储器、C存储器的存储区(当前值)以及T存储器要保持的部分(保持性定时器上的当前值),最大可为最大指定量。

2. 指定的最大脉冲频率仅适用于带晶体管输出的CPU型号。对于带有继电器输出的CPU型号,不建议进行脉冲输出操作。

CPU外形如图5-1所示。

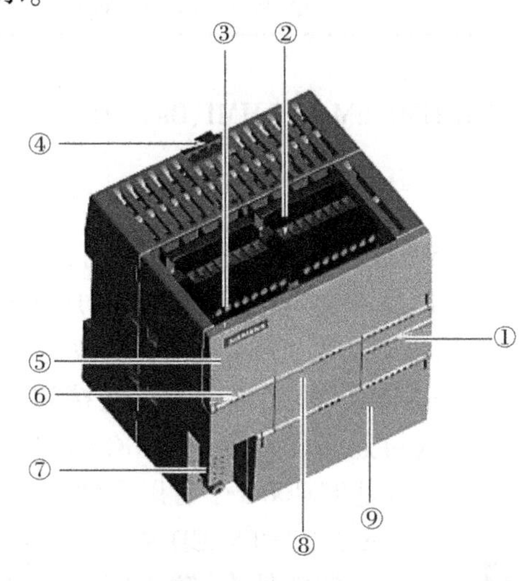

图5-1　CPU外形图

①-I/O的LED;②-端子连接器;③-以太网通信端口;④-用于在标准(DIN)导轨上安装的夹片;⑤-以太网状态LED(保护盖下方):LINK,RX/TX;⑥-状态LED:RUN、STOP和ERROR;⑦-RS485通信端口;⑧-可选信号板(仅限标准型);⑨-存储卡读卡器(保护盖下方)

2. S7-200 SMART扩展模块

为更好地满足应用需求,S7-200 SMART系列包括诸多扩展模块、信号板和通信模块。

可将这些扩展模块与标准CPU型号(SR20、ST20、SR30、ST30、SR40、ST40、SR60或ST60)搭配使用,为CPU增加附加功能。表5-4列出了当前提供的扩展模块。

S7-200 SMART扩展模块　　表5-4

类　　型	仅输入	仅输出	输入输出组合	其　　他
数字扩展模块	(1)8个直流输入; (2)16个直流输入	(1)8个直流输出; (2)8个继电器输出; (3)16个继电器输出; (4)16个直流输出	(1)8个直流输入/8个直流输出; (2)8个直流输入/8个继电器输出; (3)16个直流输入/16个直流输出; (4)16个直流输入/16个继电器输出	

续上表

类　型	仅 输 入	仅 输 出	输入输出组合	其　他
模拟量扩展模块	(1)4个模拟量输入; (2)8个模拟量输入; (3)2个RTD输入; (4)4个RTD输入; (5)4个热电偶输入	(1)2个模拟量输出; (2)4个模拟量输出	(1)4个模拟量输入/2个模拟量输出; (2)2个模拟量输入/1个模拟量输出	
信号板	1个模拟量输入	1个模拟量输出	2个直流输入/2个直流输出	(1)RS485/RS232; (2)电池板
通信扩展模块	PROFIBUS DP SMART模块			

3. 人机交互设备HMI

S7-200 SMART支持Comfort HMI、SMART HMI、Basic HMI和Micro HMI。下面介绍两款HMI。

(1)TD400C

TD400C是一款仅支持RS485的显示设备(图5-2),可以连接CPU。使用文本显示向导,可以轻松地对CPU进行编程,以显示文本信息和其他与应用有关的数据。TD400C设备可以作为应用的低成本接口,使用该设备可查看、监视和更改与应用有关的过程变量。

西门子TD400C文本显示器使用提供的连接电缆可连接到S7-200。无须独立的电源。还可连接若干个TD400C到一个S7-200。

①TD400C个有以下性能:

a. 3.7"STNLCD背光显示:最多可以组态4个文本行。

b. 塑料外壳,防护等级IP65(前面)IP20(后面),防水性能增强。

c. 31mm安装深度:TD400C可安装于控制柜中,或用作手持设备,不带任何其他附件。

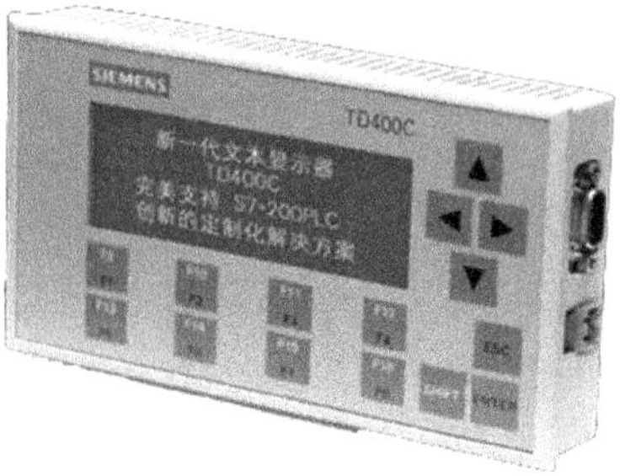

图5-2　TD400C外形图

d. 可定制操作员界面:操作员界面可单独设计(包括颜色、图像、文本等)。可使用Keypad Designer(STEP7-Micro/WIN的部件)实现组态。

e. 触摸式按键组态:可为最多15个固定安装的触摸式按键分配各种功能(如方向按键、消息、设定PLC位)。

f. 可选电源接口:当TD400C和S7-200之间的距离大于2.5m时,需要电源,并提供有PROFIBUS总线电缆替代提供的连接电缆。

②使用TD400C可实现以下功能:

a. 消息文本显示。

b. 干涉控制程序,如设定点变化。

c. 输入和输出设定,如接通和断开电机。

d. 与TD100C,TD200和TD200C文本显示器兼容。

e. 使用提供的连接电缆TD400C可连接到S7-200。无须独立的电源,还可连接若干个TD400C到一个S7-200。

(2)SMART HMI

SMART LINE 触摸面板准确地提供了人机界面的标准功能,经济适用,具备高性价比。SMART LINE V3 的功能得到了大幅度提升,与 S7-200 SMART PLC 组成完美的自动化控制与人机交互平台(图 5-3)。SMART LINE 有以下特点:

①尺寸:7 寸、10 寸两种,支持横向和竖向安装。

②分辨率:800 × 480(7 寸),1024 × 600(10 寸),64k 色,LED 背光。

③集成以太网口,可与 S7-200 系列 PLC 以及 LOGO 进行通信(最多可连接 4 台)。

④隔离串口(RS422/485 自适应切换)可连接西门子、三菱、施耐德、欧姆龙以及台达部分系列 PLC。

⑤支持 Modbus RTU 协议。

⑥支持硬件实时时钟功能。

图 5-3 SMART HMIa

⑦集成 USB 2.0 host 接口,可连接鼠标、键盘、Hub 以及 USB 存储器。

⑧支持数据和报警记录归档功能。

⑨全新的 WinCC Flexible SMART V3 组态软件,简单直观,功能强大。

当然,除此以外,S7-200 SMART 还支持 COMFORT HMI、BASIC HMI、Micro HMI 等。

4. 通信接口

S7-200 SMART 设有多种通信接口,可方便选择实现与 CPU、编程设备和 HMI 之间的多种通信:

(1)以太网

①编程设备到 CPU 的数据交换。

②HMI 与 CPU 间的数据交换。

③S7 与其他 S7-200SMARTCPU 的对等通信。

④与其他具有以太网功能的设备间的开放式用户通信(OUC)。

⑤使用 PROFINET 设备的 PROFINET 通信。

CPU 型号 CPU CR20s、CPU CR30s、CPU CR40s 和 CPU CR60s 无以太网端口,不支持与使用以太网通信相关的所有功能。

(2)PROFIBUS

①适用于分布式 I/O 的高速通信(高达 12Mbps)。

②一个总线控制器连接许多 I/O 设备(支持 126 个可寻址设备)。

③主站和 I/O 设备间的数据交换。

④EMDP01 模块是 PROFIBUS I/O 设备。

(3)RS485

①使用 USB-PPI 电缆时,提供一个适用于编程的 STEP7-Micro/WINSMART 连接。

②总共支持 126 个可寻址设备(每个程序段 32 个设备)。

③支持 PPI(点对点接口)协议。

④HMI 与 CPU 间的数据交换。

⑤使用自由端口在设备与 CPU 之间交换数据(XMT/RCV 指令)。

(4)RS232

①支持与一台设备的点对点连接。

②支持 PPI 协议。

③HMI 与 CPU 间的数据交换。

④使用自由端口在设备与 CPU 之间交换数据(XMT/RCV 指令)。

四、S7-200 SMART PLC 接线

1. I/O 接口连线

不同型号的 S7-200 SMART CPU 具有不同容量和端口分布的 I/O 接口。20 型有 12 个输入、8 个输出,分别是 I0.0 ~ I0.7,I1.0 ~ I1.3;Q0.0 ~ Q0.7。30 型有 18 个输入、12 个输出,分别是 I0.0 ~ I0.7,I1.0 ~ I1.7,I2.0 ~ I2.1;Q0.0 ~ Q0.7,Q1.0 ~ Q1.3。40 型有 24 个输入、16 个输出,分别是 I0.0 ~ I0.7,I1.0 ~ I1.7,I2.0 ~ I2.7;Q0.0 ~ Q0.7,Q1.0 ~ Q1.7。60 型有 36 个输入、24 个输出,分别是 I0.0 ~ I0.7,I1.0 ~ I1.7,I2.0 ~ I2.7,I3.0 ~ I3.7,I4.0 ~ I4.3;Q0.0 ~ Q0.7,Q1.0 ~ Q1.7,Q2.0 ~ Q2.7。

下面以 ST60 型介绍接线。图 5-4 为输入端子接线,包括电源和部分输入端子的接线。

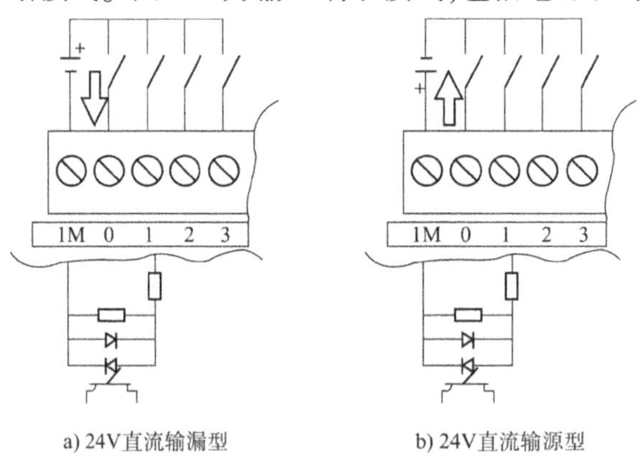

a) 24V直流输漏型　　b) 24V直流输源型

图 5-4　ST60 直流输入电源接线

图 5-5 为 ST60 型输出的端子接线。图 5-5a)为 24V 电源和负载的接线,三极管输出;图 5-5b)为交(或直)流电源和部分负载的接线,继电器输出。

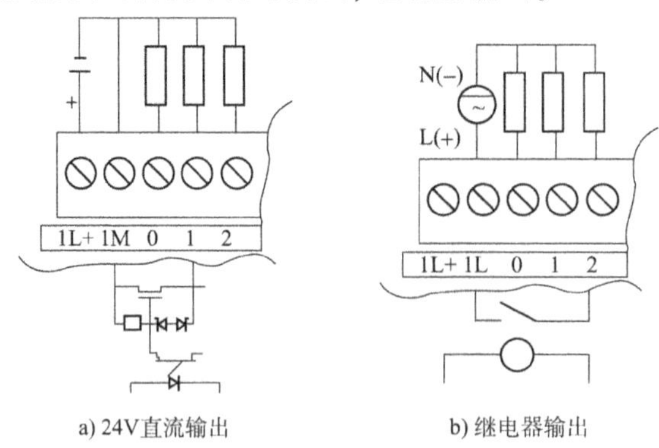

a) 24V直流输出　　b) 继电器输出

图 5-5　24V 直流输出接口的电源和部分端子接线

2. 通信连接

当一个 S7-200 SMART CPU 与一个编程设备、HMI 或者另外一个 S7-200 SMART CPU 通信时，实现的是直接连接。直接连接不需要使用交换机，使用网线直接连接两个设备即可，如图 5-6 所示为通信设备的直接连接示意图。

当两个以上的通信设备进行通信时，需要使用交换机来实现网络连接。可以使用导轨安装的西门子 CSM12774 端口交换机来连接多个 CPU 和 HMI 设备。

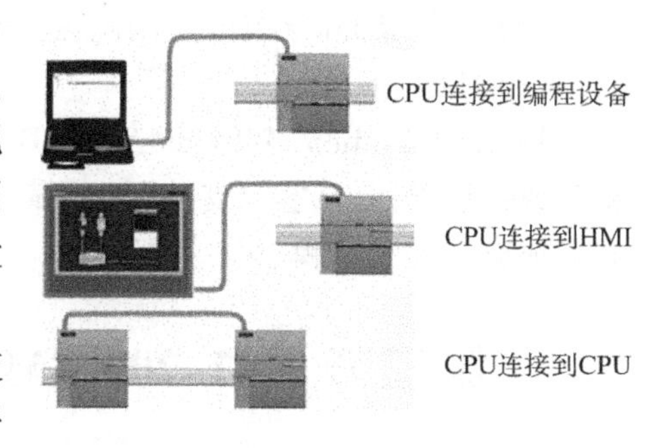

图 5-6　CPU 的通信连接示意图

CPU 连接到编程设备十分简单。只需将电源与 CPU 相连，然后通过网线将编程设备与 CPU 相连即可实现 CPU 与编程设备之间的连接。同时，CPU 与 HMI、其他 CPU 都可通过网络(LAN)接口进行通信连接。但这里需要注意，CR20s、CR30s、CR40s 和 CR60s 没有 LAN 端口，不能使用以太网通信功能进行连接，只能使用 USB-PPI 协议通信，使用 RS485 端口进行连接。

RS485 网络为采用屏蔽双绞线电缆的线性总线网络，总线两端需要终端电阻。RS485 网络允许每一个网段的最大通信节点数为 32 个，允许的最大电缆长度则由通信端口是否隔离以及通信波特率大小等两个因素所决定。S7-200 SMART CPU 集成的 RS485 端口以及 SB CM01 信号板都是非隔离型通信端口，允许的最大通信距离为 50m，该距离为网段中第一个通信节点到最后一个节点的距离。如果网络中的通信节点数大于 32 个或者通信距离大于 50m 则需要添加 RS485 中继器拓展网络连接。

RS232 网络为两台设备之间的点对点连接，最大通信距离为 15m，通信速率最大为 115.2kbit/s。RS232 连接可用于连接扫描器、打印机、调制解调器等设备。SB CM01 信号板通过组态可以设置为 RS232 通信端口，典型的 RS232 接线方式如图 5-7 所示。

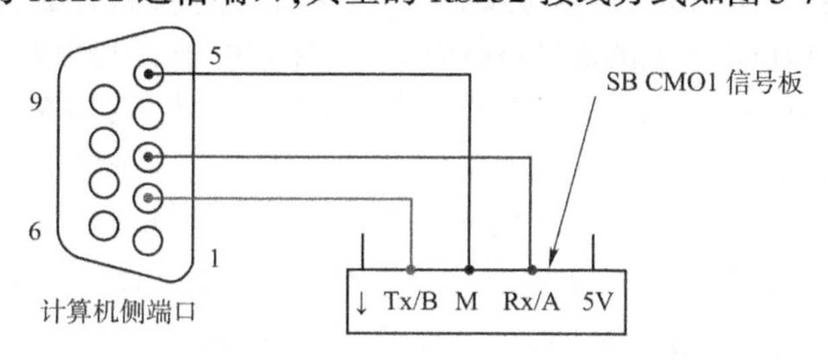

图 5-7　SB CM01 信号板 RS232 连接图

五、S7-200 SMART PLC 编程软件

STEP7-Micro/WIN SMART 为用户提供了一个友好的编程环境和供用户开发、编辑和监视控制应用所需的逻辑。

顶部是常见任务的快速访问工具栏，其后是所有公用功能的菜单。左边是用于对组件和指令进行便捷访问的项目树和导航栏。

STEP7-Micro/WIN SMART 提供三种程序编辑器(LAD、FBD 和 STL)，用于方便高效地开发适合用户应用的控制程序。对个人计算机配置的基本要求是：

(1)操作系统：Windows7 或 Windows10(32 位和 64 位两种版本)。

(2)至少350M字节的空闲硬盘空间。

(3)鼠标(推荐)。

将STEP 7-Micro/WIN SMART CD插入计算机的CD-ROM驱动器中,或联系Siemens分销商或销售部门,从客户支持网站下载STEP7-Micro/WIN SMART,安装程序将自动启动并引导完成整个安装过程。

第二节 S7-200 SMART PLC内部器件及其功能

在继电接触控制系统中大家学习了各种类型的继电器。运用继电器的组合可以实现希望的逻辑控制。用PLC编程进行逻辑控制就不能再使用物理继电器了,否则,PLC就失去了存在的价值。那么,在PLC中我们用什么来代替物理继电器呢?我们在PLC的存储器中划分出地址固定、赋予专门名称的区域,把它们叫作软元件,又称软继电器。

这些软继电器具有看不见、摸不着、没有物理触点、但可模拟继电器线圈和触点的特点,编程时,用户只需记住软元件的名称和地址即可。

西门子S7-200 SMARTPLC所有软元件符号有13个:I(输入继电器)、Q(输出继电器)、M(辅助继电器)、SM(特殊辅助继电器)、V(变量存储器)、L(局部变量存储器)、S(顺序控制继电器)、T(定时器)、C(计数器)、HC(高速计数器)、AI(模拟量输入映像寄存器)、AQ(模拟量输出映像寄存器)、AC(累加器)。

一、输入继电器I

输入继电器,就是专门用于从外部接收开关信号的软继电器,又称输入映像寄存器。它与PLC上的一对物理端子相对相应,可以等效成一个线圈和若干对常开触头、常闭触头。这个等效的线圈只能由外部物理端子上的信号进行驱动,线圈通电,其常开触头闭合,常闭触头断开。

输入继电器名称用I表示,地址用输入字节的序号和位表示,如I0.5表示第1个输入寄存器的第6位。S7-200 SMART的输入继电器有I0~I15共16个输入字节存储器。CPU224主机有I0.0~I0.7、I1.0~I1.5共14个输入节点,其余的需要扩展。输入继电器的数量不能超过PLC所提供的输入端子数量,编程时允许剩余,但不能超过。在PLC每个扫描周期的开始时对外部输入接线端子进行采样,将结果送入对应的映像寄存器。输入继电器的状态“0”等效其线圈不通电,“1”等效其线圈通电。

二、输出继电器Q

输出继电器,就是专门用于对外输出开关信号的软继电器,又称输出映像寄存器。它与PLC上的一对物理端子相对相应,可以等效成一个线圈和若干对常开触头、常闭触头。这个等效的线圈只能由内部信号驱动,线圈通电,其常开触头闭合,常闭触头断开。

输出继电器名称用Q表示,地址的设置和用法与输入继电器相同。S7-200 SMART的输出继电器有Q0~Q15共16个输出字节存储器。CPU224主机有Q0.0~Q0.7、Q1.0~Q1.1共10个输出节点,其余的需要扩展。输出继电器的状态“1”等效其线圈通电,其常开触头闭合,使串接该触头的外电路接通;其常闭触头断开,使串接该触头的外电路断开。在PLC每

个扫描周期的最后阶段,才将输出映像寄存器的结果送出到锁存器,刷新对应的外部输出点(等效触点)的状态。

三、通用辅助继电器 M

通用辅助继电器,又称中间继电器,位于 PLC 存储器的位存储器区,其作用和继电接触控制系统中的中间继电器相同,它在 PLC 上没有对应的接线端子,所以,它不能被外部信号驱动,也不能用于驱动外部负载,主要担负组合逻辑的任务。

四、特殊继电器 SM

S7-200SMARTCPU 提供包含系统数据的特殊存储器。SMW 表示指示特殊存储器字的前缀。SMB 表示指示特殊存储器字节的前缀。将各个位寻址为 SM <字节号>. <位号>。STEP7-Micro/WINSMART 中的系统符号表显示特殊存储器。用户可以使用这些位选择和控制 CPU 的一些特殊功能。

程序中的 SMB0 ~ SMB29、SMB480 ~ SMB515、SMB1000 ~ SMB1699 以及 SMB1800 ~ SMB1999 为只读。程序可读取存储在特殊存储器地址的数据、评估当前系统状态和使用条件逻辑决定如何响应。在运行模式下,程序逻辑连续扫描提供对系统数据的连续监视功能。

SMB30 ~ SMB194 以及 SMB566 ~ SMB749 为 S7-200SMART 的读/写特殊存储器。可以读取和写入此范围内的所有 SM 地址。但 SM 数据的一般用法因每个地址的功能而异。SM 地址提供了一种访问系统状态数据、组态系统选项和控制系统功能的方法。在运行模式下,连续扫描程序,从而连续访问特殊系统功能。

特殊继电器分类如表 5-5 所示。

特殊继电器分类 表 5-5

继电器	功用	继电器	功用
SMB0	系统状态	SMB66-85 SMB166-169 SMB176-179 SMB566-579	高速输出 PTO0/PWM0、PTO1/PWM1 高速输出 PTO0 高速输出 PTO1 高速输出 PTO2/PWM2
SMB1	指令执行状态	SMB86-94 和 SMB186-194	接收信息控制
SMB2	自由端口接收字符	SMW98	扩展 I/O 总线通信错误
SMB3	自由端口字符错误	SMW100-114	系统报警
SMB4	中断队列溢出、运行时程序错误、中断启用、自由端口发送器空闲和强制值	SMB130	端口 1 的自由端口控制
SMB5	I/O 错误状态	SMB480-515	数据日志状态
SMB6 ~ 7	CPUID、错误状态和数字量 I/O 点	SMB600-749	轴(0、1 和 2)开环运动控制
SMB8 ~ 19	I/O 模块 ID 和错误	SMB1000-1049	CPU 硬件/固件 ID

续上表

继 电 器	功 用	继 电 器	功 用
SMW22-26	扫描时间	SMB1050-1099	SB(信号板)硬件/固件 ID
SMB28-29	信号板 ID 和错误	SMB1100-1399	EM(扩展模块)硬件/固件 ID
SMB30、130	端口 0、端口 1	SMB1400-1699	EM(扩展模块)模块特定的数据
SMB34-35	定时中断的时间间隔	SMB1800-1999	PROFINET 设备状态
SMB36-45 SMB46-55 SMB56-65 SMB136-145 SMB146-155 SMB156-165	高速计数器 HSC0 高速计数器 HSC1 高速计数器 HSC2 高速计数器 HSC3 高速计数器 HSC4 高速计数器 HSC5		

常用特殊继电器 SMB0 和 SMB1 的位信息见表 5-6。

常用特殊继电器 SMB0 和 SMB1 的位信息 表 5-6

SM0.0	该位始终为 TRUE	SM1.0	特定指令的操作结果 = 0 时，置位为 TRUE
SM0.1	在第一个扫描周期，CPU 将该位设置为 TRUE，此后将其设置为 FALSE。该位的一个用途是调用初始化子例程	SM1.1	特定指令执行结果溢出或数值非法时，置位为 TRUE
SM0.2	如果保持数据丢失，一个扫描周期设置为 TRUE	SM1.2	当数学运算产生负数结果时，设置为 TRUE
SM0.3	从上电进入 RUN 模式时，一个扫描周期设置为 TRUE	SM1.3	尝试除以零时，设置为 TRUE
SM0.4	针对 1 分钟的周期时间，时钟脉冲 30s 为 TRUE，断开 30s	SM1.4	当填表指令尝试过度填充表格时，设置为 TRUE
SM0.5	针对 1s 的周期时间，时钟脉冲 0.5s 为 TRUE，断开 0.5s	SM1.5	当 LIFO 或 FIFO 指令尝试读取空表时，设置为 TRUE
SM0.6	扫描周期时钟，一个扫描周期为 TRUE，下一个扫描周期关断	SM1.6	尝试将非 BCD 值转换为二进制值时，设置为 TRUE
SM0.7	对于具有实时时钟的 CPU 型号，如果实时时钟设备的时间被复位或在上电时丢失，CPU 会在一个扫描周期将该位设置为 TRUE。程序可将该位用作错误存储器位或用来调用特殊启动序列	SM1.7	当 ASCⅡ值无法转换为有效十六进制值时，设置为 TRUE

五、变量存储器 V 和局部变量存储器 L

V 用来存储变量的值，如存放程序执行过程中控制逻辑操作的中间结果，保存与工序有

关的其他数据,这些数据可以是数值,也可以是开关量 0 或 1。CPU224 有 VB0.0 ~ VB5119.7 共 5kB 的容量。

L 用于存储局部变量值。S7-200 SMARTPLC 的编址范围为 LB0.0 ~ LB63.7 其中 60 字节用于暂存变量,最后 4 个字节为系统保留。L 根据程序需要进行动态分配。

变量存储器对于全局有效,可以用于存储主程序、中断程序或其他子程序的变量,而局部变量存储器只对局部有效,如在子程序中定义,则只在子程序中有效。

六、顺序控制继电器 S

用在顺序控制或步进控制中,也称状态器。当其没有被作为状态器使用时,也可作为中间继电器使用。S 继电器的使用,后续章节再讲。

七、定时器 T

定时器是 PLC 中重要的编程元件,其功能相当于继电接触控制系统中的时间继电器,但它没有瞬动触头,使用时要输入时间预设值,当定时器的输入条件满足时开始计时,当前值从零开始,按照一定时间单位增加。当定时器的当前值达到预设值时,定时器的触点动作。

定时器常用于定时控制。灵活使用定时器可以编制复杂动作的控制程序。

S7-200 SMART 的定时器编址范围为 T0 ~ T255,一共有三种时基定时器,分别是接通延时 1ms 时基(T32、T96)、10ms 时基(T33 ~ T36、T97 ~ T100)、100ms 时基(T37 ~ T63、T101 ~ T255),记忆延时 1ms 时基(T0、T64)、10ms 时基(T1 ~ T4、T65 ~ T68)、100ms 时基(T5 ~ T31、T69 ~ T95)。

定时器的当前计数寄存器为 16 位有符号整数寄存器,累积时间为:

$$时间 = 1 \sim 32767 \times 时基$$

八、计数器 C 和高速计数器 HC

计数器 C 是用来累积输入脉冲的个数,经常用于对产品进行计数或进行特定功能的编程。使用时要提前输入设定值。当输入触发条件满足时,计数器开始累积输入脉冲上升沿(正跳变)的次数;当计数器计数达到预设值时,其触点动作。

S7-200 SMARTPLC 的计数器编址范围为 C0 ~ C255。有加计数器、减计数器及加减计数器三种,计数值用 16 位寄存器储存,可存放的最大数为 32767。当计数超过设定值时,计数器位被置 1。

HC 的工作原理与 C 相同,主要用来累积比 PLC 主机扫描速度更快的高速脉冲。其当前值是 32 位的整数,只能读不能写。S7-200 SMART 的 HC 编址范围为:HSC0 ~ HSC5。

九、模拟量输入 AI 和输出 AQ 继电器

模拟量输入电路用于实现模数转换,主要用于输入模拟量(如温度、电压等)并将其转换为 16 位的数字量,存入模拟量输入映像寄存器中,可以用 AI(区域标识符)、W(数据长度)、起始地址来操作这些值。注意,起始地址均为偶数,因为一个映像存储器为两个字节长。该

寄存器中的值只能读取，不能写入。

模拟量输出电路用于实现数模转换，主要用于将数字量转换为模拟量（如温度、电压等）输出。数字量存于16位的输出映像寄存器中，可以用AQ（区域标识符）、W（数据长度）、起始地址来操作这些值。注意：起始地址均为偶数，且只能向该地址写入数字，而不能读取。

西门子S7-200 SMART系列PLC的模拟量输入映像寄存器与模拟量输出映像寄存器的地址是AIW0～AIW110；AQW0～AQW110，共56个字，其地址只能以字地址形式进行寻址，并且字地址只能是偶数。

AIW0、AIW2、AIW4、AIW6、AIW8、…、AIW110

AQW0、AQW2、AQW4、AQW6、AQW8、…、AQW110

十、累加器AC

S7-200 SMART PLC提供4个32位累加器，分别是AC0、AC1、AC2、AC3。累加器是用来暂存数据，可以存放如运算数据、中间数据和结果数据，也可用来向子程序传递参数，或从子程序返回参数。累加器可以进行读写操作，操作数可以是字节B，也可以是字W或双字D，由指令决定。

第三节　S7-200 SMART PLC寻址方式

一、直接寻址

1. 概念

直接寻址，就是直接给出寻找数据所在地址的寻址方式。

比如，有人问三张住在哪里，我告诉他，张三住在青山区北京路12号25栋6-1。他可以从我这里直接获得被找人的地址。

2. 编址格式

数据所在存储区的字节地址，我们可以用以下格式表示：

ATx. y

其中：A表示元件名称，为I、Q、M、SM、S、V、L、T、C、HC、AC、AI、AQ中的一个，即在PLC的存储器中我们所划分的区域。在上例中的青山区北京路12号，这里是一个小区。

T表示数据类型。位寻址时省略，字节寻址为B，字寻址为W，双字寻址为D。

x表示字节，即数据存储区中的第x个字节。如上例中的25栋。

y表示位，即在指定这个字节中的第y位。如上例中的6-1。

3. 位寻址

位寻址，即是按位寻找，是找得最为细致的方式，可以定位到第几位，对于输入输出映像寄存器而言，我们可以通过操作知晓该位对应的输入输出接口状态。

举例I3.4，即输入映像寄存器中第四个字节的第五位。如图5-8所示。

可以进行位寻址的区域有I、Q、M、SM、S、V、L。

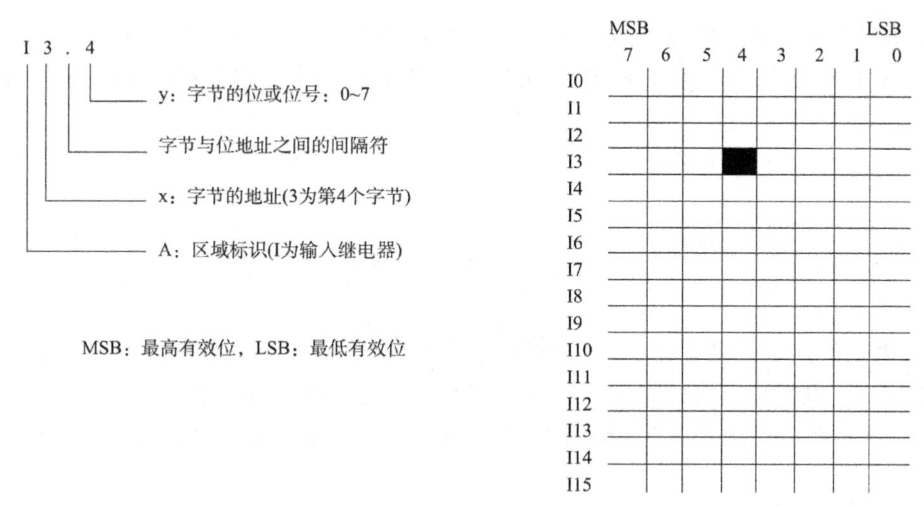

图 5-8 位寻址格式及其参数对应存储器位置示意图

4. 特殊器件的寻址方式

对存储器中有些元件(区域)的寻址,不用给出它们的字节地址,而是直接写出其编号。这类元件主要包括 T、C、HC、AC。其中,累加器的数据长度可以是字节、字或双字,使用时只表示出累加器的地址编号即可。如 AC0,数据长度取决于进出 AC0 的数据类型。

5. 字节、字和双字寻址方式

对字节、字、双字数据,直接寻址时需要指明元件名称、数据类型和存储区内的首字节地址。下面以 V 为例,分别存取三种长度数据并进行比较。如图 5-9 所示。

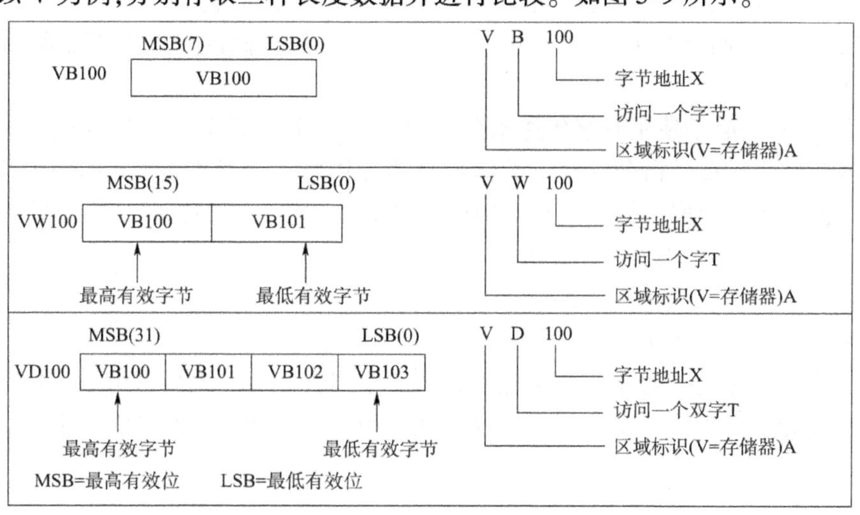

图 5-9 存取三种长度数据的比较

VB100,是访问一个字节的空间,字节地址是 100;

VW100,是访问一个字的空间,包含了 100、101 两个字节,最高位字节地址为 100;

VD100,是访问 4 个字节的空间,包括 100/101/102/103,高位字节地址为 100。

可以此方式直接寻址的元件有:I、Q、M、SM、S、V、L、AI、AQ

6. 实数寻址方式

实数用 32 位(4 字节)长度储存,如图 5-10 所示。最高位为符号位,24 ~ 31 位储存指数,

1～23位储存尾数。32位浮点实数表示的最大数为：正数：+1.175495E－38～+3.402823E+38；负数－1.175495E－38～－3.402823E+38。编程时，可指定小数不超过6位。

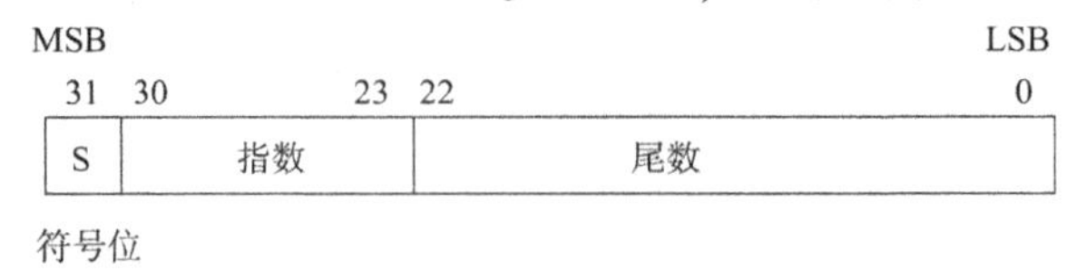

图5-10　存储实数的格式

7. 字符串寻址

字符串指的是一系列字符，每个字符以字节的形式存储。字符串的第一个字节定义了字符串的长度，也就是字符的个数。一个字符串的长度可以是0～254个字符，再加上长度字节，一个字符串的最大长度为255个字节。而一个字符串常量的最大长度为126字节。

二、间接寻址

间接寻址就是在地址中找地址。如前例子中，有人问我张三的地址，我说我不知道，但我知道李四知道张三的住址，我也知道李四的住址。

间接寻址使用指针来存取存储器中的数据。S7-200 CPU允许使用指针对下述存储器区域进行间接寻址：I、Q、V、M、S、T（仅当前值）以及C（仅当前值），但不允许对独立的位（BIT）值或模拟量进行间接寻址。

1. 建立指针

为了对存储器的某一地址进行间接寻址，需要先为该地址建立指针。指针为双字值，是一个存储器的地址，而且只能使用变量存储区（V）、局部存储区（L）或累加器（AC1、AC2、AC3）作为指针。

为了生成指针，必须使用双字传送指令（MOVD），将存储器某个位置的地址移入另一存储器或累加器作为指针。指令的输入操作数必须使用“&”符号表示某一位置的地址，而不是它的值。把从指针处取出的数值传送到指令输出操作数标识的位置。下面举一例说明。

```
MOVD        &VB100,VD204
MOVD        &MB4,AC2
```

2. 使用指针来存取数据

在操作数前面加“*”号来表示该操作数为一个指针。如图5-11所示，AC1表示AC1为MOVW指令确定的一个字长的指针。在这个例子中，存于VB200和VB201中的值被移至累加器AC0。

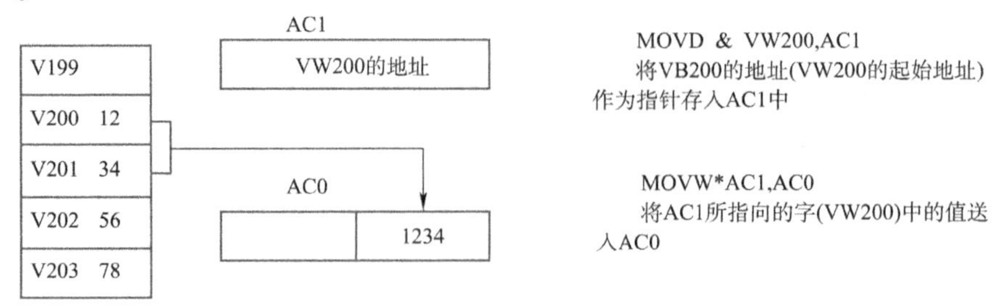

图5-11　用指针存取数据过程示意图

3. 修改指针

简单的数学运算指令，如加法或自增指令，可用于修改指针的值。由于指针为32位的值，所以使用双字指令来修改指针值，修改时注意要调整存取的数据的长度：

(1)当存取字节时，指针值最少加1。

(2)当存取一个字、定时器或计数器的当前值时，指针值最少加2。

(3)当存取双字时，指针值最少加4。

下面仍用图5-11的例子，修改指针取出一个字长的数据。如图5-12所示。

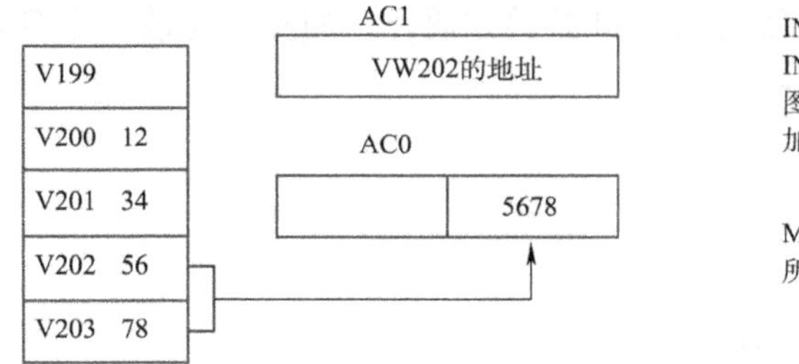

图5-12　用修改后的指针取值

第四节　S7-200 SMART PLC 基本逻辑指令

一、逻辑取及线圈驱动指令

1. 装载及线圈驱动指令

(1)装载指令 LD 和 LDN

LD(LOAD)为装载指令的操作码，用于常开触点与左母线连接。LDN(LOAD NOT)：用于常闭触点与左母线连接。可以简单理解为：用开关为本逻辑行通电。

装载指令使用的基本格式为：LD(LDN)空格后面跟 BIT。这里的 LD(LDN)为操作码或称助记符，BIT 为操作数，如 I0.0。

(2)线圈驱动指令 =

= 为线圈驱动指令的操作码，用于对本逻辑行的输出线圈进行驱动。格式为：= 空格后面跟 BIT。(下同)

【例 5-1】　指令的使用方法。如图5-13所示。

网络1(逻辑行1)：用常开触点的装载指令 LD 将 I0.0 与左母线连接，然后用线圈驱动指令 = 驱动线圈 Q0.0。

网络2：用常闭触点的装载指令 LDN 将 I0.1 与左母线连接，然后用线圈驱动指令 = 两次相继驱动线圈 M0.0 和 M0.1。

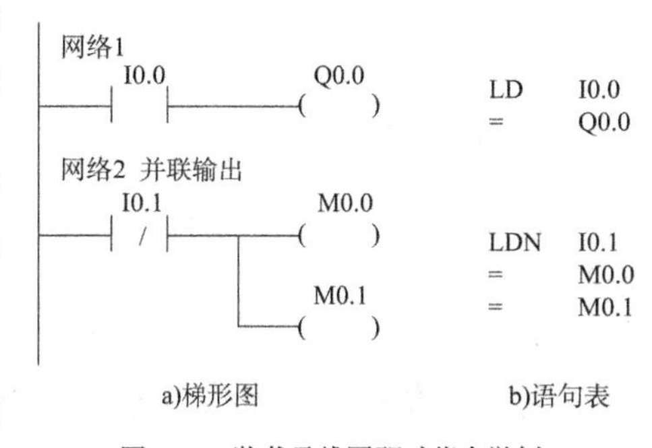

图5-13　装载及线圈驱动指令举例

(3)使用注意事项

①每一个逻辑行的开始，都要使用一次装载指令。

②使用 LD 还是 LDN 由梯形图中的触点类型决定。

③每一个组合块的开始也要使用装载指令。

④并联的 = 指令可以连续使用任意次，表示同时可以驱动多个线圈。

⑤在同一程序中，一个线圈只能使用一次 = 指令。

⑥LD、LDN、= 指令的操作数可以使用的继电器为 I、Q、M、SM、T、C、V、S、L。其中 T 和 C 作为输出线圈时，不使用 = 指令驱动。

2. 取反指令 NOT

将复杂逻辑结果进行取反，为用户使用反逻辑提供方便。它的实质是改变最新堆栈顶的逻辑值。

指令格式为：NOT，没有操作数。

【例 5-2】 取反指令举例。

如图 5-14 所示。

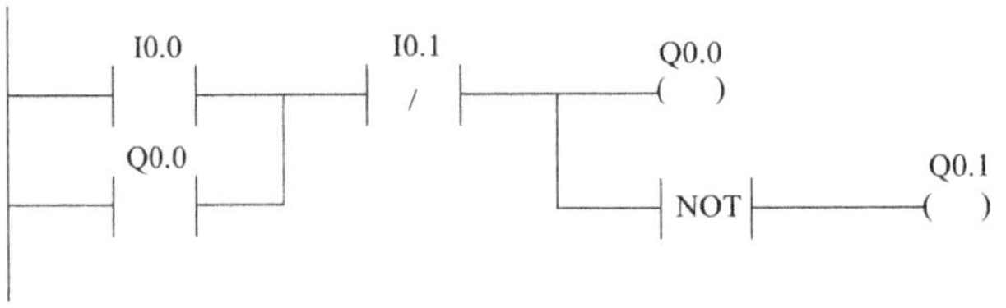

图 5-14　取反指令在梯形图中的画法举例

先用 LD 指令装载 I0.0，然后并联一个 Q0.0 的常开触头，再串联一个常闭触点 I0.1，最后用驱动指令驱动线圈 Q0.0，同时用取反逻辑驱动线圈 Q0.1。

显然，Q0.0 与 Q0.1 的输出刚好相反。这里要注意梯形图中取反指令的画法。

二、触点串联指令

触点串联指令为 A(And)、AN(And Not)。A 用于常开触点的串联连接，AN 用于常闭触点的串联连接。主要含义是指，将本指令所指的触点与前面电路进行串联连接。

【例 5-3】 触点串联指令举例。

如图 5-15 所示。

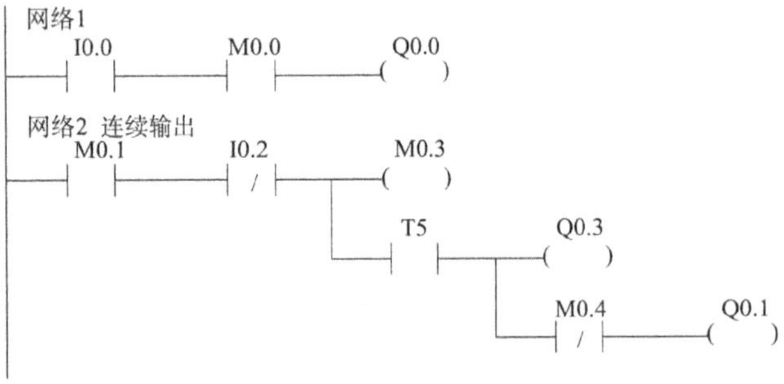

a) 梯形图

```
LD    I0.0
A     M0.0
=     Q0.0

LD    M0.1
AN    I0.2
=     M0.3
A     T5
=     Q0.3
AN    M0.4
=     Q0.1
```

b) 语句表

图 5-15　触点串联指令举例

网络 1，常开触点 M0.0 与左侧的常开触点 I0.0 串联连接，在 LD 指令后用一次逻辑与指令 A　M0.0。

网络2，常闭触头 I0.2 与左侧 M0.1 串联连接，用一次 AN I0.2；然后驱动线圈 M0.3，同时，再串联连接 T5 的常开触点，用一次 A T5，接着驱动线圈 Q0.3；同时，串联连接常闭触头 M0.4，需用一次 AN M0.4，然后驱动线圈 Q0.1。

这里需要注意：

①A、AN 是单个触点串联连接指令，可以连续使用。

②在有些逻辑编程中可以反复使用驱动指令，但一定要注意次序，不然就不能连续使用驱动指令编程了。如图 5-16 所示的梯形图就不属于连续输出电路。

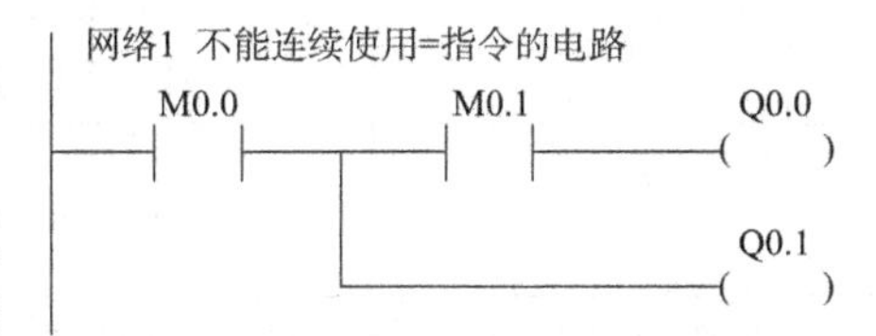

图 5-16　不能连续使用驱动指令的梯形图举例

③A、AN 指令的操作软元件为：I、Q、M、SM、T、C、V、S、L。

三、触点并联指令

触点并联指令为 O(OR)、ON(OR Not)。O 用于常开触点的并联连接，ON 用于常闭触点的并联连接。主要含义是指，将本指令所指的触点与前面电路进行并联。

【例 5-4】　触点并联指令举例。

如图 5-17 所示。

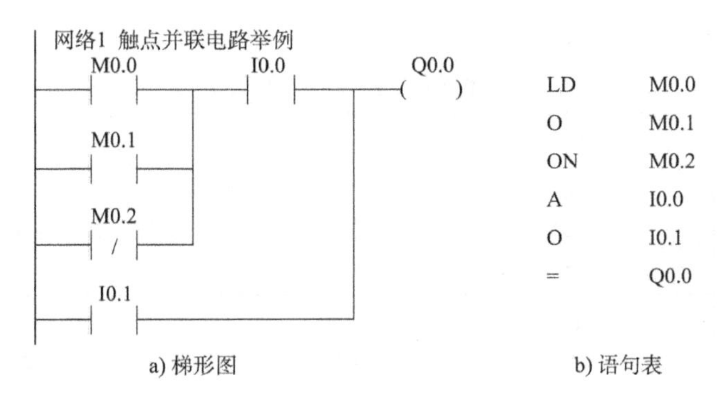

图 5-17　触点并联指令举例

本例中，常开触点 M0.0 与常开触点 M0.1、常闭触点 M0.2 并联，所以，在 M0.0 装载后，需要连续使用两次并联连接指令。除此之外，还有常开触点 I0.1 与上面所有的触点逻辑组合进行并联，所以，在串联 I0.0 后，还需再用一次并联指令 OI0.1，最后才驱动线圈输出。

触点并联指令使用时需注意：

①单个触点的并联指令可以连续使用。

②触点并联指令的操作软元件与串联指令相同。

四、立即输入输出指令

在该立即指令执行时，该指令获取物理输入值，但不更新过程映像寄存器。立即触点不会等待 PLC 扫描周期进行更新，而是会立即更新。

物理输入点(位)状态为 1 时，常开立即触点闭合(接通)。物理输入点(位)状态为 0 时，常闭立即触点闭合(接通)。其梯形图和指令格式如表 5-7 所示。

梯形图和指令格式　　表 5-7

LAD	STL	LAD	STL
bit ┫I┣	LDI　bit AI　bit OI　bit	bit ┫/I┣	LDNI　bit ANI　bit ONI　bit
bit —(I)	=I　bit		

常开立即触点通过 LDI(立即装载)、AI(立即与)和 OI(立即或)指令进行表示。这些指令使用逻辑堆栈顶部的值对物理输入值执行装载、“与”运算或者“或”运算。

常闭立即触点通过 LDNI(取反后立即装载)、ANI(取反后立即与)和 ONI(取反后立即或)指令进行表示。这些指令使用逻辑堆栈顶部的值对物理输入值的逻辑非运算值执行立即装载、“与”运算或者“或”运算。

线圈立即驱动指令执行时,指令会将新值写入物理输出和相应的过程映像寄存器单元,从堆栈操作的角度看,指令执行将立即将栈顶的值复制到所分配的物理输出位和过程映像地址。

五、置位与复位指令

置位与复位指令格式、功能如表 5-8 所示。

置位/复位指令的功能表　　表 5-8

指令名称	LAD	STL	功　能
置位指令	bit ——(S) N	S bit,N	从 bit 开始的连续 N 个元件置 1 并保持
复位指令	bit ——(R) N	R bit,N	从 bit 开始的连续 N 个元件清零并保持
立即置位指令	bit ——(SI) N	SI bit,N	立即置位从 bit 开始的 N 位
立即复位指令	bit ——(RI) N	RI bit,N	立即复位从 bit 开始的 N 位

置位指令 S(Set),就是将指定软元件的位赋予值 1 并保持;复位指令 R(Reset),就是将指定软元件的位清零并保持。

立即指令执行,新值将写入物理输出点和相应的过程映像寄存器单元。这不同于非立即地址引用仅将新值写入过程映像寄存器。

能够连续操作多少位,由操作数 N 所决定。

【例 5-5】 置位与复位指令举例。

如图 5-18 所示。

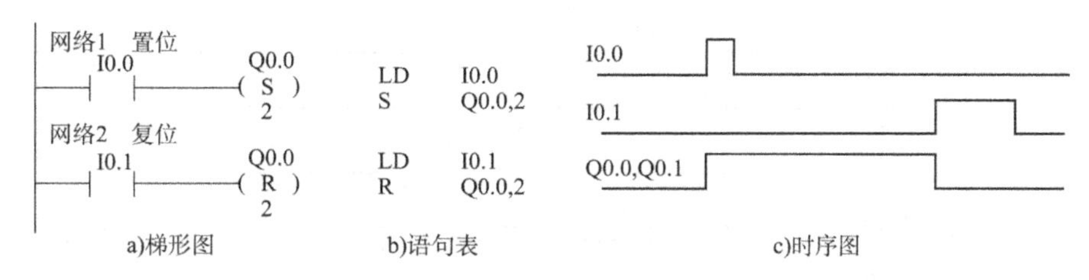

图 5-18　置位/复位指令举例

网络 1：一旦 I0.0 接通，就给 Q0.0 开始的连续两位赋予值 1，并保持；

网络 2：一旦 I0.1 接通，就给 Q0.0 开始的连续两位清零，并保持。

指令使用时需要注意：

①对元件的位，一旦置位或复位就保持当前值，直到下一次的复位或置位；

②S/R 指令可以互换次序使用；

③T 和 C 复位，意味着 T 和 C 的当前值将被清零；

④N 可取值 1 ~ 255，一般情况下用常数；

⑤S/R 操作软元件同前。

六、边沿脉冲指令

边沿脉冲指令的格式为：EU 或 ED，不带操作数。

它们的含义及功能是，EU 即 Edge Up，是上升沿触发；ED 即 Edge Down，是下降沿触发。边沿脉冲指令，对其之前的逻辑运算结果的上升（下降）沿产生一个宽度为一个扫描周期的脉冲。常用于启动或关断条件的判定以及配合功能指令完成一些逻辑控制任务。见表 5-9。

边沿脉冲指令功能表　　　表 5-9

指令名称	LAD	STL	功　能	说　明
上升沿脉冲	┤P├	EU	在上升沿产生脉冲	无操作数
下降沿脉冲	┤N├	ED	在上升沿产生脉冲	无操作数

【例 5-6】　边沿脉冲指令举例。

如图 5-19 所示。

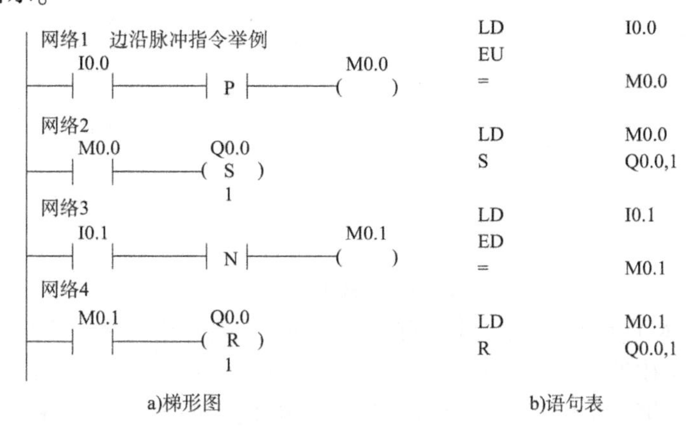

图　5-19

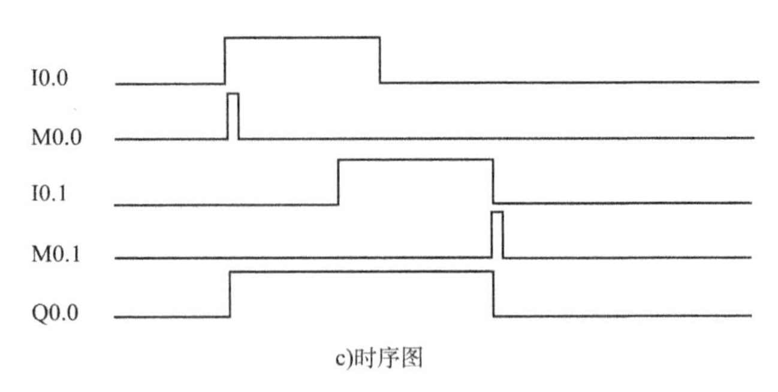

c)时序图

图 5-19 边沿脉冲指令举例

网络 1(逻辑行 1):I0.0 挂上左母线,脉冲的上升沿触发,产生一个扫描周期宽度的脉冲,驱动 M0.0,M0.0 输出一个脉冲。

网络 2:M0.0 的常开触点闭合,对 Q0.0 第一位置位,Q0.0 输出高电平并保持。

网络 3:I0.1 挂左母线,脉冲下降沿触发,产生一个扫描周期宽度的脉冲,驱动 M0.1,M0.1 迅即输出一个脉冲。

网络 4:M0.1 常开触点闭合,对 Q0.0 产生一个复位,使 Q0.0 输出低电平并保持。

七、逻辑堆栈操作指令

堆栈是一组数据的“暂存”单元。压栈操作,新数据压入栈顶,栈内数据自动向下移动一层,栈底数据丢失。出栈操作,栈顶数据弹出,栈内数据自动向上移动一层,栈底补充随机数。堆栈中的数据总是“先进后出,后进先出”。

1. 串联电路块的并联

两个以上触点串联形成的支路称为串联电路块。该指令就是将两个串联电路块并联成新的电路。

其格式为不带操作数的 OLD(Or Load)。

【例 5-7】 块并联指令举例。

如图 5-20 所示。

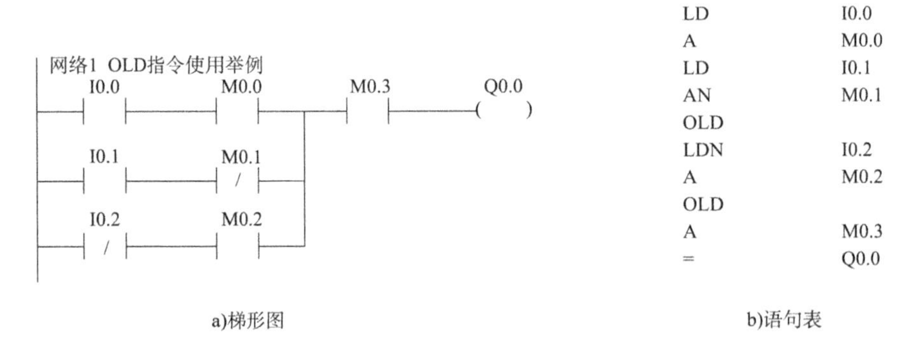

a)梯形图　　b)语句表

图 5-20 串联电路块并联指令举例

图中有三个串联电路块并联。我们首先需要用 LD 指令定义第一个串联电路块,接着用 LD 指令定义第二个串联电路块,然后用一次 OLD 指令,将前面两个串联电路块并联起来。再用 LDN 指令定义第三个串联电路块,再用一次 OLD 指令,就将三个串联电路块都并联在一起了。最后串联触点 M0.3,就可用驱动指令驱动线圈 Q0.0 了。

以上串联电路块的定义就是将逻辑结果压入堆栈，两个结果用一次 OLD 指令，其实质是将堆栈顶部的两个值进行或操作，并继续将操作结果压栈。

在使用 OLD 指令中需要注意：

(1)每一个块电路必须要使用 LD 或 LDN 指令进行定义。

(2)每完成一次块电路的并联，必须使用一次 OLD 指令。

2. 并联电路块的串联

两个以上触点并联形成的支路称为并联电路块。该指令就是将两个并联电路块串联成新的电路。

其格式为不带操作数的 ALD(And Load)。

【例 5-8】 块串联指令举例。

如图 5-21 所示。

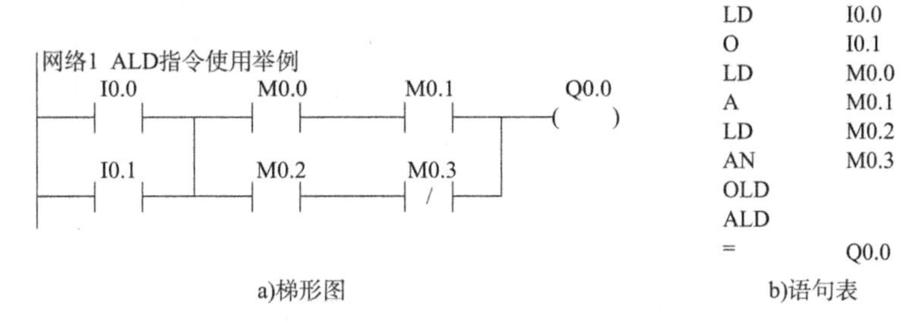

图 5-21 并联电路块串联指令举例

图中，有两个并联电路块串联。我们首先需要用 LD 指令定义第一个并联电路块，接着用 LD 指令定义第二个并联电路块，然后用一次 ALD 指令，将前面两个并联电路块串联起来。这里要注意，第二个并联电路块，为两个串联电路块的并联，所以，在其定义过程中要用到一次 OLD 指令。最后用驱动指令驱动线圈 Q0.0。

以上并联电路块的定义也是将逻辑结果压入堆栈，两个结果用一次 ALD 指令，其实质是将堆栈顶部的两个值进行与操作，并继续将操作结果压栈。

在使用 ALD 指令时，也需要注意：

(1)每一个块电路必须要使用 LD 或 LDN 指令进行定义。

(2)每完成一次块电路的串联，必须使用一次 ALD 指令。

3. 入栈、读栈和出栈

LPS(logic push stack)：无操作数的逻辑入栈指令。将断点地址压入栈区，栈区内容自动下移，原栈底内容丢失。

LRD(Logic Read Stack)：无操作数的逻辑读栈指令。将存储器栈区顶部的内容读入程序的地址指针寄存器，栈区内容保持不变。

LPP(Logic Pop Stack)：无操作数的逻辑出栈指令。将栈顶内容弹入程序的地址指针寄存器，栈的其他内容依次上移。栈底自动补充随机值。

下面举例说明使用方法，如图 5-22 所示。

图中，I0.0 与 M0.0 之间有一个分支电路，编程到此处需要用一次 LPS，将地址压入堆栈，然后继续完成第一个逻辑行(Q0.0 所在)的编程。在编程第二个逻辑行之前，需用一次 LRD 指令，将前面压入的地址取出，接着编程 Q0.1 所在的逻辑行。后面的两个逻辑行(Q0.2、

Q0.3)接着前面的分支地址继续编程,无须再压栈和读栈,就执行一次 LPP,退出栈操作。

使用堆栈操作指令时需注意:

(1)LPS、LPP 连续使用不能超过 9 次。

(2)LPS、LPP 必须成对使用,它们之间可以使用 LRD 指令。

【例 5-9】 堆栈操作指令。

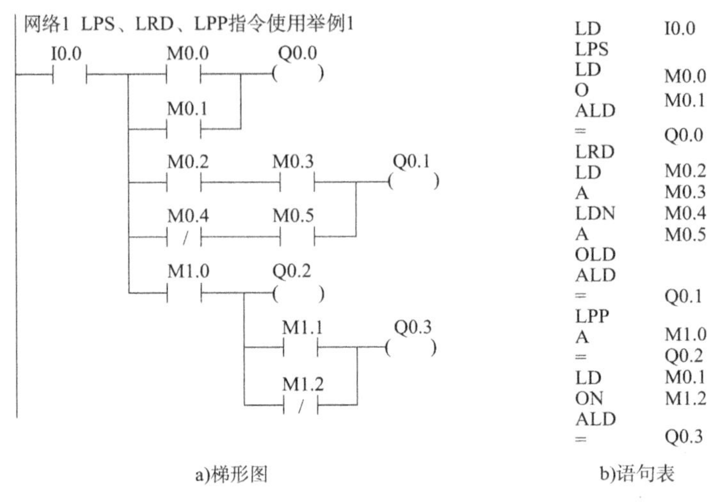

图 5-22 入栈、读栈和出栈指令举例

八、比较指令

比较指令是将两个数值或字符串按指定条件进行比较,条件成立时,触点闭合。所以比较指令实际上也是一种位指令。

比较指令的类型有字节 B、整数 W、双字整数 D、实数 R 和字符串 S 的比较。数值的比较的运算符有:等于(=)、大于(>)、大于等于(>=)、小于(<)、小于等于(<=)和不等于(<>)六种,字符串比较的运算符等于(=)和不等于(<>)两种。可以用 LD、A、O 指令进行编程。

比较指令在梯形图中的画法如下:

数 1	IN1	IN1	IN1
┤运算符 比较类型├	┤==B├	┤==S├	┤==D├
数 2	IN2	IN2	IN2

比较指令的格式如图 5-23 所示。

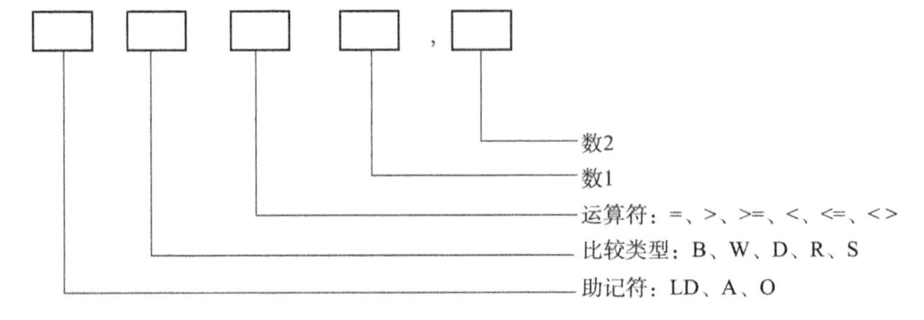

图 5-23 比较指令格式

【例 5-10】　比较指令举例。

如图 5-24 所示。

例中,计数器 C30 中的当前值大于等于 30 时,Q0.0 被驱动;VD1 中的实数小于 95.8 且 I0.0 为 ON 时,Q0.1 有输出;VB10 中的值大于 VB20 中的值或 I0.1 为 ON 时,Q0.2 有输出。

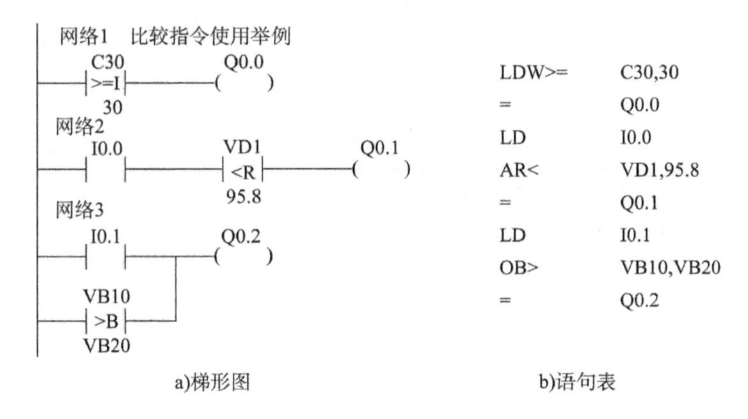

图 5-24　比较指令举例

九、定时指令

S7-200 SMARTPLC 为我们提供了三种类型的定时器,分别是接通延时(TON)、有记忆接通延时(TONR)、断开延时(TOF)。

每种延时器又分为三类分辨率(也称为时基):1ms、10ms、100ms。

定时时间按以下公式计算:

$$T = PT \times S$$

式中:T——定时时长;

PT——设定值,一般为常数;

S——分辨率。

S7-200 SMARTPLC 定时器的分辨率和编号分配见表 5-10,编程时我们根据需要选择即可。

定时器的编号及分辨率　　表 5-10

定时器类型	分辨率(ms)	最大定时长(s)	编　号
TONR	1	32.767	T0,T64
	10	327.67	T1 ~ T4,T65 ~ T68
	100	3276.7	T5 ~ T31,T69 ~ T95
TON、TOF	1	32.767	T32,T96
	10	327.67	T33 ~ T36,T97 ~ T100
	100	3276.7	T37 ~ T63,T101 ~ T255

定时器在梯形图中的画法和编程格式见表 5-11。

定时指令功能表 表5-11

格 式	名 称		
	接通延时定时器	有记忆接通延时定量器	断开延时定时器
LAD	???? IN TON ???? PT ???ms	???? IN TONR ???? PT ???ms	???? IN TOF ???? PT ???ms
STL	TON T＊＊＊,PT	TONR T＊＊＊,PT	TOF T＊＊＊,PT

IN为触发脉冲接入端,PT为预设值。

【例5-11】 定时指令举例。

如图5-25所示。

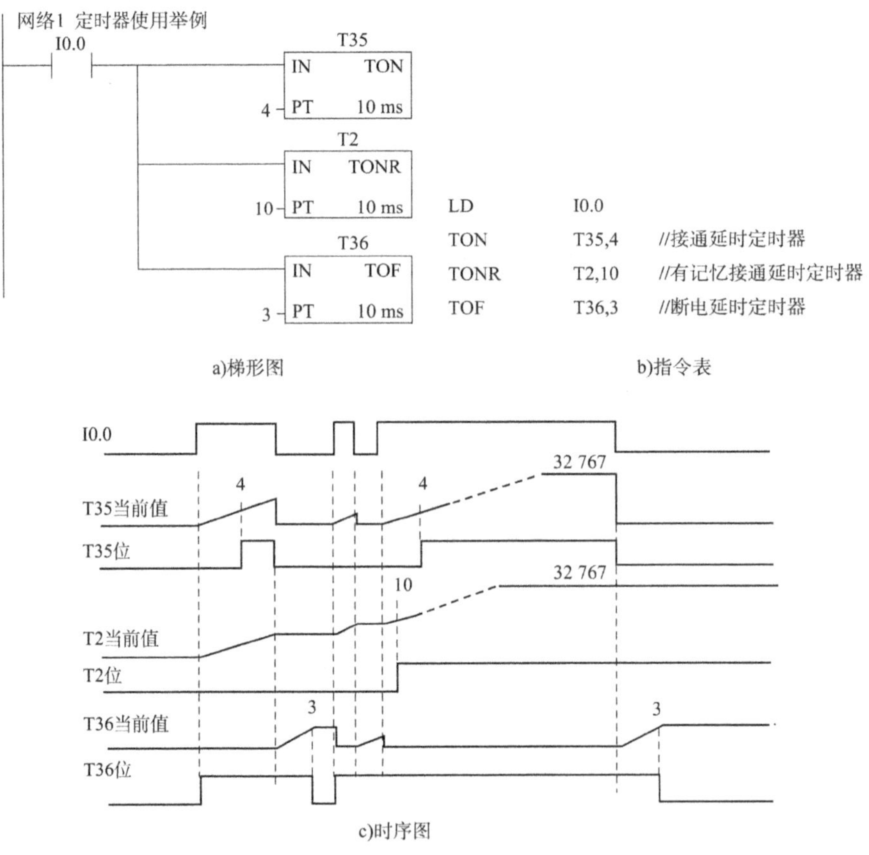

图5-25 定时指令举例

图中,用了三种类型的定时器T35(TON)、T2(TONR)、T36(TOF)。

当I0.0接通时,T35从当前值开始计时,延时40ms后动作,输出高电平;当I0.0断开时T35复位。如果延时没有达到设定值时,I0.0由接通变为断开,则计时将清零,其输出仍为低电平。

当I0.0接通时,T2从当前值开始计时;当I0.0断开时,T2停止计时,但计时值保持,直到下次I0.0接通时又开始从当前值累加。直到100ms计时时间到,T2输出高电平。

当 I0.0 接通时，T36 立刻输出高电平；当 I0.0 断开时，T36 开始延时，30ms 后输出由高电平变为低电平。如果在延时时间之内 I0.0 由断开变成接通，则其输出一直保持输出高电平。

十、计数指令

计数器用来累计输入脉冲的个数。由输入脉冲的上升沿触发。当计数值达到预设值时，计数器对外产生输出。

S7-200 SMART 系列 PLC 有增计数器 CTU、增减计数器 CTUD 和减计数器 CTD 三种类型，共有 256 个编号，每个计数器的最大计数值是 32767，预设值一般使用常数。

在梯形图中的画法和编程中的格式如表 5-12 所示。

计数指令功能表 表 5-12

格式	名称		
	增计数器	增减计数器	减计数器
LAD	???? CU CTU R ????-PV	???? CU CTUD CD R ????-PV	???? CD CTD LD ????-PV
STL	CTU C＊＊＊，PV	CTUD C＊＊＊，PV	CTD C＊＊＊，PV

注：CU 为增计数脉冲输入端，CD 为减计数脉冲输入端，R、LD 为计数值和输出均要复位的脉冲输入端，PV 为预设值。

技术指令格式为：助记符 + 计数器名，预设值。

下面分别就三种计数器进行编程举例，如图 5-26 ~ 图 5-28 所示。

【例 5-12】 CTU 编程。

如图 5-26 所示。

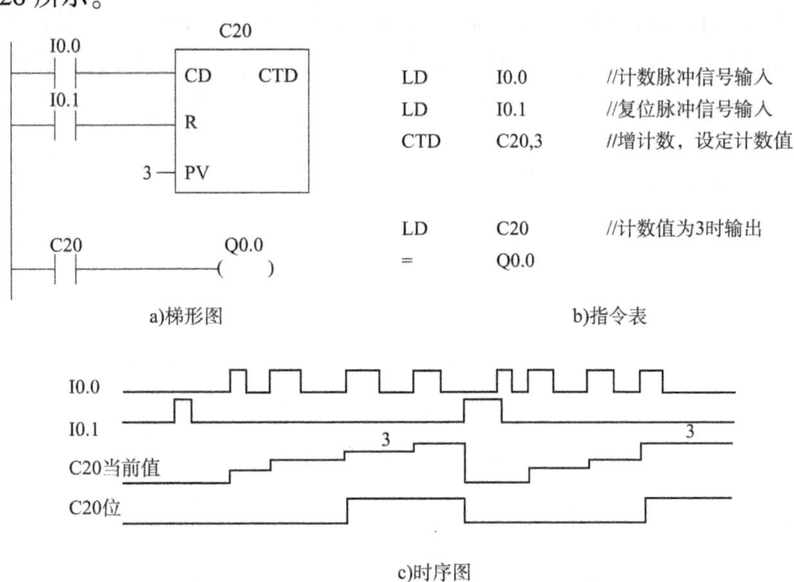

图 5-26 增计数器使用举例

图中,I0.0 接通,向 CU 输入脉冲,计数器 C20 开始计数。当计数值等于 3 时,C20 输出高电平。只有当 I0.1 接通,向 R 端输入脉冲时,上升沿触发 C20 复位。

【例 5-13】 CTUD 编程。

如图 5-27 所示。

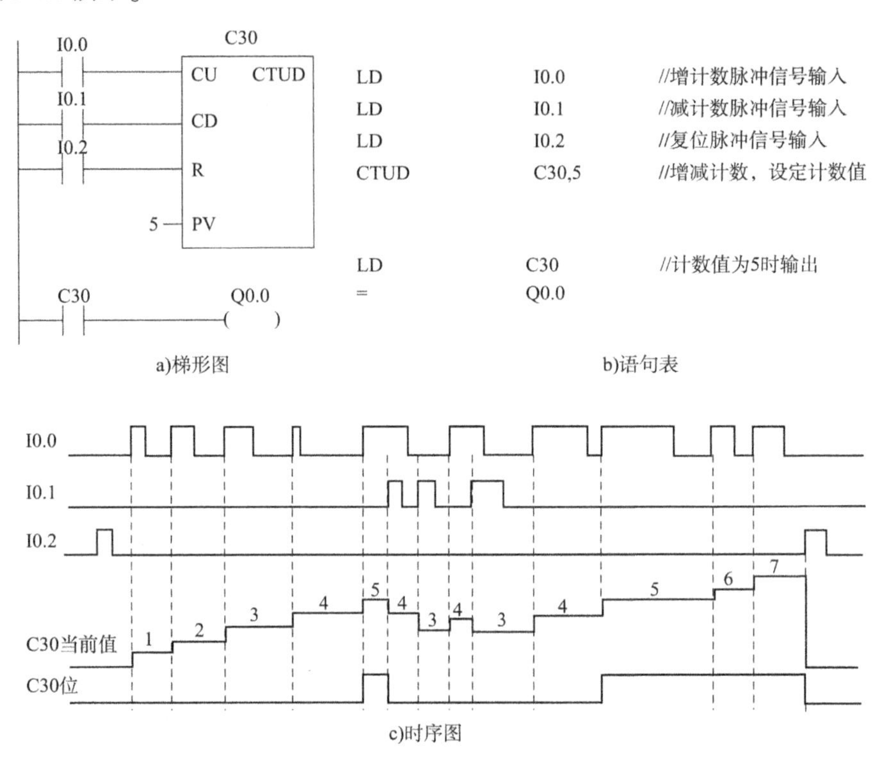

图 5-27 增减计数器使用举例

图中,C30 有增和减计数两个脉冲输入端,可以同时工作。增计数端脉冲上升沿触发增计数,减计数端脉冲上升沿触发减计数。计数值达到 5 时,C30 的输出高电平,否则输出低电平。当复位端输入脉冲时,脉冲上升沿触发 C30,使其计数值清零,输出复位到输出低电平。

【例 5-14】 CTD 编程。

如图 5-28 所示。

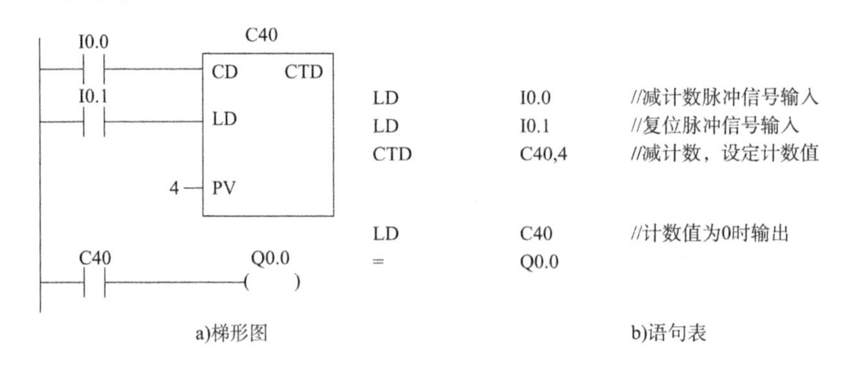

图 5-28

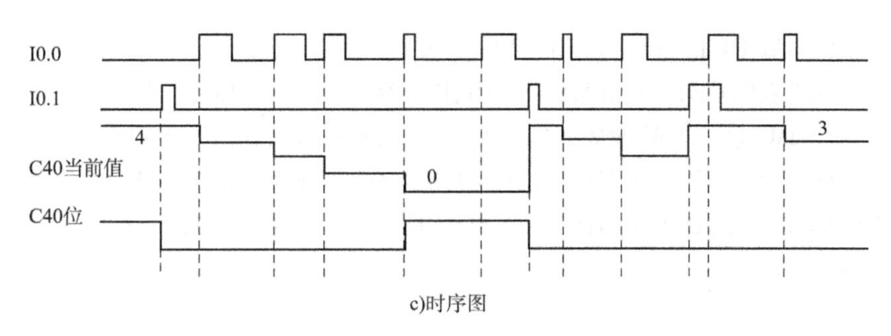

c)时序图

图 5-28 减计数器使用举例

图中,当 I0.0 接通时,C40 输入端脉冲的上升沿触发减计数。当前值为 0 时,C40 输出高电平,其常开触头闭合,驱动 Q0.0 输出。

当 C40 的复位输入端输入脉冲时,上升沿触发 C40 复位,计数值变为预设值 PV,输出低电平。

第五节 S7-200 SMART PLC 功能指令

一、传送、移位和填充指令

1. 传送指令

(1)字节、字、双字或实数传送

见表 5-13。

字节、字、双字或实数传送指令功能表 表 5-13

格 式	字节传送	字 传 送	双字传送	实数传送
LAD	MOV_B EN END IN OUT	MOV_W EN END IN OUT	MOV_DW EN END IN OUT	MOV_R EN END IN OUT
STL	MOVB IN,OUT	MOVW IN,OUT	MOVD IN,OUT	MOVR IN,OUT

字节传送、字传送、双字传送和实数传送指令,将数据值从源(常数或存储单元)IN 传送到新存储单元 OUT,而不会更改源存储单元中存储的值。

指令中的操作数 IN,可操作的软元件主要有 I,Q,V,M,SM,S,L,AC,＊VD,＊LD,＊AC 和常数等。但是,这里要注意:①操作数为软元件时,要根据传送数据的类型,分别在元件名后加上表示类型的字符,如输入寄存器 I→IB(字节型)、IW(字型)、ID(双字型)、ID(实数型);②操作数类型不同,软元件有所不同。具体如下:

- 字节型 IN:IB,QB,VB,MB,SMB,SB,LB,AC,＊VD,＊LD,＊AC,常数;
- 字型 IN:IW,QW,VW,MW,SMW,SW,T,C,LW,AC,AIW,＊VD,＊AC,＊LD,常数;
- 双字型 IN:ID,QD,VD,MD,SMD,SD,LD,HC,&VB,&IB,&QB,&MB,&SB,&T,&C,&SMB,&AIW,&AQW,AC,＊VD,＊LD,＊AC,常数;
- 实数型 IN:ID,QD,VD,MD,SMD,SD,LD,AC,＊VD,＊LD,＊AC,常数。

指令中的操作数 OUT,可以操作的软元件如下:

· 字节型 OUT:IB,QB,VB,MB,SMB,SB,LB,AC,*VD,*LD,*AC;

· 字型 OUT:IW,QW,VW,MW,SMW,SW,T,C,LW,AC,AQW,*VD,*LD,*AC;

· 双字型 OUT:ID,QD,VD,MD,SMD,SD,LD,AC,*VD,*LD,*AC;

· 实数型 OUT:ID,QD,VD,MD,SMD,SD,LD,AC,*VD,*LD,*AC。

(2)块传输指令

见表 5-14。

块传送指令功能表　　表 5-14

格式	字节传送	字传送	双字传送
LAD	BLMOV_B EN END IN OUT N	BLMOV_W EN END IN OUT N	BLMOV_D EN END IN OUT N
STL	BMB IN,OUT,N	BMW IN,OUT,N	BMD IN,OUT,N

字节块传送、字块传送、双字块传送指令将已分配数据值块从源存储单元(起始地址 IN 和连续地址)传送到新存储单元(起始地址 OUT 和连续地址)。存储在源单元的数据值块不变。参数 N 分配要传送的字节、字或双字数。N 取值范围是 1~255。

操作数 IN、OUT 可操作的软元件有:

①字节型:IB,QB,VB,MB,SMB,SB,LB,*VD,*LD,*AC;

②字型:IW,QW,VW,MW,SMW,SW,T,C,LW,AIW,*VD,*LD,*AC;

③双字型:ID,QD,VD,MD,SMD,SD,LD,*VD,*LD,*AC。

操作数 N 的类型只能是字节型,可操作的软元件有:IB,QB,VB,MB,SMB,SB,LB,AC,常数,*VD,*LD,*AC。

(3)字节立即传输指令(读取和写入)

见表 5-15。

字节立即传送指令功能表　　表 5-15

格式	立即读取	立即写入
LAD	MOV_BIR EN END IN OUT	MOV_BIW EN END IN OUT
STL	BIR IN,OUT	BIW IN,OUT

BIR IN,OUT 指令,称为移动字节立即读取指令,读取物理输入 IN 的状态,并将结果写入存储器地址 OUT 中,但不更新过程映像寄存器。

BIW IN,OUT 指令,称为传送字节立即写入指令,从存储器地址 IN 读取数据,并将其写入物理输出 OUT 以及相应的过程映像位置。

【**例 5-15**】　传送指令举例。

LD　　　I0.0

EU　　　　　　　　　　　　　//只在 I0.0 的脉冲上升沿执行一次操作；

MOVB　　VB100,VB200　　　　//字节 VB100 中的数据被送到字节 VB200 中；

MOVW　VW110,VW210　　　　//字 VW100 中的数据被送到字 VW210 中；

MOVD　　VD120,VD220　　　　//双字 VD120 中的数据被送到双字 VD220 中；

BMB　　　VB130,VB230,4　　//字节 VB130 开始的 4 个连续字节中的数据被送到 VB230 开始的 4 个连续字节存储单元中；

BMW　　VW140,VW240,4　　//字 VW140 开始的 4 个连续字中的数据被送到 VW240 开始的 4 个连续字存储单元中；

BMD　　　VD150,VD250,4　　//双字字 VD150 开始的 4 个连续双字中的数据被送到 VD250 开始的 4 个连续双字存储单元中；

BIR　　　IB1,VB270　　　　　//I1.0-I1.7 的物理输入状态值立即被送到 VB270 中，且不受扫描周期的影响。

(4)字节交换指令

见表 5-16。

字节交换指令功能表　　　　表 5-16

格　　式	字 节 交 换
LAD	SWAP EN　END IN
STL	SWAP　IN

字节交换指令用于交换字 IN 的最高有效字节和最低有效字节。IN 的数据类型为字(word),既是输入,又是输出。其操作元件为:IW、QW、VW、MW、SMW、SW、T、C、LW、AC、* VD、* LD、* AC。

【**例 5-16**】　字节交换指令举例。

假如 VW50 中的数为 D6C3(十六进制数),现执行 SWAP VW50,其结果是 VW50 中的数变为了 C3D6(十六进制数)。字节交换指令示例见表 5-17。

字节交换指令示例　　　　表 5-17

数 据 地 址	VW50	VW51
执行 SWAP VW50 之前	D6	C3
执行 SWAP VW50 之后	C3	D6

2. 移位和循环指令

该类指令包括左移、右移、左循环和右循环指令。在该类指令中,梯形图和语言表指令格式中的缩写是不同的。移位指令和循环指令,过去常用于对顺序动作的控制;现在,一般情况下都使用功能图来实现顺序控制的编程,所以移位指令和循环指令使用得就不多了。

(1)移位指令

见表5-18。

移位指令功能表 表5-18

格　式	左移字节	右移字节
LAD	SHL_B EN END IN OUT N	SHR_B EN END IN OUT N
STL	SLB　OUT,N	SRB　OUT,N

分为左移和右移两种。根据移位数的长度不同,移位指令的数据格式有字节型、字型和双字型,STL指令分别为:

左移:SLB OUT,N、SLW OUT,N、SLD OUT,N。将输入值IN的位值左移N位,然后将结果存储到OUT指定的存储单元中。

右移:SRB OUT,N、SRW OUT,N、SRD OUT,N。将输入值IN的位值右移N位,然后将结果存储到OUT指定的存储单元中。

对于字操作和双字操作,使用有符号数据值时,也对符号位进行移位。

移位数据存储单元的移出端与SM1.1(溢出)相连,所以,最后被移出的位被放到SM1.1位存储单元。移位时,移出位进入SM1.1,另一端自动补0。例如,在右移时,移位数据的最右端的位移入SM1.1,则左端自动补0。SM1.1始终存放最后一次被移出的位,移位次数与移位数据的长度有关。如果移位次数大于移位数据的位数,则超出次数无效。如字左移时,如移位次数设定为20,则指令实际执行结果只能移位16次,而不是20次。如果移位操作使数据变为0,则零存储标志位SM1.0自动置位。

注意,移位指令在使用LAD编程时,OUT可以是和IN不同的存储单元,但在使用STL编程时,因为只写一个操作数,所以实际上OUT就是移位后的IN。

【例5-17】 移位指令举例。

```
LD   I0.0
EU              //在I0.0脉冲上升沿执行一次操作;
SLB   VB0,2     //字节VB0中的位值向左移2位;
SRW   VW10,3    //字VW10中的位值向右移3位。
```

例中,如果移位前VB0中的数为00110101,则左移2位后VB0中的数就变成了11010100;如果移位前VW10中的数为0011010100110101,则右移3位数后,VW10中的数就变成了0000011010100110。

(2)循环移位指令

循环移位LAD和STL指令如表5-19所示。将输入值IN的位值循环左移或循环右移,移动次数为N,然后将结果存储到OUT指定的存储单元中。循环移位操作为循环操作,即连续移动N次,并将移出的位值补充到移走的空位上。

循环移位指令功能表　　　　表 5-19

格　式	循环左移字节	循环右移字节
LAD	ROL_B EN　END IN　OUT N	ROR_B EN　END IN　OUT N
STL	RLB　OUT,N	RRB　OUT,N

分为循环左移和循环右移两种。根据移位数的长度不同,移位指令的数据格式有字节型、字型和双字型,STL 指令分别为:

循环左移:RLB OUT,N、RLW OUT,N、RLD OUT,N,将输入值 IN 的位值左移 N 位,然后将结果存储到 OUT 指定的存储单元中。

循环右移:RRB OUT,N、RRW OUT,N、RRD OUT,N。将输入值 IN 的位值右移 N 位,然后将结果存储到 OUT 指定的存储单元中。

如果循环移位计数大于或等于操作的最大值(字节操作为 8、字操作为 16、双字操作为 32),则 CPU 会在执行循环移位前对移位计数执行求模运算以获得有效循环移位计数。该结果为移位计数,字节操作为 0 ~ 7,字操作为 0 ~ 15,双字操作为 0 ~ 31。

如果循环移位计数为 0,则不执行循环移位操作。

如果执行循环移位操作,则溢出位 SM1.1 将置位为循环移出的最后一位的值。

如果循环移位计数不是 8 的整倍数(对于字节操作)、16 的整倍数(对于字操作)或 32 的整倍数(对于双字操作),则将循环移出的最后一位的值复制到溢出存储器位 SM1.1。如果要循环移位的值为零,则零存储器位 SM1.0 将置位。

字节操作是无符号操作。对于字操作和双字操作,使用有符号数据类型时,也会对符号位进行循环移位。

【例 5-18】　循环移位指令举例。

```
LD   I0.0
EU              //在 I0.0 脉冲上升沿执行一次操作;
RRW   VW0,3     //字 VW0 中的位值循环向右移 3 次。
```

例中,如果移位前 VW0 中的数为 0011010100110110,则循环右移 3 次后,VW0 中的数就变成了 1100011010100110。

(3)寄存器移位指令

移位寄存器位指令将位值移入移位寄存器。该指令提供了排序和控制产品流或数据的简便方法。使用该指令在每次扫描时将整个寄存器移动一位。见表 5-20。

寄存器移位指令功能表　　　　表 5-20

格　式	寄存器移位
LAD	SHRB EN　END DATA S_BIT N
STL	SHRB DATA,S_bit,N

移位寄存器位指令将 DATA 的位值移入移位寄存器。S_BIT 指定移位寄存器最低有效位的位置。N 指定移位寄存器的长度和移位方向(正向移位 = N,反向移位 = －N)。将 SHRB 指令移出的每个位值复制到溢出存储器位 SM1.1 中。移位寄存器位由最低有效位 S_BIT 位置和长度 N 指定的位数定义。

【例 5-19】 寄存器位移指令举例。

如图 5-29 所示。

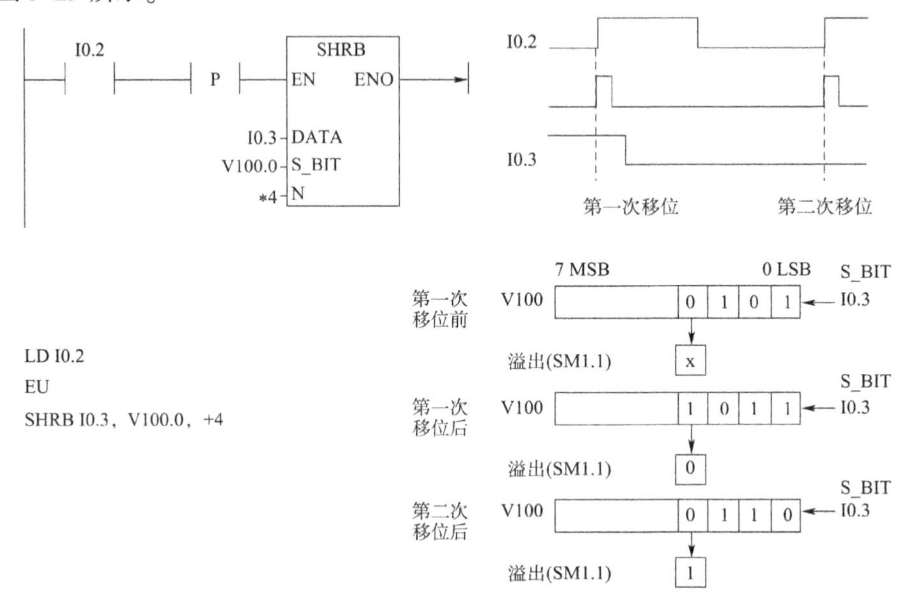

图 5-29　寄存器移位指令实例

3. 填充指令

见表 5-21。

填充指令功能表　　　　表 5-21

格　式	填 充 指 令
LAD	FILL_N: EN, END; IN, OUT; N
STL	FILL IN,OUT,N

填充指令(Memory Fill)将字型输入数据 IN 填充到从输出 OUT 所指的单元开始的 N 个字存储单元中。指令中的操作数 IN 和 OUT 均为字型数据,N 为字节型整数,一般 N = 1 ~ 255。

【例 5-20】 填充指令举例。

```
LD    SM0.1
FILL  10,VW100,12
```

指令执行结果,是将数据 10 填充到从 VW100 到 VW122 共 12 个字存储单元中。

二、运算指令

S7-200 SMART PLC 除具有极强的逻辑功能外,还具有较强的运算功能。在使用这款

PLC 的算术运算指令时,要注意存储单元的分配。在用 LAD 编程时,IN1、IN2 和 OUT 可以使用不一样的存储单元,这样编写出的程序比较清晰易懂。但在用 STL 方式编程时,OUT 要和其中的一个操作数使用同一存储单元,这样用起来比较麻烦,写程序和使用计算结果都很不方便。所以,建议大家在使用算术指令时,最好用 LAD 编程。

1. 加减乘除运算指令

加减乘除运算是基本的算术运算,S7-200 SMART PLC 的加减乘除运算指令功能用表 5-22 来进行描述。

加减乘除运算指令功能表　　　　表 5-22

格　式	加	减	乘	除
LAD	ADD_I EN　END IN1　OUT IN2	SUB_I EN　END IN1　OUT IN2	MUL_I EN　END IN1　OUT IN2	DIV_I EN　END IN1　OUT IN2
STL	+I IN1,OUT +D IN1,OUT +R IN1,OUT	-I IN1,OUT -D IN1,OUT -R IN1,OUT	*I IN1,OUT *D IN1,OUT *R IN1,OUT	/I IN1,OUT /D IN1,OUT /R IN1,OUT

表中,LAD 指令的操作数有 IN1、IN2、OUT 三个,分别表示被加数(被减数、被乘数、被除数),加数(减数、乘数、除数)和结果;在 STL 指令中,操作数只有 IN1 和 OUT,其中,OUT 既储存加数(减数、乘数、除数),由储存运算结果。

(1)加运算

加整数指令将两个 16 位整数相加,产生一个 16 位结果。加双精度整数指令将两个 32 位整数相加,产生一个 32 位结果。加实数指令将两个 32 位实数相加,产生一个 32 位实数结果。

在 LAD(梯形图)和 FBD(功能图)的编程中:IN1 + IN2 = OUT;

在 STL(语句表)的编程中:IN1 + OUT = OUT。

(2)减运算

整数减法指令将两个 16 位整数相减,产生一个 16 位结果。双整数减法(-D)指令将两个 32 位整数相减,产生一个 32 位结果。实数减法(-R)指令将两个 32 位实数相减,产生一个 32 位实数结果。

LAD 和 FBD:IN1 - IN2 = OUT;

STL:OUT - IN1 = OUT。

(3)乘运算

整数乘法指令将两个 16 位整数相乘,产生一个 16 位结果。双整数乘法指令将两个 32 位整数相乘,产生一个 32 位结果。实数乘法指令将两个 32 位实数相乘,产生一个 32 位实数结果。

LAD 和 FBD:IN1 * IN2 = OUT;

STL:IN1 * OUT = OUT。

(4)除运算

整数除法指令将两个16位整数相除,产生一个16位结果(不保留余数)。双整数除法指令将两个32位整数相除,产生一个32位结果(不保留余数)。实数除法(/R)指令将两个32位实数相除,产生一个32位实数结果。

LAD和FBD:IN1/IN2 = OUT;

STL:OUT/IN1 = OUT。

加减乘除运算,SM1.0、SM1.1、SM1.2、SM1.3要受到影响。SM1.0置1表示运算结果为0,SM1.1指示溢出错误和非法值,SM1.2置1表示运算结果为负数,SM1.3置1表示除数为0。如果SM1.1置位,则SM1.0和SM1.2的状态无效,原始输入操作数不变。如果SM1.1和SM1.3未置位,则数学运算已完成且结果有效,并且SM1.0和SM1.2包含有效状态。如果在除法运算过程中SM1.3置位,则其他数学运算状态位保持不变。

【例5-21】 算术运算举例。

如图5-30所示。

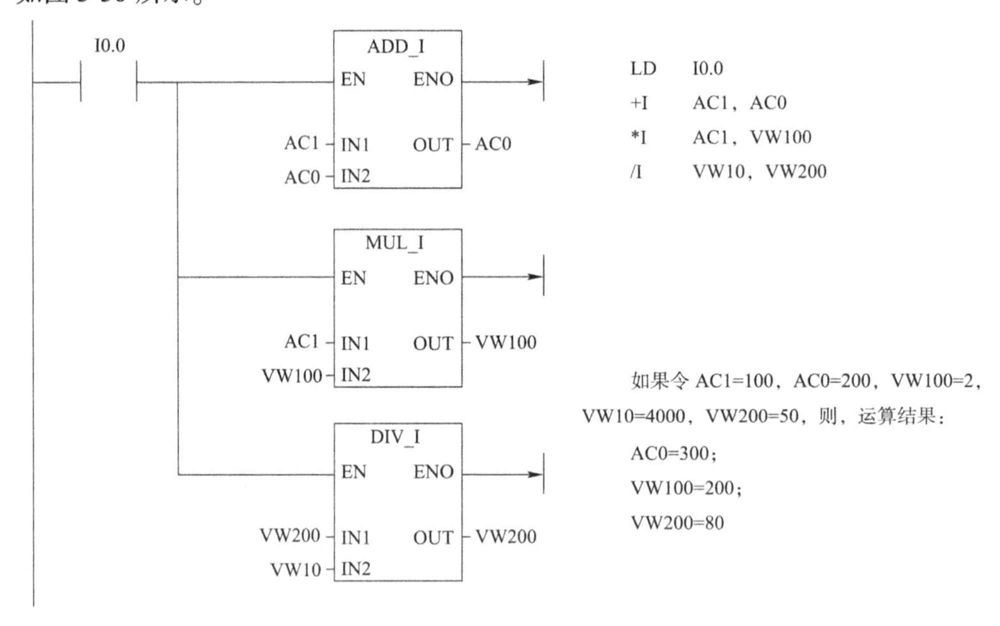

图5-30 算术运算实例

2. 双整数乘法和带余数的除法

见表5-23。

扩展的乘除指令功能表　　表5-23

格　式	产生双整数的整数乘法	带余数的整数除法
LAD	MUL EN END IN1 OUT IN2	DIV EN END IN1 OUT IN2
STL	MUL　IN1,OUT	DIV　IN1,OUT

有可能乘法运算的结果数据较大,16 位储存不下,造成溢出;除法也存在不能整除的问题。为此,设置产生双整数的整数乘法指令和带余数的除法指令。

(1)产生双整数的整数乘法

产生双整数的整数乘法指令,将两个 16 位整数相乘,产生一个 32 位乘积结果。在 STL 中,32 位 OUT 的最低有效字(16 位)被用作储存其中一个乘数。

LAD 和 FBD:IN1 * IN2 = OUT

STL:IN1 * OUT = OUT

(2)带余数的整数除法

带余数的整数除法指令,将两个 16 位整数相除,产生一个 32 位的结果,该结果包括一个 16 位的余数(最高有效字)和一个 16 位的商(最低有效字)。

在 STL 中,32 位 OUT 的最低有效字(16 位)用作储存被除数。

LAD 和 FBD:IN1/IN2 = OUT

STL:OUT/IN1 = OUT

双整数乘法和带余数的除法,受影响的特殊寄存器如前述的加减乘除指令。

【例 5-22】 MUL 和 DIV 使用举例。

如图 5-31 所示。

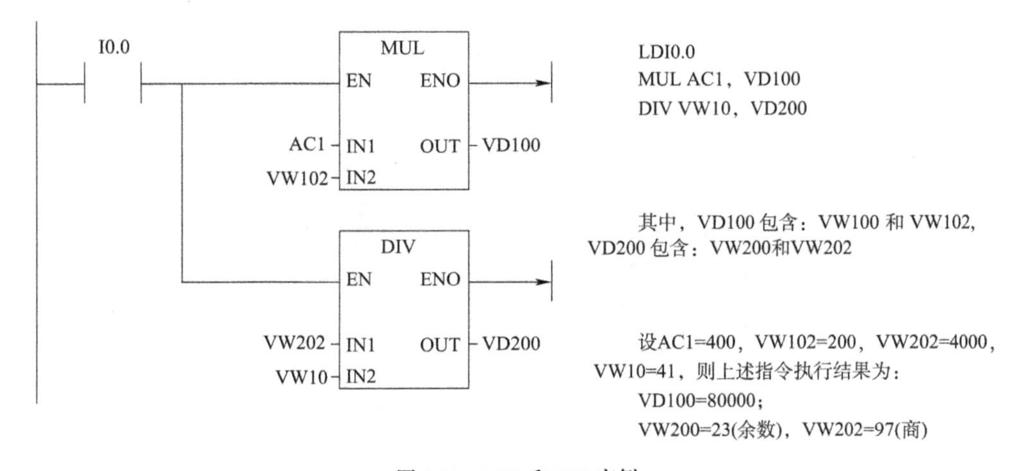

图 5-31 MUL 和 DIV 实例

3. 数学函数指令

(1)三角函数指令

见表 5-24。

三角函数指令功能表 表 5-24

格 式	正 弦	余 弦	正 切
LAD	SIN EN END IN OUT	COS EN END IN OUT	TAN EN END IN OUT
STL	SIN IN,OUT	COS IN,OUT	TAN IN,OUT

正弦(SIN)、余弦(COS)和正切(TAN)指令计算角度值 IN 的三角函数,并在 OUT 中输出结果。输入角度值以弧度为单位。

①SIN(IN) = OUT。

②COS(IN) = OUT。

③TAN(IN) = OUT。

要将角度从度转换为弧度:使用 MUL_R(* R)指令将以度为单位的角度乘以 1.745329×10^{-2}(约为 π/180)即可。

对于数学函数指令,SM1.1 用于指示溢出错误和非法值。如果 SM1.1 置位,则 SM1.0 和 SM1.2 的状态无效,原始输入操作数不变。如果 SM1.1 未置位,则数学运算已完成且结果有效,并且 SM1.0 和 SM1.2 包含有效状态。

【例 5-23】 三角函数指令实例。

如图 5-32 所示。

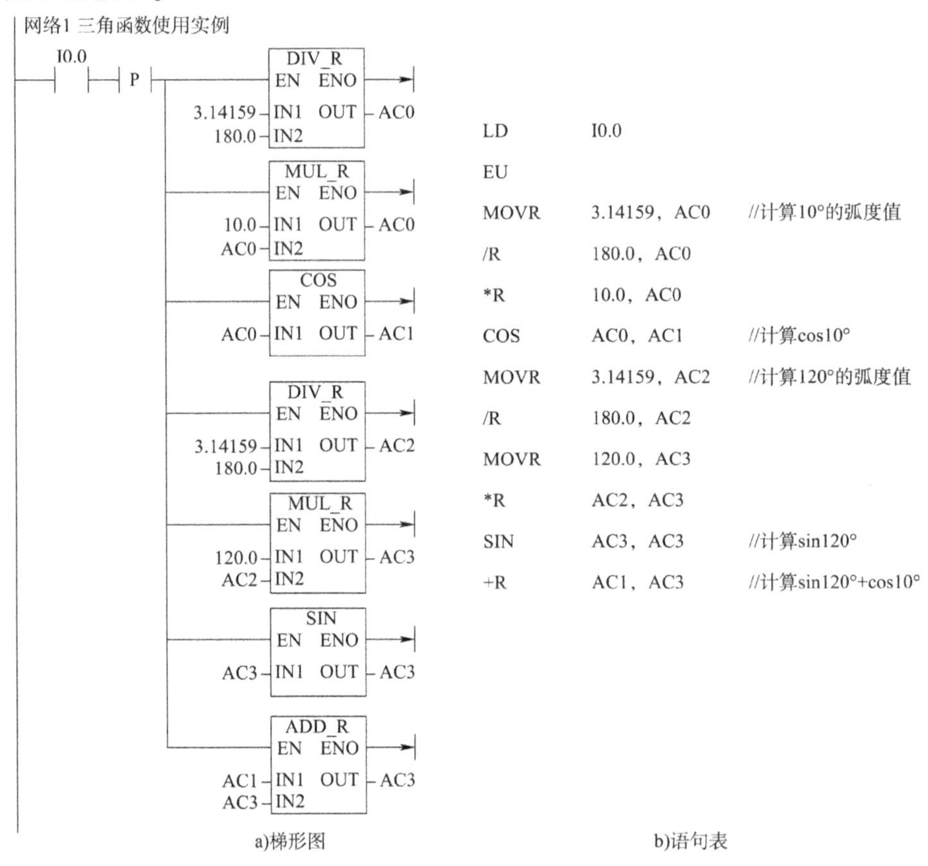

图 5-32 三角函数指令实例

(2)自然对数和指数指令

自然对数和自然指数函数,是对数函数和指数函数中的特例,底值取 e(约为 2.718281828459),是使用较多的函数。其指令功能用表 5-25 描述。自然对数指令(LN)对 IN 中的值执行自然对数运算,并在 OUT 中输出结果。自然指数指令(EXP)执行以 e 为底,以 IN 中的值为幂的指数运算,并在 OUT 中输出结果。

LN(IN) = OUT;EXP(IN) = OUT。

要从自然对数获得以 10 为底的对数:将自然对数除以 2.302585(约为 10 的自然对数)。

若要将任意实数作为另一个实数的幂,包括分数指数:组合自然指数指令和自然对数指令。例如,要将 X 作为 Y 的幂,请使用 EXP(Y * LN(X))。

自然对数和自然指数函数指令功能表　　表 5-25

格　　式	自 然 对 数	自 然 指 数
LAD	LN EN　END IN　OUT	EXP EN　END IN　OUT
STL	LN IN,OUT	EXP IN,OUT

自然对数和自然指数函数指令中的操作数,只能使用实数或浮点实数。

【例 5-24】　自然对数函数指令实例。

求以 10 为底的 50(存于 VD0)的常用对数,结果放到 AC0。运算程序如图 5-33 所示。

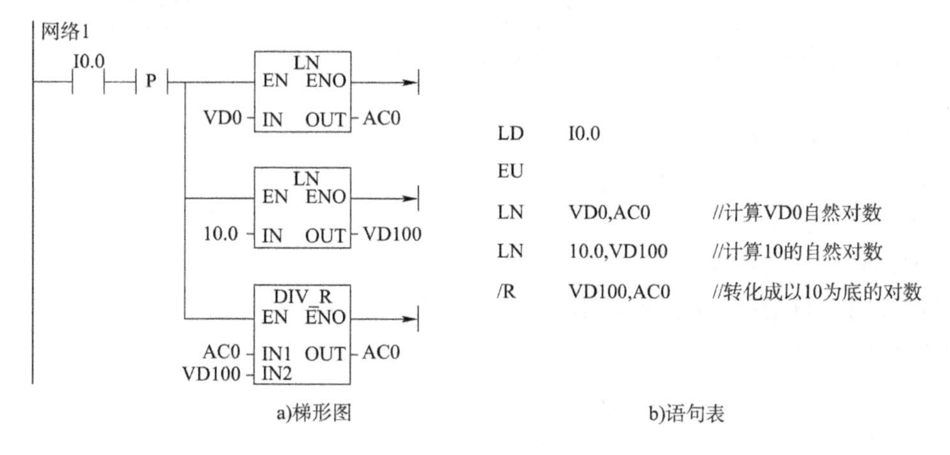

图 5-33　对数函数指令实例

(3)平方根指令

见表 5-26。

平方根函数指令功能表　　表 5-26

格　　式	平　方　根
LAD	SQRT EN　END IN　OUT
STL	SQRT IN,OUT

平方根指令(SQRT)计算实数(IN)的平方根,产生一个实数结果 OUT。

①SQRT(IN) = OUT

要获得其他根,可以用指数指令和自然对数指令的组合来实现。例如:

②5 的立方 = 5^3 = EXP(3 * LN(5)) = 125

③125 的立方根 = 125^(1/3) = EXP((1/3) * LN(125)) = 5

④5 的立方的平方根 = 5^(3/2) = EXP(3/2 * LN(5)) = 11.18034

4. 递增/递减指令

递增和递减指令又称自增和自减指令。它是无符号或有符号整数进行自动加 1 和自动减 1 的操作。数据长度可以是字节、字和双字。见表 5-27。

自然对数和自然指数函数指令功能表 表 5-27

格　式	递　增	递　减
LAD	INC_B EN　END IN　OUT	DEC_B EN　END IN　OUT
STL	INCB OUT INCW OUT INCD OUT	DECB OUT DECW OUT DECD OUT

递增指令对输入值 IN 加 1 并将结果输入 OUT 中。

①LAD 和 FBD:IN + 1 = OUT

②STL:OUT + 1 = OUT

递减指令将输入值 IN 减 1,并在 OUT 中输出结果。

①LAD 和 FBD:IN - 1 = OUT

②STL:OUT - 1 = OUT

【例 5-25】 自增/自减指令实例。

如图 5-34 所示。

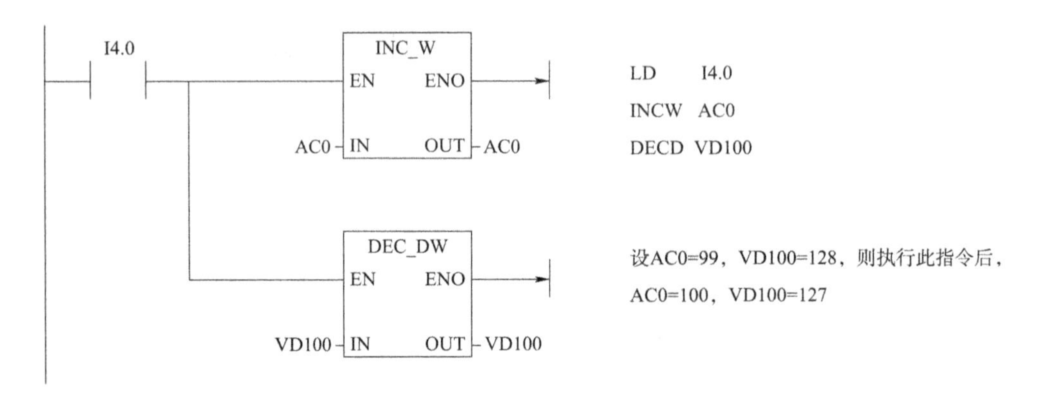

图 5-34 递增/递减指令实例

5. 逻辑运算指令

逻辑运算指令对逻辑数(无符号)进行操作,按运算性质不同,有取反、逻辑与、逻辑或和逻辑异或操作,操作数可以是字节、字或双字。

(1)逻辑取反

见表 5-28。

取反指令功能表 表 5-28

格　式	字节取反	字　取　反	双字取反
LAD	INV_B EN END IN OUT	INV_W EN END IN OUT	INV_DW EN END IN OUT
STL	INVB OUT	INVW OUT	INVD OUT

字节取反、字取反和双字取反指令对输入 IN 执行求补操作，即某位为 0 则变成 1，某位为 1 则变为 0，并将结果装载到存储单元 OUT 中。

【例 5-26】 逻辑取反指令实例。

如图 5-35 所示。

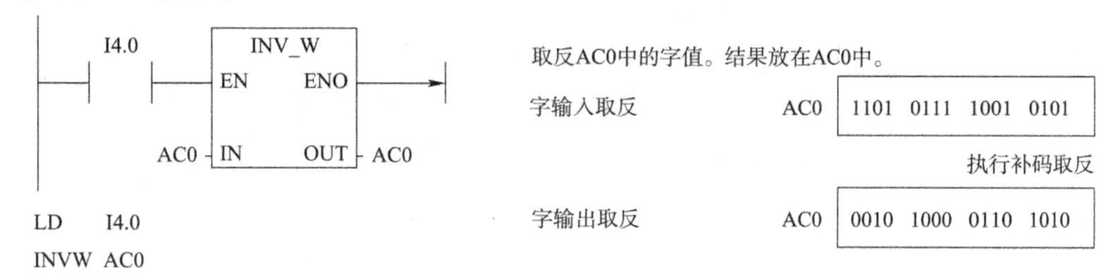

图 5-35 逻辑取反指令实例

(2)逻辑与、或和异或

见表 5-29。

逻辑与、或和异或指令功能表 表 5-29

格　式	与	或	异　或
LAD	WAND_B EN END IN1 OUT IN2	WOR_B EN END IN1 OUT IN2	WXOR_B EN END IN1 OUT IN2
STL	ANDB IN1,OUT ANDW IN1,OUT ANDD IN1,OUT	ORB IN1,OUT ORW IN1,OUT ORD IN1,OUT	XORB IN1,OUT XORW IN1,OUT XORD IN1,OUT

字节与、字与和双字与指令对两个输入值 IN1 和 IN2 的相应位执行逻辑与运算，并将计算结果装载到分配给 OUT 的存储单元中。

· LAD 和 FBD：IN1ANDIN2 = OUT

· STL：IN1ANDOUT = OUT

字节或、字或和双字或指令对两个输入值 IN1 和 IN2 的相应位执行逻辑或运算并，将计算结果装载到分配给 OUT 的存储单元中。

· LAD 和 FBD：IN1ORIN2 = OUT

· STL：IN1OROUT = OUT

字节异或、字异或和双字异或指令对两个输入值 IN1 和 IN2 的相应位执行逻辑异或运算,并将计算结果装载到存储单元 OUT 中。

· LAD 和 FBD:IN1XORIN2 = OUT

· STL:IN1XOROUT = OUT

【例 5-27】 逻辑与、或和异或指令实例。

如图 5-36 所示。

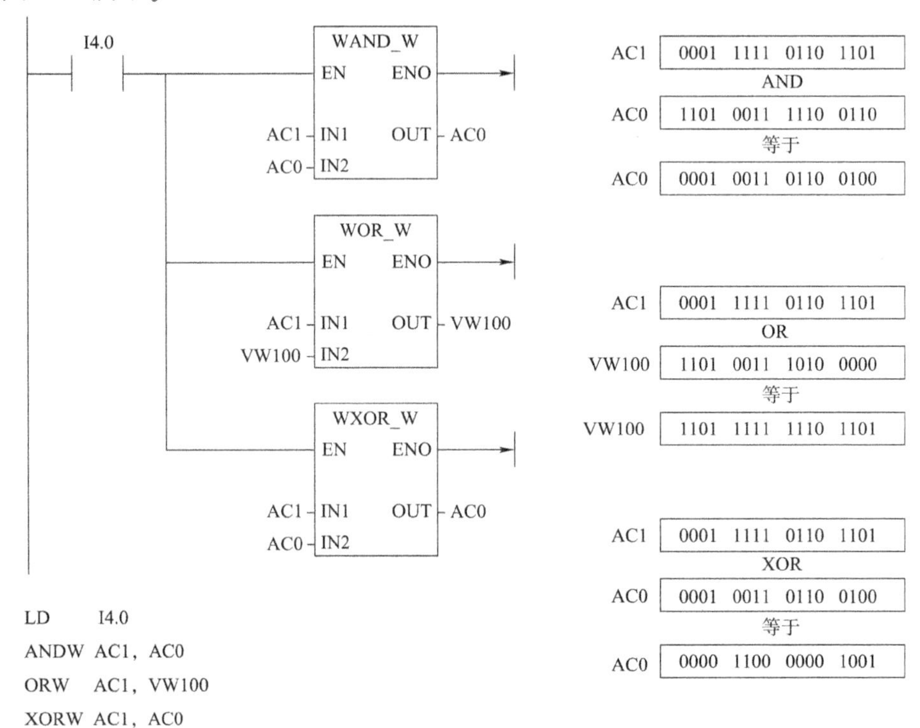

图 5-36 逻辑与、或、异或指令实例

三、表功能指令

表功能指令是用来进行数据的有序存取和查找的指令,一般用得较少。学习表功能指令,有必要先了解表。

S7-200 SMART PLC 中的表由表地址(表的首地址)指明,表地址及其紧邻地址,共两个字构成表头,分别存放表的两个参数:最大表长度 TL(字)和实际填表数 EC(字)。数据表格式如表 5-30 所示。

数据表格式 表 5-30

单元地址	单元内容	说明
VW100	0006	表头第一字 TL = 6,首地址为 VW100
VW102	0004	表头第二字 EC = 4,表示实填 4 个数
VW104	1203	第 1 个数
VW106	4466	第 2 个数

续上表

单元地址	单元内容	说明
VW108	9088	第3个数
VW110	4567	第4个数
VW112	* * * *	无效数据
VW114		

1. 添表指令

指令格式如表5-31所示。

表指令功能表 表5-31

格式	添表	先进先出	后进先出	填表
LAD	AD_T_TBL EN END DATA TBL	FIFO EN END TBL DATA	LIFO EN END TBL DATA	FILL_N EN END IN N
STL	ATT DATA,TBL	FIFO TBL,DATA	LIFO TBL,DATA	FILL IN,OUT,N

要创建一个表格,必须首先创建用于表示最大表格条目数的条目。如果不创建此条目,则不能在表格中添加任何条目。

对于一个表格,必须使用沿触发指令激活所有表格读取指令和表格写入指令。

添表指令向表格TBL中添加字值DATA。表格中的第一个值为最大表格长度TL。第二个值是已有数据条目的计数EC,用于存储表格中的条目数,并自动更新。新数据添加到表格中最后一个数据条目之后。每次向表格中添加新数据时,条目计数将自动加1。

一个表格最多可有100个数据条目。如果表格溢出,SM1.4将设置为1。

【例5-28】 添表指令实例。

见表5-32和图5-37。

添表指令应用举例表 表5-32

LAD	STL	说明
SM0.1 — MOV_W (EN ENO; +6 - IN, OUT - VW200)	LD SM0.1 MOVW +6,VW200	仅在第一次扫描时,将最大表格长度6装载到VW200
I0.0 — P — AD_T_TBL (EN ENO; VW100 - DATA, VW200 - TBL)	LD I0.0 ATT VW100,VW200	当I0.0转换为1时,将第三个数据值(VW100中)添加到VW200中的表格。 之前已将两个数据条目存储在表格中,该表格最多可容纳六个条目

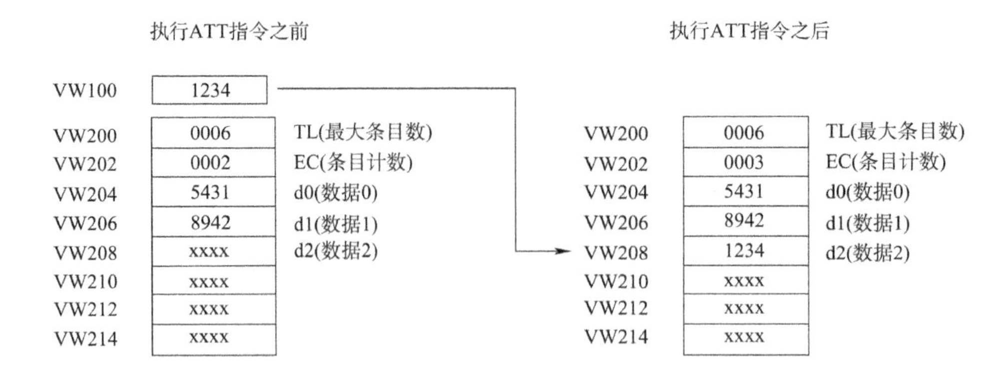

图5-37　添表指令实例

2. 取数指令

按照取数的顺序,取数指令分为先进先出 FIFO 和后进先出 LIFO 两种。指令格式见表5-32。

先进先出指令 FIFO 将表中的最早(或第一个)条目移动到输出存储器地址,具体操作是移走指定表格(TBL)中的第一个条目并将该值移动到 DATA 指定的位置。表格中的所有其他条目向上移动一个位置。每次执行 FIFO 指令时,表中的条目计数值减1。

后进先出 LIFO 指令将表中的最新(或最后一个)条目移动到输出存储器地址,具体操作是移走表格(TBL)中的最后一个条目并将该值移动到 DATA 指定的位置。每次执行 LIFO 指令时,表中的条目计数值减1。

如果企图从空表格中取数,则 SM1.5 将置位。

【例5-29】　取数指令 FIFO 实例。

如图5-38所示。

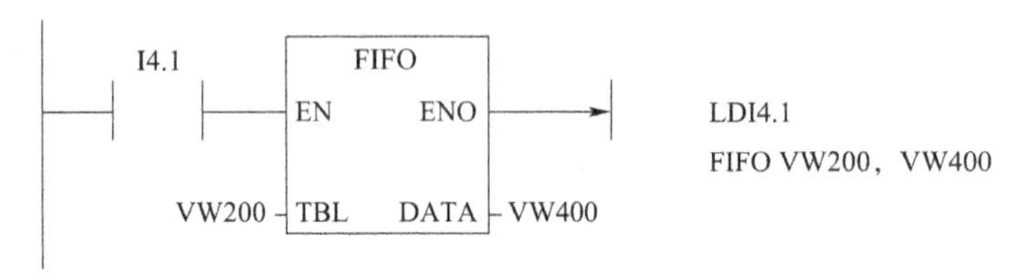

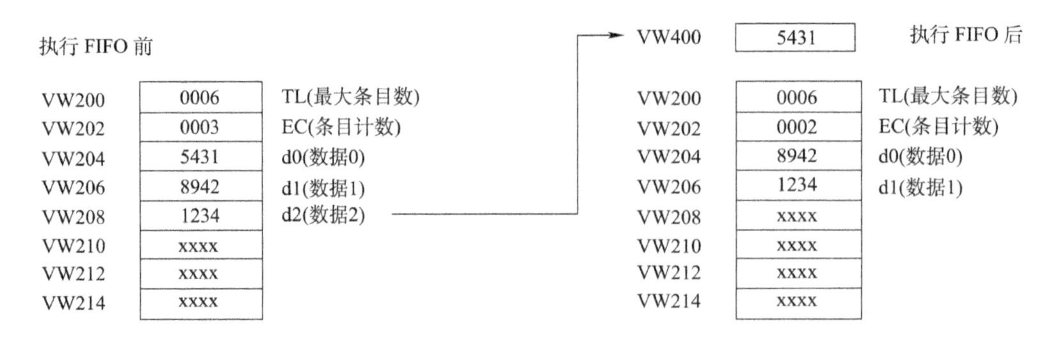

图5-38　先进先出指令实例

【例 5-30】　取数指令 LIFO 实例。

如图 5-39 所示。

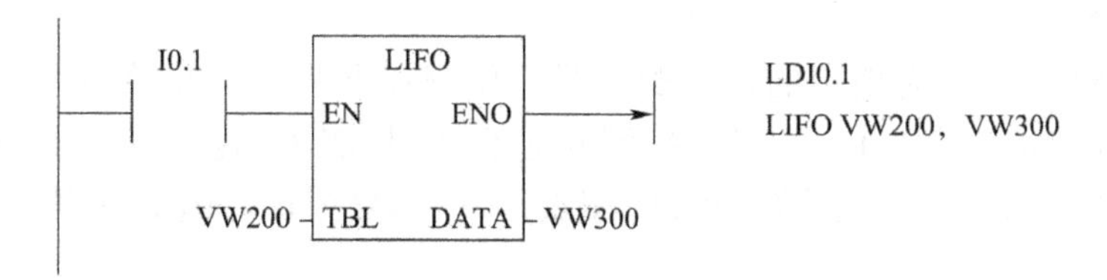

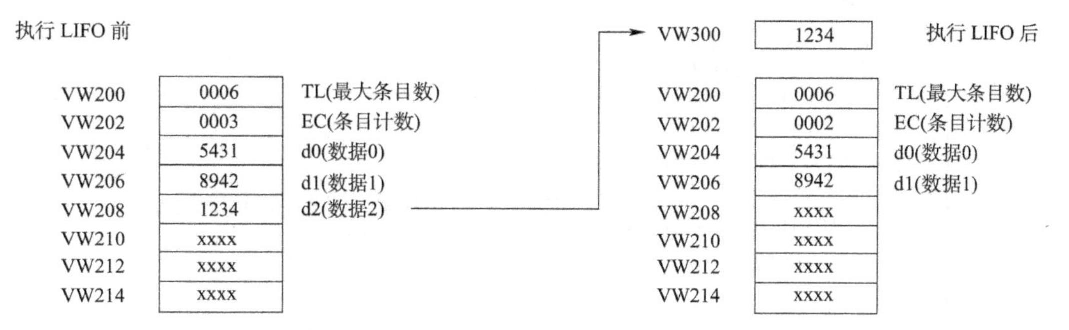

图 5-39　后进先出指令实例

3. 填表指令

填表指令又称存储器填充指令,是用一个值填充表中某一个区域,是这个区域内的存储器的值完全一致。在表 5-27 中,FILL 指令就是使用地址 IN 中存储的字值填充从地址 OUT 开始的 N 个连续字。N 的取值范围是 1 ~255。

【例 5-31】　填表指令实例。

如图 5-40 所示。

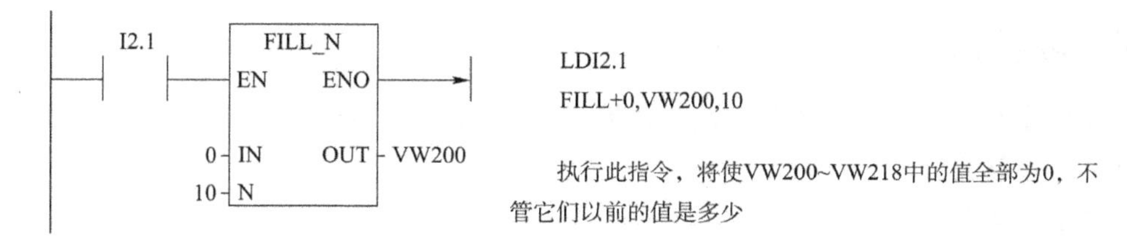

图 5-40　填表指令实例

4. 查表指令

查表指令就是从数据表中找到符合条件数据的表中编号。见表 5-33。

查表指令功能表　　　　表 5-33

格　　式	LAD	STL
	TBL_FIND EN　END TBL PTN INDX CMD	FND = TBL,PTN,INDX FND < > TBL,PTN,INDX FND < TBL,PTN,INDX FND > TBL,PTN,INDX

查表指令在表格中搜索与搜索条件匹配的数据。查表指令由表格条目 INDX 开始，在表格 TBL 中搜索与 CMD 定义的搜索标准相匹配的数据值或模式 PTN。指令参数 CMD 的 1、2、3、4 分别对应于 =、<>、<、>。

如果找到匹配条目，INDX 将指向表中的该匹配条目。要查找下一个匹配条目，再次调用查表指令之前，必须先使 INDX 增加 1。如果未找到匹配条目，则 INDX 值等于条目计数。

一个表格最多可有 100 个数据条目。数据条目(搜索区域)编号为 0～99(最大值)。

【例 5-32】 查表指令实例。

如图 5-41 所示。

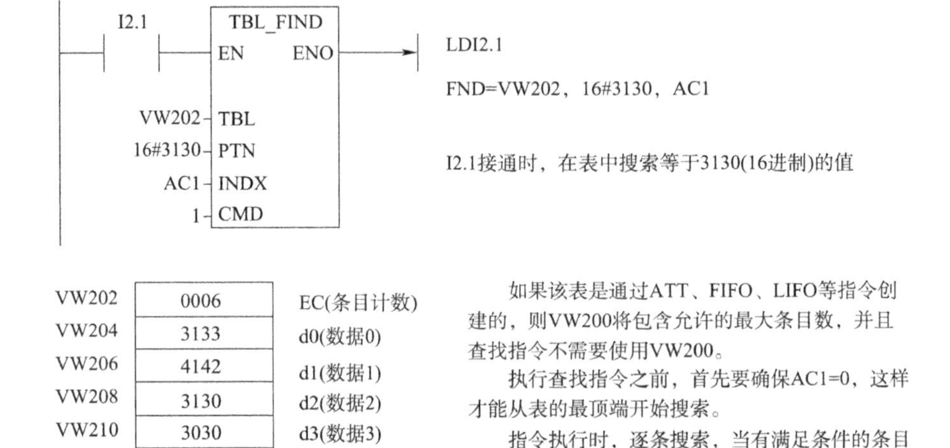

图 5-41 查表指令实例

四、转换指令

转换指令是指对操作数的类型进行转换，包括数据类型转换、码的类型转换以及数据与码之间的类型转换。

1. 标准转换指令

这些指令可以将输入值 IN 转换为分配的格式，并将输出值存储在由 OUT 分配的存储单元中。例如，你可以将双整数值转换为实数。也可以在整数与 BCD 格式之间进行转换。见表 5-34。

标准转换指令功能表 表 5-34

格　式	字符转换为整数	整数转换为字节	整数转双精度整数	双精度整数转整数	双整数转换为实数
LAD	B_I EN END IN OUT	I_B EN END IN OUT	I_DI EN END IN OUT	DI_I EN END IN OUT	DI_R EN END IN OUT
STL	BTI IN,OUT	ITB IN,OUT	ITD IN,OUT	DTI IN,OUT	DTR IN,OUT

续上表

格式	BCD 转换为整数	整数码转换为 BCD	取整	截断	七段码译码
LAD	BCD_L EN END IN OUT	L_BCD EN END IN OUT	ROUND EN END IN OUT	TRUNC EN END IN OUT	SEG EN END IN OUT
STL	BCDI OUT	IBCD OUT	ROUND IN,OUT	TRUNC IN,OUT	SEG IN,OUT

表中,各指令的功能描述如下:

(1)BTI 将字节值 IN 转换为整数值,并将结果存入分配给 OUT 的地址中。字节是无符号的,因此没有符号扩展位。

(2)ITB 将字值 IN 转换为字节值,并将结果存入分配给 OUT 的地址中。可转换 0 ~ 255 之间的值。所有其他值将导致溢出,且输出不受影响。注意,要将整数转换为实数,请先执行整数到双精度整数指令,然后执行双精度整数到实数指令。

(3)ITD 将整数值 IN 转换为双精度整数值,并将结果存入分配给 OUT 的地址中。符号位扩展到高字节中。

(4)DTI 将双精度整数值 IN 转换为整数值,并将结果存入分配给 OUT 的地址处。如果转换的值过大以至于无法在输出中表示,则溢出位将置位,并且输出不受影响。

(5)DTR 将 32 位有符号整数 IN 转换为 32 位实数,并将结果存入分配给 OUT 的地址处。

(6)BCDI 将二进制编码的十进制 WORD 数据类型值 IN 转换为整数 WORD 数据类型的值,并将结果加载至分配给 OUT 的地址中。IN 的有效范围为 0 ~ 9999 的 BCD 码。IN 和 OUT 参数使用同一地址。如果 BCD 无效,则 SM1.6 置位。

(7)IBCD 将输入整数 WORD 数据类型值 IN 转换为二进制编码的十进制 WORD 数据类型,并将结果加载至分配给 OUT 的地址中。IN 的有效范围为 0 ~ 9999 的整数。IN 和 OUT 参数使用同一地址。

(8)ROUND 将 32 位实数值 IN 转换为双精度整数值,并将取整后的结果存入分配给 OUT 的地址中。如果小数部分大于或等于 0.5,该实数值将进位。如果要转换的值不是一个有效实数或由于过大不能在输出中表示,则溢出位 SM1.1 置位,但输出不受影响。

(9)将 32 位实数值 IN 转换为双精度整数值,并将结果存入分配给 OUT 的地址中。只有转换了实数的整数部分之后,才会丢弃小数部分。如果要转换的值不是一个有效实数或由于过大不能在输出中表示,则溢出位 SM1.1 置位,但输出不受影响。

(10)SEG 要点亮七段显示中的各个段,可通过“段码”指令转换 IN 指定的字符字节,以生成位模式字节,并将其存入分配给 OUT 的地址中。点亮的段表示输入字节最低有效位中的字符。

【例 5-33】 标准转换指令实例。

网络 1,将英寸长度转化为厘米长度。VW100 存放英寸长度值,VD4 存放转换系数 2.54;网络 2,BCD 与整数转换。如图 5-42 所示。

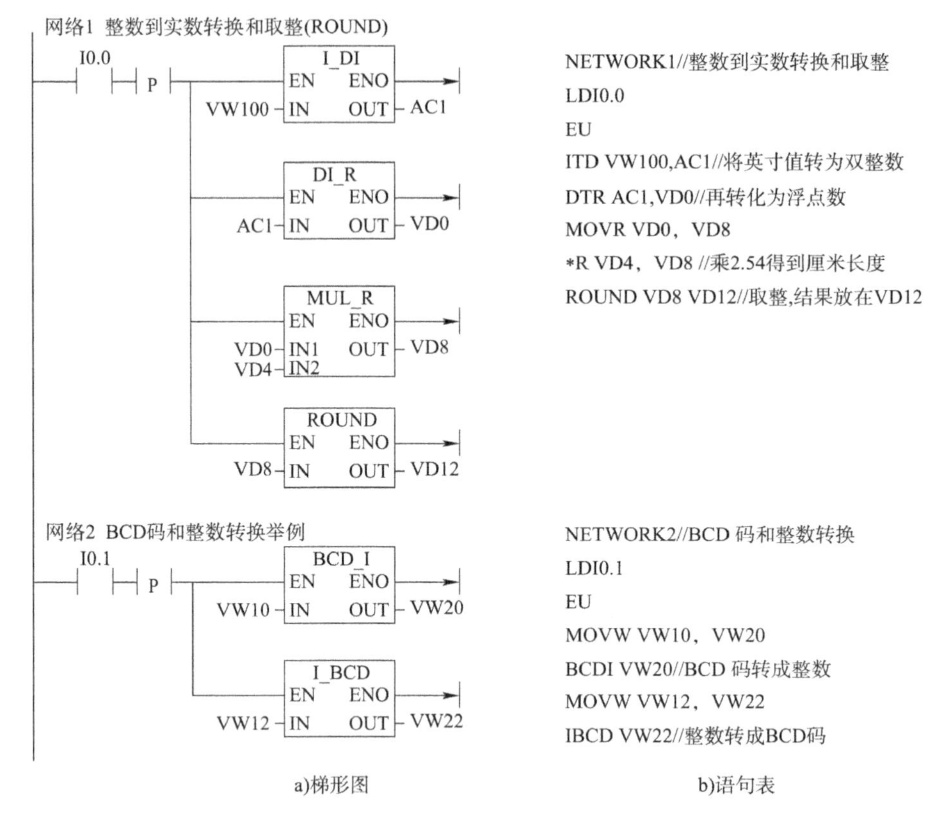

图 5-42 标准转换指令实例

【例 5-34】 七段码显示 5。

如图 5-43 所示。

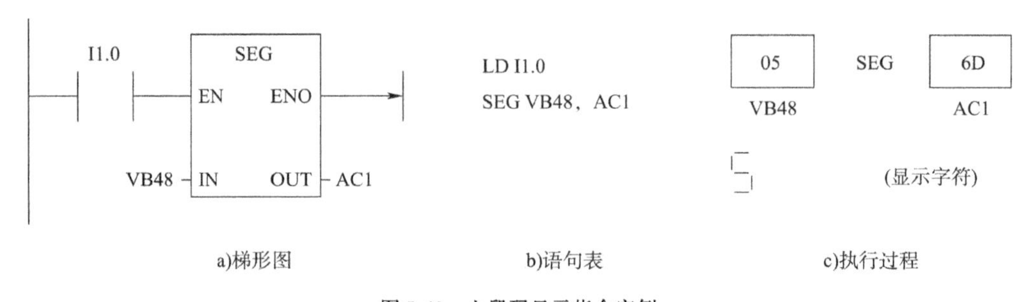

图 5-43 七段码显示指令实例

2. ASCⅡ字符数组转换

ASCⅡ即 American Standard Code for Information Interchange 的缩写，用来规定计算机中每个符号对应的代码，也叫计算机内码。一个 ASCⅡ码用一个字节储存，只用 7 位的值表示一个符号。0～127 表示常用符号，其中，48～57 是阿拉伯数字，65～90 为大写英文字母，97～122 为小写英文字母。

ASCⅡ字符数组指令的字符输入输出采用 BYTE 数据类型。ASCⅡ字符数组为被引用的字节地址序列。由于未使用长度字节，因此该数组并不是 STRING 数据类型。可使用 ASCⅡ字符串指令处理 STRING 数据类型的变量。如表 5-35 所示。

ASCⅡ字符数组转换指令功能表　　表5-35

格式	ASCⅡ转16进制	16进制转ASCⅡ	整数转为ASCⅡ	双整数转为ASCⅡ	实数转为ASCⅡ
LAD	ATH EN END IN OUT LEN	HTA EN END IN OUT LEN	ITA EN END IN OUT FMT	DTA EN END IN OUT FMT	RTA EN END IN OUT FMT
STL	ATH IN,OUT,LEN	HTA IN,OUT,LEN	ITA IN,OUT,FMT	DTA IN,OUT,FMT	RTA IN,OUT,FMT

(1)ASCⅡ转16进制

ATH可以将长度为LEN、从IN开始的ASCⅡ字符转换为从OUT开始的十六进制数。可转换的最大ASCⅡ字符数为255个字符。

有效的ASCⅡ输入字符为字母数字字符0~9(十六进制代码值为30~39)以及大写字符A~F(十六进制代码值为41~46)。

指令执行影响SM1.7,当出现非法ASCⅡ值时,SM1.7置位。

(2)16进制转ASCⅡ

HTA可以将从输入字节IN开始的十六进制数转换为从OUT开始的ASCⅡ字符。由长度LEN分配要转换的十六进制数的位数。可以转换的ASCⅡ字符或十六进制数的最大数目为255。

有效的ASCⅡ输入字符为字母数字字符0~9(十六进制代码值为30~39)以及大写字符A~F(十六进制代码值为41~46)。

指令执行影响SM1.7,当出现非法ASCⅡ值时,SM1.7置位。

(3)整数转为ASCⅡ

整数转换为ASCⅡ指令可以将整数值IN转换为ASCⅡ字符数组。格式参数FMT将分配小数点右侧的转换精度,并指定小数点显示为逗号还是句点。得出的转换结果将存入以OUT分配的地址开始的8个连续字节中。

操作数FMT用0-7位(一个字节)表示。0~2位(nnn)为给定值(小于5);3位为1时显示为逗号,为0时显示为小数点;4~7位总是0。

输出缓冲区的大小始终为8个字节。通过nnn字段分配输出缓冲区中小数点右侧的位数。nnn字段的有效范围是0~5。如果分配0位数到小数点右侧,则转换后的值无小数点。对于nnn值大于5的情况,将使用ASCⅡ空格字符填充输出缓冲区。

(4)双精度整数转为ASCⅡ

指令可将双字IN转换为ASCⅡ字符数组。格式参数FMT指定小数点右侧的转换精度。得出的转换结果将存入以OUT开头的12个连续字节中。

输出缓冲区的大小始终为12个字节。输出缓冲区中小数点右侧的位数由FMT中的nnn(同前)字段分配。nnn字段的有效范围是0~5。如果分配0位数到小数点右侧,则转换后的值无小数点。对于nnn值大于5的情况,将使用ASCⅡ空格字符填充输出缓冲区。FMT中的3位为1时显示为逗号,为0时显示为小数点;4~7位总是0。

(5)实数转为ASCⅡ

指令可将实数值IN转换成ASCⅡ字符。格式参数FMT会指定小数点右侧的转换精度、小数点显示为逗号还是句点以及输出缓冲区大小。得出的转换结果会存入以OUT开头的输出缓冲区中。

指令执行得出的 ASCⅡ字符数(或长度)就是输出缓冲区的大小,它的值在 3 ~ 15 个字节或字符之间。

实数格式最多支持 7 位有效数字。尝试显示 7 位以上的有效数字将导致舍入错误。

操作数 FMT 用 0 ~ 7 位(一个字节)表示。0 ~ 2 位(nnn)为给定值(小于 5);3 位为 1 时显示为逗号,为 0 时显示为小数点;4 ~ 7 位(ssss)分配输出缓冲区的大小,分配 2 个字节以下的大小无效。

输出缓冲区中小数点右侧的位数由 FMT 中的 nnn 字段(同前)分配。nnn 字段的有效范围是 0 ~ 5。如果分配 0 位数到小数点右侧,则转换后的值无小数点。如果 nnn 的值大于 5 或者分配的输出缓冲区太小以致无法存储转换后的值,则使用 ASCⅡ空格填充输出缓冲区。FMT 中的第 4 位(即 3 位)指定使用逗号(1)还是小数点(0)作为整数部分与小数部分之间的分隔符。

【例 5-35】

(1)ASCⅡ转 16 进制

如图 5-44 所示。

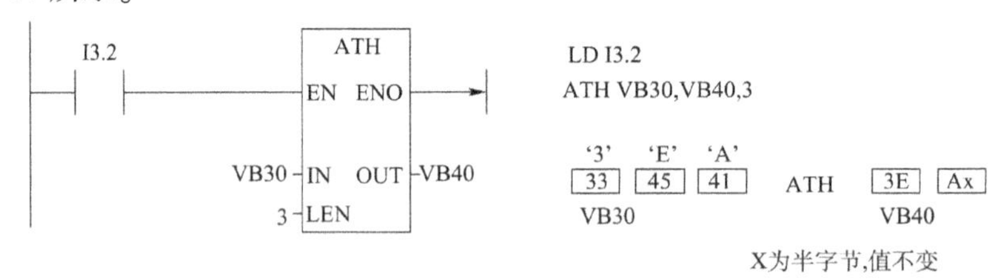

图 5-44 ASCⅡ转换成 16 进制指令实例

(2)整数转换成 ASCⅡ

如图 5-45 所示。

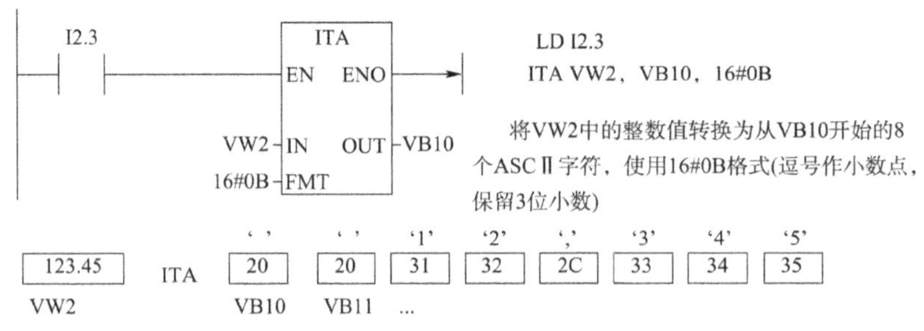

图 5-45 整数转换成 ASCⅡ指令实例

(3)实数转成 ASCⅡ

如图 5-46 所示。

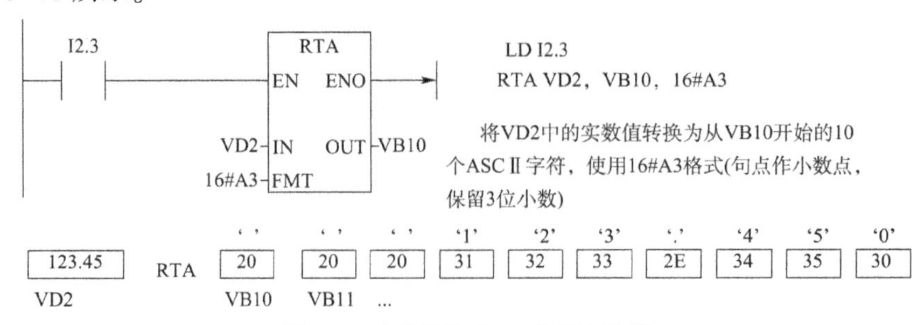

图 5-46 实数转换成 ASCⅡ指令实例

3. 数值转换为 ASCⅡ字符串

字符串变量是一个字符序列,其中的每个字符均以字节形式存储。STRING 数据类型的第一个字节定义字符串的长度,即字符字节数。下图为存储器中以变量形式存储的 STRING 数据类型。字符串的长度可以是 0～254 个字符。变量字符串的最大存储要求为 255 个字节(长度字节加上 254 个字符)。

长度	字符 1	字符 2	字符 3	字符 4	…	字符 254
Byte 0	Byte 1	Byte 2	Byte 3	Byte 4		Byte 254

如果直接在程序编辑器中输入常数字符串参数(最多 126 个字符),或在数据块编辑器中初始化变量字符串(最多 254 个字符),则字符串赋值必须以双引号字符开始和结束。

ASCⅡ输出数字格式:

①正值写入输出缓冲区时不带符号。

②负值写入输出缓冲区时带前导负号(－)。

③小数点左侧的前导零会被隐藏,但与小数点相邻的数字除外。

④输出字符串中的值为右对齐。

⑤实数:小数点右侧的值被舍入为小数点右侧的指定位数。

⑥实数:输出字符串的大小必须比小数点右侧的位数多至少三个字节。

数值转换为 ASCⅡ字符串的格式见表 5-36。

数值转换为 ASCⅡ字符串指令功能表　　表 5-36

格　式	整数转字符串	双精度整数转字符串	实数转字符串
LAD	I_S EN　END IN　OUT FMT	DI_S EN　END IN　OUT FMT	R_S EN　END IN　OUT FMT
STL	ITS IN,OUT,FMT	DTS IN,OUT,FMT	RTS IN,OUT,FMT

表中,操作数 FMT 为 8 位的字节数,7 至 0 位用“ssssc nnn”表示,高四位“ssss”确定输出字符串的长度;“c”确定整数与小数之间分隔符的类型,1 为逗号,0 为点号;低三位“nnn”确定小数点右侧的位数。

(1)整数转字符串

整数转换为字符串的指令会将整数字 IN 转换为长度为 8 个字符的 ASCⅡ字符串。格式(FMT)分配小数点右侧的转换精度,并指定小数点显示为逗号还是句点。结果字符串会写入从 OUT 处开始的 9 个连续字节中。SM 位不受影响。

输出字符串的长度始终为 8 个字符。输出缓冲区中小数点右侧的位数由 nnn 字段分配。nnn 字段的有效范围是 0～5。如果分配 0 位数给小数点右侧,则转换后的值无小数点。对于 nnn 大于 5 的值,输出为 8 个 ASCⅡ空格字符组成的字符串。ssss 必须全为 0。

(2)双精度整数转字符串

双整数转换为字符串的指令会将双整数 IN 转换为长度为 12 个字符的 ASCⅡ字符串。格式(FMT)分配小数点右侧的转换精度,并指定小数点显示为逗号还是句点。结果字符串会写入从 OUT 处开始的 13 个连续字节中。SM 位不受影响。

输出字符串的长度始终为 12 个字符。输出缓冲区中小数点右侧的位数由 nnn 字段指定。nnn 字段的有效范围是 0 ~ 5。如果分配 0 位数给小数点右侧,则该值不显示小数点。对于 nnn 大于 5 的值,输出为 12 个 ASCⅡ空格字符组成的字符串。ssss 必须全为 0。

(3)实数转字符串

实数转换为字符串的指令会将实数值 IN 转换为 ASCⅡ字符串。格式(FMT)分配小数点右侧的转换精度、小数点显示为逗号还是句点以及输出字符串的长度。转换结果放置在以 OUT 开头的字符串中。结果字符串的长度在格式中指定,可以是 3 ~ 15 个字符。

输出字符串的长度由 ssss 字段指定。0、1 或 2 个字节大小无效。输出缓冲区中小数点右侧的位数由 nnn 字段分配。nnn 字段的有效范围是 0 ~ 5。如果分配 0 位数到小数点右侧,则该值不显示小数点。如果 nnn 大于 5,或者因分配的输出字符串长度太小而无法存储转换的值,则会用 ASCⅡ空格字符填充输出字符串。

4. ASCⅡ子字符串转换为数值

表 5-37 中指令,即按照 INDX 确定起始位置,将 IN 给定的字符串转换为数值(整数、双整数和实数)。指令使用说明如下:

(1)转换成整数和双整数,字符串的输入格式为:【空格】【 + 或 - 】【数字 0 ~9】;转换成实数,字符串的输入格式为:【空格】【 + 或 - 】【数字 0 ~9】【. 或,】【数字 0 ~9】。

(2)INDX 值通常设为 1,从字符串的第一个字符开始转换。INDX 值可设置为其他值,以在字符串中的不同点处开始转换。当输入字符串包含不属于要转换的数字一部分的文本时,可采用此方法。例如,如果输入字符串为"Temperature:77. 8",可将 INDX 设置为 13 来跳过字符串开头的单词"Temperature:"。

(3)子字符串转换为实数的指令,不能转换以科学记数法或指数形式表示实数的字符串。如果输入了科学记数法或指数形式表示实数,则该指令不会产生溢出错误(SM1. 1),但会将字符串转换为指数之前的实数,然后终止转换。例如,字符串"1. 234E6"会转换为实数值 1. 234,而不会出现错误。

(4)达到字符串结尾或遇到第一个无效字符时,转换将终止。无效字符为非数字(0 ~9)的字符或以下字符之一:加号(+)、减号(-)、逗号(,)或句号(.)。

(5)当转换产生的整数值对于输出值来说过大时,会产生溢出错误(SM1. 1 置位)。例如,当输入字符串产生的值大于 32767 或小于 - 32768 时,子字符串转换为整数的指令会置位 SM1. 1。

(6)当输入字符串不包含有效值而无法进行转换时,也会置位置位 SM1. 1。例如,如果输入字符串包含"A123",则转换指令会置位 SM1. 1,输出值保持不变。

ASCⅡ子字符串转换为数值指令功能表 表 5-37

格　式	ASCⅡ子字符串转换为整数值	ASCⅡ子字符串转换为双整数值	ASCⅡ子字符串转换为实数值
LAD	S_I EN END IN OUT INDX	S_DI EN END IN OUT INDX	S_R EN END IN OUT INDX
STL	STI IN,INDX,OUT	STD IN,INDX,OUT	STR IN,INDX,OUT

【例 5-36】　ASCⅡ字符串转成数值。

如图 5-47 所示。

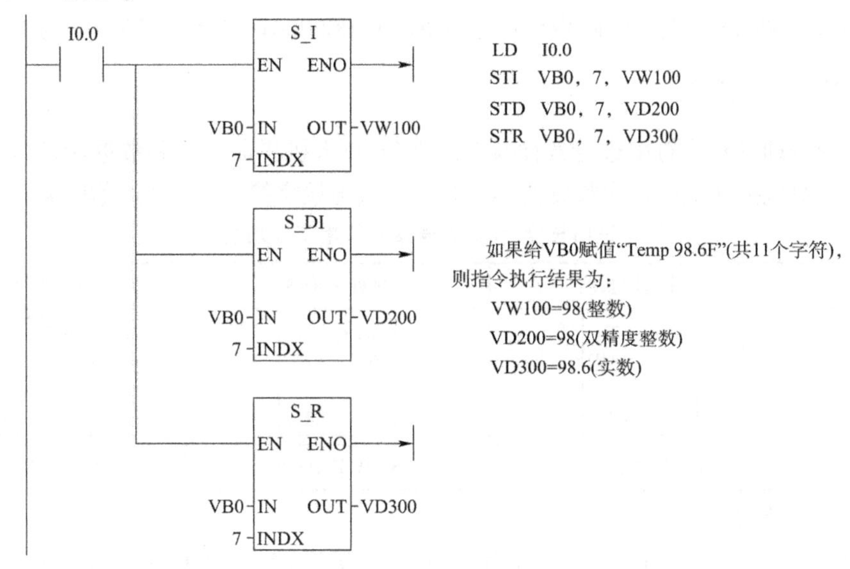

图 5-47　ASCⅡ字符串转换成数值指令实例

5. 编码和解码

见表 5-38。

编码和解码指令功能表　　表 5-38

格　式	编　码	解　码
LAD	ENCO EN END IN OUT	DECO EN END IN OUT
STL	ENCO IN,OUT	DECO IN,OUT

编码指令,将输入字 IN 中设置的最低有效位(值为 1 的位)的位编号写入输出字节 OUT 指定的字节单元的低 4 位中,即是用半个字节来对一个字型数据 16 位中的"1"位(有效位)进行编码。

【例 5-37】　编码。

LD I0.0

EU

ENCO VW0,VB10

设 VW0 = 0010101001000000,即最低位为 1 的位为 6,执行编码指令后,VB10 的内容为 00000110(即 06)。

解码指令,用字节型输入数据 IN 的低四位表示的位号对 OUT 所指定的字单元的对应位置 1,其他位置 0,即对半个字节的编码进行译码,以选择一个字型 16 位数据中的"1"位。

【例 5-38】　译码。

LD I0.0

EU

DECO VB0,VW10

设 VB0 =00000111,执行译码指令后,VW10 =0000000010000000,即位 7 为 1,其余为 0。

五、字符串指令

字符串指令即是对字符串进行各种操作的指令,在人机界面设计和数据转换时非常有用。字符串操作主要包括获取字符串长度值、复制字符串、连接字符串、搜索字符串等。见表 5-39。

取字符串长度、拷贝和连接字符串指令功能表 表 5-39

格　　式	取字符串长度	拷贝字符串	连接字符串
LAD	STR_LEN EN END IN OUT	STR_CPY EN END IN OUT	STR_CAT EN END IN OUT
STL	SLEN IN,OUT	SCPY IN,OUT	SCAT IN,OUT

1. 获取字符串长度

字符串长度指令,即将由 IN 指定的字符串长度值存储于 OUT 指定的字节中。无影响标志位。

这里需要注意:因为中文字符并非由单字节表示,STR_LEN 函数不会返回包含中文字符的字符串中的字符数。

2. 复制和连接字符串

字符串复制指令,将由 IN 指定的字符串复制到由 OUT 指定的字符串。

字符串连接指令,将由 IN 指定的字符串附加到由 OUT 指定的字符串的末尾。

字符串复制和连接指令的作用对象,是字节而不是字符。因为中文字符并非由单字节表示,所以 STR_CPY 和 STR_CAT 指令作用于包含中文字符的字符串时,可能出现非预期的结果。如果知道字符包含的字节数,则可以在使用 STR_CPY 和 STR_CAT 指令时使用正确的字节数。

【例 5-39】 取字符串长度、拷贝和连接字符串指令举例。如图 5-48 所示。

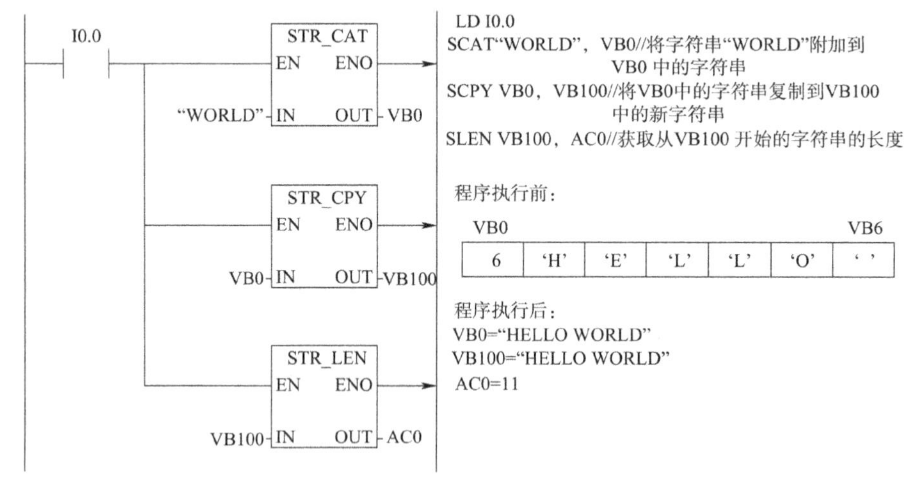

图 5-48 取字符串长度、拷贝和连接字符串指令实例

3. 从字符串复制子字符串

从字符串中复制子字符串指令格式见表5-40，其功用是从IN指定的字符串中将从索引INDX开始的指定数目的N个字符复制到OUT指定的新字符串中。

该指令作用对象是字节而不是字符。因为中文字符并非由单字节表示，所以SSTR_CPY指令作用于包含中文字符的字符串时，可能出现非预期的结果。如果你知道字符包含的字节数，则可以在使用SSTR_CPY指令时使用正确的字节数。

从字符串中复制子字符串指令功能表　　表5-40

格　式	复制子字符串
LAD	SSTR_CPY EN　END IN　OUT INDX N
STL	SSCPY IN,INDX,N,OUT

【例5-40】　复制子字符串指令举例。

如图5-49所示。

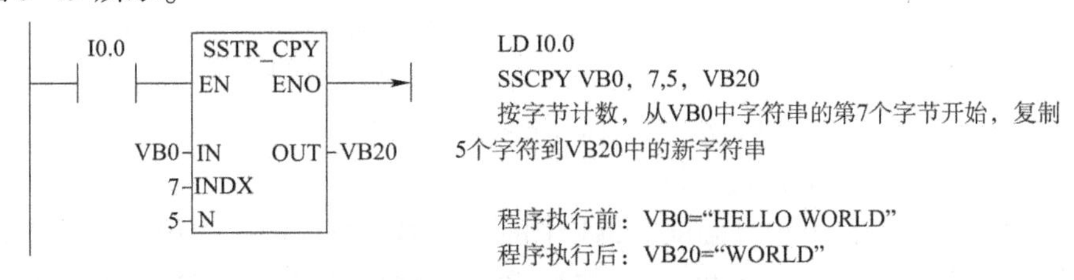

图5-49　从字符串中复制子字符串指令实例

4. 在字符串中查找字符串和第一个字符

指令格式见表5-41。

在字符串中查找字符串和第一个字符指令功能表　　表5-41

格　式	查找字符串	查 找 字 符
LAD	STR_FIND EN　END IN1　OUT IN2	CHR_FIND EN　END IN1　OUT IN2
STL	SFND IN1,IN2,OUT	CFND IN1,IN2,OUT

STR_FIND在字符串IN1中搜索第一次出现的字符串IN2。从OUT的初始值指定的起始位置(在执行STR_FIND之前，起始位置必须位于1至IN1字符串长度范围内)开始搜索。如果找到与字符串IN2完全匹配的字符序列，则将字符序列中第一个字符在IN1字符串中的位置写入OUT。如果在字符串IN1中没有找到IN2字符串，则将OUT设置为0。

CHR_FIND在字符串IN2中搜索第一次出现的字符串IN1字符集中的任意字符。从OUT的初始值指定的起始位置(在执行CHR_FIND之前，起始位置必须位于1至IN1字符串长度范围内)开始搜索。如果找到匹配字符，则将字符位置写入OUT。如果没有找到匹配字符,OUT 设置为 0。

因为中文字符并非由单字节表示,并且字符串指令作用于字节而不是字符,所以 STR_FIND 和 CHR_FIND 指令作用于包含中文字符的字符串时,可能出现非预期的结果。

【例 5-41】 在字符串中查找字符串。

使用 VB0 中存储的字符串作为"泵开/关"命令。字符串"On"存储在 VB20 中,字符串"Off"存储在 VB30 中。"在字符串中查找字符串"指令的结果存储在 AC0(OUT 参数)中。如果结果不为 0,则说明在命令字符串中找到了字符串"On"(VB20)。如图 5-50 所示。

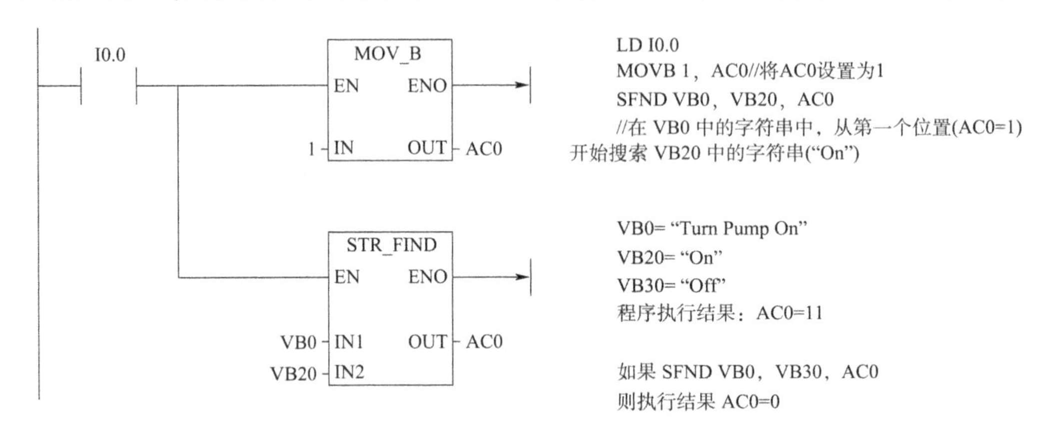

图 5-50 在字符串中找子字符串指令实例

【例 5-42】 在字符串中查找字符。

存储在 VB0 中的字符串包含温度。IN1 中的字符串常数提供可标识字符串中的温度数字的所有数字字符(包括 0 - 9、+ 和 -)。执行 CHR_FIND 可找到字符"9"在 VB0 字符串中的起始位置,然后执行 S_R 将实数字符转换为实数值。VD200 用于存储温度的实数值。如图 5-51 所示。

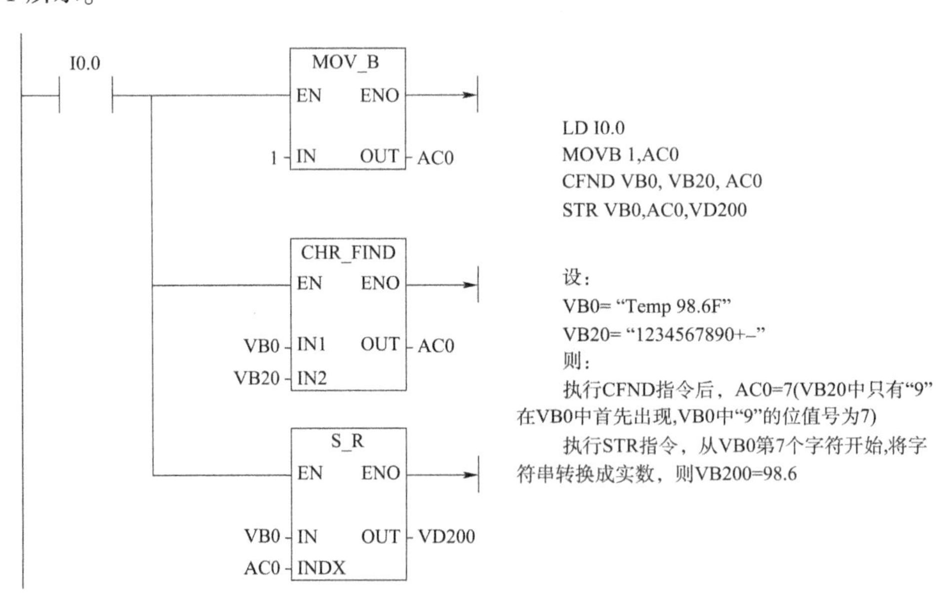

图 5-51 在字符串中查找字符指令实例

六、子程序

子程序也是程序,是可以单独完成某些功能且在主程序中需要多次使用的程序块,在结构化程序设计中是一种方便有效的方法。S7-200 SMART 的子程序设计,包括建立、调用及返回三个环节。

1. 建立子程序

子程序能被其他程序调用,在实现某种功能后能自动返回到调用程序去的程序。其最后一条指令一定是返回指令,故能保证重新返回到调用它的程序中去。子程序也可调用其他子程序,甚至可自身调用自身(如递归)。所以,子程序必须要有区别于调用它的程序的一些特征,即要为所编子程序块做一些定义。

在编辑软件中,要添加新子程序,就选择"编辑"(Edit)功能区,然后选择"插入对象"(Insert Object)和"子例程"(Subroutine)命令。添加子程序后,系统会默认生成一个子程序名,如 SBR_1、SBR_2、…、SBR_n,用户可以根据自己的喜好和编程需要修改子程序名称。STEP 7-Micro/WIN SMART 自动在每个子程序中添加一个无条件返回。还可以在子程序中添加有条件返回 CRET 指令。

2. 调用子程序

在主程序中,用指令调用子程序,可以顺序重复调用,也可以嵌套调用(在子程序中调用子程序),最大嵌套深度为 8 层;在中断例程中,可嵌套的子程序深度为 4 层;也允许递归调用(子程序调用自己),但在子程序中进行递归调用时应慎重。见表 5-42。

子程序调用指令功能表 表 5-42

格式	调用	返回
LAD	SBR_n EN x1 x2 x3	—(RET)
STL	CALL SBR_n,x1,x2,x3	CRET

子程序调用指令将程序控制权转交给子程序 SBR_N。可以使用带参数或不带参数的子程序调用指令。子程序执行完后,控制权返回给子程序调用指令后的下一条指令。

调用参数 x1(IN)、x2(IN_OUT)和 x3(OUT)分别表示传入、传入和传出或传出子程序的三个调用参数。调用参数是可选的。可以使用 0 ~ 16 个调用参数。

子程序可选择使用传递参数。这些参数在子程序的变量表中定义。必须为每个参数分配局部符号名称(最多 23 个字符)、变量类型和数据类型。一个子程序最多可以传递 16 个参数。变量表中的 VAR_Type 类型字段定义变量是传入子程序(IN)、传入和传出子程序(IN_OUT),还是传出子程序(OUT)。

要添加新参数行,请将光标置于要添加变量类型 IN、IN_OUT、OUT 或 TEMP 的 Var_Type 字段上。单击鼠标右键打开选择菜单。选择"插入"(Insert)选项,然后选择"下一行"(Row-

Below)选项。所选类型的另一个参数行将出现在当前条目下方。

可在变量表中分配临时(TEMP)参数来存储只在子程序执行过程中有效的数据。局部TEMP数据不会作为调用参数进行传递。也可在主程序和中断程序中分配TEMP参数,但只有子程序可以使用IN、IN_OUT和OUT调用参数。

下面用表5-43来说明子程序的参数类型。

子程序参数类型 表5-43

参　数	说　明
IN	参数传入子程序。如果参数是直接地址(例如VB10),则指定位置的值传入子程序。如果参数是间接地址(例如 * AC1),则指针指代位置的值传入子程序。如果参数是数据常数(16#1234)或地址(&VB100),则常数或地址值传入子程序
IN_OUT	指定参数位置的值传入子程序,子程序的结果值返回至同一位置。常数(例如16#1234)和地址(例如&VB100)不允许用作输入/输出参数
OUT	子程序的结果值返回至指定参数位置。常数(例如16#1234)和地址(例如&VB100)不允许用作输出参数。由于输出参数并不保留子程序最后一次执行时分配给它的值,所以每次调用子程序时必须给输出参数分配值
TEMP	没有用于传递参数的任何局部存储器都可在子程序中作为临时存储单元使用

对于以上参数类型,也可以允许有不同的数据类型。

·能流:布尔能流仅允许用于位(布尔)输入。此声明将输入参数分配给基于位逻辑指令组合的能流结果。能流输入与EN输入相似,都与位逻辑(例如,LAD触点)相连接,而不连接到直接/间接地址分配。必须在变量表的最上一行(或多行)指定布尔能流输入,然后再指定任何非布尔数据类型。只有输入参数可以这样使用。【例5-43】中的使能输入(EN)和IN1输入使用能流逻辑。

·BOOL:此数据类型用于单个位输入和输出。例5.43中的IN3是分配给直接地址的布尔输入。

·BYTE、WORD、DWORD:这些数据类型分别标识1、2或4字节的无符号输入或输出参数。

·INT、DINT:这些数据类型分别标识2或4字节有符号输入或输出参数。

·REAL:此数据类型标识单精度(4字节)浮点值。

·STRING:此数据类型用作指向字符串的四字节指针。

调用子程序传递的参数,可以形成一个包括地址、符号、变量类型、数据类型在内的变量表。如表5-44所示。

变量表示例 表5-44

器件地址	变量名	变量类型	数据类型	注　释
I0.0	EN	IN	BOOL	
I0.1	LVI	IN	INT	罐发送器
VB10	Hset	IN	INT	高设定值

续上表

器件地址	变量名	变量类型	数据类型	注释
VB100	Offset	IN	INT	偏移量
* AC1		IN		
&VB200		IN_OUT		
Q0.0	Result	OUT	INT	结果值
VD30	Valve	OUT	BOOL	控制阀
VD100		OUT		

调用子程序时,系统将保存整个逻辑堆栈,栈顶值设置为1,堆栈其他位置的值设置为0,控制权交给被调用子程序。该子程序执行完后,堆栈恢复为调用时保存的数值,控制权返回给调用程序。

子程序和调用程序共用累加器。由于子程序使用累加器,所以不对累加器执行保存或恢复操作。

在同一周期内多次调用子程序时,不应使用上升沿、下降沿、定时器和计数器指令。

【例5-43】 子程序调用参数传递。

如图5-52所示。

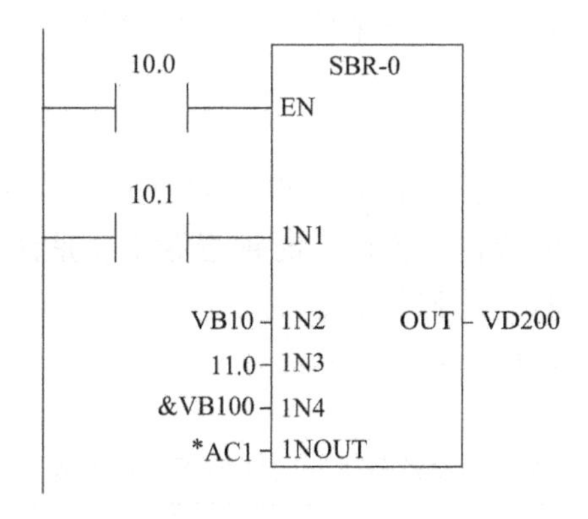

图5-52 子程序调用参数传递举例(梯形图)

编写程序

LD I0.0

CALL SBR_0,I0.1,VB10,I1.0,&VB100,*AC1,VD200

例中,子程序名称为SBR_0,I0.0接通时被调用,要向子程序传递6个参数。IN1为能量流型参数,IN3为BOOL型参数,IN_OUT为双字型间接地址参数,IN2、IN4、OUT为字节和双字型地址参数。地址参数(例如,IN4(&VB100))传入子程序作为DWORD(无符号双字)值。对于调用程序中常数值前面有常数描述符的参数,必须为其指定常数参数类型。例如:要传送值为12,345的无符号双字常数作为参数,必须将常数参数指定为DW#12345。如果参数中遗漏了对于常数的说明,则可将该常数认定为不同类型。

系统不对输入或输出参数自动执行数据类型转换。例如,如果变量表指定参数的数据类型为REAL,但在调用程序中,为该参数指定双字(DWORD)数据类型,则子程序中的参数值将是双字数据类型。

值传递到子程序后,存储在子程序的局部存储器中。变量表的最左列显示各传递参数的局部存储器地址。调用子程序时,输入参数值将复制到子程序的局部存储器中。子程序执行完成时,从子程序的局部存储器将输出参数值复制到指定输出参数地址。

3.返回

返回指令 CRET,多用于子程序的内部,由判断条件决定是否结束子程序调用。调用如下子程序:

```
⋮
LD M14.3
CRET
LD SM0.0
MOVB 10,VB0
⋮
RET
```

子程序运行到装载 M14.3 常开触点时,如果 M14.3 接通(高电平),则返回调用程序,否则,继续执行 LD SM0.0 等指令。

RET 用于子程序的结束。用编辑软件编程时,在子程序结束处,不需要手工输入 RET 指令,软件会自动在内部加到每个子程序结尾(不显示出来)。

七、时钟指令

利用时钟指令可以调用系统实时时钟,或根据需要设定时钟,为实现定时控制、按时控制和运行监视、运行记录等功能提供了方便。时钟指令主要是读取时钟和设置时钟,即可对 CPU 进行操作,又可对扩展模块进行操作。

1.读取和设置基本实时时钟

见表 5-45。

读取和设置基本实时时钟指令功能表　　表 5-45

格　式	读　取	设　置
LAD	READ_RTC EN　END T	SET_RTC EN　END T
STL	TODR　T	TODW　T

读取实时时钟指令 READ_RTC,从 CPU 读取当前时间和日期,并将其装载到从字节地址 T 开始的 8 字节时间缓冲区中。

设置实时时钟指令 SET_RTC,通过由 T 分配的 8 字节时间缓冲区数据将新的时间和日期写入 CPU。

在利用以上两个指令编写程序时,需要注意:

(1)这些指令不接受无效日期。例如,如果输入 2 月 30 日,则会发生非致命性日时钟错

误(0007H)。

(2)不要在主程序和中断程序中使用 READ_RTC/SET_RTC 指令。执行另一个 READ_RTC/SET_RTC 指令时,无法执行中断例程中的 READ_RTC/SET_RTC 指令。在这种情况下,CPU 会置位系统标志位 SM4.3,指示尝试同时对日时钟执行二重访问,导致 T 数据错误(非致命错误 0007H)。

(3)CPU 中的日时钟仅使用年份的最后两位数,因此 00 表示为 2000 年。使用年份值的用户程序必须考虑两位数的表示法。

(4)2099 年之前的闰年年份,CPU 都能够正确处理。

(5)所有日期和时间值必须采用 BCD 格式分配(例如,16#12 代表 2012 年)。00 ~ 99 的 BCD 值范围可分配范围为 2000—2099 年的年份。八字节时间缓冲区的分配见表 5-46。

八字节缓冲区分配　　表 5-46

T 字节	说　明	数　据　值
0	年	00 ~ 99(BCD 值)20 × × 年;其中, × × 是 T 字节 0 中的两位数 BCD 值
1	月	01 ~ 12(BCD 值)
2	日	01 ~ 31(BCD 值)
3	时	00 ~ 23(BCD 值)
4	分	00 ~ 59(BCD 值)
5	秒	00 ~ 59(BCD 值)
6	保留	始终设为 00
7	星期	使用 SET_RTC/TODW 指令写入时会忽略值。 通过 READ_RTC/TODR 指令进行读取时,值会根据当前年/月/日值报告正确的星期几。 1 ~ 7,1 = 星期日,7 = 星期六(BCD 值)

(6)紧凑型串行(CRs)CPU 型号没有 RTC(实时时钟),可使用 READ_RTC 和 SET_RTC 指令设置紧凑型串行(CRs)CPU 型号中的年份、日期和时间值,但这些值将在下一次 CPU 断电通电循环时丢失。上电时,日期和时间将初始化为 2000 年 1 月 1 日。

(7)有关掉电期间实时时钟可维持正确时间的时长,请参见《S7-200SMART 系统手册》。超出断电时长后,CPU 将初始化:日期为 2000 年 1 月 1 日,时间为 0,星期为星期六。

2. 读取和设置扩展实时时钟

见表 5-47。

读取和设置基本实时时钟指令功能表　　表 5-47

格　式	读　取	设　置
LAD	READ_RTCX EN　END T	SET_RTCX EN　END T
STL	TODRX　T	TODWX　T

读取扩展实时时钟指令 READ_RTCX,从 PLC 中读取当前时间、日期和夏令时组态,并

将其装载到从T所分配地址开始的19字节缓冲区中。见表5-48。

19字节缓冲区分配 表5-48

T字节	说　明	
0~7	同前	
8	针对夏令时的修正模式	00H=禁用修正,01-03H=欧盟,04 - 07、09-0F、12、14-EDH=保留,08H=欧盟,10H=美国,11H=澳大利亚,13H=新西兰,EEH=用户定义(星期几)(使用字节9-20中的值),EFH-FEH保留,FFH=用户定义(月中的某一天)(使用字节9-18中的值)
9-18	仅用于模式=FFH修正夏令时的日期和时间	分别修正小时、分、开始月、开始日、开始小时、开始分、结束月、结束日、结束小时、结束分,数值为0(时间)或1(月、日、星期)~对应单位的最大值(星期为5)的BCD码
9-20	仅用于模式=EEH修正夏令时的日期和时间	分别用于修正小时、分、开始月、开始星期、开始日、开始小时、开始分、结束月、结束星期、结束日、结束小时、结束分,数值为0(时间)或1(月、日、星期)~对应单位的最大值(星期为5)的BCD码

设置扩展实时时钟指令SET_RTCX,使用字节地址T分配的19字节时间缓冲区数据将新的时间、日期和夏令时组态写入PLC中。

指令的使用说明同“读取和设置基本实时时钟”部分,只是19字节缓冲区分配有区别。

八、中断指令

中断,指当出现需要时,CPU暂时停止当前程序的执行转而执行处理新情况的程序和执行过程。即在程序运行过程中,系统出现了一个必须由CPU立即处理的情况,此时,CPU暂时中止程序的执行,转而处理这个新的情况的过程就叫作中断。

中断是由设备或其他非预期的事件引起的,具有强的随机性。中断技术就是满足实际系统的中断处理需要的技术,在PLC的多输入数据处理、网络通信、运动控制等方面作用突出。

中断源分为三大类,分别是通信中断、输入输出中断和时基中断,其中通信中断优先级最高,时基中断优先级最低。在CPU处理中断时,要遵循以下原则:不同优先级的中断申请,按优先级别响应;同等优先级的中断申请,按照先来后到顺序响应;正在执行中断时,所有的中断申请都必须排队等候。中断事件优先级请参看《S7-200 SMART系统手册》。

1. 中断允许/禁止指令

中断允许/禁止指令,相当于程序中有一个中断开关,通过控制此开关来控制程序运行时是否响应中断请求。见表5-49。

允许/禁止中断指令功能表 表5-49

格　式	允许中断	禁止中断	中断返回
LAD	——(ENI)——	——(DISI)——	——(RETI)——
STL	ENI	DISI	CRETI

ENI 中断启用指令,全局性启用对所有连接的中断事件的处理。

DISI 中断禁止指令,全局性禁止对所有中断事件的处理。

CRETI 从中断有条件返回指令,可用于根据前面的程序逻辑的条件从中断返回。

2. 中断事件指令

中断事件指令,即是响应具体的中断事件的指令。主要包括连接事件、分离事件、清除事件三种指令。其格式见表 5-50。

中断事件指令功能表　　表 5-50

格　式	连接中断事件	分离中断事件	清除中断事件
LAD	ATCH EN　END INT EVNT	DTCH EN　END EVNT	CLR_EVNT EN　END EVNT
STL	ATCH INT,EVNT	DTCH EVNT	CEVENT EVNT

ATCH 中断连接指令,将中断事件 EVNT 与中断例程编号 INT 相关联,并启用中断事件。在调用中断例程之前,必须指定中断事件和要在事件发生时执行的程序段之间的关联。可以使用中断连接指令将中断事件(由中断事件编号指定)与程序段(由中断例程编号指定)相关联。可以将多个中断事件连接到一个中断例程,但不能将一个事件连接到多个中断例程。

连接事件和中断例程时,仅当程序已执行全局 ENI(中断启用)指令且中断事件处理处于激活状态时,新出现此事件才会执行所连接的中断例程。否则,CPU 会将该事件添加到中断事件队列中。如果使用全局 DISI(中断禁止)指令禁止所有中断,每次发生中断事件时 CPU 都会排队,直至使用全局 ENI(中断启用)指令重新启用中断或中断队列溢出。

DTCH 中断分离指令,解除中断事件 EVNT 与所有中断例程的关联,并禁用中断事件。分离中断指令使中断返回未激活或被忽略状态。

CLR_EVNT 清除中断事件指令,从中断队列中移除所有类型为 EVNT 的中断事件。使用该指令可将不需要的中断事件从中断队列中清除。如果该指令用于清除假中断事件,则应在从队列中清除事件之前分离事件。否则,在执行清除事件指令后,将向队列中添加新事件。

中断例程编号 INT 为 0 - 127 的常数值,中断事件 EVNT 的编号也是常数值。不同型号 CPU,EVNT 的编号不同。CPUCR20s、CR30s、CR40s 和 CR60s:0 - 13,16 - 18,21 - 23,27、28 和 32;CPUSR20/ST20、SR30/ST30、SR40/ST40、SR60/ST60 分别是 0 - 13(SR 型)和 16 - 44(ST)。各种事件的具体编号要参看《S7-200 SMART 系统手册》。

3. 中断编程准则

(1)中断程序执行

执行中断例程执行时会响应关联的内部或外部事件。执行了中断例程的最后一个指令之后,控制会在中断时返回到扫描周期的断点。你可以通过执行“从中断有条件返回指令”

(CRETI)退出例程。

中断处理可快速响应特殊内部或外部事件。可优化中断例程以执行特定任务,然后将控制权返回到扫描周期。

这里要注意:

①中断例程中不能使用中断禁止(DISI)、中断启用(ENI)、高速计数器定义(HDEF)和结束(END)指令。

②应保持中断例程编程逻辑简短,这样执行速度会更快,其他过程也不会延迟很长时间。如果不这样做,则可能会出现无法预料的情形,从而导致主程序控制的设备异常运行。

(2)中断的系统支持

由于中断能影响触点、线圈和累加器逻辑,所以系统会保存并重新装载逻辑堆栈、累加器寄存器以及用于指示累加器和指令操作状态的特殊存储器位(SM)。这样可避免因进入和退出中断例程而导致用户主程序中断。

(3)从中断例程调用子例程

可从中断例程中调用四个嵌套级别的子例程。累加器和逻辑堆栈在中断例程和从中断例程调用的四个嵌套级别子例程之间共享。

(4)主程序和中断例程共享数据

可在主程序和一个或多个中断例程之间共享数据。由于无法预测CPU何时生成中断,所以最好限制中断例程和程序中的其他位置使用的变量数。如果在主程序中执行指令时被中断事件中断,中断程序的操作可能会导致共享数据出现一致性问题。使用中断块“变量表”(块调用接口表)可确保中断例程仅使用临时存储器,从而不会覆盖程序其他位置使用的数据。

(5)确保对单个共享变量的访问

①对于共享单个变量的STL程序:如果共享数据是单字节、字或双字变量并且程序以STL编写,则通过将对共享数据进行运算所得的中间值仅存储在非共享存储单元或累加器可确保正确的共享访问。

②对于共享单个变量的LAD程序:如果共享数据是单字节、字或双字变量,并且程序以LAD编写,则通过规定仅使用传送指令(MOVB、MOVW、MOVD、MOVR)访问共享存储单元可确保正确的共享访问。许多LAD指令都是由STL指令的可中断序列组成,但这些传送指令却是由单个STL指令组成,单个STL指令的执行不受中断事件的影响。

(6)确保对多个共享变量的访问

对于共享多个变量的STL或LAD程序:如果共享数据由许多相关的字节、字或双字组成,则可使用中断禁用/启用指令(DISI和ENI)来控制中断例程的执行。在主程序中即将对共享存储单元开始操作的点,禁止中断。所有影响共享位置的操作都完成后,重新启用中断。在中断禁用期间,无法执行中断例程,因此无法访问共享存储单元;但此方法会导致对中断事件的响应发生延迟。

【例5-44】 输入信号沿检测器中断。

如图5-53所示。

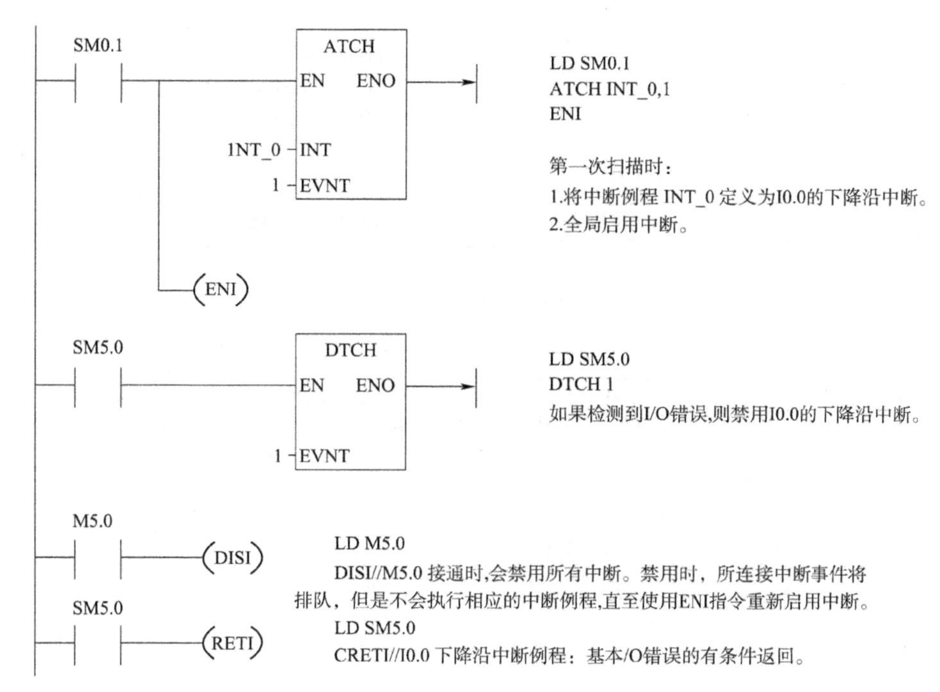

图 5-53　输入信号沿检测器中断实例

【例 5-45】 用于读取模拟量输入值的定时中断。

如图 5-54 所示。

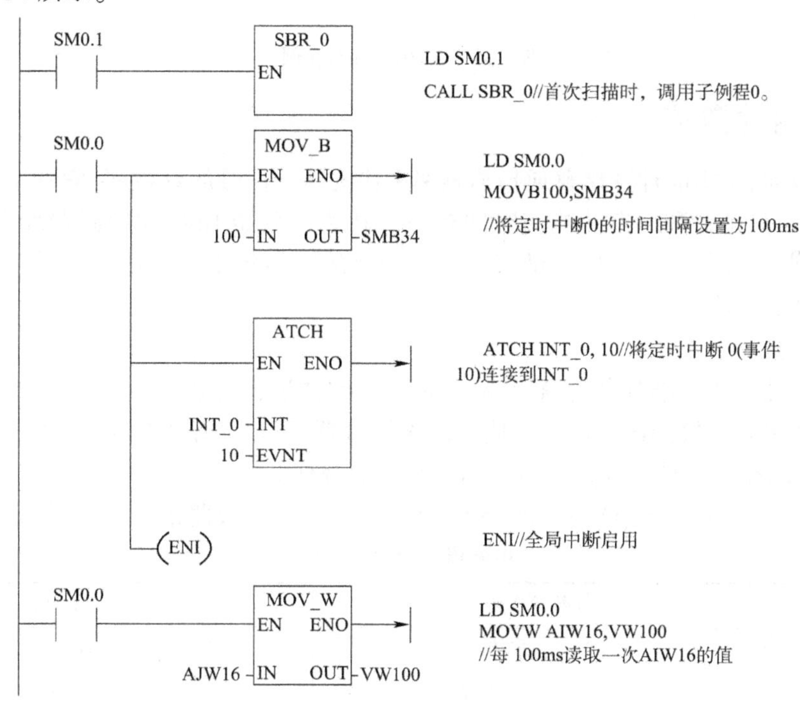

图 5-54　用于读取模拟量输入值的定时中断

【例 5-46】 清除中断事件指令。

如图 5-55 所示。

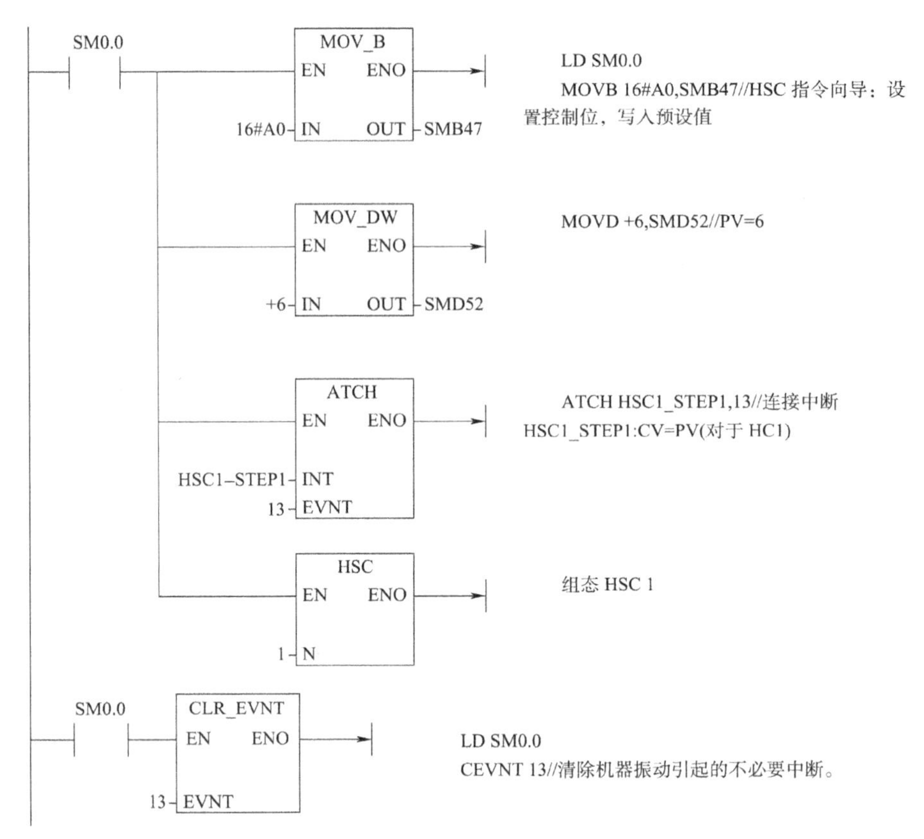

图 5-55　清除中断事件实例

九、高速计数器

高速计数器，是指能计算比普通扫描频率更快的脉冲信号的计数器，它的工作原理与普通计数器类似，只是计数通道的响应时间更短。高速计数器 HSC 和编码器配合使用，在工业控制中得到了广泛运用，比如计量高速流水线上的产品数量、电机的转速等，都使用到了 PLC 的高速计数功能。

1. 高速计数指令

高速计数器可对标准计数器无能为力的高速事件进行计数，因为，标准计数器是以受 PLC 扫描时间限制的较低速率运行。使用高速计数器，可以使用 HDEF 和 HSC 指令创建自己的 HSC 程序，也可以使用高速计数器向导简化编程任务。

利用高速计数器指令创建自己的程序，就要用到高速计数器指令，其格式见表 5-51。

中断事件指令功能表　　　　表 5-51

格　式	计数器定义	高 速 计 数
LAD	HDEF: EN END; HSC; MODE	HSC: EN END; N
STL	HDEF HSC，MODE	HSC N

高速计数器定义指令 HDEF,选择特定高速计数器(HSC0-HSC5)及其工作模式。该定义指令包括计数器的选择和工作模式的选择两个方面,不仅要为最多为 6 个激活的高速计数器各使用一条高速计数器定义,还要定义高速计数器的时钟、方向和复位等功能。S 型号 CPU1 有 6 个 HSC。C 型号 CPU 有 4 个 HSC。

高速计数指令 HSC,根据 HSC 特殊存储器位的状态组态控制高速计数器。参数 N 指定高速计数器编号。高速计数器最多可组态为八种不同的工作模式,见表 5-52。每个计数器都有专用于时钟、方向控制、复位的输入,这些功能均受支持。在 AB 正交相,可以选择一倍(1x)或四倍(4x)的最高计数速率。所有计数器均以最高速率运行,互不干扰。

HSC 工作模式 表 5-52

模 式	描 述	输 入 点		
	HSC0	I0.0	I0.1	I0.4
	HSC1	I0.1		
	HSC2	I0.2	I0.3	I0.5
	HSC3	I0.3		
	HSC4	I0.6	I0.7	I1.2
	HSC5	I1.0	I1.1	I1.3
0	带有内部方向控制的单相计数器	时钟		
1		时钟		外部复位
3	带有外部方向控制的单相计数器	时钟	方向	
4		时钟	方向	外部复位
6	带有增减计数时钟的双相计数器	增时钟	减时钟	
7		增时钟	减时钟	外部复位
9	A/B 相正交计数器	时钟 A	时钟 B	
10		时钟 A	时钟 B	外部复位

HSC 操作规则:

(1)使用高速计数器之前,必须执行 HDEF 指令(高速计数器定义)选择计数器模式。使用首次扫描存储器位 SM0.1(首次扫描时,该位为 ON,后续扫描时为 OFF)直接执行 HDEF 指令,或调用包含 HDEF 指令的子程序。

(2)可以使用所有计数器类型(带复位输入或不带复位输入)。

(3)激活复位输入时,会清除当前值,并在你禁用复位输入之前保持清除状态。

表中,同一输入无法用于两个不同的功能,但是其高速计数器当前模式未使用的输入均可用于其他用途。例如,如果 HSC0 的当前模式为使用 I0.0 和 I0.4 的模式 1,则可将 I0.1、I0.2 和 I0.3 用于沿中断、HSC3 或运动控制输入等。

HSC0 的所有计数模式始终要使用 I0.0,而 HSC2 的所有计数模式始终要使用 I0.2,因此使用这些计数器时,无法将 I0.0、I0.2 用于其他用途。

2. 高速输入降噪

连接 HSC 输入通道 I0.0、I0.1、I0.2、I0.3、I0.6、I0.7、I1.0 和 I1.1 时，所使用屏蔽电缆的长度不应超过 50m。同时，正确操作高速计数器可能需要执行以下一项或两项操作：

（1）调整 HSC 通道所用输入通道的“系统块”数字量输入滤波时间。在 S7-200 SMART CPU 中，HSC 通道对脉冲进行计数前应进行输入滤波。如果 HSC 输入脉冲以输入滤波过滤掉的速率发生，则 HSC 不会在输入上检测到任何脉冲。请务必将 HSC 的每路输入的滤波时间组态为允许以应用需要的速率进行计数的值，包括方向和复位输入。表 5-53 显示了可检测到的每种输入滤波组态的最大输入频率。

输入滤波设置和可检测到的最大输入频率 表 5-53

输入滤波时间	可检测到的最大频率
0.2μs	200kHz（标准型 CPU）、100kHz（紧凑型或经济型 CPU）
0.4μs	200kHz（标准型 CPU）、100kHz（紧凑型或经济型 CPU）
0.8μs	200kHz（标准型 CPU）、100kHz（紧凑型或经济型 CPU）
1.6μs	200kHz（标准型 CPU）、100kHz（紧凑型或经济型 CPU）
3.2μs	156kHz（标准型 CPU）、100kHz（紧凑型或经济型 CPU）
6.4μs	78kHz
12.8μs	39kHz
0.2ms	2.5kHz
0.4ms	1.25kHz
0.8ms	625Hz
1.6ms	312Hz
3.2ms	156Hz
6.4ms	78Hz
12.8ms	39Hz

（2）如果生成 HSC 输入信号的设备未将输入信号驱动为高电平和低电平，则高速时可能出现信号失真。如果设备的输出是集电极开路晶体管，则可能出现这种情况。晶体管关闭时，没有任何因素将信号驱动为低电平状态。信号将转换为低电平状态，但所需时间取决于电路的输入电阻和电容。这种情况可能导致脉冲丢失。可通过将下拉电阻连接到输入信号的方法避免这种情况。

【例 5-47】 高速计数指令。

如图 5-56 所示。

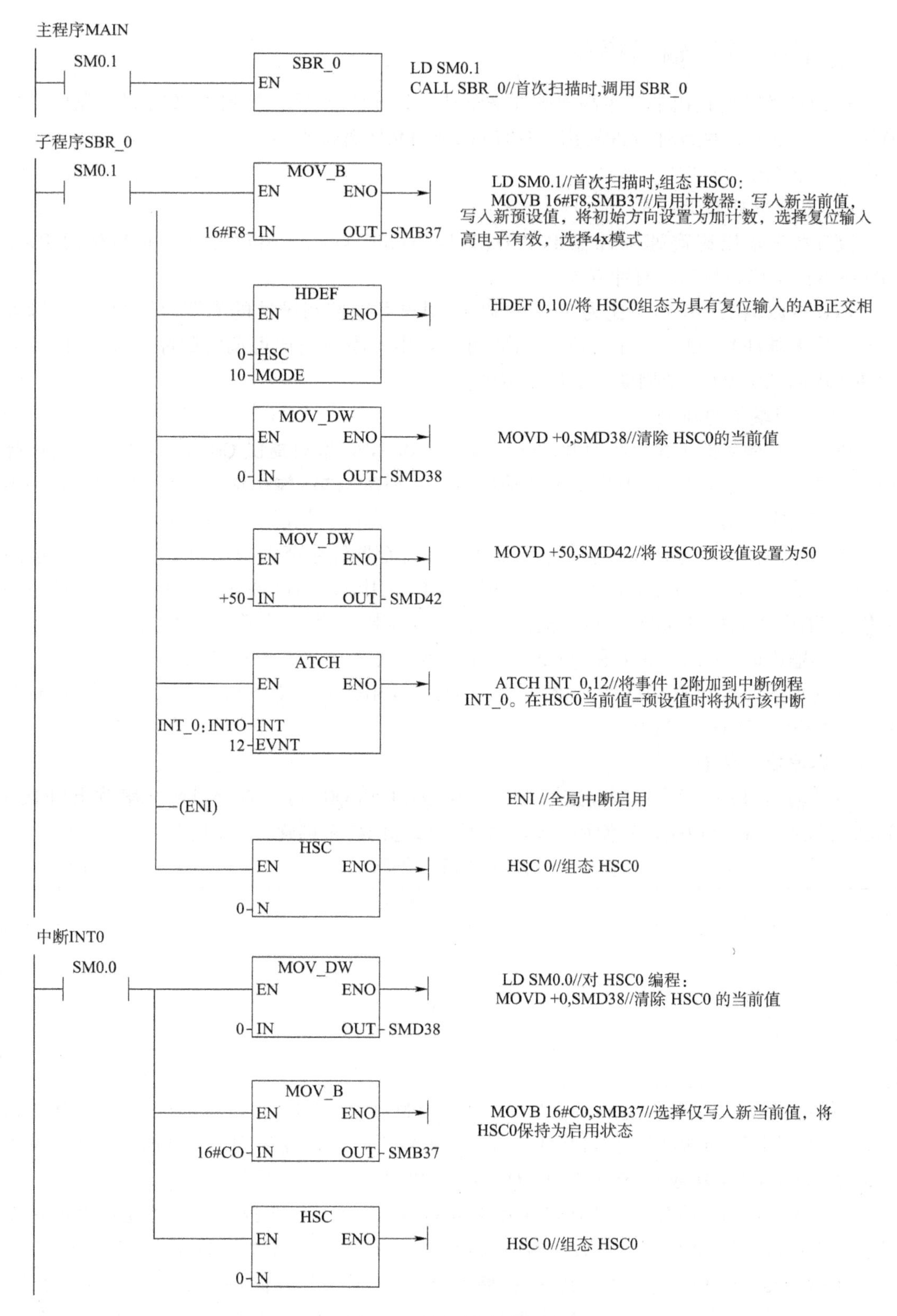

图 5-56　高速计数指令实例

十、高速脉冲输出指令

在PLC的某些输出端产生高速脉冲来驱动负载,以实现精确控制,这在运动控制中十分有用。为了能够产生高速脉冲输出,主机应该选用晶体管输出型。

1. 几个概念

(1)高速脉冲输出方式

高速脉冲输出有高速脉冲输出PTO(Pulse Train Output)和宽度可调脉冲输出PWM(Pulse Width Modulation)两种方式。

PTO可以输出一串占空比为50%的脉冲,用户可以控制脉冲的周期(即输出一个脉冲及其旁边无脉冲共用时间)和个数。PWM可以输出一串占空比可调的脉冲,用户可以控制脉冲的周期和脉宽(一个周期内脉冲的宽度)。

(2)输出端子的确定

PLC主机最多提供3个高速脉冲输出端(SR20/ST20型只提供Q0.0、Q0.1两个高速脉冲输出端。为便于表述,以下均用3个输出端)。高速脉冲的输出端不是任意选择的,必须按照系统指定的输出点Q0.0、Q0.1和Q0.2来选择,也可以是以上两种方式的任意组合。

高速脉冲输出点包括在一般数字量输出映像寄存器编号范围内。同一个输出点只能用做一种功能,如果Q0.0、Q0.1和Q0.2在程序执行时用做高速脉冲输出,则只能被高速脉冲使用,其通用功能被自动禁止,任何输出刷新、输出强制、立即输出等指令都无效。只有不用高速脉冲输出时,Q0.0、Q0.1和Q0.2才可能作为普通数字量输出点使用。

在使用下面讲到的PTO和PWM操作之前,需要用普通位操作指令设置这三个输出位,将Q0.0、Q0.1和Q0.2置0。

2. 脉冲输出指令

脉冲输出(PLS)指令控制高速输出(Q0.0、Q0.1和Q0.3)是否提供脉冲串输出(PTO)和脉宽调制(PWM)功能。若使用PWM,可通过可选向导来创建PWM指令。见表5-54。

脉冲输出指令功能表 表5-54

格　式	脉冲输出
LAD	PLS EN　END N
STL	PLS N

可使用PLS指令来创建最多三个PTO或PWM操作。PTO允许用户控制方波(50%占空比)输出的频率和脉冲数量。PWM允许用户控制占空比可变的固定循环时间输出。N称为通道,为Word型常数,从0、1、2(0 = Q0.0、1 = Q0.1、2 = Q0.3)选择。

S7-200 SMART具有三个PTO/PWM生成器(PLS0、PLS1和PLS2),可产生高速脉冲串或脉宽调制波。PLS0分配给了数字输出端Q0.0,PLS1分配给了数字输出端Q0.1,PLS2分配给了数字输出端Q0.3。指定的特殊存储器(SM)单元用于存储每个发生器的以下数据:一个PTO状态字节(8位值)、一个控制字节(8位值)、一个周期时间或频率(16位无符号

值)、一个脉冲宽度值(16 位无符号值)以及一个脉冲计数值(32 位无符号值)。

PTO/PWM 生成器和过程映像寄存器共同使用 Q0.0、Q0.1 和 Q0.3。若在 Q0.0、Q0.1 或 Q0.3 上激活 PTO 或 PWM 功能,PTO/PWM 生成器将控制输出,从而禁止输出点的正常用法。输出波形不会受过程映像寄存器状态、输出点强制值或立即输出指令执行的影响。

若未激活 PTO/PWM 生成器,则重新交由过程映像寄存器控制输出。过程映像寄存器决定输出波形的初始和最终状态,确定波形是以高电平还是低电平开始和结束。

如果已通过运动控制向导将所选输出点组态为运动控制用途,则无法通过 PLS 指令激活 PTO/PWM。

PTO/PWM 输出的最低负载必须至少为额定负载的 10%,才能实现启用与禁用之间的顺利转换。

在启用 PTO/PWM 操作前,请将过程映像寄存器中 Q0.0、Q0.1 和 Q0.3 的值设置为 0。

所有控制位、周期时间/频率、脉冲宽度和脉冲计数值的默认值均为 0。

3. 脉冲串输出(PTO)

PTO 以指定频率和指定脉冲数量提供 50% 占空比输出的方波。如图 5-57 所示。PTO 可使用脉冲包络生成一个或多个脉冲串。你可以指定脉冲的数量和频率。

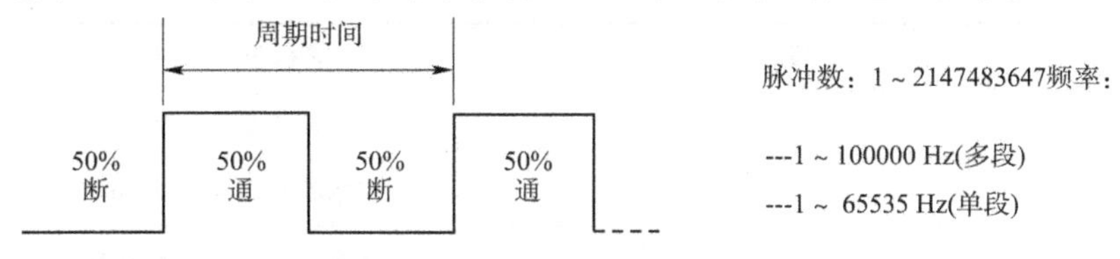

图 5-57　PTO 脉冲波形

脉冲的频率 f(Hz)与周期 T(s)用下式计算:

$$f=\frac{1}{T}$$

但是,脉冲计数和频率不是无限的。表 5-55 给出了 S7-200 SMART PLC 的脉冲计数和频率极限。

PTO 中的脉冲计数和频率　　表 5-55

脉冲计数/频率	响　应
频率 < 1Hz	频率默认为 1Hz
频率 > 100000Hz	频率默认为 100000Hz
脉冲计数 = 0	脉冲计数默认为 1 个脉冲
脉冲计数 > 2147483647	脉冲计数默认为 2147483647 个脉冲

表 5-55 中,对脉冲计数或频率的上下限进行了规定。使用周期时间非常短的(高频率)PTO 时,应考虑输出点的开关延迟规范以及开关延迟对占空比的影响。PTO 功能允许脉冲串“链接”或“管道化”。有效脉冲串结束后,新脉冲串的输出会立即开始。这样便可持续输出后续脉冲串。

(1)PTO 脉冲的单段管道化

在单段管道化中,你负责更新下一脉冲串的 SM 位置。在初始的 PTO 段开始后,你必须立即使用第二个波形的参数修改 SM 单元。SM 的相应值更新后,再次执行 PLS 指令。

PTO 功能在管道中保留第二个脉冲串的属性,直到其完成了第一个脉冲串。PTO 功能在管道中一次只能存储一个条目。在第一个脉冲串完成时,开始输出第二个波形,然后可在管道中存储一个新脉冲串设置。之后可重复此过程,设置下一脉冲串的特性。若在管道仍然填满时试图装载新设置,将导致 PTO 溢出位(SM66.6、SM76.6 或 SM566.6)置位并且指令被忽略。

只有在当前有效的脉冲串在 PLS 指令捕获到新脉冲串设置之前完成,才能在脉冲串之间实现平滑转换。

(2)PTO 脉冲的多段管道化

在多段管道化期间,S7-200SMART 从 V 存储器的包络表中自动读取每个脉冲串段的特性。该模式中使用的 SM 单元为控制字节、状态字节和包络表的起始 V 存储器(SMW168、SMW178 或 SMW578)的偏移量。执行 PLS 指令将启动多段操作。

每段条目长 12 字节,由 32 位起始频率、32 位结束频率和 32 位脉冲计数值组成。表 5-56 给出了 V 存储器中组态的包络表的格式。

多段 PTO 操作的包络表格式 表 5-56

字节偏移量	段	表格条目的描述
0		段数量:1 ~ 255
1	#1	起始频率(1 ~ 100000Hz)
5		结束频率(1 ~ 100000Hz)
9		脉冲计数(1 ~ 2147483647Hz)
13	#2	起始频率(1 ~ 100000Hz)
17		结束频率(1 ~ 100000Hz)
21		脉冲计数(1 ~ 2147483647)
(依此类推)	#3	(依此类推)

PTO 生成器会自动将频率从起始频率线性提高或降低到结束频率。频率以恒定速率提高或降低一个恒定值。在脉冲数量达到指定的脉冲计数时,立即装载下一个 PTO 段。该操作将一直重复到到达包络结束。段持续时间应大于 500μs。如果持续时间太短,CPU 可能没有足够的时间计算下一个 PTO 段值。如果不能及时计算下一个段,则 PTO 管道下溢位(SM66.6、SM76.6 和 SM566.6)被置“1”,且 PTO 操作终止。

在 PTO 包络作用期间,在 SMB166、SMB176 或 SMB576 中提供当前有效段的编号。

若输入将包络表的任何部分放到 V 存储器之外的包络偏移量和段数量,将生成非致命错误。该 PTO 功能将不生成 PTO 输出。

若段数量输入为 0 值,将生成非致命错误。此时,不会生成 PTO 输出。

4. 脉宽调制(PWM)

PWM 提供三条通道,这些通道允许占空比可变的固定周期时间输出。请参见图 5-58。可以指定周期时间和脉冲宽度(以微秒或毫秒为增量)。

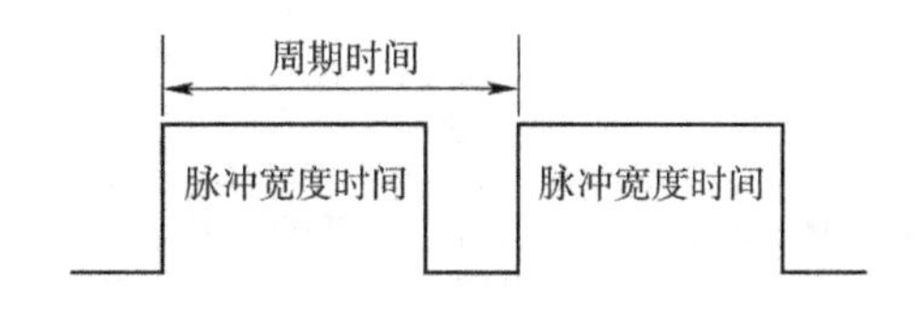

周期时间：10～65535μs 或 2～65535ms

脉冲宽度时间：0～65535μs 或 0～65535ms

图 5-58　PWM 脉冲波形

将脉冲宽度设置为等于周期时间(占空比为 100%)会使输出一直接通。将脉冲宽度设置为 0(占空比为 0%)会使输出断开。

使用周期时间非常短的 PWM 时,应考虑输出点的开关延迟规范以及开关延迟对脉冲宽度时间的影响。

(1)脉冲宽度时间、周期时间和 PWM 功能的响应

见表 5-57。

PWM 参数关系　　表 5-57

脉冲宽度时间/周期时间	响　应
脉冲宽度时间≥周期时间值	占空比为 100%:输出一直接通
脉冲宽度时间 =0	占空比为 0%:连续关闭输出
周期时间 <2 个时间单位	默认情况下,周期时间为两个时间单位

(2)更改 PWM 波形的特性

只能使用同步更新更改 PWM 波形的特性。执行同步更新时,信号波形特性的更改发生在周期交界处,这样可实现平滑转换。

5. 使用 SM 位置组态和控制 PTO/PWM 操作

PLS 指令读取存储于指定 SM 存储单元的数据,并相应地编程 PTO/PWM 生成器。SMB67 控制 PTO0 或 PWM0,SMB77 控制 PTO1 或 PWM1,SMB567 控制 PTO2 或 PWM2。表 5-58 介绍了用于控制 PTO/PWM 操作的寄存器。可快速参考表 5-59 来确定在 PTO/PWM 控制寄存器中放置什么值才能调用想要的操作。

PTO/PWM 控制寄存器的 SM 单元　　表 5-58

Q 0.0	Q 0.1	Q 0.2	状　态　位
SM66.4	SM76.4	SM566.4	PTO 增量计算错误(因添加错误导致)0 = 无错误,1 = 因错误而中止
SM66.5	SM76.5	SM566.5	PTO 包络被禁用(因用户指令导致):0 = 非手动禁用的包络,1 = 用户禁用的包络
SM66.6	SM76.6	SM566.6	PTO/PWM 管道溢出/下溢:0 = 无溢出/下溢,1 = 溢出/下溢
SM66.7	SM76.7	SM566.7	PTO 空闲:0 = 进行中,1 = PTO 空闲
Q 0.0	Q 0.1	Q 0.2	控　制　位
SM67.0	SM77.0	SM567.0	PTO/PWM 更新频率/周期时间:0 = 不更新,1 = 更新频率/周期时间
SM67.1	SM77.1	SM567.1	PWM 更新脉冲宽度时间:0 = 不更新,1 = 更新脉冲宽度

续上表

Q 0.0	Q 0.1	Q 0.2	控　制　位
SM67.2	SM77.2	SM567.2	PTO 更新脉冲计数值:0 = 不更新,1 = 更新脉冲计数
SM67.3	SM77.3	SM567.3	PWM 时基:0 = 1μs/时标,1 = 1ms/刻度
SM67.4	SM77.4	SM567.4	保留
SM67.5	SM77.5	SM567.5	PTO 单/多段操作:0 = 单段,1 = 多段
SM67.6	SM77.6	SM567.6	PTO/PWM 模式选择:0 = PWM,1 = PTO
SM67.7	SM77.7	SM567.7	PWM 使能:0 = 禁用,1 = 启用
Q 0.0	Q 0.1	Q 0.2	其他寄存器
SMW68	SMW78	SMW568	PTO 频率或 PWM 周期时间值:1 ~ 65535Hz(PTO),2 ~ 65535(PWM)
SMW70	SMW80	SMW570	PWM 脉冲宽度值:0 ~ 65535
SMD72	SMD82	SMD572	PTO 脉冲计数值:1 ~ 2147483647
SMB166	SMB176	SMB576	进行中段的编号:仅限多段 PTO 操作
SMW168	SMW178	SMW578	包络表的起始单元(相对 V0 的字节偏移):仅限多段 PTO 操作

PTO/PWM 控制字节参考　　表 5-59

控制寄存器(十六进制)	启用	PLS 指令的执行结果					
		选择模式	PTO 段操作	时基	脉冲计数	脉冲宽度	周期时间/频率
16#80	是	PWM		1μs/周期			
16#81	是	PWM		1μs/周期			更新周期时间
16#82	是	PWM		1μs/周期		更新	
16#83	是	PWM		1μs/周期		更新	更新周期时间
16#88	是	PWM		1ms/周期			
16#89	是	PWM		1ms/周期			更新周期时间
16#8A	是	PWM		1ms/周期		更新	
16#8B	是	PWM		1ms/周期		更新	更新周期时间
16#C0	是	PTO	单段				
16#C1	是	PTO	单段				更新频率
16#C4	是	PTO	单段		更新		
16#C5	是	PTO	单段		更新		更新频率
16#E0	是	PTO	单段				

可通过修改 SM 区域(包括控制字节)中的单元,然后执行 PLS 指令,来改变 PTO 或者 PWM 波形的特性。任何时候都可通过向 PTO/PWM 控制字节(SM67.7、SM77.7 或 SM567.7)使能位写入 0,然后执行 PLS 指令,来实现禁止生成 PTO 或 PWM 波形。输出点将立即恢复为过程映像寄存器控制。

如果在 PTO 或 PWM 操作正在产生脉冲时被禁止,该脉冲将内在地完成其整个周期时间。但是,该脉冲不会出现在输出端,因为此时过程映像寄存器重新获得了对输出的控制。只要以下条件为真,你的程序可再次无延迟地启动脉冲发生器。启用与禁用的脉冲模式(PTO 或 PWM)相同。以下情况会导致错误发生:你的程序首先禁用了 PTO,然后又在同一输出通道启用了 PWM,或者你的程序首先禁用了 PWM,然后又启用了 PTO。

状态字节(SM66.7、SM76.7 或 SM566.4)中的 PTO 空闲位可用来指示编程的脉冲串是否已结束。另外,中断例程可在脉冲串结束后进行调用[请参见中断指令的介绍]。如果是使用单段操作,则在每个 PTO 结束时调用中断例程。例如,如果第二个 PTO 已装载到管道中,PTO 功能在第一个 PTO 结束时调用中断例程,然后在已装载到管道中第二个 PTO 结束时再次调用。若使用多段操作,PTO 功能在包络表完成时调用中断例程。

下列条件将设置状态字节(SMB66、SMB76 和 SMB566)的位:

(1)如果在导致无效频率值的脉冲生成器中发生"添加错误",PTO 功能将终止以及增量计算错误位(SM66.4、SM76.4 或 SM566.4)置 1。输出恢复为映像寄存器控制。要纠正该问题,请尝试调整 PTO 包络参数。

(2)若手动禁止进行中的 PTO 包络,则 PTO 包络禁用位(SM66.5、SM76.5 或 SM566.5)置 1。

(3)如果以下任一情况发生,PTO/PWM 溢出/下溢位(SM66.6、SM76.6 或 SM566.6)将置 1:

①当管道已满时试图装载管道;这是溢出条件。

②PTO 包络段太短而导致 CPU 无法计算下一段以及传送了空管道。这是下溢条件,且输出将恢复为映象寄存器控制。

(4)在 PTO/PWM 溢出/下溢位置位后,必须手动将其清零才能检测到后续的溢出事件。切换到 RUN 模式可将该位初始化为 0。

有关说明:

(1)确保了解 PTO/PWM 模式选择位(SM67.6、SM77.6 和 SM567.6)的定义。该位定义可能与支持脉冲指令的早期产品有所不同。在 S7-200SMART 中,用户可通过以下定义来选择 PTO 或 PWM 模式:0 = PWM,1 = PTO。

(2)当装载周期时间/频率(SMW68、SMW78 或 SMW568)、脉冲宽度(SMW70、SMW80 或 SMW570)或脉冲计数(SMD72、SMW82 或 SMW572)时,在执行 PLS 指令之前也要设置控制寄存器中相应的更新位。

(3)对于多段脉冲串操作,在执行 PLS 指令之前也必须装载包络表的起始偏移量(SMW168、SMW178 或 SMW578)和包络表值。

(4)如果在 PWM 在执行过程中试图改变 PWM 的时基,则该请求被忽略并产生非致命错误(0x001B-ILLEGALPWMTIMEBASECHG)。

6. 计算包络表值

PTO 生成器的多段管道化功能对于许多应用(特别是步进电机控制)都很实用。例如,可使用带有脉冲包络的 PTO 通过简单的斜升(加速)、运行(不加速)和斜降(减速)顺序来控制步进电机。通过定义脉冲包络可创建更复杂的顺序,脉冲包络最多可由 255 段组成,每段对应一个斜升、运行或斜降操作。

包络表的含义,我们用图 5-59 进行说明。

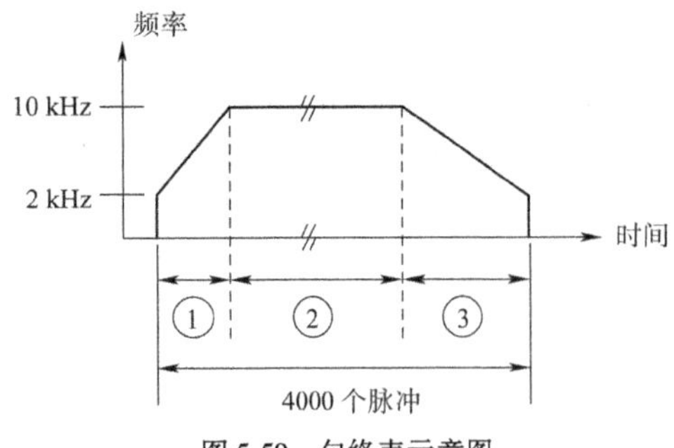

图 5-59 包络表示意图

图中,段①:加速步进电机,200 个脉冲;段②:以恒定转速运行电机,3400 个脉冲;段③:使电机减速,400 个脉冲。

在本例中,要达到期望的电机转数,PTO 生成器需要以下值:

(1)2kHz 的启动和结束脉冲频率。

(2)10kHz 的最大脉冲频率。

(3)4000 个脉冲。

在输出包络的加速部分,大约在 200 脉冲后,输出波形应达到最大脉冲频率。大约在 400 脉冲后,输出波形应完成包络的减速部分。

表 5-60 列出了用于生成示例波形的值。本例中,包络表位于 V 存储器,起始地址为 VB500。可以使用任意可用于 PTO 包络表的 V 存储器区域。可以在程序中使用指令将这些值装载到 V 存储器中,也可在数据块中定义包络值。

包络表值 表 5-60

地址	值	说明	
VD500	3	总段数	
VD501	2000	起始频率(Hz)	段 1
VD505	10000	结束频率(Hz)	
VD509	200	脉冲数	
VD513	10000	起始频率(Hz)	段 2
VD517	10000	结束频率(Hz)	
VD521	3400	脉冲数	
VD525	10000	起始频率(Hz)	段 3
VD529	2000	结束频率(Hz)	
VD533	400	脉冲数	

PTO 生成器开始时先运行段 1。PTO 生成器达到段 1 所需脉冲数后,会自动装载段 2。该操作将持续到最后一段。达到最后一段的脉冲数后,S7-200SMARTCPU 将禁用 PTO 生成器。

对于 PTO 包络的每一段,脉冲串以表中分配的起始频率开始。PTO 生成器以恒定速率提高或降低频率,从而以正确的脉冲数达到结束频率。但是,PTO 生成器将工作频率限制为

表中指定的启动和结束频率。

PTO生成器逐步叠加工作频率，从而使频率随时间呈线性变化。叠加到频率的恒定值的分辨率受到限制。该分辨率限制会在产生的频率中引入截断误差。因此，PTO生成器无法保证脉冲串频率可以到达为段指定的结束频率。在图5-60中，可以看到截断误差会影响PTO加速频率。应该测量输出，确定该频率是否在可接受的频率范围内。

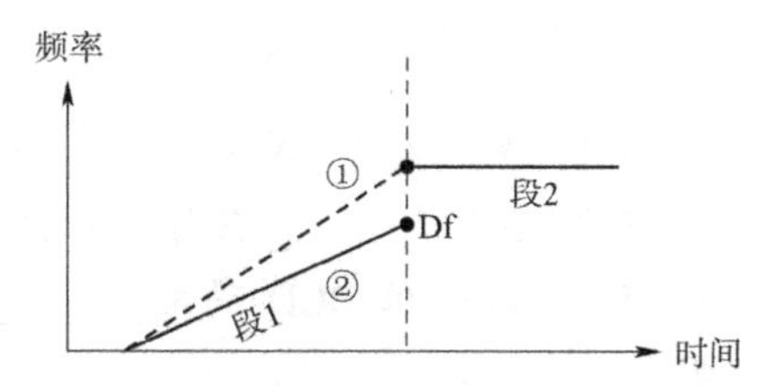

图5-60 截断误差影响PTO加速频率示意图
①-期望的频率曲线图；②-实际的频率曲线图

如果一段结束和下一段开始的频率差（Δf）是不可接受，请尝试调整结束频率来对该差值进行补偿。为使得输出位于可接受的频率范围内，可能需要反复进行这种调整。

注意，段参数改变会影响PTO完成的时间。可以使用段的持续时间等式来了解其对时间的影响。对于给定的段来说，要想获得准确的段持续时间，结束频率值或脉冲数必须具备一定的弹性。

上面的简化示例用于介绍目的，实际应用可能需要更复杂的波形包络。别忘了只能分配整数形式的Hz频率，且必须以恒定速率执行频率更改。S7-200 SMART CPU可选择该恒定速率，且每一段的恒定速率可以不同。

对于依照周期时间（而非频率）开发的传统项目，可以使用下式来进行频率转换：

$$\mathrm{CT}_{\mathrm{Final}} = \mathrm{CT}_{\mathrm{Initial}} + (\Delta\mathrm{CT} \cdot \mathrm{PC})$$

$$F_{\mathrm{Initial}} = \frac{1}{\mathrm{CT}_{\mathrm{Initial}}}$$

$$F_{\mathrm{Final}} = \frac{1}{\mathrm{CT}_{\mathrm{Final}}}$$

式中：$\mathrm{CT}_{\mathrm{Final}}$——段结束周期时间（s）；

$\mathrm{CT}_{\mathrm{Initial}}$——段启动周期时间（s）；

$\Delta\mathrm{CT}$——段增量周期时间（s）；

PC——段内脉冲数量；

F_{Initial}——段起始频率（Hz）；

F_{Final}——段结束频率（Hz）。

给定PTO包络段的加速度（或减速度）和持续时间有助于确定正确的包络表值。使用下式可计算给定包络的持续时间和加速度：

$$\Delta F = F_{\mathrm{Final}} - F_{\mathrm{Initial}}$$

$$T_{\mathrm{S}} = \mathrm{PC} \Big/ \left(F_{\mathrm{min}} + \frac{|\Delta F|}{2}\right)$$

$$A_{\mathrm{S}} = \frac{\Delta F}{T_{\mathrm{S}}}$$

式中：T_{S}——段持续时间（s）；

A_{S}——段频率加速度（Hz/s）；

PC——段内脉冲数量；

F_{min}——段最小频率（Hz）；

ΔF——段增量（总变化）频率（Hz）。

习题及思考题

5-1 输出指令(对应于梯形图中的线圈)不能用于________映像寄存器。

5-2 SM ________在首次扫描时为ON,SM0.0一直为________。

5-3 每一位BCD码用________位二进制数来表示,其取值范围为2#________至2#________。

5-4 2#0000 0010 1001 1101对应的16#________,对应的十进制数是________,绝对值与它相同的负数的补码是2#________。

5-5 BCD码16#7824对应的十进制数是________。

5-6 延时定时器TON的使能(IN)输入端________时开始定时,当前值大于等于预设值时其定时器位变为________,梯形图中其常开触点________,常闭触点________。

5-7 延时定时器TON的使能输入端________时其被复位,复位后梯形图中其常开触点________,常闭触点________,其当前定时值等于________。

5-8 延时定时器TONR的使能输入端________开始定时,使能输入端断开时,当前值________。使能输入端再次接通时________。必须用________指令来复位TONR。

5-9 延时定时器TOF的使能输入端接通时,定时器位立即变为________,当前值被________。使能输入端断开时,当前值从0开始________。当前值等于预设值时,定时器位变为________,梯形图中其常开触点________,常闭触点________,当前计时值________。

5-10 若加计数器的计数输入端CU ________、复位输入端R ________,则计数器的当前值加1。当前值大于等于预设值PV时,梯形图中其常开触点________,常闭触点________。复位输入端________时,计数器被复位,其梯形图中其常开触点________,常闭触点________,当前值变为________。

5-11 如果方框指令的EN输入端有能流流入且执行时无错误,则ENO输出端________。

5-12 字符串比较指令的比较条件只有________和________。

5-13 主程序调用的子程序最多可嵌套________层,中断程序调用的子程序最多可嵌套________层。

5-14 VB0的值为2#1011 0110,循环左移2位后为2#________,再右移2位后为2#________。

5-15 用读取实时时钟指令TODR读取的日期和时间的数制为________码。

5-16 执行“JMP 5”指令的条件满足时,将不执行该指令和________指令之的指令。

5-17 主程序和中断程序的变量表中只有________变量。

5-18 定时中断的定时时间最长为________ ms。

5-19 S7-200 SMART有________个高速计数器,可以设置________种不同的工作模式。

5-20 HSC2的模式6的加、减时钟脉冲分别由________和________提供。

5-21 S7-200 SMART PLC的比较器可以对哪些数据进行比较?

5-22 S7-200 SMART PLC定时器的延时时长如何计算?

5-23 写出题5-23图对应的语句表。

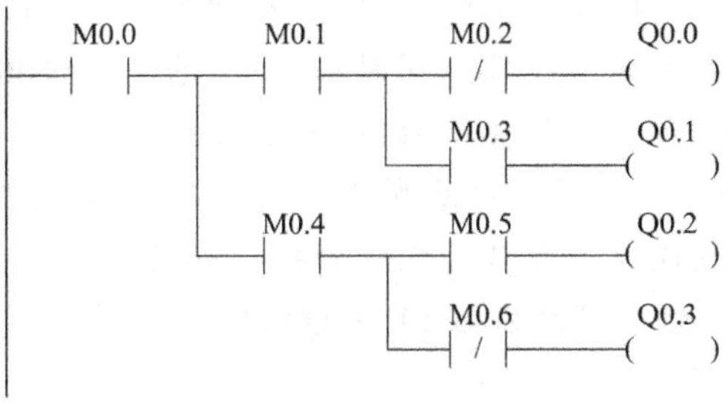

题5-23图

5-24　指出题5-24图中的错误。

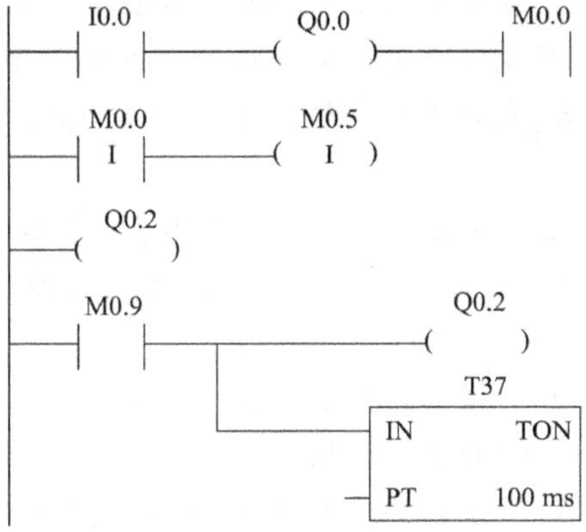

题5-24图

5-25　画出下列2个语句表对应的梯形图。

(1)		(2)		(2)续		(2)续	
LD	I0.0	LD	10.0	A	M0.5	=	Q0.3
A	M0.0	LPS		0LD			
=	Q0.0	LD	M0.0	ALD			
LD	M0.1	0	M0.1	=	Q0.1		
AN	I0.2	ALD		LPP			
=	M0.3	=	Q0.0	A	M1.0		
A	T5	LRD		=	Q0.2		
=	Q0.3	LD	M0.2	LD	M1.1		
AN	M0.5	A	M0.3	0	M1.2		
=	Q0.1	LDN	M0.4	ALD			

5-26　正反转控制:有一正转启动按钮I0.0,一反转启动按钮I0.1,一停止按钮I0.2,正转输出Q0.0,反转输出Q0.1,要互锁。

5-27　混合控制:一台电机即可点动控制,也可以长动控制,I0.0为点动按钮,I0.1为长动的启动按钮,I0.2为长动的停止按钮,Q0.0为输出点控制电机运转,两种控制方式之间要有互锁。

5-28　连锁控制：某设备由两人操作，甲按了启动按钮 I0.0，乙按了启动按钮 I0.1 后 Q0.0 输出设备才可以启动，两按钮不要求同时按，按了停止按钮 I0.2 后设备停止。

5-29　顺序控制：每按一次启动按钮启动一台电机，每按一次停止按钮，停掉最后启动的那台电机。按下紧急停止按钮，停止所有的电机。I0.0 为启动按钮，I0.1 为停止按钮，I0.2 为紧急停止按钮，Q0.0～Q0.3 为电机的控制输出。

5-30　两灯交替闪烁：按下启动按钮 I0.0，Q0.0 亮 1s 后灭，Q0.1 亮 2s 灭，如此循环，按下停止按钮 I0.1，输出停止。

5-31　延时启动延时停止控制：按下启动按钮 I0.0 延时 3s 电机启动，按下停止按钮 I0.1 延时 5s 电机停止，电机控制输出点为 Q0.0。

5-32　五台电机顺序启动、逆序停止控制：按下启动按钮 I0.0，第一台电机启动，Q0.0 输出，每过 5s 启动一台电机，直至五台电机全部启动。当按下停止按钮 I0.1，停掉最后启动的那台电机，每过 5s 停止一台，直至五台电机全部停止，任意时刻按下停止按钮都可以停掉最后启动的那台电机。

5-33　比较指令应用：5 灯顺序点亮，每个灯亮 2s，按下启动按钮 I0.0 第一个灯亮 1s 时第二个灯亮，在第二秒时第一个灯灭第三个灯亮，如此循环，按下停止按钮所有的灯都不亮。

5-34　数学运算指令应用：计算 25.5 乘以 14.6 再除以 79 再加上 465 等于多少（25.5 和 14.6 为 REAL 型数据，465 为 DINT 型数据，79 为 BYTE 型数据）。

5-35　数学运算指令应用：一个圆的直径是 100mm，要切一个最大的正方形，求正方形的边长。

5-36　块传送指令应用：做不同型号的产品要调不同的参数，每组有 3 个参数，例如灌注机灌注不同的产品，温度和压力不同，灌注时间也不一样，选择某个型号要调用对应的那组参数，I0.0 为小型号选择按钮，I0.1 为中型号选择按钮，I0.2 为大型号选择按钮。

5-37　移位指令应用：产品检测分检机，输送带上的产品经过一台检测装置时，检测装置输出检测结果到 I0.0，若 I0.0 为 0 则产品 OK；若 I0.0 为 1 则产品 NG，I0.1 为产品到位的感应开关，经感应开关过去的 7 个产品位置有一个推产品的汽缸，产品 NG 时 Q0.0 输出，汽缸动作，产品被推出，2s 后 Q0.0 输出 0，汽缸退回。

5-38　逻辑运算指令应用：有 6 个按钮（I0.0～I0.5）点动控制 6 个输出点（Q0.0～sQ0.5），还有个启保停控制，启动按钮 I0.6，停止按钮 I0.7，输出 Q0.6。

5-39　逻辑运算指令应用：8 组单按钮启停控制，即 I0.0～I0.7 控制 Q0.0～Q0.7 输出，同时只能有一组可操作，即同时只能有一个 Q 点输出。

5-40　项目名称：隧道风机控制系统。项目要求：

（1）隧道中有 A、B 两组风机，A 组风机编号为 1 号、2 号，B 组风机编号为 3 号、4 号；

（2）控制方式：

第一天，7:00—23:00，1 号、2 号运行；8:00—23:00，3 号运行；23:00—7:00，3 号、4 号运行。

第二天，7:00—23:00，3 号、4 号运行；8:00—23:00，1 号运行；23:00—7:00，1 号、2 号运行。

第三天,7:00—23:00,1 号、2 号运行;8:00—23:00,4 号运行;23:00—7:00,3 号、4 号运行。

第四天,7:00—23:00,3 号、4 号运行:8:00—23:00,2 号运行:23:00—7:00,1 号、2 号运行。

(3)按照以上要求进行循环。

5-41　移位指令应用:8 个彩灯有三种工作方式。

(1)按下启动按钮 I0.0,Q0.0 ~ Q0.7 间隔 1s 顺序点亮一个灯,当 Q0.7 点亮时,1s 后 Q0.6 ~ Q0.0 间隔 1s 逆序点亮一个灯,循环。

(2)按下启动按钮 I0.0,由 Q0.0 ~ Q0.7 顺序间隔 1s 全部点亮,当 Q0.7 点亮时,1s 后由 Q0.7 ~ Q0.0 顺序间隔 1s 熄灭,循环;

(3)按下启动按钮 I0.0,8 灯点亮,1s 后 8 灯熄灭,循环。

5-42　子程序应用:某设备有手动和自动控制方式,当选择开关 I1.2 接通时调用自动子程序,设备以自动方式运行;当选择开关 I1.2 关断时调用手动子程序,设备以手动方式执行。

第六章 FX_{2N}系列可编程控制器

第一节 FX_{2N}系列 PLC 简介

一、FX_{2N}系列可编程序控制器的基本组成

三菱公司是日本生产 PLC 的主要厂家之一。先后推出的小型、超小型 PLC 有 F、F1、F2、FX2、FX1、FX2C、FX0、FX0N、FX_{2N}、FX2NC 等系列。其中 F 系列已停产,取而代之的是 FX2 系列机型,属于小型化、高性能的单元式机种,也是三菱公司的典型产品。另外,三菱公司还生产 A 系列 PLC 的中大型模块式机种,主要系列型号有 AnS、AnA 和 Q4AR 等产品。它们的点数都比较多,最多的可达 4096 点,最大用户程序存储量达 124K 步,一般用在控制规模比较大的场合。A 系列产品具有数百条功能指令,类型众多的功能单元,可以方便地完成位置控制、模拟量控制及几十个回路的 PID 控制,可以方便地和上位机及各种外设进行通信工作,在多任务的自动化场合获得广泛应用。

20 世纪 90 年代,三菱公司在 FX 系列 PLC 的基础上又推出了 FX_{2N}系列产品,该机型在运算速度、指令数量及通信能力方面有了较大的进步,是一种小型化、高速、高性能、在 FX 系列中档次最高的超小型的 PLC。

FX_{2N} PLC 的基本单元可以根据控制规模大小外加扩展单元、扩展模块及特殊功能单元,构成叠装式 PLC 控制系统。图 6-1 是 FX_{2N}可编程序控制器基本单元的顶视图。

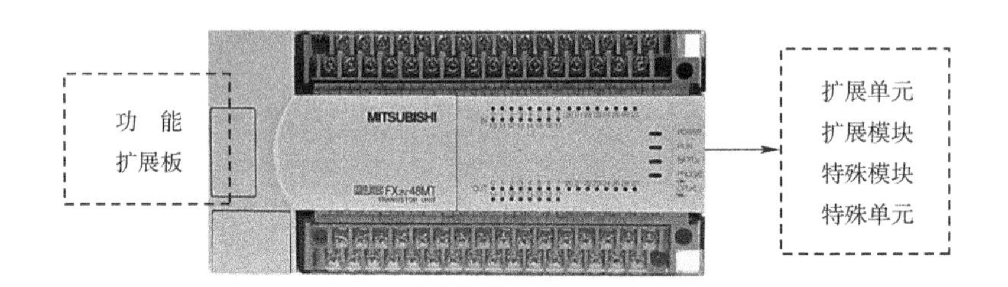

图 6-1 FX_{2N}可编程控制器顶视图

PLC 的基本单元(BasicUnit)内部包括 CPU、存储器、输入输出口及电源等部分。扩展单元(Extsion Unit)是用于增加 I/O 点数的装置,内部设有电源。扩展模块(Extension Module)用于增加 I/O 点数及改变 I/O 点比例,内部无电源,需要由基本单元或扩展单元供电。由于扩展单元及扩展模块内部无 CPU,因此必须与基本单元一起使用。特殊功能单元(Special Function Unit)是一些专门用途的装置,如位置控制模块、模拟量控制模块、计算机通信模块等。

二、FX_{2N}系列可编程序控制器的型号名称体系及其种类

1. FX_{2N}系列的基本单元名称体系及其种类

FX_{2N}系列的基本单元型号名称体系形式如图 6-2 所示。

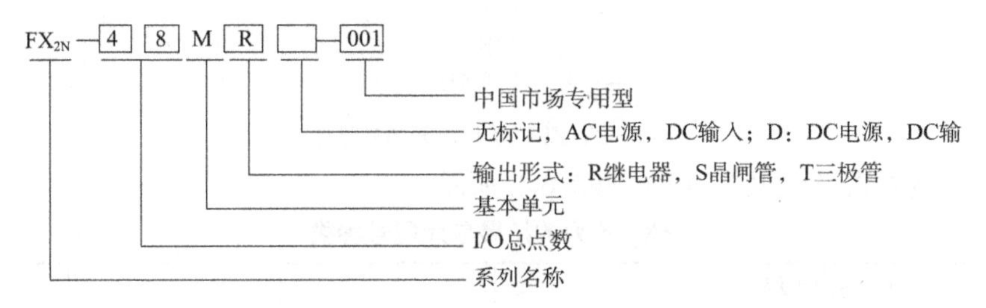

图 6-2 FX_{2N}系列基本单元的型号体系

FX_{2N}系列基本单元的种类共有 16，见表 6-1。

FX_{2N}系列基本单元种类 表 6-1

FX_{2N}系列基本单元			输入点数	输出点数	输入输出点数
AD 电源/DC 电源					
继电器输出	晶闸管输出	晶体管输出			
FX_{2N}-16MR-001		FX_{2N}-16MT-001	8	8	16
FX_{2N}-32MR-001	FX_{2N}-32MS-001	FX_{2N}-32MT-001	16	16	32
FX_{2N}-48MR-001	FX_{2N}-48MS-001	FX_{2N}-48MT-001	24	24	48
FX_{2N}-64MR-001	FX_{2N}-64MS-001	FX_{2N}-64MT-001	32	32	64
FX_{2N}-80MR-001	FX_{2N}-80MS-001	FX_{2N}-80MT-001	40	40	80
FX_{2N}-128MR-001		FX_{2N}-128MT-001	64	64	128

每个基本单元最多可以连接 1 个功能扩展板、8 个特殊单元和特殊模块，连接方式如图 6-3 所示。由图 6-3 可知，基本单元或扩展单元可对连接的特殊模块提供 DC5V 电源，特殊单元因有内置电源，则不用供电。

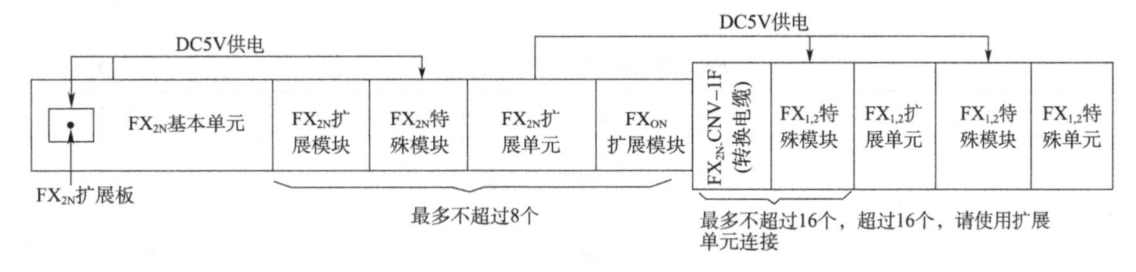

图 6-3 FX_{2N}基本单元连接扩散模块、特殊模块、特殊功能单元个数及供电范围

FX_{2N}系列的基本单元可扩展连接的最大输入输出点为：输入、输出点数均小于 184 点，共计点数要控制在 256 点以内。

2. FX_{2N}系列的扩展单元名称体系及其种类

FX_{2N}系列的扩展单元型号名称体系形式如图 6-4 所示。

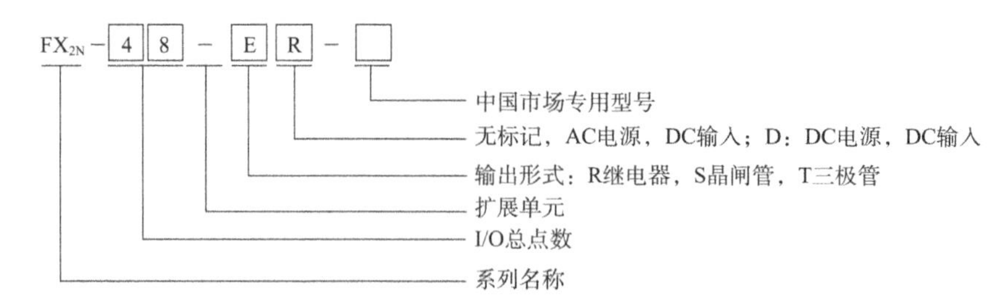

图 6-4　FX_{2N}系列扩展单元的型号体系

FX_{2N}系列的扩展单元共有四种，如表 6-2 所示。

FX_{2N}系列的扩展单元型号种类　　表 6-2

FX_{2N}系列扩展单元			输入点数	输出点数	输入输出总点数
AD 电源/DC 输入					
继电器输出	晶闸管输出	晶体管输出			
FX_{2N}-32ER	FX_{2N}-32ES	FX_{2N}-32ET	16	16	32
FX_{2N}-48ER	—	FX_{2N}-48ET	24	24	18

3. FX_{2N}系列的扩展模块名称体系及其种类

FX_{2N}系列的扩展模块型号名称体系形式如图 6-5 所示。

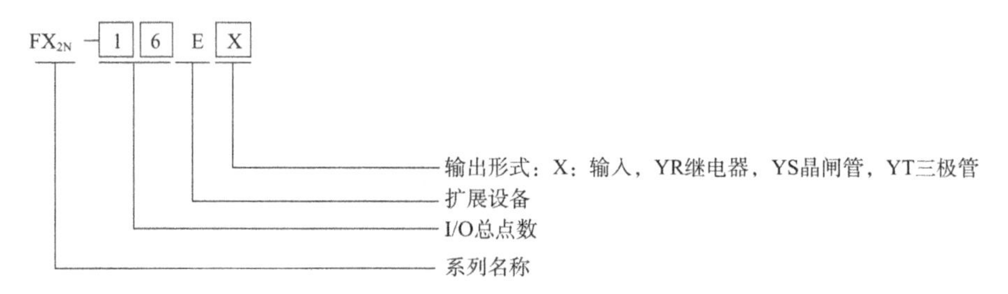

图 6-5　FX_{2N}系列扩展模块的型号体系

4. FX_{2N}系列使用的特殊功能模块

FX_{2N}系列备有各种特殊功能的模块，如表 6-3 所示，这些特殊功能模块均要用直流 5V 电源驱动。

FX_{2N}系列使用的特殊功能模块　　表 6-3

分　类	型　号	名　称	占有点数	功耗/DC5V
模拟量控制模块	FX_{2N}-4AD FX_{2N}-4DA FX_{2N}-4AD-PT FX_{2N}-4AD-TC	4CH 模拟量输入(4 路) 4CH 模拟量输出(4 路) 4CH 温度传感器输入 4CH 热电偶温度传感器输入	8 8 8 8	30mA 30mA 30mA 30mA

续上表

分　类	型　号	名　称	占有点数	功耗/DC5V
位置控制模块	FX_{2N}-1CH	5kHz 两相高速计数器	8	90mA
	FX_{2N}-1PG	100kpps 高速脉冲输出	8	55mA
计算机通信模块	FX_{2N}-232-1F	RS232 通信接口	8	40mA
	FX_{2N}-232-BD	RS232 通信接口	—	20mA
	FX_{2N}-422-BD	RS422 通信接口	—	60mA
	FX_{2N}-485-BD	RS485 通信接口	—	60mA
特殊功能板	FX_{2N}-CNV-BD	与 FX_{2N} 用适配器接板	—	—
	FX_{2N}-8AV-BD	容量适配器接板	—	20mA
	FX_{2N}-CNV-1F	与 FX_{2N}用接口板	8	15mA

三、FX_{2N}系列可编程序控制器的技术指标

FX_{2N}系列可编程序控制器的技术指标包括一般技术指标、电源技术指标、输入技术指标、输出技术指标和性能技术指标，分别如表 6-4 ~ 表 6-8 所示。

FX_{2N}一般技术指标　　表 6-4

环境温度	使用时：0 ~ 55℃，储存时：-20 ~ 70℃	
环境湿度	35% ~ 89% RH（不结露）使用时	
抗振	JIS C0911 标准 10 ~ 50Hz 0.5mm（最大 2G）3 轴方向各 2h（但用 DIN 导轨安装时 0.5G）	
抗冲击	JIS C0912 标准 10G 3 轴方向各 3 次	
抗噪声干扰	用噪声仿真器产生电压为 1000$V_{P\text{-}P}$，噪声脉冲宽度为 30 ~ 100 Hz 的噪声，在此噪声干扰下 PLC 正常工作	
耐压	AC1500V 1min	所有端子与接地端之间
绝缘电阻	5MΩ 以上（DC500V 兆欧表）	
接地	第三种接地，不能接地时亦可悬空	
使用环境	无腐蚀性气体，无尘埃	

FX_{2N}电源技术指标　　表 6-5

项目		FX_{2N}-16M	FX_{2N}-32M FX_{2N}-32E	FX_{2N}-48M FX_{2N}-48M	FX_{2N}-64M	FX_{2N}-80M	FX_{2N}-128M
电源电压		AC100 ~ 240V　50/60Hz					
允许瞬间断电时间		对于 10ms 以下的瞬间断电，控制动作不受影响					
电源保险		250V　3.15A，φ5 × 20mm		250V　5A，φ5 × 20mm			
功率（VA）		35	40（32E35）	50（48E45）	60	70	100
传感器电源	无扩展部件	DC24V 250mA 以下		DC24V 460mA 以下			
	有扩展部件	DC5V 基本单元 290mA；扩展单元 690mA					

FX_{2N}输入技术指标 表6-6

<table>
<tr><td rowspan="2">输入电压</td><td colspan="2">输入电流</td><td colspan="2">输入 ON 电流</td><td colspan="2">输入 OFF 电流</td><td colspan="2">输入阻抗</td><td rowspan="2">输入隔离</td><td rowspan="2">输入响应时间</td></tr>
<tr><td>X000 ~ 7</td><td>X010 以内</td><td>X000 ~ 7</td><td>X010 以内</td><td>X000 ~ 7</td><td>X010 以内</td><td>X000 ~ 7</td><td>X010 以内</td></tr>
<tr><td>DC24V</td><td>7mA</td><td>5mA</td><td>4.5mA</td><td>3.5mA</td><td>≤1.5mA</td><td>≤1.5mA</td><td>3.3kΩ</td><td>4.3kΩ</td><td>光电隔离</td><td>0 ~ 60ms 可变</td></tr>
</table>

FX_{2N}输出技术指标 表6-7

<table>
<tr><td colspan="2">项目</td><td>继电器输出</td><td>晶闸管输出</td><td>晶体管输出</td></tr>
<tr><td colspan="2">外部电源</td><td>AC250V,DC30V 以下</td><td>AC85 ~ 240V</td><td>DC5 ~ 30V</td></tr>
<tr><td rowspan="3">最大负载</td><td>电阻负载</td><td>2A/1 点,8A/4 点共享;
8A/8 点共享</td><td>0.3A/1 点
0.8A/4 点</td><td>0.5A/1 点
0.8A/4 点</td></tr>
<tr><td>感性负载</td><td>80VA</td><td>15VA/100V
30VA/200V</td><td>12W/DC24V</td></tr>
<tr><td>灯负载</td><td>100W</td><td>30W</td><td>1.5W/DC24V</td></tr>
<tr><td colspan="2">开路漏电流</td><td>—</td><td>1mA/AC100V
2mA/AC200V</td><td>0.1mA 以下/DC24V</td></tr>
<tr><td rowspan="2">响应时间</td><td>OFF 到 ON</td><td>约 10ms</td><td>1ms 以下</td><td>0.2ms 以下</td></tr>
<tr><td>ON 到 OFF</td><td>约 10ms</td><td>最大 10ms</td><td>0.2ms 以下</td></tr>
<tr><td colspan="2">电路隔离</td><td>机械隔离</td><td>光电晶闸管隔离</td><td>光电耦合隔离</td></tr>
<tr><td colspan="2">动作显示</td><td>继电器动作时 LED 灯亮</td><td>光电晶闸管驱动时
LED 灯亮</td><td>光电耦合器驱动时
LED 灯亮</td></tr>
</table>

FX_{2N}功能技术指标 表6-8

<table>
<tr><td colspan="2">运算控制方式</td><td>存储程序反复运算方法(专用 LSI),中断命令</td></tr>
<tr><td colspan="2">输入输出控制方式</td><td>批处理方式(在执行 END 指令时),但有输入输出刷新指令</td></tr>
<tr><td rowspan="2">运算处理速度</td><td>基本指令</td><td>0.08μs/指令</td></tr>
<tr><td>应用指令</td><td>0.08μs ~ 数百 Ms/指令</td></tr>
<tr><td colspan="2">程序语言</td><td>继电器符号 + 步进梯形图(可用 SFC 表示)</td></tr>
<tr><td colspan="2">程序容量存储器形式</td><td>内附 8K 步 RAM,最大为 16K 步(可选 RAM、EPROM、EEPROM、存储卡盒)</td></tr>
<tr><td rowspan="2">指令数</td><td>基本、步进指令</td><td>基本(顺控)指令 27 个,步进指令 2 个</td></tr>
<tr><td>应用指令</td><td>128 种 298 个</td></tr>
<tr><td colspan="2">输入继电器 X</td><td>X000 ~ X267(八进制编号)184 点</td></tr>
<tr><td colspan="2">输出继电器 Y</td><td>Y000 ~ Y267(八进制编号)184 点</td></tr>
<tr><td colspan="2">一般用辅助继电器 M</td><td>M000 ~ M499,共 500 点</td></tr>
<tr><td colspan="2">锁存用辅助继电器 M</td><td>M500 ~ M1023,524 点;M1024 ~ M3071,2048 点</td></tr>
<tr><td colspan="2">特殊用辅助继电器 M</td><td>M8000 ~ M8255,共 256 点</td></tr>
</table>

续上表

运算控制方式		存储程序反复运算方法(专用 LSI),中断命令
状态寄存器 S	初始化用	S0 ~ S9,10 点
	一般用	S10 ~ S499,490 点
	锁存用	S500 ~ S899,400 点
	报警用	S900 ~ S999,100 点
定时器 T	100ms	T0 ~ T199,200 点
	10ms	T200 ~ T245,46 点
	1ms(积算型)	T246 ~ T249,4 点
	10ms(积算型)	T250 ~ T255,6 点
	模拟定时器(内附)	1 点
计数器 C	一般用增计数	C0 ~ C99(16 位),100 点
	锁存用增计数	C100 ~ C199(16 位),100 点
	一般用增减计数	C200 ~ C219(32 位),20 点
	锁存用增减计数	C220 ~ C234(32 位),15 点
	高速用	C235 ~ C255,其中:1 相 60kHz 2 点、10kHz 4 点或 2 相 30kHz 1 点、5kHz 1 点
数据寄存器 D	一般用通用	D0 ~ D199(16 位),200 点
	锁存用通用	D200 ~ D511(16 位),312 点;D512 ~ D7999(16 位),7488 点
	特殊用	D8000 ~ D8195(16 位),196 点
	变址用	V0 ~ V7,Z0 ~ Z7(16 位),16 点
	文件寄存器	通用寄存器 D1000 以后 500 点
指针	跳转、调用	P0 ~ P127,128 点
	输入中断	I00□ ~ I50□,6 点
	计时中断	I6□ ~ I8□□,3 点
	计数中断	I010 ~ I060,6 点
	嵌套(主控)	N0 ~ N7,8 点
常数	10 进制 K	16 位,-32768 ~ +32768;32 位,-2147483648 ~ +2147483647
	16 进制 H	16 位,0 ~ FFFFH;32 位,0 ~ FFFFFFFFH
SFC 程序		○
注释输入		○
内附 RUN/STOP 开关		○
模拟定时器		FX_{2N}-8AV-BD(选择)安装时 8 点
程序 RUN 中写入		○
时钟功能		○
输入滤波器调整		X000 ~ X017 在 0 ~ 60ms 范围内可变,FX_{2N}-16M X000 ~ X017

续上表

运算控制方式	存储程序反复运算方法(专用 LSI),中断命令
恒定扫描	○
采用跟踪	○
关键字登录	○
报警信号器	○
脉冲列输出	20kHz/DC5V 或 10kHz/DC12V ~ 24V 1 点

四、FX_{2N}系列可编程序控制器指令汇总

1. 基本指令

见表 6-9。

FX_{2N}基本指令一览表 表 6-9

序号	助记符	名称	对象器件	序号	助记符	名称	对象器件
1	LD	取	X、Y、M、S、T、C	15	OUT	输出	Y、M、S、T、C
2	LDI	取反	X、Y、M、S、T、C	16	SET	置位	Y、M、S
3	LDP	取上升沿脉冲	X、Y、M、S、T、C	17	RST	复位	Y、M、S、T、C、D
4	LDF	取下降沿脉冲	X、Y、M、S、T、C	18	PLS	脉冲	Y、M
5	AND	与	X、Y、M、S、T、C	19	PLF	脉冲(F)	Y、M
6	ANI	与非	X、Y、M、S、T、C	20	MC	主控	N、Y、M
7	ANDP	与脉冲	X、Y、M、S、T、C	21	MCR	主控复位	N
8	ANDF	与脉冲(F)	X、Y、M、S、T、C	22	MPS	进栈	(回路块)
9	OR	或	X、Y、M、S、T、C	23	MRD	读栈	
10	ORI	或非	X、Y、M、S、T、C	24	MPP	出栈	
11	ORP	或脉冲	X、Y、M、S、T、C	25	INV	反向	(回路块)
12	ORF	或脉冲(F)	X、Y、M、S、T、C	26	NOP	空操作	(元目标软元件)
13	ANB	逻辑换与	(回路块)	27	END	结束	(元目标软元件)
14	ORB	逻辑块或	{回路块)				

在 FX_{2N}型 PLC 中,输入继电器 X,不能被 OUT 等指令驱动;而定时器 T 计数器 C、数据寄存器 D,能够被 RST 指令复位。

2. 步进梯形图指令

FX_{2N}型 PLC 有两条步进梯形图指令:STL(步进梯形图开始)、RET(步进梯形图结束)。

3. 应用指令

FX_{2N}共有应用指令(功能指令)128 种,如表 6-10 所示。

FX_{2N}应用指令一览表 表 6-10

类别	指令编号										
	高位	低位									
		0	1	2	3	4	5	6	7	8	9
程序流程	0	CJ	CALL	SRET	FfiET	El	DI	FEND	WDT	FOR	NEXT
传送与比较	1	CMP	ZCP	MOV	SMOV	CML	BMOV	FMOV	XCH	BCD	BIN
算术逻辑运算	2	ADD	SUB	MUL	DIV	INC	DEC	WAND	WOR	WXOR	NEG
循环与移位	3	ROR	ROL	RCR	RCL	SFTR	SFTL	WSFR	WSFL	SFWR	SFRD
数据处理	4	ZRST	DECO	ENCO	SUM	BON	MEAN	ANS	ANR	SQR	FLT
高速处理	5	REF	REFF	MTR	DHSCS	DHSCR	DHSZ	SPD	PLSY	PWM	PLSR

续上表

类　别	指令编号										
	高位	低位									
		0	1	2	3	4	5	6	7	8	9
方便指令	6	1ST	SER	ABSD	INCD	TTMR	STMR	ALT	RAMP	ROTC	SORT
外围 I/O 设备	7	TKY	HKY	DSW	SEGD	SEGL	ARWS	ASC	PR	FROM	TO
外围 SER 设备	8	RS	PRUN	ASCI	HEX	CCD	VRRD	VRSC	—	PID	—
浮点数运算	11	DECMP	DEZCP	—	—	—	—	—	—	DEBCD	DEBIN
	12	DEADD	DESUB	DEMUL	DEDIV	—	—	—	DESQR	—	INT
	13	DSIN	DCOS	DTAN	—	—	—	—	—	—	—
字节变换	14	—	—	—	—	—	—	—	SWAP	—	—
时钟运算	16	TCMP	TZCP	TADD	TSUB	—	—	TRD	TWR	—	—
外围设备	17	GRY	GBIN	—	—	—	—	—	—	—	—
触点比较	22	—	—	—	—	LD =	LD >	LD <	—	LD < >	LD < =
	23	LD > =	—	AND =	AND >	AND <		AND < >	AND < =	AND > =	
	24	OR =	OR >	OR <	—	OR < >	OR < =	OR > =	—	—	—

表 6-10 能方便地从编号查到指令，便于不同型号间的指令比对（如 FXlS、FX$_{2N}$），适合于程序移植时参考。

五、FX$_{2N}$系列可编程序控制器编程软件

2005 年发布编程软件 GX Developer，适用于三菱 Q、FX 系列 PLC。支持梯形图、指令表、SFC、ST、FB 等编程语言，具有参数设定、在线编程、监控、打印等功能。GX Simulator 可将编写好的程序在电脑上虚拟运行，方便程序的查错修改。缩短程序调试的时间，提高编程效率。先安装 GX Developer，再安装 GX Simulator。安装好后，GX Simulator 作为一个插件，被集成到 GX Developer 中。

2011 年之后推出综合编程软件 GX Works2，该软件有简单工程和结构工程两种编程方式。支持梯形图、指令表、SFC、ST、结构化梯形图等编程语言，集成了程序仿真软件 GX Simulator2。具备程序编辑、参数设定、网络设定、监控、仿真调试、在线更改、智能功能模块设置等功能，适用于三菱 Q、FX 系列 PLC。可实现 PLC 与 HMI、运动控制器的数据共享。

1. GX Works2 安装

在安装文件夹中，进入 DISC1 文件夹，文件夹内将显示将要安装的文件和子文件夹。（图 6-6），选择并双击 setup 执行安装。安装过程中，选择安

本地磁盘 (E:) ▸ GXWorks2_20150612 ▸ Disc1 ▸

新建文件夹

名称	修改日期	类型
Doc	2017/3/27 20:21	文件夹
Manual	2017/3/27 20:21	文件夹
SUPPORT	2017/3/27 20:21	文件夹
data1.cab	2015/3/9 11:19	360压缩
data1.hdr	2015/3/9 11:19	HDR 文件
data2.cab	2015/3/9 11:19	360压缩
engine32.cab	2005/11/14 2:24	360压缩
GXW2.txt	2015/2/26 15:11	文本文档
Information.txt	2013/1/15 14:01	文本文档
layout.bin	2015/3/9 11:19	BIN 文件
setup.exe	2005/11/14 2:24	应用程序
setup.ibt	2015/3/9 11:13	IBT 文件
setup.ini	2015/3/9 11:13	配置设置
setup.inx	2015/3/9 11:13	INX 文件

图 6-6　GX Works2 安装文件

装路径并输入序列号。

序列号在产品包装上或在安装文件夹内。

2. GX Works2 使用方法

在 GX Works2 安装完成后,开始菜单栏中【所有程序】里就会有 GX Works2 的快捷图标,或者在桌面上会出现 GX Works2 的快捷图标,如图 6-7 所示。

双击快捷图标,GX Works2 开始启动。启动完成后,桌面将弹出如图 6-8 所示的菜单栏、工具栏、项目导航栏区、工程显示区和编程区窗口区。此时,并没有打开任何工程文件。

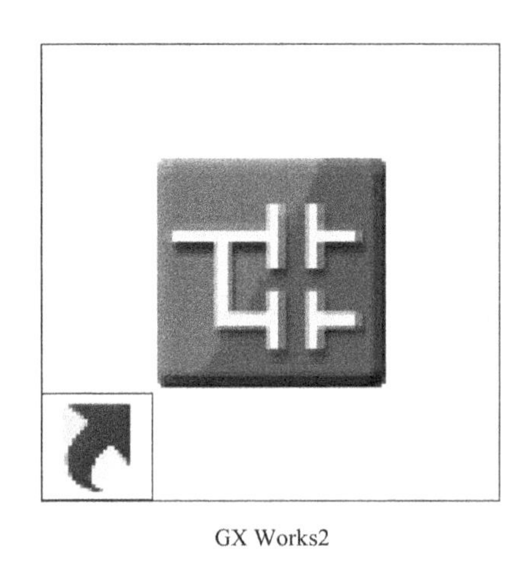

图 6-7　GX Works2 快捷图标

图 6-8　GX Works2 主界面

点击【工程(P)】系统将弹出下拉菜单,如图 6-9 所示。

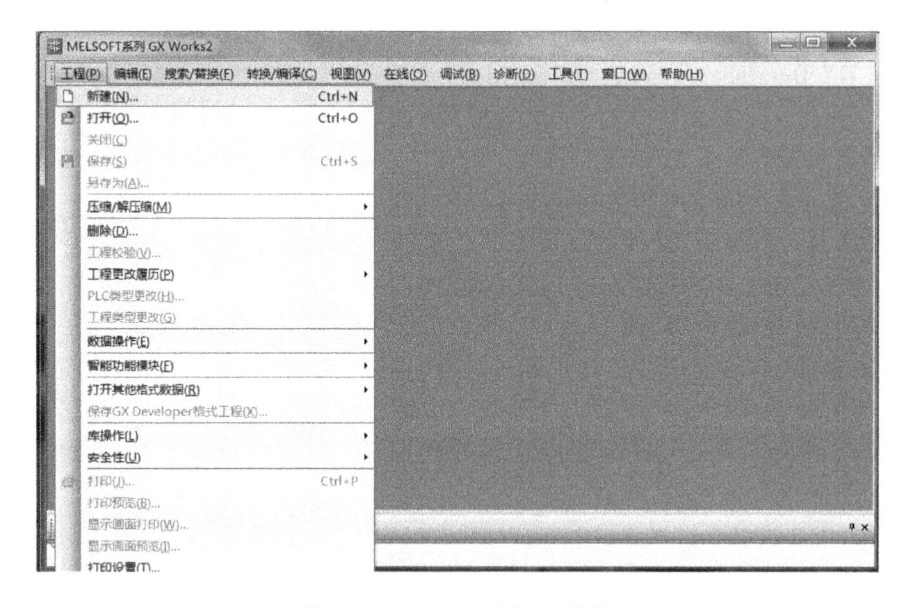

图 6-9　GX Works2 新建工程菜单

点击【新建】,系统在主工作窗中弹出如图 6-10 所示的参数设置窗口。

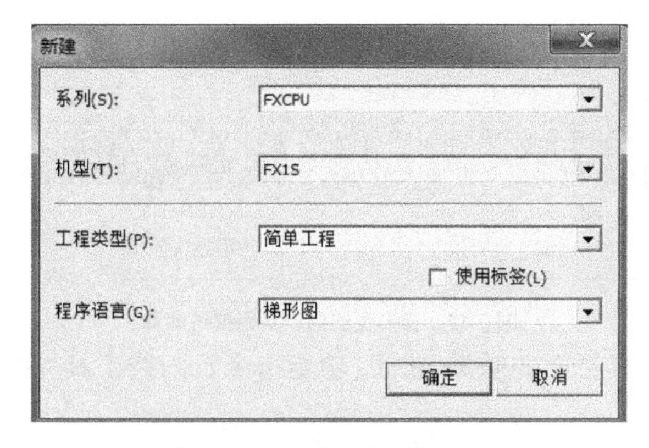

图 6-10　新建工程参数选择

【系列】指 GX Works2 支持的多个 PLC 系列中的一个，用户结合自己所使用的 PLC 型号进行选择。

【机型】指所选系列 PLC 中，你使用的具体是哪一款型号。比如 FX1S、FX_{2N}-48MS、FX3U 等。

【工程类型】指简单工程和结构工程两类。初学者应先从简单工程开始。简单工程，使用触头、线圈和功能指令编程。支持 FX 系列 PLC 使用梯形图和 SFC 两种编程方式。支持使用标签（限于梯形图）。支持 Q 系列梯形图、SFC 和 ST（勾选标签）三种编程方式。结构工程将控制细分化，将程序的通用执行部分部件化，使得编程易于阅读、引用。支持 FX 系列 PLC 使用结构化梯形图/FBD 和 ST（勾选标签）编程，支持 Q 系列 PLC 使用梯形图、ST、结构化梯形图/FBD 和 SFTC 等编程方式。

【编程语言】可以有梯形图、指令表、SFC、ST、结构化梯形图等多种编程语言，用户根据自己的需要选择即可。在选择 ST 语言时，要在【使用标签】前勾选。ST 语言编程中，可以使用用户定义的内存变量。为了规定内存变量的类型和使用范围，就需要使用标签。明确作为标签使用的变量，称为“定义标签”。如果对使用了未定义标签的程序进行转换（编译）将会发生错误。标签分为全局变量和局部变量两种类型。全局变量可用于全部工程。局部变量只能用于定义了标签的子程序。

在图中选择梯形图语言编程。

点击【确定】后，进入梯形图编辑界面。

用梯形图语言编程，必须先进行梯形图的绘制，然后进行再进行变换（编译）。工具栏上显示出专门的梯形图绘制工具栏，如图 6-11 所示。工具栏上的按钮，一是用于编辑梯形图的常开和常闭触头、线圈、功能指令、画线、删除线、边沿触发触头等，二是用于软元件注释编辑、声明编辑、注解编辑、梯形图放大/缩小等操作。

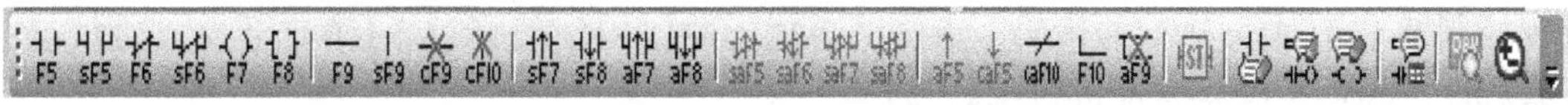

图 6-11　梯形图绘制工具栏

3. 梯形图程序的编写方法

用户根据自己的控制要求，点击工具栏中的对应按钮，就可在梯形图绘制区绘制梯形图。梯形图绘制工具栏解释如图 6-12 所示。

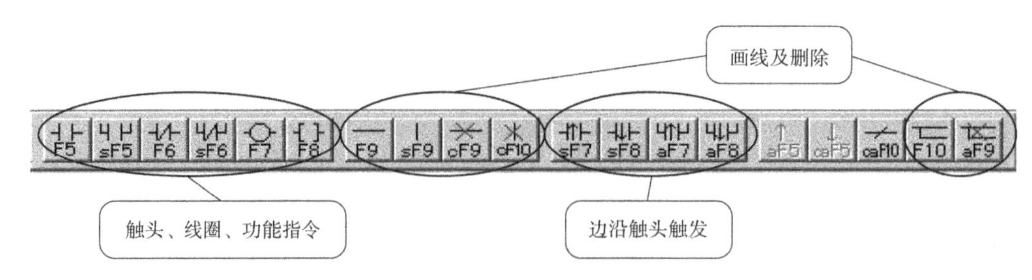

图6-12　梯形图绘制工具栏按钮解释

(1)使用梯形图工具栏中的触头、线圈、功能指令及画线工具,在梯形图编辑区绘制梯形图。

将光标移到需要绘制元件的位置,可用[Insert]键改变插入/改写状态。然后,点击工具栏上的按钮,在光标处绘制元件(包括连线)。绘制元件后,系统将弹出对话框,按要求填写名称即可。绘制完成一个元件,可以双击元件修改元件的属性。

从上至下,从左至右,逐个逻辑行绘制。

每一逻辑行绘制一个元件时,【END】指令将自动下移一行。

(2)如果不知道某个功能指令的正确用法,可以按F1键调用帮助信息。

(3)程序检查。

点击菜单栏上的【工具】,弹出下拉菜单,然后选择【程序检查】,系统将弹出如图6-13所示的窗口。点击【执行】按钮,系统将对你所编写的程序进行语法、格式等的检查。

检查过程中,如果出现程序错误,系统将提示错误类型和错误原因。用户根据提示修改,然后再次进行检查。当系统没有发现程序错误时,将弹出如图6-14所示的小窗口。

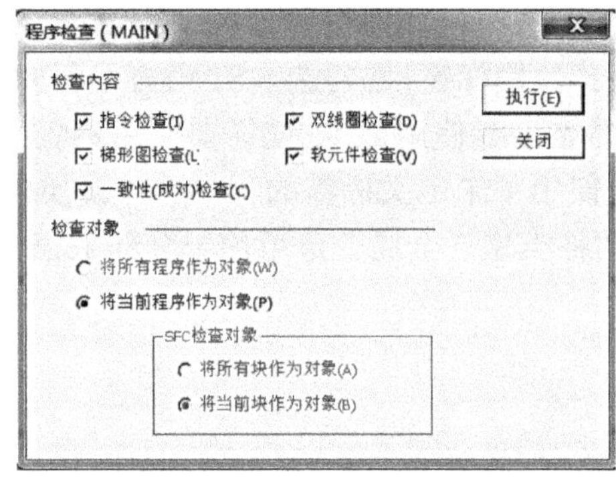

图6-13　程序编译

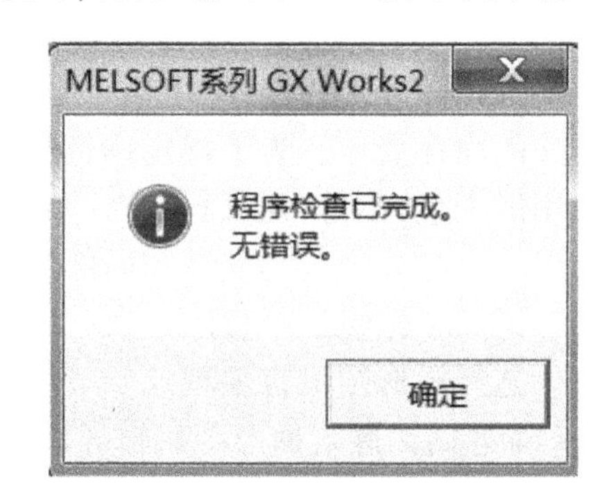

图6-14　程序检查结束窗口

(4)程序编译。

编辑好程序后,执行变换(编译)操作。对编辑的无标签工程进行转换/编译,转换为可编程控制器CPU中可执行的代码。点击菜单栏上的【转换/编译(C)】菜单下拉,选择【转换所有程序(R)】,系统将自动进行编译、转换。

4.程序仿真调试

程序编译、转换成功后,就可以对所编程序进行仿真(调试)了。不论用户使用的实验系统,还是现场控制系统,程序调试前,PLC必须加电,且与编程系统所在的主机实现数据联通。一定要确保所有设备连接正确可靠,该加电源的外设或被控对象,都已经加上了电源,

所有运动部件没有额外的阻挡或者引起安全事故的可能。

点击菜单栏上的【调试】按钮，菜单下拉，如图 6-15 所示。

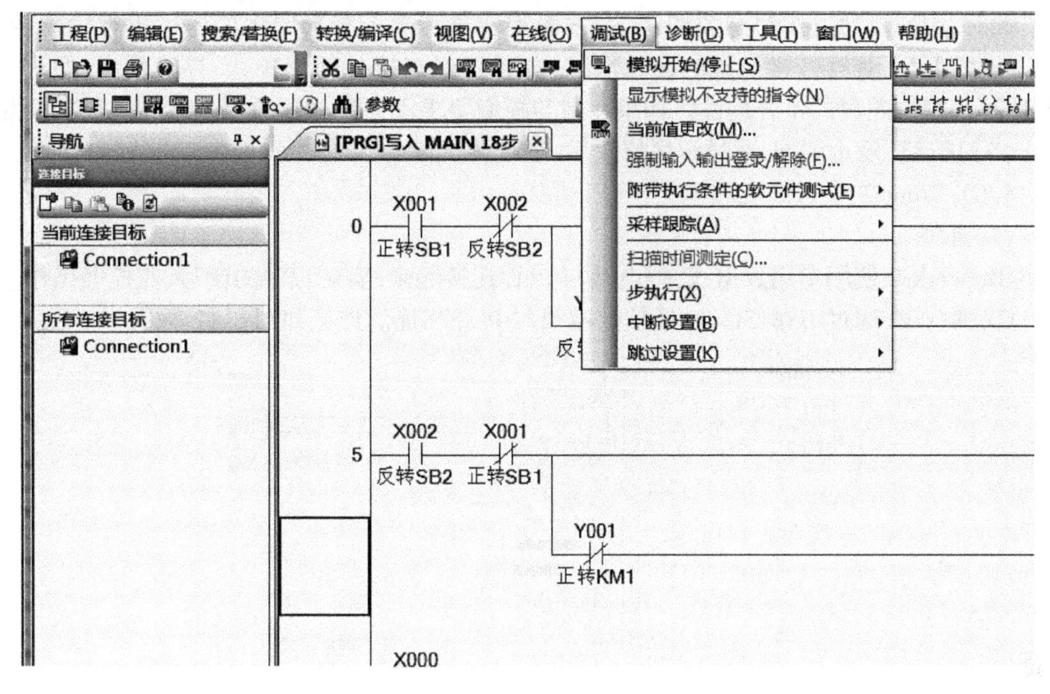

图 6-15　程序调试菜单

单击【模拟开始/停止(S)】按钮，系统弹出仿真信息显示窗口和程序写入状态窗口。如图 6-16 所示。

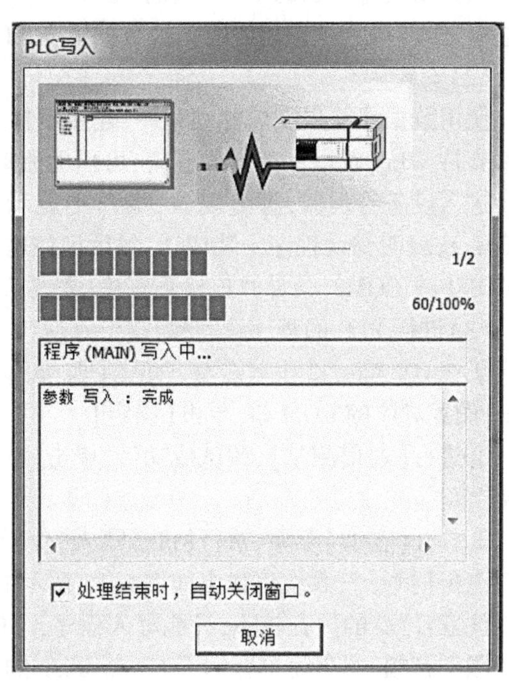

图 6-16　程序仿真调试数据写入状态显示图

程序写入完成后,系统将自动返回到梯形图显示窗口,且梯形图上闭合触点将被蓝色填充块覆盖,表示梯形图的逻辑行中的该点接通。

此时,用户可通过按动有关按钮,一方面观看显示屏上梯形图中的各逻辑行输出的变化,另一方面,可观察外接设备的运行情况(如果已经连接外部设备)。寻找顺序、循环、时间、闭环等控制逻辑的不合理性。如果存在与控制要求不一致的问题,需要点击【模拟开始/停止(S)】按钮,停止调试,通过程序修改后,继续调试。

5. GX Works2 与 PLC 通信

(1)连线

GX Works2 使用专用数据线,把电脑与 PLC 连接起来,实现程序的读写、监控等操作。

GX Works2 通过 USB-SC-09 通信数据线与 PLC 相连。连接如图 6-17 所示。

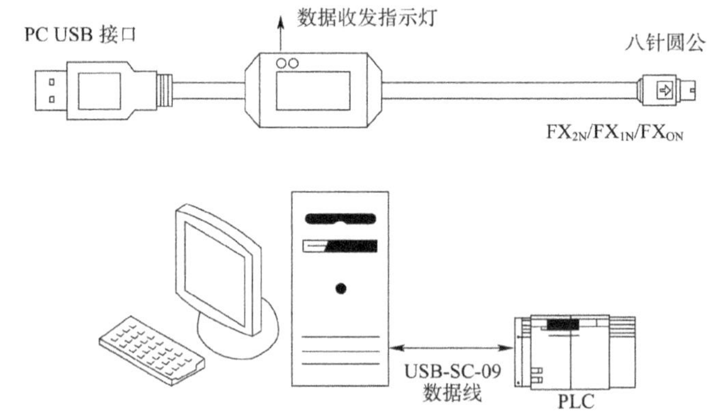

图 6-17　GX Works2 与 PLC 数据连线示意图

该数据线将电脑的 USB 口模拟成串口(通常为 COM3 或 COM4),属于 RS422 转 RS232 的连接方式,每台电脑只能接一根数据线与 PLC 通信,通信时 PLC 要接通电源。

(2)安装

使用数据线前先安装驱动程序,连接后打开设备管理器,查看端口。原先旧版的驱动程序不支持 Win7 及以上的操作系统,可借助驱动大师安装。

进入设备管理器,查看端口,端口中显示:(COM 和 LPT)\Prolific USB-to-Serial Comn (COMx),表明驱动程序安装成功,然后记住这个"COMx"。多数是 COM3 或 COM4。如果出现 COM1 或 COM2,会导致连接不正确,需要重新找另一个 USB 端口连接。

(3)进行 PLC 的程序读写操作

①在 GX Works2 中单击左下角的【连接目标】,然后双击【connection1】功能。双击【serial USB】设置对应的 COM 口,单击【确定】。

②进行【通信测试】,测试成功后,单击【确定】按钮。直到系统显示"已成功与××××连接"。

③打开【在线】菜单,执行【PLC 写入(W)】,在弹出的窗口上,选择【参数+程序】按钮,然后点击【执行】,系统将弹出如图 6-15 所示的写入状态图,直到写入完成。

注意:PLC 的内存较小,只能写入程序,不能写入注释信息。

限于篇幅,本书简单介绍了 GX Works2 的很少一部分功能,主要是为初学者编程提供入门的知识。更为详细的 GX Works2 操作使用,请参看《GX Works 2 Version X 操作手册》。

第二节 FX_{2N} 系列 PLC 基本指令

三菱 FX_{2N}系列可编程控制器及其基本指令的应用第三节 FX_{2N} 系列可编程控制器的基本指令及应用 FX_{2N}系列可编程控制器有基本(顺控)指令 27 种,步进指令 2 种,应用指令 128 种,共 298 个。本节将介绍基本指令。FX_{2N}系列可编程控制器的编程语言主要有梯形图及指令表。指令表由指令集合而成,且和梯形图有严格的对应关系。梯形图是用图形符号及图形符号间的相互关系来表达控制思想的一种图形程序,而指令表则是图形符号及它们之间关联的语句表述。

一、逻辑取及线圈驱动指令

1. 指令助记符及功能

LD、LDI、OUT 指令的功能、梯表图表示、操作组件、所占的程序步如表 6-11 所示。

逻辑取及线圈驱动指令格式表 表 6-11

格　　式	常开触点取	常闭触点取	线 圈 驱 动
LAD	─┤├─	─┤/├─	─( )─
操作组件	X、Y、M、S、T、C	X、Y、M、S、T、C	Y、M、S、T、C
STL	LD BIT	LDI BIT	OUT BIT
程序步	1	1	Y、M:1,S:2,T、C:3

注:当使用停电保持型辅助继电器 M1536-M3071 时,程序步加 1。

2. 指令说明

(1)LD、LDI 指令可用于将触点与左母线连接,也可以与后面介绍的 ANB、ORB 指令配合使用于分支起点处。

(2)OUT 指令是对输出继电器 Y、辅助继电器 M、状态继电器 S、定时器 T、计数器 C 的线圈进行驱动的指令,但不能用于输入继电器。OUT 指令可多次并联使用。

3. 编程应用

【例 6-1】 图 6-18 给出了本组指令的梯形图实例,并配有指令表。需指出的是:图中的 OUT M100 和 OUT T0 是线圈的并联使用。另外,定时器或计数器的线圈在梯形图中或在使用 OUT 指令后,必须设定十进制常数 k 或指定数据寄存器的地址号。

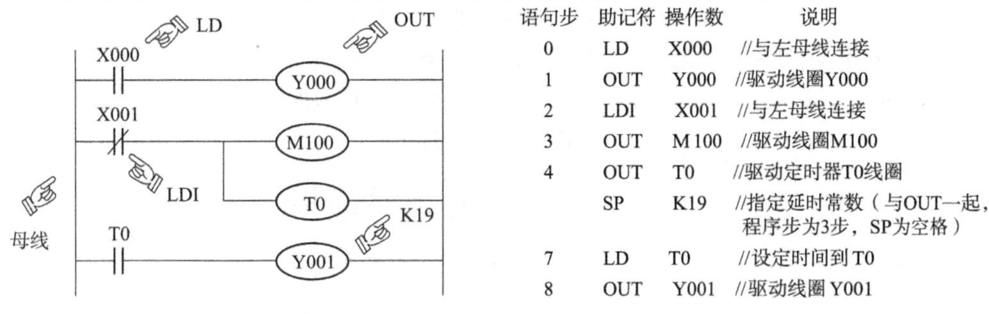

图 6-18 LD、LDI、OUT 指令编程应用

二、触点串联指令

1. 指令助记符及功能

AND、ANI 指令的功能、梯形图表示、操作组件、所占的程序步如表 6-12 所示。

触点串联指令格式表 表 6-12

格式	常开触点串联	常闭触点串联
LAD		
操作组件	X、Y、M、S、T、C	X、Y、M、S、T、C
STL	AND BIT	ANI BIT
程序步	1	1

注:当使用 M1536 ~ M3071 时,程序步加 1。下同。

2. 指令说明

(1)AND、ANI 指令为单个触点的串联连接指令。AND 用于常开触点。ANI 用于常闭触点。串联触点的数量不受限制

(2)OUT 指令后,可以通过触点对其他线圈使用 OUT 指令,称之为纵接输出或连续输出。例如,下面图 6-19 中就是在 OUT M101 之后,通过触点 T1,对 Y004 线圈使用 OUT 指令,这种纵接输出,只要顺序正确可多次重复。但限于图形编程器的限制。应尽量做到一行不超过 10 个接点及一个线圈,总共不要超过 24 行。

3. 编程应用

【例 6-2】 图 6-19 给出了本组指令应用的梯形图和指令表程序实例。

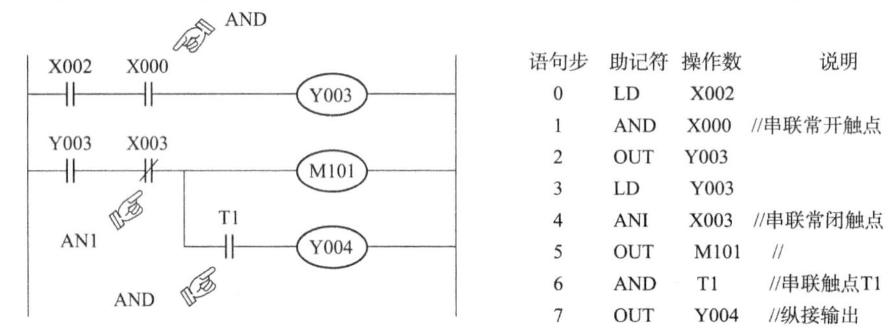

图 6-19 AND、ANI 指令编程应用

在图 6-19 中驱动 M101 之后再通过触点 T1 驱动 Y004 的。但是,若驱动顺序换成图 6-20 的形式,则必须用后述的栈操作指令 MPS 与 MPP 进行处理。

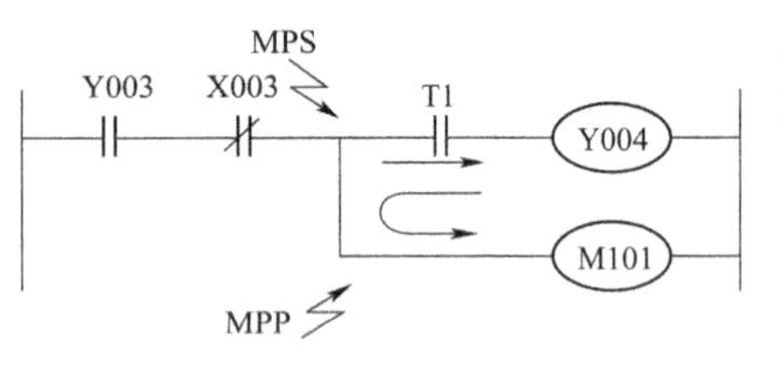

图 6-20 MPS、MPP 的关系

三、触点并联指令

1. 指令助记符及功能

OR 和 ORI 指令的功能、梯形图表示、操作组件等

见表6-13。

触点并联指令格式表　　表6-13

格式	常开触点并联	常闭触点并联
LAD		
操作组件	X、Y、M、S、T、C	X、Y、M、S、T、C
STL	OR　BIT	ORI　BIT
程序步	1	1

2. 指令说明

(1)OR、ORI 指令是单个触点的并联连接指令。OR 为常开触点的并联,ORI 为常闭触点的并联。

(2)与 LD、LDI 指令触点并联的触点要使用 OR 或 ORI 指令,并联触点的个数没有限制,但限于编程器和打印机的幅面限制,尽量做到 24 行以下。

(3)若两个以上触点的串联支路与其他回路并联时,应采用后面介绍的电路块或(ORB)指令。

3. 编程应用

【例 6-3】 触点并联指令应用程序如图 6-21 所示。

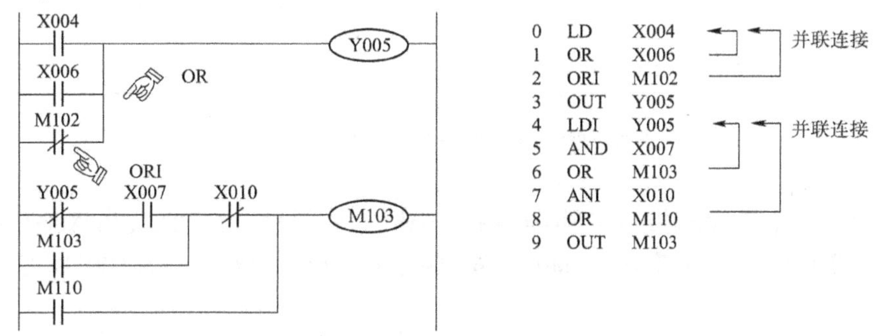

图 6-21　OR、ORI 指令编程应用

四、脉冲指令

1. 指令助记符及功能

脉冲指令的助记符及功能、梯形图表示和可操作组件等如表 6-14 所示。

脉冲指令格式表　　表6-14

格式	上升沿检测运算开始	下降沿检测运算开始	上升沿检测串联连接	下降沿检测串联连接	上升沿检测并联连接	下降沿检测并联连接
LAD						
操作组件	X、Y、M、S、T、C					
STL	LDP	LDF	ANDP	ANDF	ORP	ORF
程序步	1					

2. 指令说明

(1)LDP、ANDP、ORP 指令是进行上升沿检测的触点指令，仅在指定位软组件由 OFF→ON 上升沿变化时，使驱动的线圈接通 1 个扫描周期后变为 OFF 状态。

(2)LDF、ANDF、ORF 指令是进行下降沿检测的触点指令，仅在指定位软组件由 ON→OFF 下降沿变化时，使驱动的线圈接通 1 个扫描周期后变为 OFF 状态。

(3)利用取脉冲指令驱动线圈和用脉冲指令驱动线圈(后面介绍)，具有同样的动作效果。如图 6-22 所示，两种梯形图都在 X010 由 OFF→ON 变化时，使 M6 接通一个扫描周期后变为 OFF 状态。

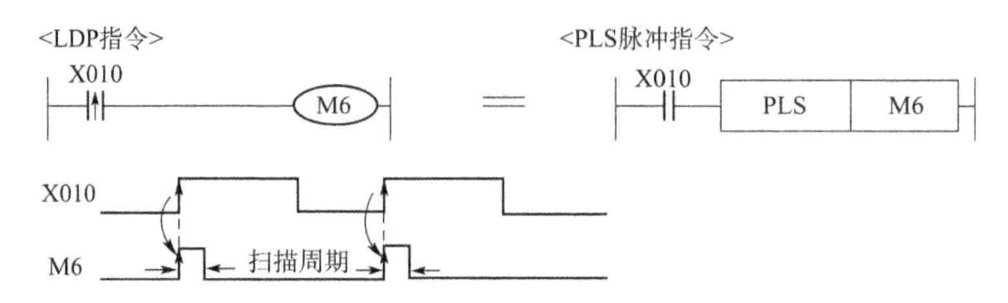

图 6-22　两种梯形图具有同样的动作效果

同样，图 6-23 中两个梯形图也具有同样的动作效果。两种梯形图都在 X010 由 OFF→ON 变化时，只执行一次传送指令 MOV。

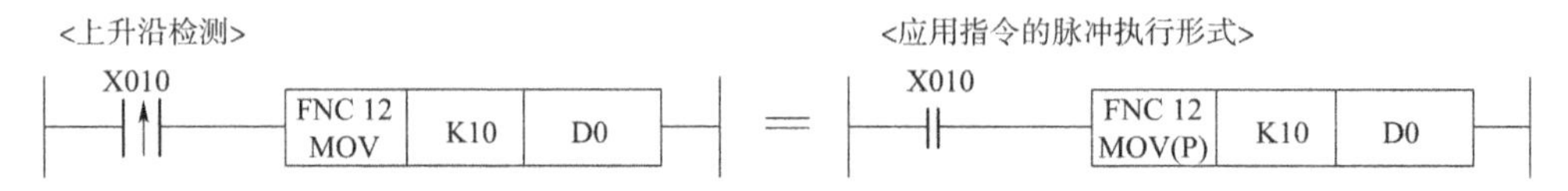

图 6-23　两种取指令均在 OFF→ON 变化时，执行一次 MOV 指令

3. 编程应用

【例 6-4】　脉冲检测指令应用与编程如图 6-24 所示。在图中，当 X000 ~ X002 由 OFF→ON时或由 ON→OFF 变化时，M0 或 M1 接通 1 个扫描周期后变为 OFF 状态。

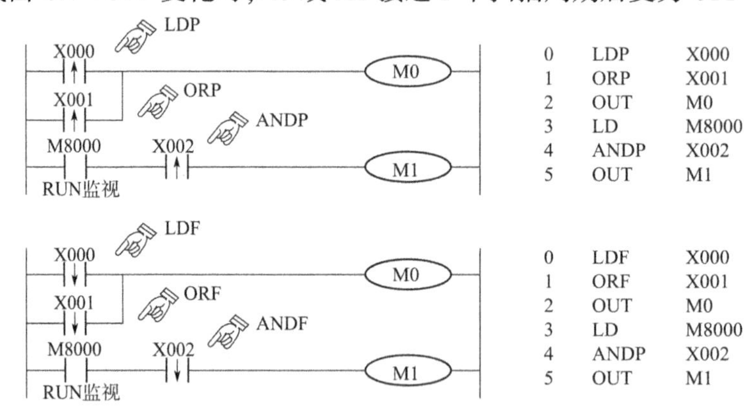

图 6-24　脉冲检测指令的应用与编程

4. 脉冲检测指令对辅助继电器地址号不同范围造成的动作差异

该软组件的地址号范围不同造成如图 6-25 所示的动作差异。在将 LDP、LDF、ANDP、ANDF、ORP、ORF 指令的软组件指定为辅助继电器(M)时，该软组件的地址号范围不同造成如图所示的动作差异。

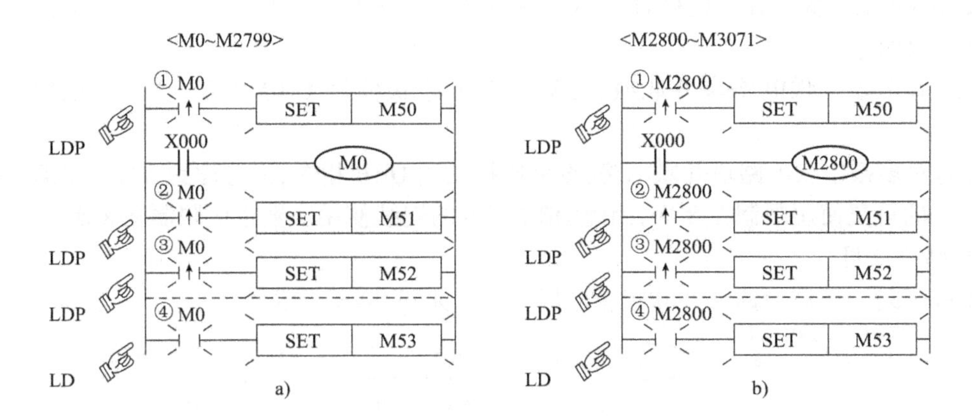

图 6-25　脉冲沿检测指令驱动辅助继电器不同地址号范围所造成的动作差异

在图 6-25a）中，由 X000 驱动 M0 后，与 M0 对应的①～④的所有触点都动作。其中①～③的 M0 触点执行上升沿检出；④为 LD 指令，因此，M0 触点是在接通过程中导通。

LDP 指令和 LD 指令对驱动辅助继电器 M0～M2799 地址范围的触点，都有以上情况出现。

在图 6-25b）中，由 X000 驱动 M2800 后，只有在 OUTM2800 线圈之后编程的最初的上升沿或下降沿检测指令（LDP/LDF）的触点导通，其他检测指令的触点不导通。因此②处 M2800 触点执行上升沿检测；①③处触点不动作；④为 LD 指令，因而 M2800 触点是在接通过程中导通。

脉冲沿检测指令（LDP/LDF）对驱动辅助继电器 M2800～M3071 地址范围，都有以上情况出现。利用这一特性可对步进梯形图中"利用同一信号进行状态转移"进行高效率的编程。

五、串联电路块的并联指令

1. 指令助记符及功能

ORB 指令的功能、梯形图表示、操作组件、程序步如表 6-15 所示。

电路块串并联指令格式表　　　表 6-15

格式	串联电路块并联	并联电路块串联
LAD		
操作组件	无	无
STL	ORB	ANB
程序步	1	1

2. 指令说明

（1）ORB 指令是不带软组件地址号的指令。两个以上触点串联连接的支路称为串联电路块,将串联电路块再并联连接时,其第一触点在指令程序中要用LD、LDI指令表示,分支结束用指令表示。

(2)有多条串联电路块并联时,可对每个电路块使用ORB指令,对并联电路数没有限制。

(3)对多条串联电路块并联电路,也可成批使用ORB指令,但考虑到在指令程序中LD、LDI指令的重复使用限制在8次,因此ORB指令的连续使用次数也应限制在8次。

3. 编程应用

【例6-5】 串联电路块并联指令应用与编程如图6-26所示。

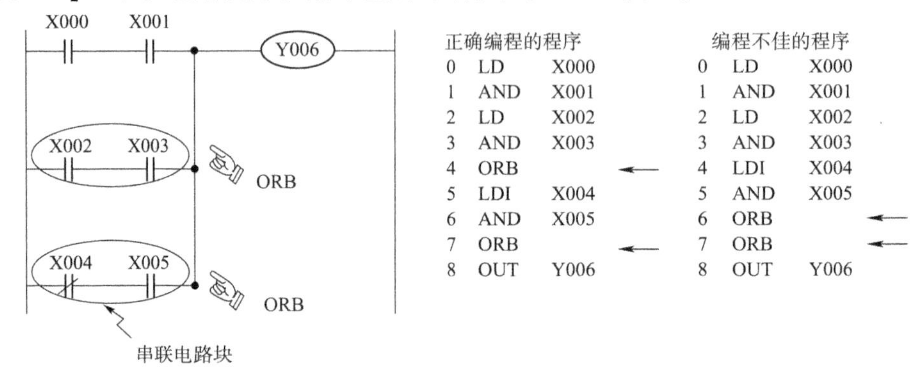

图6-26 串联电路块并联指令应用与编程

六、并联电路块的串联指令

1. 指令助记符及功能

ANB指令的功能、梯形图表示、操作组件和程序步如表6-15所示。

2. 指令说明

(1)ANB指令是不带操作组件编号的指令。两个或两个以上触点并联连接的电路称为并联电路块。当分支电路并联电路块与前面的电路串联连接时,在编写指令程序时要使用ANB指令。即分支起点的触点要用LD、LDI指令,并联电路块编程结束后使用ANB指令,表示与前面的电路串联。

(2)若多个并联电路块按顺序和前面的电路串联连接时,则ANB指令的使用次数没有限制。

(3)对多个并联电路块串联时,ANB指令可以在最后集中成批地使用,但在这种场合,与ORB指令一样,在指令程序中LD、LDI指令的使用次数只能限制在8次以内,ANB指令成批使用次数也应限制在8次。

3. 编程应用

【例6-6】 并联电路块串联指令应用与编程如图6-27所示。

七、栈操作指令

1. 指令助记符及功能

见表6-16。

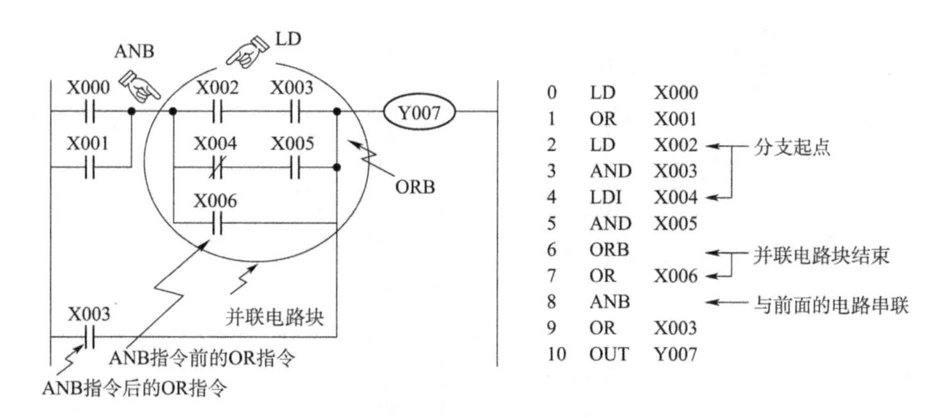

图 6-27　并联电路块串联指令应用与编程

栈操作指令格式表

表 6-16

格式	压栈	读栈	退栈
LAD	MPS	MRD	MPP
操作组件	无	无	无
STL	MPS	MRD	MPP
程序步	1	1	1

2. 指令说明

(1)这组指令分别为进栈、读栈、出栈指令,用于分支多重输出电路中将连接点数据先存储,便于连接后面电路时读出或取出该数据。

(2)在 FX_{2N} 系列可编程控制器中有 11 个用来存储运算中间结果的存储区域,称为栈存储器。栈指令操作如图 6-28 所示,由图可知,使用一次 MPS 指令,便将此刻的中间运算结果送入堆栈的第一层,而将原存在堆栈第一层的数据移往堆栈的下一层。

MRD 指令是读出栈存储器最上层的最新数据,此时堆栈内的数据不移动。可对分支多重输出电路多次使用,但分支多重输出电路不能超过 24 行。

使用 MPP 指令是取出栈存储器最上层的数据,并使栈下层的各数据顺次向上一层移动。

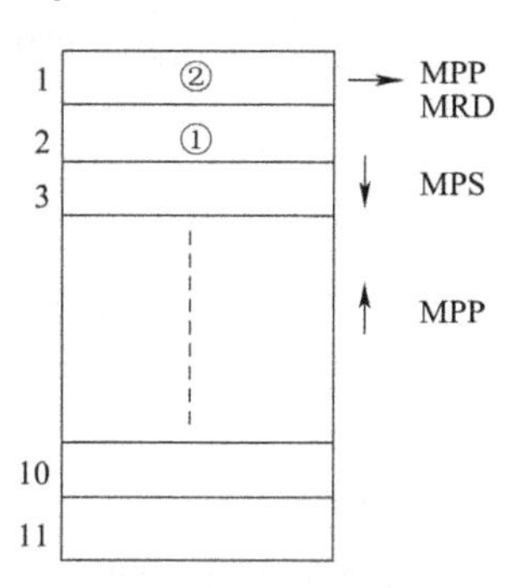

图 6-28　栈存储器

(3)MPS、MRD、MPP 都是不带软组件的指令。

(4)MPS、MPP 必须成对使用,且连续使用不能大于 10 次。

3. 编程应用

【例 6-7】　一层堆栈的应用与编程,如图 6-29 所示。

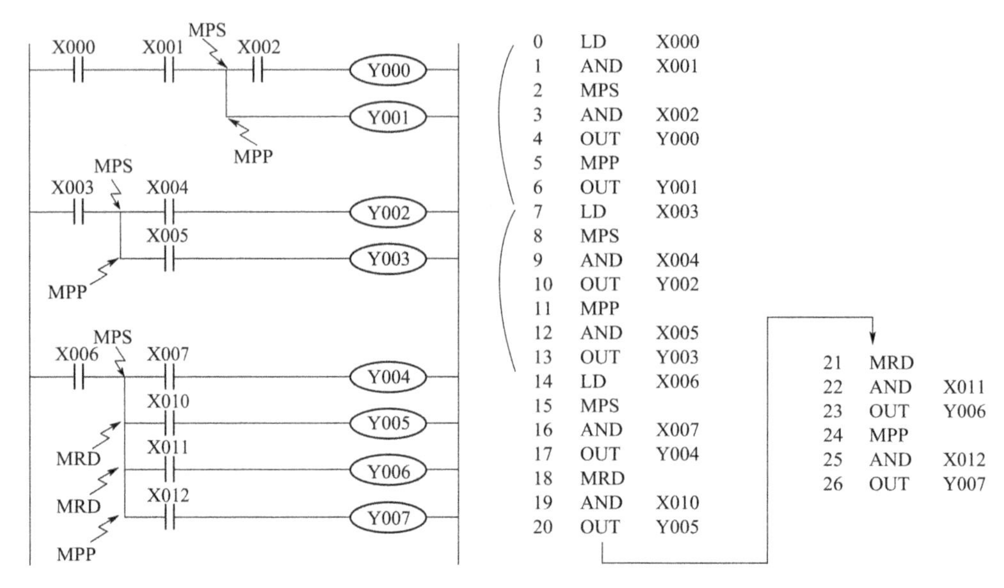

图 6-29　并联电路块串联指令应用与编程

【例 6-8】　一层堆栈,需使用 ANB、ORB 指令的编程。如图 6-30 所示。

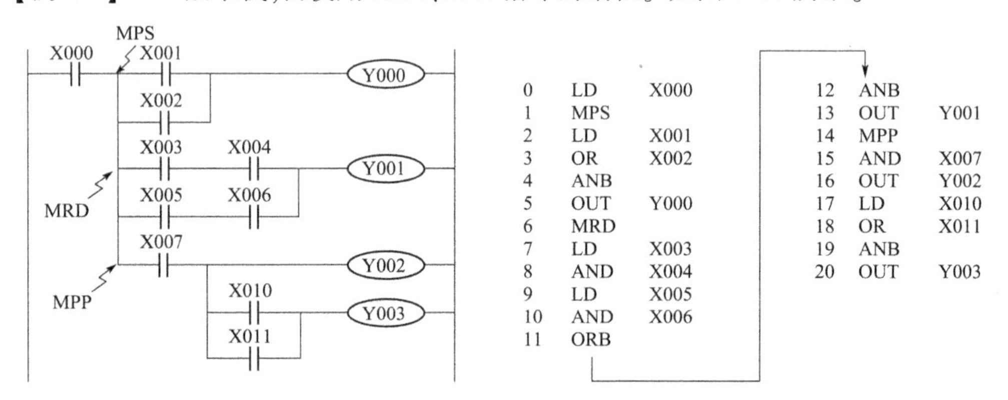

图 6-30　一层堆栈需使用 ANB、ORB 指令的应用

【例 6-9】　两层堆栈的编程,如图 6-31 所示。

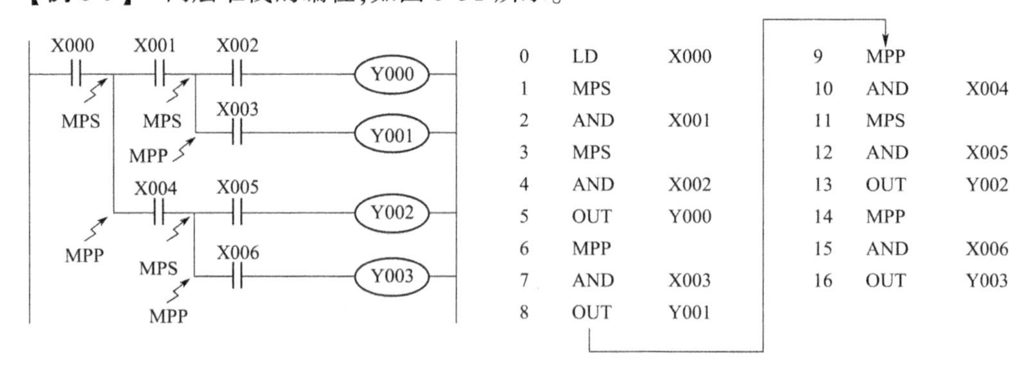

图 6-31　二层堆栈应用编程

【例 6-10】　四层堆栈的编程。如图 6-32a)所示。当将梯形图 a)改成图 b)时,也可不必使用堆栈指令了。

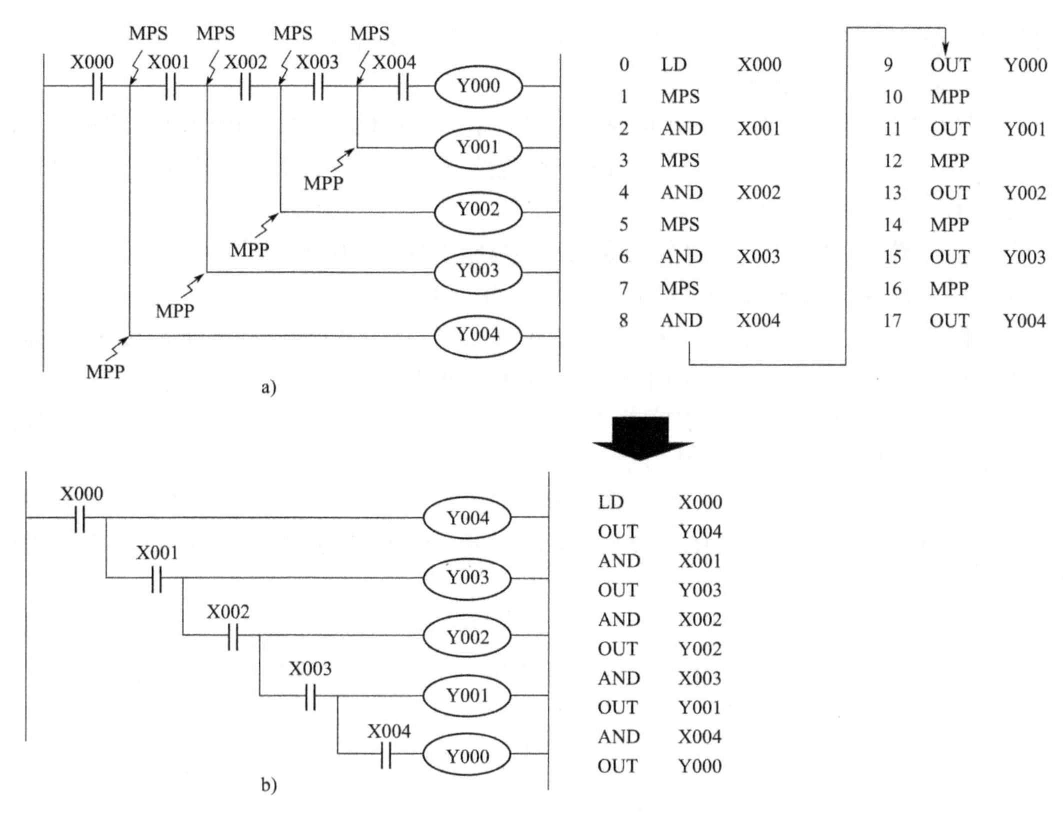

图 6-32　四层堆栈应用编程

八、主控触点指令

1. 指令助记符及功能

MC、MCR 指令的功能、梯形图表示、操作组件、程序步如表 6-17 所示。

主控指令格式表　　　　表 6-17

格式	主控电路块起点	主控电路块终点
LAD	MC　Ni　Y,M Ni	MCR　Ni
操作组件	除特殊继电器 M 外	无
STL	MC	MCR
程序步	3	2

2. 指令说明

(1)MC 为主控指令,用于公共串联触点的连接,MCR 为主控复位指令,即 MC 的复位指令。

编程时,经常遇到多个线圈同时受一个或一组触点控制。若在每个线圈的控制电路中都串入同样的触点,将多占存储单元。应用主控触点可以解决这一问题。主控指令 MC 控制的操作组件的常开触点(即嵌套 Ni 触点)要与主控指令后的母线垂直串联连接,是控制一组梯形图电路的总开关。当主控指令控制的操作组件的常开触点闭合时,激活所控制的一组梯形图电路。如图6-32所示。

(2)在图6-32中,若输入X000接通,则执行MC~MCR之间的梯形图电路的指令。若输入X000断开,则跳过主控指令控制的梯形图电路,这时MC/MCR之间的梯形图电路根据软件性质不同有以下两种状态:

积算定时器、计数器、置位/复位指令驱动的软组件保持X000断开前状态不变。

非积算定时器、OUT指令驱动的软组件均变为OFF状态。

(3)主控(MC)指令母线后接的所有起始触点均以LD/LDI指令开始,最后由MCR指令返回到主控(MC)指令后的母线,向下继续执行新的程序。

(4)在没有嵌套结构的多个主控指令程序中,可以都用嵌套级号N0来编程,N0的使用次数不受限制(见编程应用中的例1)。

(5)通过更改M;的地址号,可以多次使用MC指令,形成多个嵌套级,嵌套级Ni的编号由小到大。返回时通过MCR指令,从大的嵌套级开始逐级返回(见编程应用中的例2)。

3.编程应用

【例6-11】 无嵌套结构的主控指令MC/MCR编程应用,如图6-33所示。图中上、下两个主控指令程序中,均采用相同的嵌套级N0。

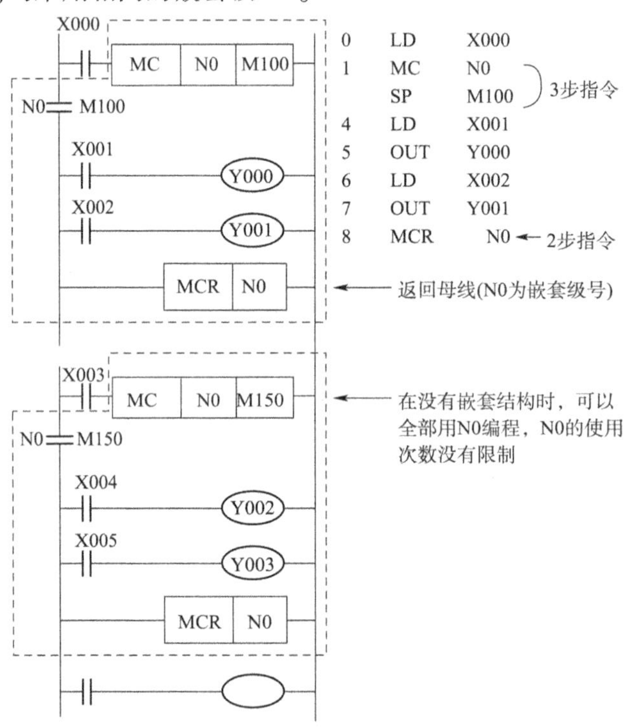

图6-33 无嵌套结构的主控指令编程应用

【例6-12】 有嵌套结构的主控指令MC/MCR编程应用,如图6-34所示。程序中MC指令内嵌套了MC指令,嵌套级N的地址号按顺序增大。返回时采用MCR指令,则从大的嵌套级N开始消除。

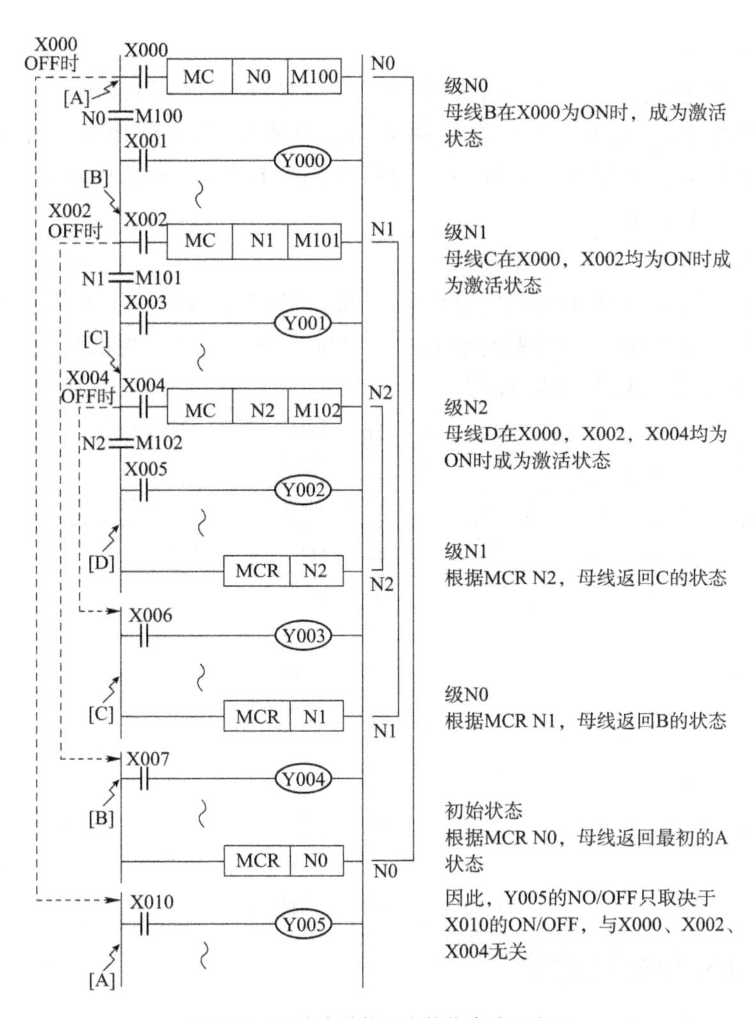

图6-34　有嵌套结构的主控指令编程应用

九、置位/复位指令

1. 指令助记符及功能

见表6-18。

置位、复位指令格式表　　表6-18

格式	线圈接通保持	线圈接通清零
LAD	─┤├─[SET Y, M, S]─	─┤├─[RST Y,M,S,T,C,D,V,Z]─
操作组件	Y、M、S	Y、M、S、T、C、D、V、Z
STL	SET	RST
程序步	Y、M:1,S、特M:2,T、C:2,D、V、Z:3	

2. 指令说明

(1)SET为置位指令,使线圈接通保持(置1)。RST为复位指令,使线圈断开复位

(置0)。

(2)对同一软组件,SET,RST可多次使用,不限制使用次数,但最后执行者有效。

(3)对数据寄存器D、变址寄存器V和Z的内容清零,既可以用RST指令,也可以用常数K0传送指令清零,效果相同。RST指令也可以用于积算定时器T246~T255和计数器C的当前值的复位和触点复位。

3. 编程应用

【例6-13】 在图6-35程序中,置位指令执行条件X000一旦接通后再次变为OFF,Y000驱动为ON后并保持。复位指令执行条件X001一旦接通后再次变为OFF后,Y000被复位为OFF后并保持。M,S也是如此。

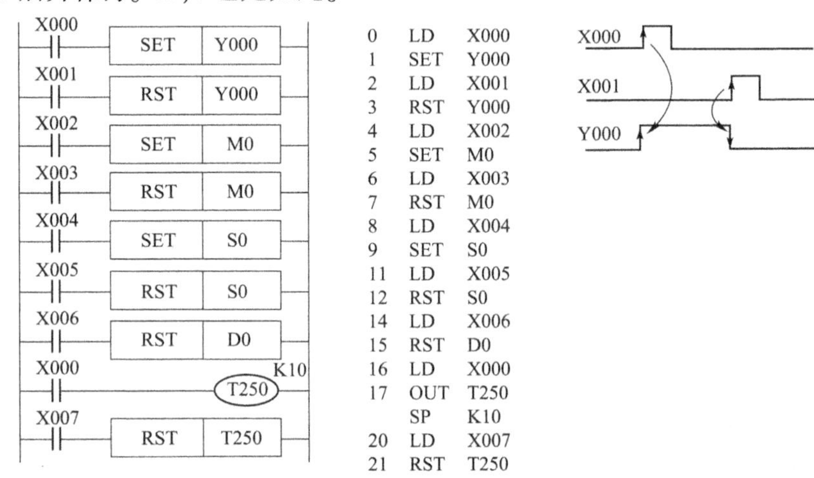

图6-35 SET、RST指令编程应用

十、微分脉冲输出指令

1. 指令助记符及功能

见表6-19。

微分脉冲输出指令格式表 表6-19

格式	上升沿微分输出	下降沿微分输出
LAD	─┤├─[PLS Y,M]─	─┤├─[PLF Y,M]─
操作组件	Y、M,特殊中间继电器M除外	Y、M,特殊中间继电器M除外
STL	PLS	PLF
程序步	2	

2. 指令说明

(1)PLS、PLF为微分脉冲输出指令。PLS指令使操作组件在输入信号上升沿时产生一个扫描周期的脉冲输出。PLF指令则使操作组件在输入信号下降沿产生一个扫描周期的脉冲输出。

(2)PLS、PLF指令可以在组件的输入信号作用下,使操作组件产生一个扫描周期的脉冲

输出，相当于对输入信号进行了微分。

3. 编程应用

【例 6-14】 PLS、PLF 微分脉冲输出指令的编程应用及操作组件输出时序如图 6-36 所示。

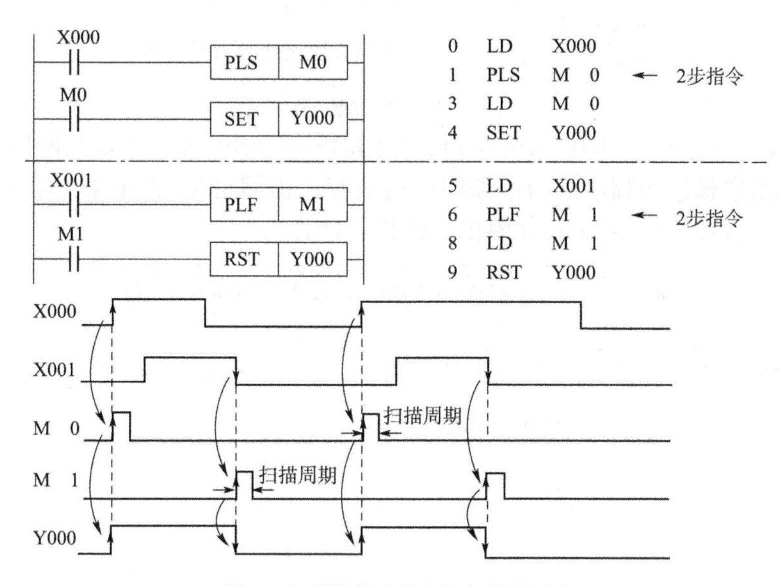

图 6-36　微分脉冲输出指令编程应用

十一、取反指令

1. 指令助记符及功能

见表 6-20。

取反、空操作和程序结束指令格式表　　表 6-20

格式	运算结果取反操作	空操作	程序结束
LAD	├─┤├─/─( )─┤	├─[NOP]─┤	├─[END]─┤
操作组件	无	无	无
STL	INV	NOP	END
程序步	1	1	1

2. 指令说明

(1) INV 指令是根据它左边触点的逻辑运算结果进行取反，是无操作数指令，如图 6-37 所示。

(2) 使用 INV 指令编程时，可以在 AND 或 ANI，ANDP 或 ANDF 指令的位置后编程，也可以在 ORB、ANB 指令回路中编程，但不能像 OR、ORI、ORP、ORF 指令那样单独并联使用，也不能像 LD、LDI、LDI、LDF 那样与母线单独连接。

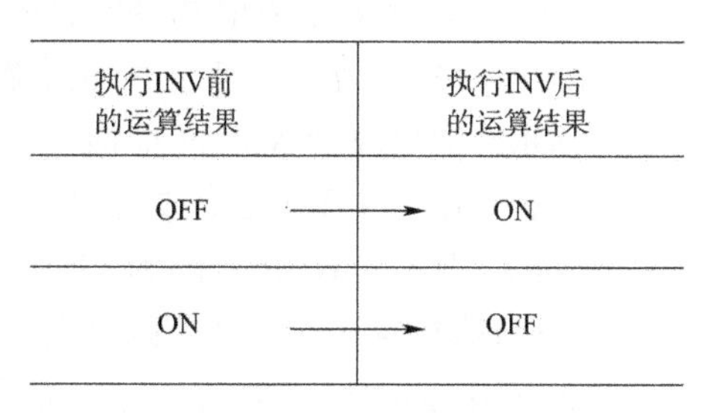

图 6-37　INV 操作指令示意图

3. 编程应用

【例 6-15】 取反操作指令编程应用如图 6-38 所示。由图可知,如果 X000 断开,则 Y000 接通;如果 X000 接通,则 Y000 断开。

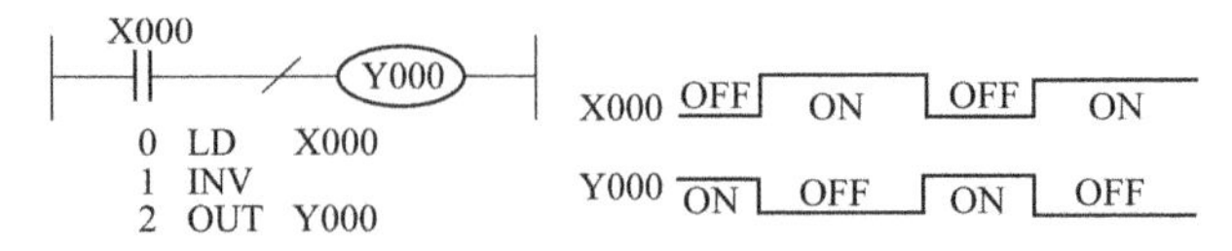

图 6-38 INV 编程应用

【例 6-16】 图 6-39 是 INV 指令在包含 ORB 指令、ANB 指令的复杂回路编程的例子。读者可以考虑这段梯形图程序的指令程序如何编写。由图可见,各个 INV 指令是将它前面的逻辑运算结果取反。图 6-38 程序输出的逻辑表达式为:

$$Y000=\overline{\overline{X000}\cdot(\overline{X001}\cdot\overline{X002}+\overline{X003}\cdot\overline{X004}+\overline{X005})}$$

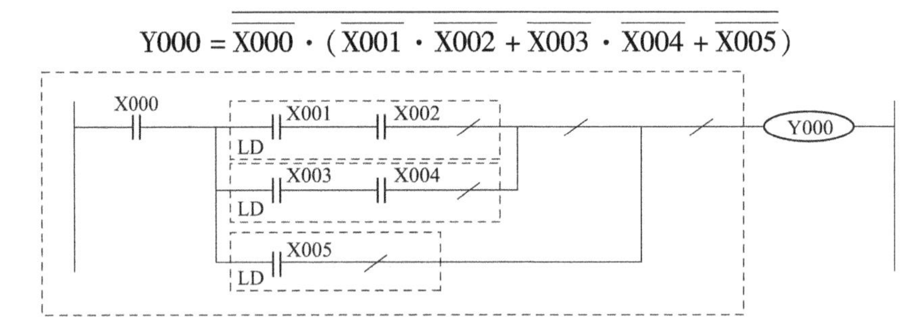

图 6-39 INV 在 ORB、ANB 的复杂回路中的编程应用

十二、空操作指令和程序结束指令

1. 指令助记符及功能

NOP 和 END 指令的功能、梯形图表示、操作组件和程序步如表 6-20 所示。

2. 指令说明

(1)空操作指令就是使该步不操作。在程序中加入空操作指令,在变更程序或增加指令时可以使步序号不变化。用 NOP 指令也可以替换一些已写入的指令,修改梯形图或程序。但要注意,若将 LD、LDI、AN B、ORB 等指令换成 NOP 指令后,会引起梯形图电路的构成发生很大的变化,导致出错。

【例 6-17】

①AND、ANI 指令改为 NOP 指令时会使相关触点短路,如图 6-40a)所示。

②ANB 指令改为 NOP 指令时,使前面的电路全部短路,如图 6-40b)所示。

③OR 指令改为 NOP 时使相关电路切断,如图 6-40c)所示。

④ORB 指令改为 NOP 时前面的电路全部切断,如 6-40d)所示

⑤图 6-40e)中 LD 指令改为 NOP 时,则与上面的 OUT 电路纵接,电路如图 6-40f)所示,若图 6-40f)中的 AND 指令改为 LD,电路就变成了图 6-40g)所示。

(2)当执行程序全部清零操作时,所有指令均变为 NOP。

(3)END 为程序结束指令。可编程序控制器总是按照指令进行输入处理、执行程序到 END 指令结束,进入输出处理工作。若在程序中不写入 END 指令,则可编过程控制器从用

户程序的第 0 步扫描执行到程序存储器内全部程序的最后一步。若在程序中写入 END 指令,则程序执行到 END 为止,以后的程序步不再扫描执行,而是直接进行输出处理。也就是说,使用 END 指令可以缩短扫描周期。

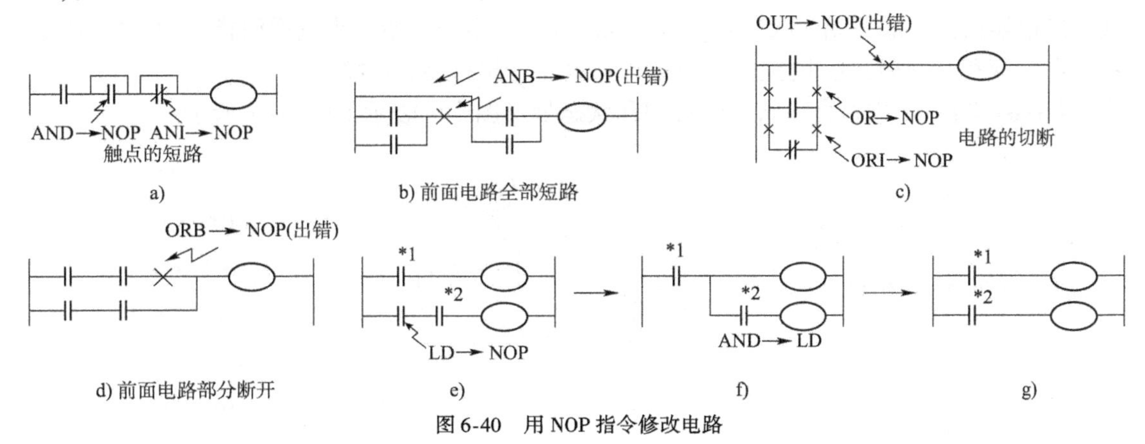

图 6-40　用 NOP 指令修改电路

(4)END 指令还有一个用途是可以对较长的程序分段调试。调试时,可将程序分段后插入 END 指令,从而依次对各程序段的运算进行检查。然后在确认前面电路块动作正确之后,依次删除 END 指令。

第三节　FX$_{2N}$ 系列 PLC 的步进指令

状态法也叫格式表图法,是程序编制的重要方法及工具。近年来,不少 PLC 厂商结合此法开发了相关的指令。FX$_{2N}$系列可编程控制器的步进顺控指令及大量的状态软元件就是为状态编程法安排的。

状态转移图(SFC)是状态编程的重要工具,包含了状态编程的全部要素。进行状态编程时,一般先绘出状态转移图,再转换成状态梯形图(STL)或指令表。

本节学习状态指令、状态元件、状态三要素,状态编程思想,状态转移图与状态梯形图对应关系。然后说明常见状态转移图的编程方法,并结合实例介绍状态编程思想在顺序控制中的应用。

一、步进指令与状态转移图表示方法

1. FX$_{2N}$ 系列步进指令

FX$_{2N}$系列步进指令有两条,其指令助记符与功能如表 6-21 所示。

步进指令格式表　　表 6-21

格式	步进节点驱动	步进结束
LAD	(梯形图)	RET
操作组件	S0 ~ S899	无
STL	STL	RET
程序步	1	1

FX_{2N}系列 PLC 步进指令所使用的状态软元件有 1000 个,其中 S0 ~ S899 计 900 个状态元件可用于步进转移图和梯形图中。

步进接点只有常开接点,它的右侧相当于一根新的内母线,因此与步进接点右侧连接的其他继电器接点在编写语句表程序时要用 LD 或 LDI 指令开始。步进返回指令(RET) 用于状态(S) 流程结束时,返回主程序(母线),它只能与状态接点连接。

【例 6-18】 步进指令在状态转移图和状态梯形图中的表示如图 6-41 所示。

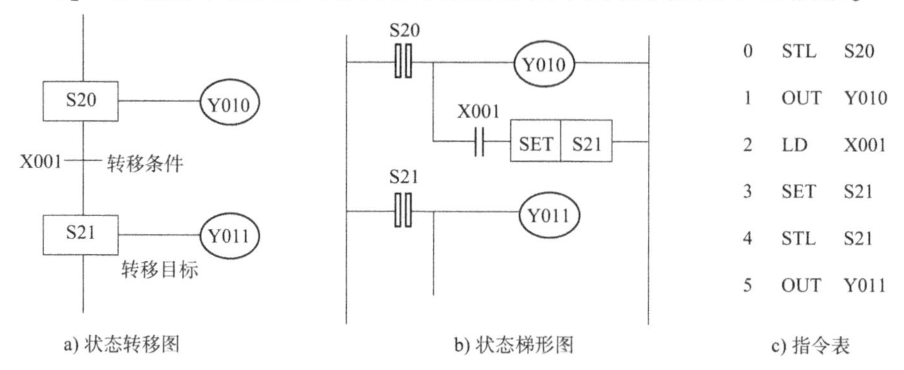

图 6-41 步进指令表示方法

图 6-41 中每个状态的内母线上都将提供三种功能:

①驱动负载(OUT Yi)(i 为寄存器的编号)。

②指定转移条件(LD/LDI Xi)(i 为寄存器的编号)。

③指定转移目标(SET Si)(i 为寄存器的编号)。

这三种功能也称为状态的三要素。在梯形图和指令表中,每一步都要有完善的要素,其中第二、三要素必不可少。

步进指令执行的过程是:当进入某一状态(例如 S20)时,S20 的 STL 接点接通,输出继电器线圈 Y010 接通,执行操作处理。如果转移条件满足(例如 X001 接通),下一步的状态继电器 S21 被置位,则下一步的步进接点(S21)接通,转移到下一步状态,同时将自动复位原状态 S20(即 S20 接点自动断开)。

使用步进指令时应先设计状态转移图(SFC),再由状态转移图转换成状态梯形图(STL)。状态转移图中的每个状态表示顺序控制中每步工作的操作,因此常用步进指令实现时间或位移等顺序控制的操作过程。使用步进指令不仅可以简单、直观地表示顺序操作的流程图,而且可以非常容易地设计多流程顺序控制,并且能够减少程序条数,使程序易于理解。

2. 步进指令的使用说明

(1)步进接点在状态梯形图中与左母线相连,具有主控制功能,当步进接点接通时,其后面的电路才能按逻辑动作。如果步进接点断开,则后后面的电路全部断开,相当于该段程序跳过。若需要保持输出结果,可用 SET 和 RST 指令。

(2)RET 指令可以在一系列的 STL 指令最后中断返回主程序时使用,也可以在一系列的 STL 指令中需要中断返回主程序时使用。

(3)可以在步进接点内处理的顺控指令如表 6-22 所示。

可在状态内处理顺序指令一览表 表6-22

状态		指令		
		LD/LDI/LDP/LDF AND/ANI/ANDP/ANDF OR/ORI/ORP/ORF/INV/OUT SET/RST,PLS/PLF	ANB/ORB MPS/MRD/MPP	MC/MCR
初始状态/一般状态		可以使用	可以使用	不可以使用
分支,汇合状态	输出处理	可以使用	可以使用	不可以使用
	转移处理	可以使用	不可以使用	不可以使用

表中的栈操作指令 MPS/MRD/MPP 在状态内不能直接与步进接点后的新母线连接,应接在 LD 或 LDI 指令之后,如图 6-42 所示。

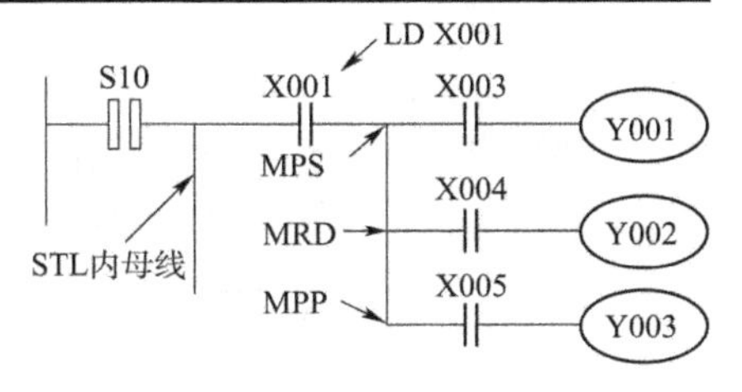

图6-42 栈操作指令在状态内的正确使用

在 STL 指令内允许使用跳转指令,但其操作复杂,厂家建议最好不要使用。

(4)允许同一元件的线圈在不同的 STL 接点后面多次使用。但是应注意,定时器线圈不能在相邻的状态中出现。在同一个程序段中,同一状态继电器地址号只能使用一次。

(5)在 STL 接点的内母线上将 LD 或 LDI 指令编程后,对图 6-43a)所示没有触点的线圈 Y003 将不能编程,应改成按图 6-43b)电路才能对 Y003 编程。

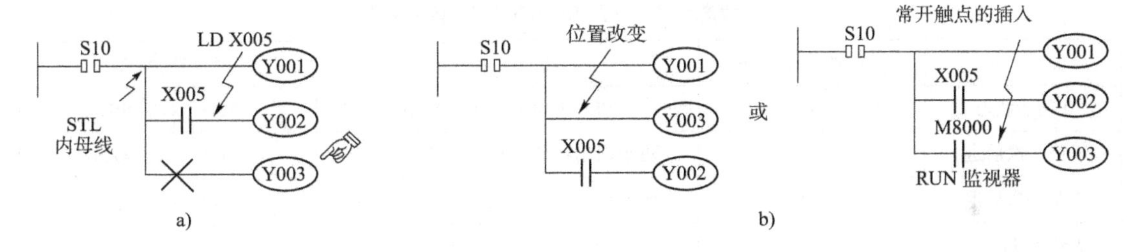

图6-43 状态内没有触点线圈的编程

(6)为了控制电机正反转时避免两个线圈同时接通短路,在两个状态内可实现输出线圈互锁。方法如图 6-44 所示。

3. 状态转移图(SFC)的建立及其特点

状态转移图是状态编程法的重要工具。状态编程的一般设计思想是:将一个复杂的控制过程分解为若干个工作状态,弄清各工作状态的工作细节(状态功能、转移条件和转移方向),再依据总的控制顺序要求,将这些工作状态联系起来,就构成了状态转移图,简称为 SFC 图。SFC 图可以在备有 A7PHP/HGP 等图示图像外围设备和与其对应编程教件的个人计算机上编程。根据 SFC 图进而可以编绘出状态梯形图。下面介绍图 6-45中某台车自动往返控制的 SFC 建立。

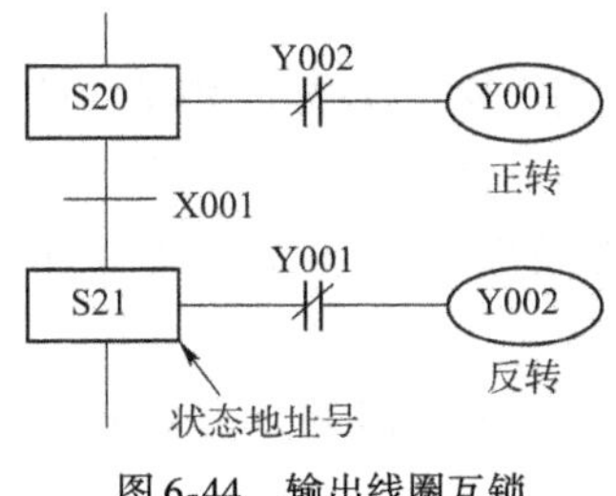

图6-44 输出线圈互锁

台车自动往返一个工作周期的控制工艺要求如下:

(1)按下启动钮 SB,电机 M 正转,台车前进,碰到限位开关

SQ1 后,电机 M 反转,台车后退。

(2)台车后退碰到限位开关 SQ2 后,台车电机 M 停转,台车停车 5s 后,第二次前进,碰到限位开关 SQ3,再次后退。

(3)当后退再次碰到限位开关 SQ2 时,台车停止。

下面运用状态编程思想说明建立 SFC 图的方法。

(1)将整个过程按工序要求分解。由 PLC 的输出点 Y021 控制电机 M 正转驱动台车前进,由 Y023 控制电机 M 反转驱动台车后退。为了解决延时 5s,选用定时器 T0。将启动按钮 SB 及限位开关 SQ1、SQ2、SQ3 分别接于 X000、X011、X012、X013。分析其一个工作周期的控制要求,有五个工序要顺序控制,如图 6-46 所示。

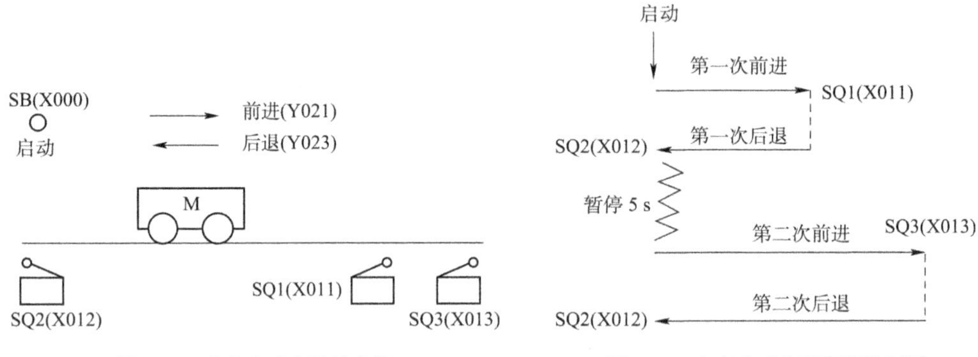

图 6-45　小车自动往返示意图

图 6-46　台车自动往返顺序控制图

(2)对每个工序分配状态元件,说明每个状态的功能与作用,转移条件,如表 6-23 所示。

工序状态元件分配、功能与作用、转移条件　　表 6-23

工　序	分配的状态元件	功能与作用	转移条件
0 初始状态	S0	PLC 上电做好工作准备	X000(对应 SB)
1 第一次前进	S20	驱动输出线圈 Y021,电机 M 正转	X011(对应 SQ1)
2 第一次后退	S21	驱动输出线圈 Y023,电机 M 反转	X012(对应 SQ2)
3 暂停 5s	S22	驱动定时器 T0,延时 5s	T0
4 第二次前进	S23	驱动输出线圈 Y021,电机 M 正转	X013(对应 SQ3)
5 第二次后退	S24	驱动输出线圈 Y023,电机 M 反转	X012(对应 SQ2)

根据表 6-23 可绘出状态转移图,如图 6-47 所示。图中初始状态 S0 要用双框,驱动 S0 的电路要在对应的状态梯形图中的开始处绘出。SFC 图和状态梯形图结束时要使用 RET 和 END 指令。

从图 6-47 可以看出,状态转移图具有以下特点:

(1)SFC 将复杂的任务或过程分解成了若干个工序(状态)。无论多么复杂的过程均能分解为小的工序,有利于程序的结构化设计。

(2)相对某一个具体的工序来说,控制任务实现了简化,并给局部程序的编写带来了方便。

(3)整体程序是局部程序的综合,只要弄清各工序执行的条件、工序转移的条件和转移的方向,就可以进行这类图形的设计。

(4)SFC 容易理解,可读性强,能清晰地反映全部工艺控制的过程。

4. 状态转移图(SFC)转换成状态梯形图(STL)、指令表程序

由以上分析可看出,SFC 图基本上是以机械控制的流程表示状态(工序)的流程,而 SIL 图全部是由继电器来表示控制流程的程序。我们仍以图 6-47 的 SFC 图为例,将其转换成 Sm 图和指令表程序,如图 6-48 所示。读者会发现,从 SFC 图转换成 SIL 图,写出指令表程序是非常容易的。

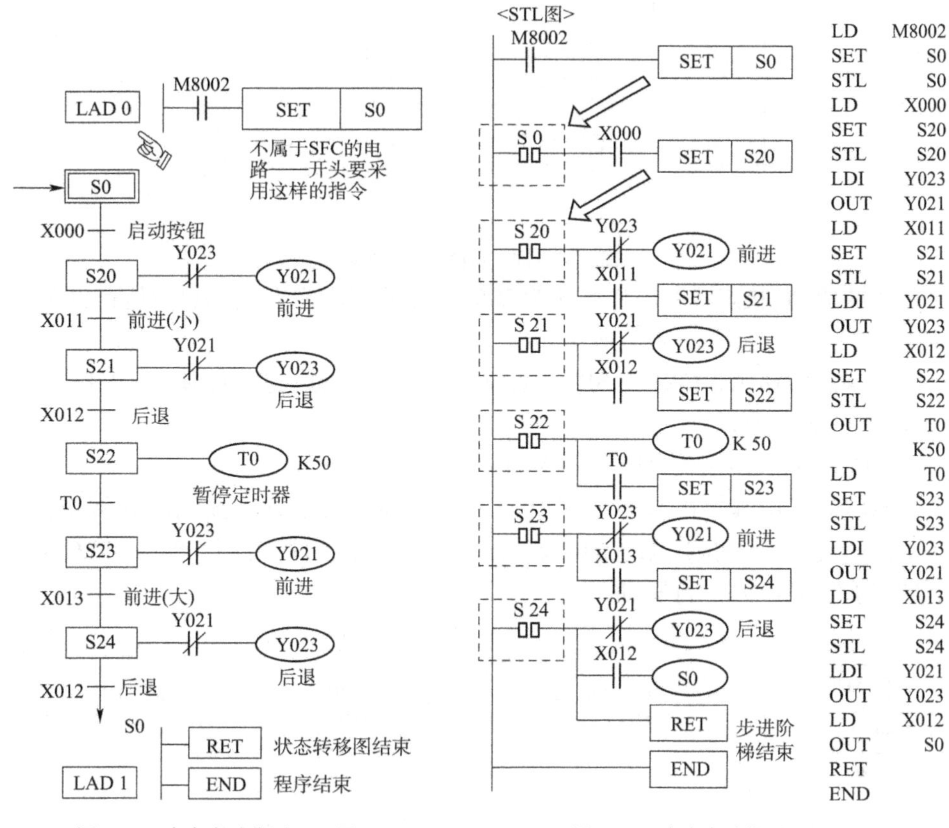

图 6-47　台车自动往返 SFC 图　　　　图 6-48　台车自动往返 STL 图

5. 编制 SFC 图的注意事项

(1)对状态 S 编程时必须使用步进接点指令 STL。程序的最后必须使用步进返回指令 RET,返回主母线。

(2)初始状态软元件 S0 ~ S9,在状态转移图(SFC)中要用双框表示;中间状态软元件 S20 ~ S899 在状态转移图用单框表示;若需要在停电恢复后继续原状态运行时,可使用 S500→S899 停电保持状态元件。此外,复原状态软元件 S10 ~ S19 若在具有状态初始化指令 FNC60(IST)的程序中使用,只能在其复原(恢复原始操作状态)程序中作复原状态使用,不能在其他操作程序中作中间状态软元件使用,复原程序的最后要使复原完毕特殊继电器 M8043 置 1 使所用的复原状态自动复位。

(3)状态编程时的顺序:在满足转移条件下先进行状态激活(SET S 口),再按顺序转移(STL S 口),不能颠倒。

(4)当同一负载需要连续多个状态驱动时,可使用多重输出,在状态程序中,不同时“激活”“双线圈”是允许的。另外,相邻状态使用的 T、C 元件,编号不能相同。如图 6-49所示。

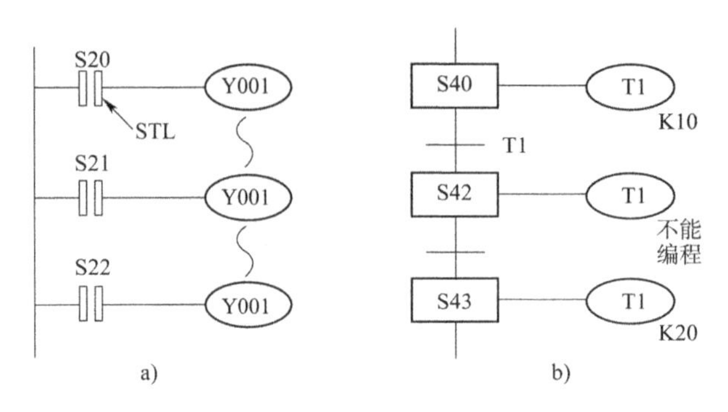

图 6-49 同一负载的多重驱动

(5)负载的驱动、状态转移条件可能为多个元件的逻辑组合,视具体情况,按串联、并联关系处理,不能遗漏。如图 6-50a)所示。

(6)顺序状态转移用置位指令 SET。若顺序不连续转移,也可以使用 OUT 指令进行状态转移。如图 6-50b)所示。

(7)在 STL 与 RET 指令之间不能使用主控指令 MC、MCR。

(8)初始状态可由其他状态驱动,但运行开始必须用其他方法预先做好驱动,否则状态流程不可能向下进行。一般用系统的初始条件,若无初始条件,可用 M8002(PLC 从 STOP→RUN 切换时的初始脉冲)进行驱动。

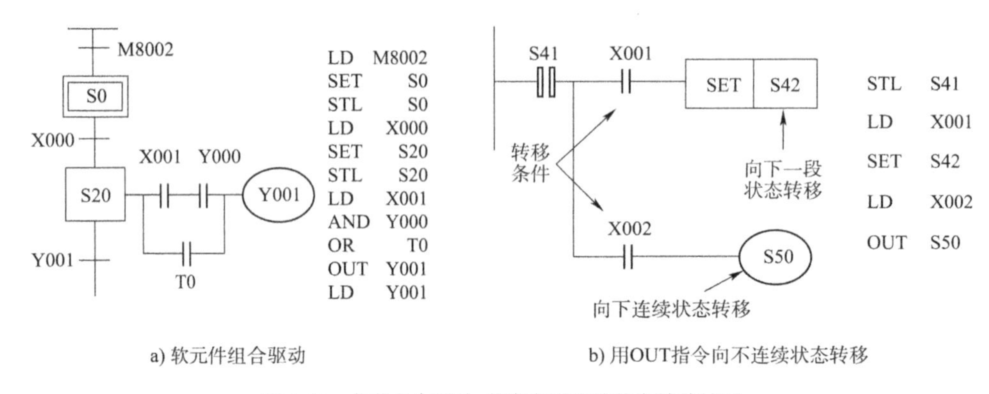

图 6-50 负载组合驱动、状态向不连续状态转移处理

二、单流程结构程序

在顺序控制中,经常需要按不同的条件转向不同的分支,或者在同一条件下转向多路分支当然还可能需要跳过某些操作或重复某种操作。也就是说,在控制过程中可能具有两个以上的顺序动作过程,其状态转移流程图也具有两个以上的状态转移分支,这样的 SFC 图称为多流程顺序控制。常用的状态转移图的基本结构有单流程、选择性分支、并联性分支和跳步与循环四种结构。这里先介绍单流程结构。

所谓单流程结构，就是由一系列相继执行的工步组成的单条流程。其特点是：①每一个工步的后面只能有一个转移的条件，且转向仅有一个工步；②状态不必按顺序编号，其他流程的状态也可以作为状态转移的条件，前面讨论的台车自动往返控制 SFC 就是这类结构。下面再举例分析转轴的旋转控制系统。

转轴旋转控制示意图如图 6-51a) 所示，在正转的两个位置(一个为小角度，另一个为大角度)上设有限位开关 X013、X011，在反转的两个位置(一个为小角度，另一个为大角度)上设有限位开关 X012、X010。工作时，按下启动按钮，转轴的凸轮则按小角度正转→小角度反转→大角度正转→大角度反转的顺序动作，然后停止。限位开关 X010 ~ X013 平时处在 OFF 状态，只有转轴的凸轮转到规定的角度位置时，相应的限位开关才变为 ON 状态图。

图 6-51b) 为系统监控梯形图。图中 M8047 为 STL 监视有效特殊辅助继电器，若 M8047 动作，则步进状态 S0 ~ 8899 动作有效，并且 S0 ~ 899 中只要有一个动作，在执行结束指令后 M8046 就动作图 6-51c) 是该系统的 SFC 图。该流程图为单流程结构，并且图中状态是采用电池后备型的，在动作期向，发生停电恢复后，只要按启动按钮，则会从停电时所处工序开始继续动作。但是，在按启动按钮之前，除 Y020 以外的所有输出将被禁止动作。

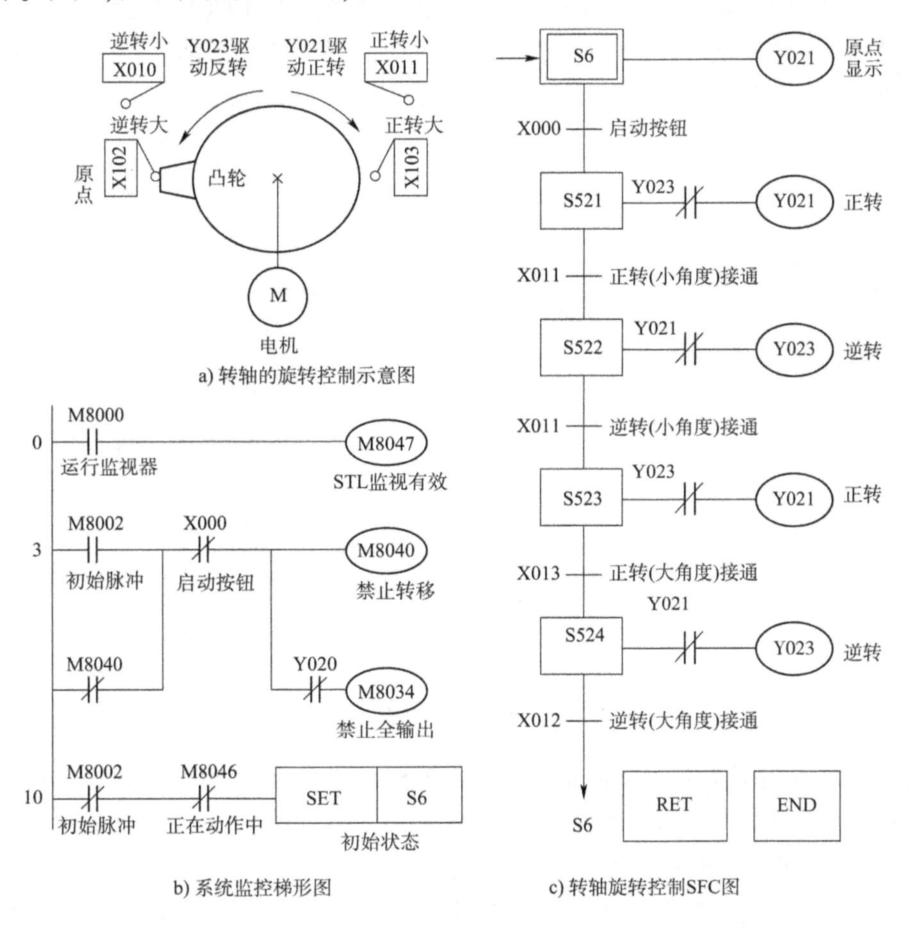

图 6-51 轮轴旋转控制系统

三、选择性分支与汇合及其编程

1. 选择性分支 SFC 图的特点

从多个分支流程中根据条件选择执行某一分支，不满足选择条件的分支不执行，即每次只执行满足选择条件的一个分支，称为选择性分支。图 6-51 就是一个选择性分支的状态转移图，其特点如下。

(1)状态转移图有三个分支流程顺序。

(2)S20 为分支状态。根据不同的条件(X000X010、X020)，选择执行其中的一个分支流程。当 X000 为 ON 时执行第一分支流程；X010 为 ON 时执行第二分支流程；X020 为 ON 时执行第三分支流程。X000，X010，X020 不能同时为 ON。

(3)S50 为汇合状态，可由 S22、S32、S42 任一状态驱动。

2. 选择性分支、汇合的编程

编程原则是先集中处理分支状态，然后再集中处理汇合状态。

(1)分支状态的编程

编程方法是先用 STL 指令激活分支状态 S20，然后对 S20 内母线的逻辑操作进行编程(即 OUT Y000)，再对分支点下面的各分支按顺序进行条件转移的编程处理。图 6-52 的分支状态 S20 如图 6-53a)所示，图 6-53b)是其分支状态 S20 的程序。

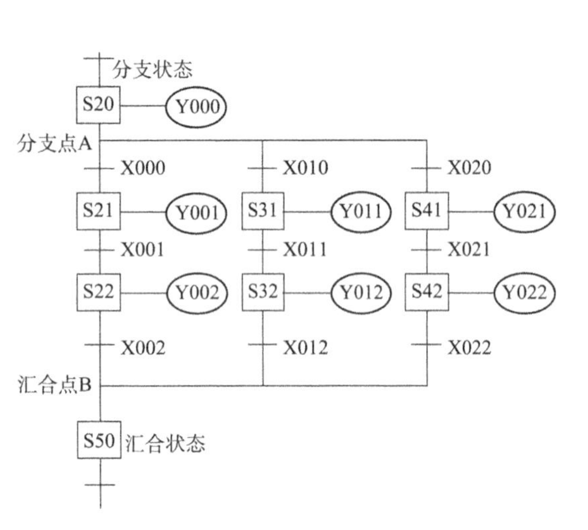

图 6-52 选择性分支状态转移图

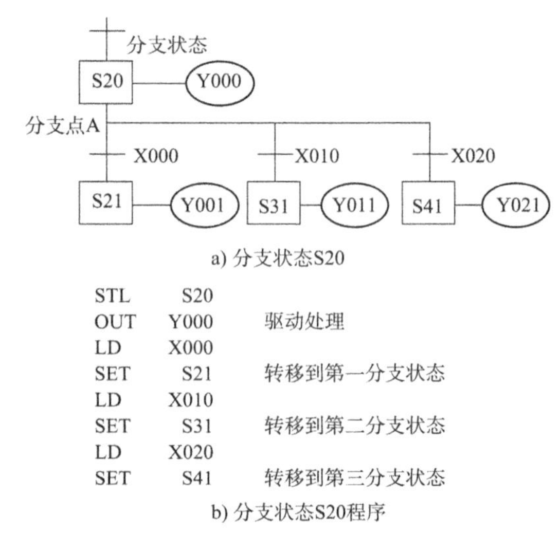

图 6-53 分支状态 S20 及其编程

(2)汇合状态的编程

编程方法是先依次对各分支的状态 S21、S22、S31、S32、S41、S42 进行汇合前的输出处理编程，然后按顺序从每个分支的最后一个状态(如第一分支的 S22、第二分支的 S32、第三分支的 S42)向汇合状态 S50 转移编程。

图 6-52 的汇合状态 S50 的 SFC 图如图 6-54a)所示，图 6-54b)是其各分支汇合前的输出处理和向汇合状态 S50 转移的编程。

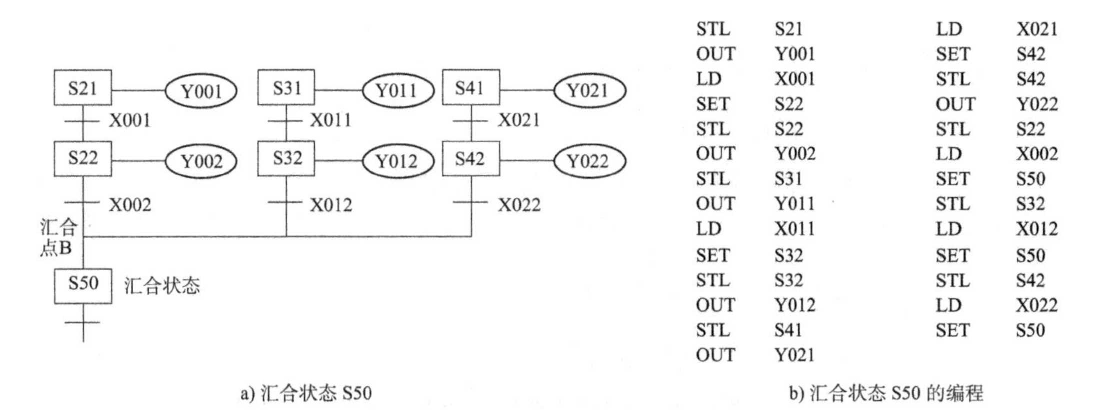

图 6-54　汇合状态 S50 及其编程

3. 选择性分支状态转移图对应的状态梯形图

根据图 6-52 的选择性分支 SFC 图和上面的指令表程序，可以绘出它的状态梯形图（STL），如图 6-55 所示。

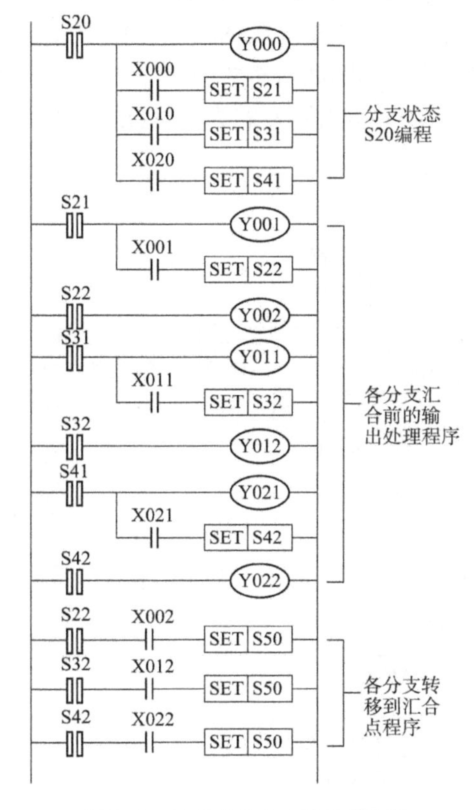

图 6-55　选择性分支对应的梯形图

4. 选择性分支状态转移图及编程实例

【例 6-19】　图 6-56 为使用传送带将大、小球分类选择传送的装置示意图左上为原点，机械臂的动作顺序为下降、吸球、上升、右行、下降、释放、上升、左行。机械臂下降时，当电磁铁压着大球时，下限位开关 LS2（X002）断开；压着小球时，LS2 接通，以此可判断吸的是大球还是小球。

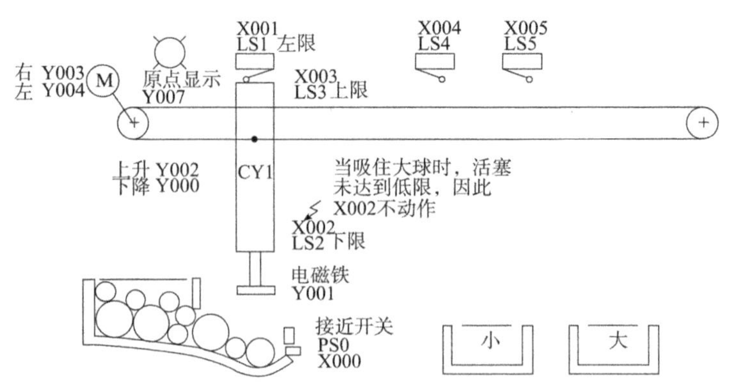

图 6-56　大小球分类选择传送装置示意图

左、右移分别由 Y004、Y003 控制；上升、下降分别由 Y002、Y0 控制，将球吸住由 Y001 控制。

根据工艺要求，该控制流程可根据 LS2 的状态（即对应大、小球）有两个分支，此处应为分支点，且属于选择性分支。分支在机械臂下降之后根据 LS2 的通断，分别将球吸住、上升右行到 LS4（小球位置 X004 动作）或 LS5（大球位置 X005 动作）处下降，此处应为汇合点。然后再释放、上升、左移到原点。其状态转移图如图 6-57 所示。在图 6-57 的 SFC 图中有两个分支，若吸住的是小球，则X002 为 ON，执行左侧流程；若为大球，X002 为 OFF，执行右侧流程。

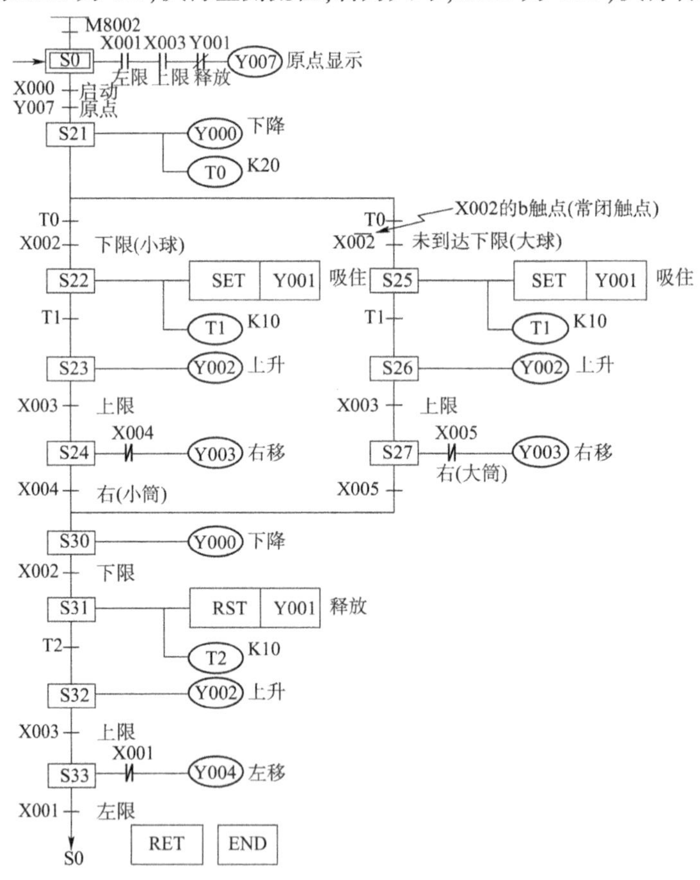

图 6-57　大小球分类选择传送的状态转移图

根据图 6-57 的 SFC 图,可编制出大、小球分类传送的程序如下:

```
LD    M8002
SET   S0
STL   S0
LD    X001
AND   X003
ANI   Y001
OUT   Y007
LD    X000
AND   Y007
SET   S21
STL   S21
OUT   Y000
OUT   T0
      K20
LD    T0
AND   X002
SET   S22
LD    T0
ANI   X002
SET   S25
STL   S22
SET   Y001
OUT   T1
      K10
LD    T1
SET   S23
STL   S23
OUT   Y002
LD    X003
SET   S24
STL   S24
LDI   X004
OUT   Y003
STL   S25
SET   Y001
OUT   T1
      K10
LD    T1
SET   S26
STL   S26
OUT   Y002
LD    X003
SET   S27
STL   S27
LDI   X005
OUT   Y003
STL   S24
LD    X004
SET   S30
STL   S27
LD    X005
SET   S30
STL   S30
OUT   Y000
LD    X002
SET   S31
STL   S31
RST   Y001
OUT   T2
      K10
LD    T2
SET   S32
STL   S32
OUT   Y002
LD    X003
SET   S33
STL   S33
LDI   X001
OUT   Y004
LD    X001
OUT   S0
RET
END
```

四、并行分支与汇合的编程

1. 并行分支状态转移图及其特点

当满足某个条件后使多个分支流程同时执行的称为并行分支,如图 6-58 所示。图中当 X00 接通时,使 S1、S31 和 S4 同时置位,三个分支同时运行,只有在 S22、S32 和 S42 三个状态都运行结束后,若 X02 接通,才能使 S30 置位,并使分支状态 S22、S32 和 S42 同时复位。它有以下两个特点。

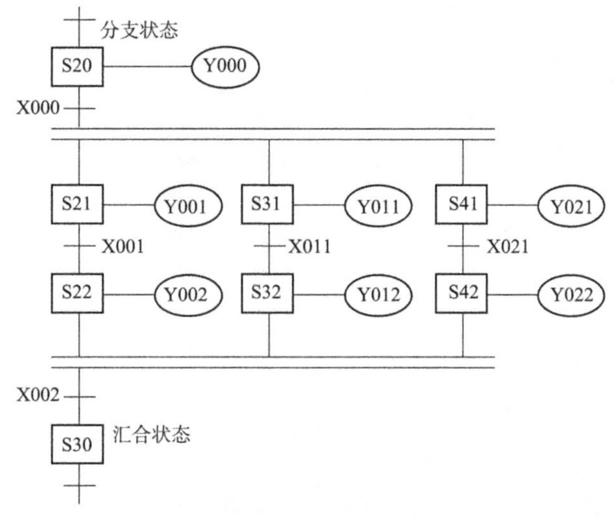

图 6-58 并行分支流程结构

①S20 为分支状态。S20 动作，若并行处理 X00 条件 X000 接通，则 S21、S31 和 S1 同时动作，三个分支同时开始运行。

②S30 为汇合状态。三个分支流程运行全部结束后，汇合条件 X02 为 ON，则 S30 动作，S22、S32 和 S2 同时复位。这种汇合，有时又叫作排队汇合（即先执行完的流程保持动作，直到全部流程执行完成，汇合才结束）。

2. 并行分支状态转移图的编程

编程原则：先并行、后汇合，集中处理。

(1) 并行分支的编程

编程方法是先用 STL 指令激活分支状态 S20，然后对 S20 内母线的逻辑操作进行编程，再对并行条件及各并行分支按顺序进行状态转移的编程。如图 6-59 所示为分支状态 S20 的流程图和并行分支状态的编程。

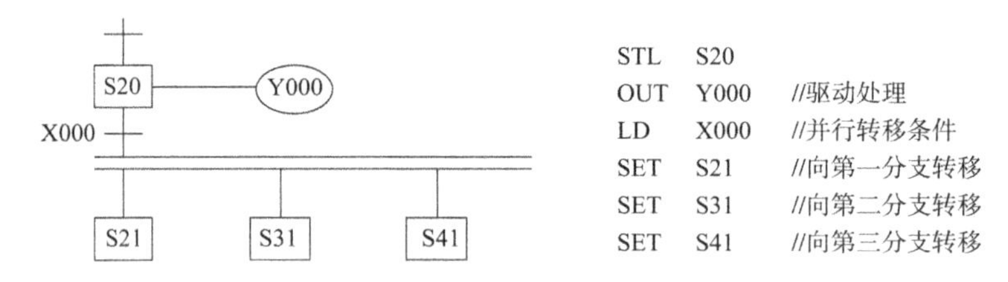

图 6-59　并行分支编程

(2) 并行汇合处理编程

编程方法是先进行汇合前分支状态的操作编程，然后进行汇合状态 S30 的转移编程。

按照并行汇合的编程方法，应先进行汇合前的编程，即按分支顺序对 S21、S22、S31、S32、S41、S42 进行它的逻辑操作编程，然后依次从状态 S2、S32、S42 到汇合状态 S30 的转移编程。图 6-60a) 是并行汇合状态 S30 的 SFC 图，图 6-60b) 是并行汇合状态 S30 的编程。

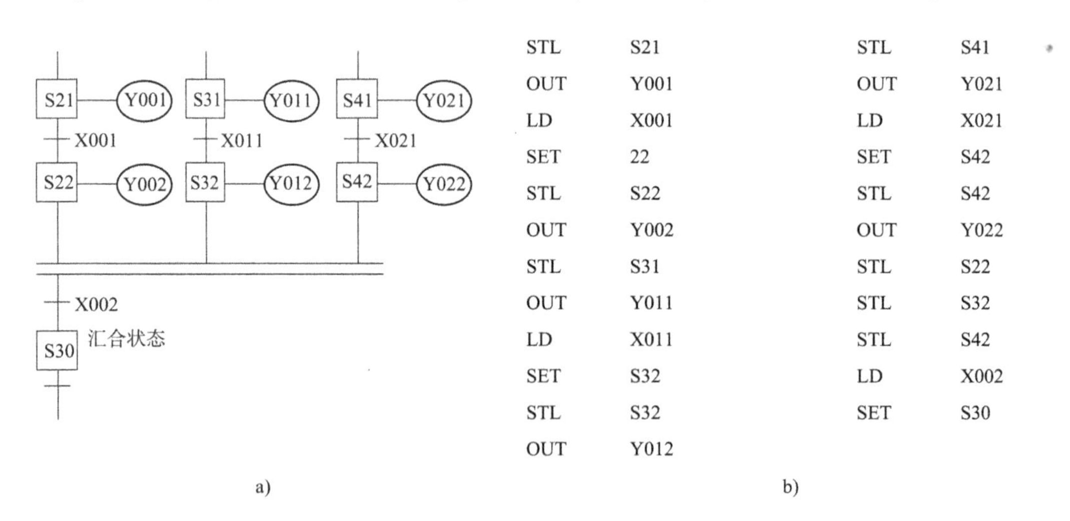

图 6-60　并行汇合的编程

(3) 并行分支 SFC 图转成梯形图

根据图 6-58 的 SFC 图，其对应的梯形图如图 6-61 所示。

(4)并行分支、汇合编程应注意的问题

①并行分支的汇合最多能实现8个分支的汇合。

②在并行分支与汇合流程中,并联分支后面不能使用选择条件,在转移条件后不允许并行汇合。

3. 并行分支、汇合编程举例

【例6-20】 图6-62为按钮式人行横道交通灯控制示意图。设车道信号由状态S21控制绿灯(Y003)亮,人行横道信号由状态S30控制红灯(Y005)亮。

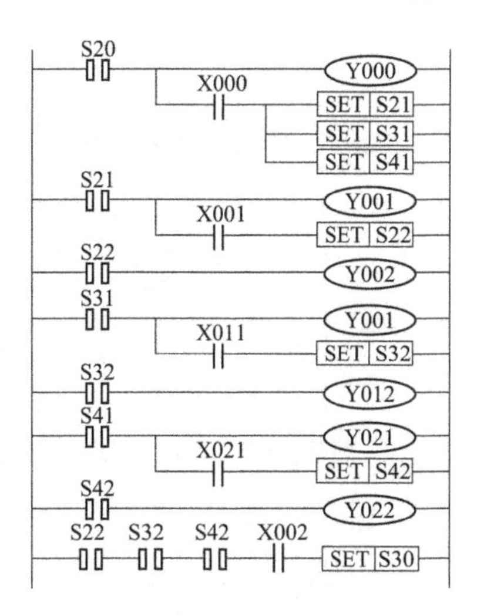

图6-61 图6-57对应的梯形图

为了行人过马路的安全,对交通灯的控制要求是:人过马路应按马路两边的人行横道按钮X000或X001,车道绿灯延时亮30s后,由状态S22控制车道黄灯(Y00)延时亮10s,再由状态S23控制车道红灯(Y001)亮。此后延时5s启动状态S31使人行横道绿灯(Y006)点亮,行人才能过马路。15s后,人行横道绿灯由状态S32和S33交替控制0.5s闪烁,闪烁5次,人行横道红灯亮,行人禁止过马路。延时5s后车道绿灯(Y003)亮,恢复车辆通行。人行横道交通灯控制时序图如图6-63所示。

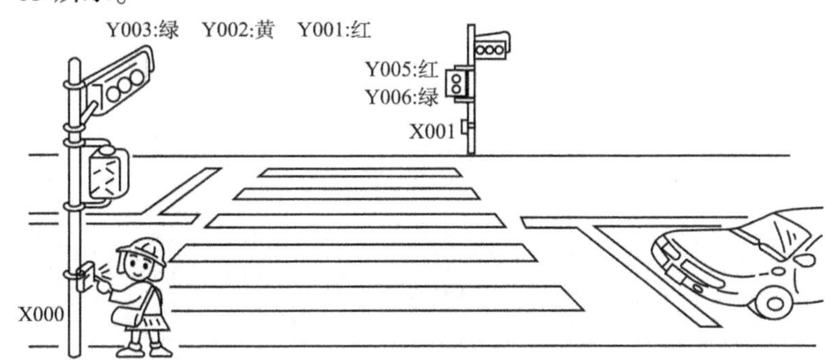

图6-62 人行横道交通灯控制

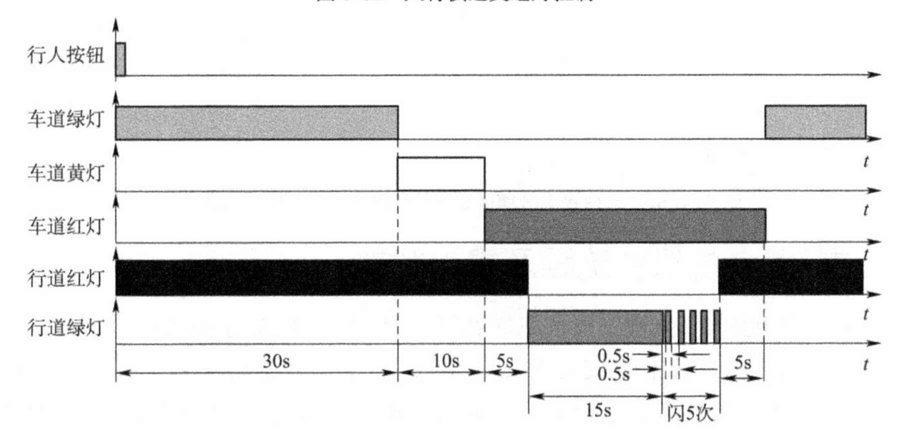

图6-63 人行横道交通灯控制时序图

人行横道交通灯控制的状态转移图及程序如图6-64所示。在图中S33处有一个选择性分支,人行道绿灯闪烁不到五次,选择局部重复动作;闪烁五次后使车道红灯亮。

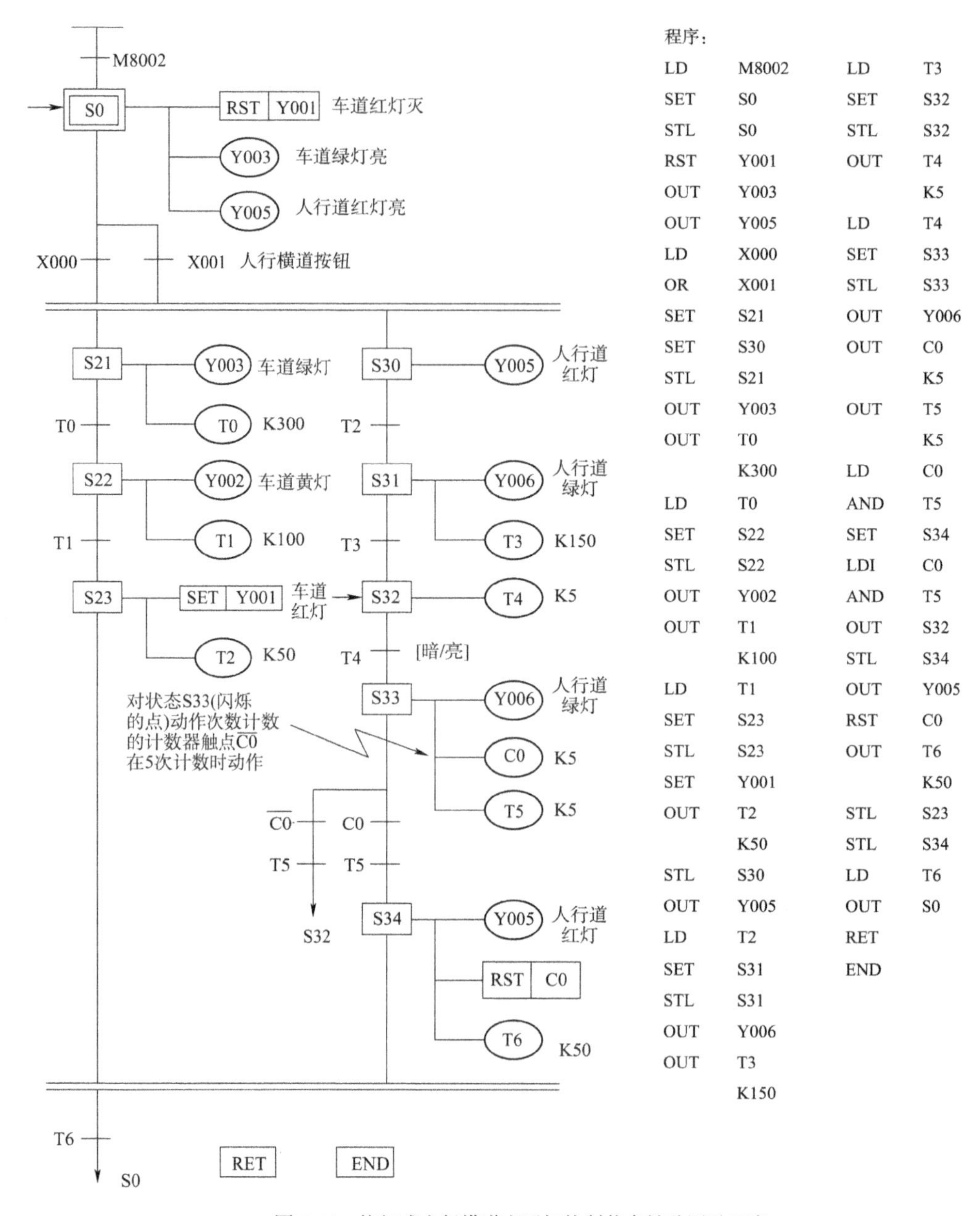

图 6-64　按钮式人行横道交通灯控制状态转移图及程序

五、分支、汇合的组合流程及虚设状态

运用状态编程思想解决问题,当状态转移图设计出后,发现有些状态转移图不单单是某一种分支、汇合流程,而是若干个或若干类分支、汇合流程的组合。如按钮式人行横道交通灯控制的状态转移图中,右边的人行横道交通灯控制分支中存在选择性分支,只要严格按照选择性分支的编程原则和方法,就能对其编出正确的程序。但有些分支、汇合的组合流程不能直接编程,需要转换后才能进行编程,如图 6-65 所示,应将左图转换为可直接编程的右图形式。

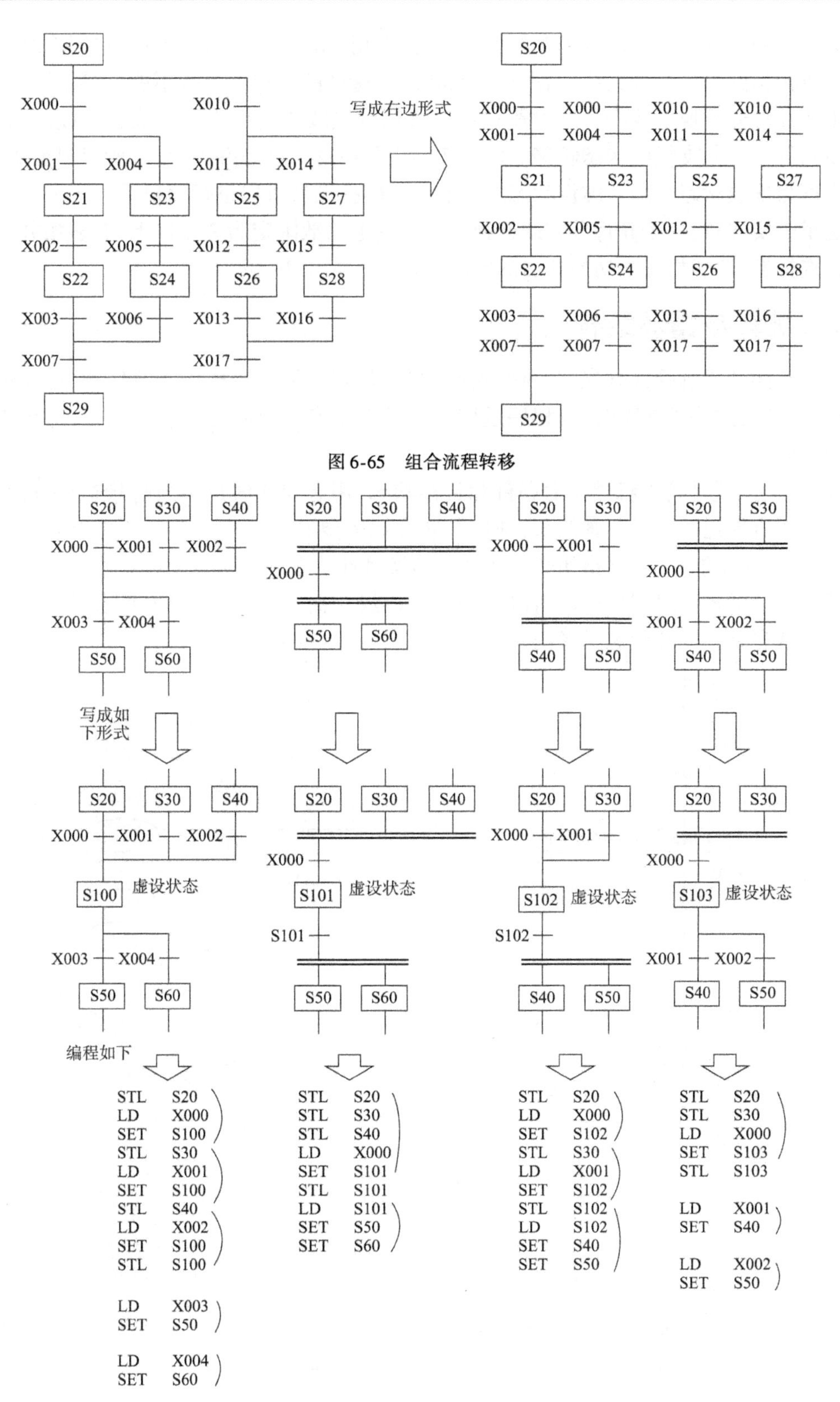

图 6-65 组合流程转移

图 6-66 虚设状态的设置

另外,还有一些分支、汇合组合的状态转移图如图6-65、图6-66所示,它们连续地直接从汇合线转移到下一个分支线,而没有中间状态。这样的流程组合既不能直接编程,又不能采用上述办法先转换后编程。这时需在汇合线到分支线之间插入一个状态,以改变直接从汇合线到下一个分支线的状态转移。但在实际工艺中这个状态并不存在,所以只能虚设,这种状态称为虚设状态。加入虚设状态之后的状态转换图就可以进行编程了。

这里需要注意:一条并行分支或选择性分支的电路数限定为8条以下;有多条并行分支与多条选择性分支时,每个初始状态的电路总数应不大于16条。

六、跳转与循环结构

跳转与循环是选择性分支的一种特殊形式。若满足某一转移条件,程序跳过几个状态往下继续执行,这是正向跳转;或程序返回上面某个状态再开始往下继续执行,这是逆向跳转,也称循环。

在SFC中,跳转往往都伴随着条件和目标状态,用有向连线连接当前状态和目标状态。正向跳转的有向连线一般不画箭头,逆向跳转连线需要画出方向箭头。编写当前状态的程序时,除了指明功能外,还要指明转换条件和转换目标状态。

任何复杂的控制过程均可以由以上四种结构组合而成。如图6-67所示就是跳转与循环结构的状态转移图和状态梯形图。

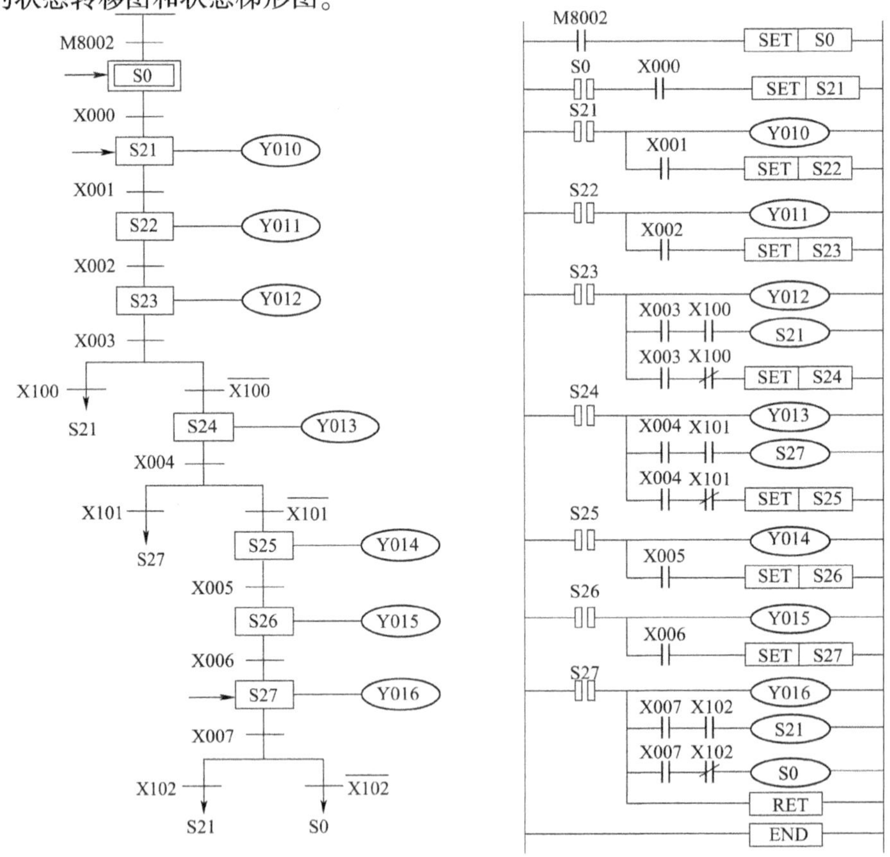

图6-67 虚设状态的设置

在图6-67中,在S23工作时,X003和X100均接通,则进入逆向跳转,返回到S21重新开始执行(循环工作);若X100断开,则$\overline{X100}$常闭触点闭合,程序则顺序往下执行S24。当X004和X101均接通时,程序由S24直接转移去执行状态S27,跳过和S26,为正向跳转。当007和X102均接通时,程序将返回到S21状态,开始新的工作循环;若X102断开,$\overline{X102}$常闭触点闭合时,程序返回到预备工作状态S0,等待新的启动命令跳转与循环的条件信号,可以由现场的行程(位置)开关等获取,也可以用计数方法确定循环次数,在时间控制中可以用定时器来确定。

第四节 FX_{2N} 系列 PLC 的应用指令

应用指令是可编程控制器数据处理能力的标志。由于数据处理远比逻辑处理复杂,应用指令无论从梯形图的表达形式上,还是从涉及的机内器件种类及信息的数量上,都有一定的特殊性。

本节介绍FX_{2N}系列可编程控制器的应用指令表示与执行形式、数值处理、分类和编程方法,并给出FX_{2N}系列可编程控制器的应用指令总表。

可编程控制器的基本指令是基于继电器、定时器、计数器类软元件,主要用于逻辑处理的指令,作为工业控制计算机,PLC仅有基本指令是远远不够的。现代工业控制在许多场合需要数据处理,因而PLC制造商逐步在PLC中引入应用指令(Applied Instruction,有的书也称为功能指令),用于数据的传送、运算、变换及程序控制等应用。这使得可编程控制器成了真正意义上的计算机。特别是近年来,应用指令又向综合性方向迈进了一大步,出现了许多条指令即能实现以往需要大段程序才能完成的某种任务的指令,如PID指令、表应用指令等。这类指令实际上就是一个个应用完整的子程序,从而大大提高了PLC的实用价值和普及率。

FX_{2N}系列可编程控制器是FX系列中高档次的超小型化、高速、高性能产品,具有128种298条应用指令。分为程序控制、传送与比较、四则运算与逻辑运算、循环移位、数据处理、高速处理、方便类指令、外部设备I/O处理、浮点操作、时钟运算、格雷码转换、触点比较等多种类型指令。下面进行介绍。

一、应用指令的类型及应用要素

FX系列可编程控制器应用指令依据应用不同,可分为数据处理类、程序控制类、特种应用类及外部设备类。由于应用指令主要解决的是数据处理任务,其中数据处理类指令种类多、数量大、使用频繁,又可分为传送比较、四则运算及逻辑运算、移位、编解码等细目。程序控制类指令主要用于程序的结构及流程控制,含子程序、中断、跳转及循环等指令。外部设备类指令含一般的输入输出口设备及专用外部设备两大类。专用外部设备是指与主机配接的应用单元及专用通信单元等。特种应用类指令是机器的一些特殊应用,如高速计数器或模仿一些专用机械或专用电气设备应用的指令等。

1. 应用指令的表示形式、应用与操作

应用指令与基本指令不同的是,应用指令不含表达梯形图符号间相互关系的成分。而是直接表达本指令要做什么操作。FXN 系列 PLC 在梯形图中一般是使用应用框来表示应用指令的。图 6-68 是应用指令的梯形图示例。图中 M8002 的常开触点是应用指令的执行条件,其后的方框即应用框。应用框中分栏表示指令的名称、相关数据或数据的存储地址。这种表达方式的优点是直观,稍具有计算机程序知识的人马上可以悟出指令的应用意义。图 6-68 中指令的应用意义是:当 M8002 接通时,十进制常数 245 将被送到数据寄存器 D501 中去使用应用指令需注意指令的要素。现以加法指令作为说明,图 6-69 及表 6-24 给出了加法指令的表示形式及要素。

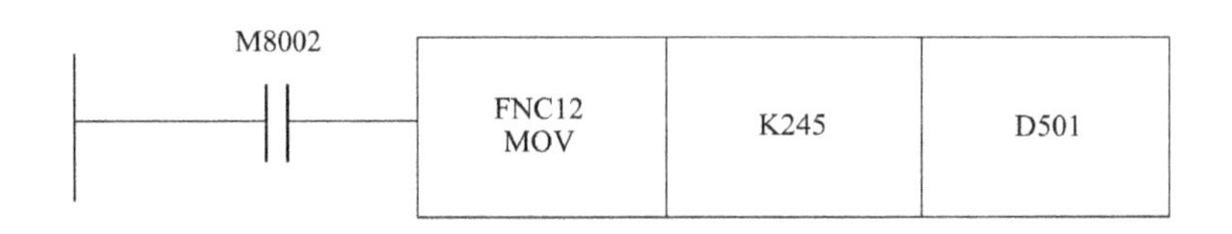

图 6-68　应用指令的梯形图形式

图 6-69 及表 6-24 中应用指令的使用要素意义如下:

(1)应用指令编号每条应用指令都有唯一的编号。在使用简易编程器的场合,输入应用指令时,首先输入的就是应用指令编号。如图 6-69 中①所示的就是应用指令编号 FNC20。

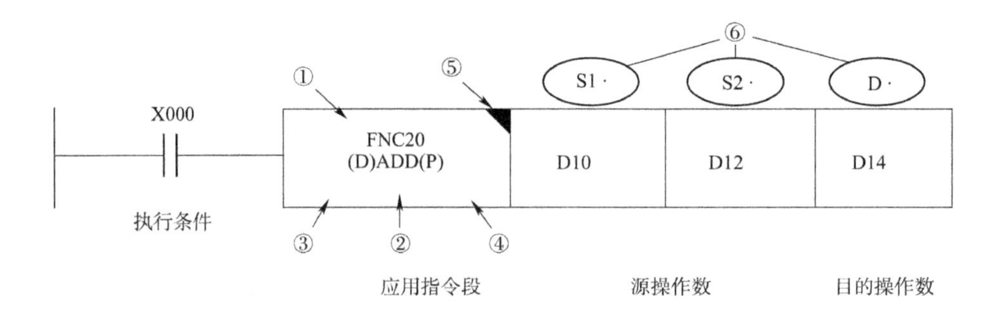

图 6-69　应用指令的表示形式及要素

加法指令的要素　　表 6-24

指令名称	指令代码	助记符	操作数范围			程　序　步
			S1(·)	S2(·)	D(·)	
加法	FNC20 (16/32)	ADD ADD(P)	K、H KnX、KnY、KnM、KnS T、C、D、V、Z		KnY、KnM、KnS T、C、D、V、Z	ADD/ADDP……7 步 DADD/DADDP……13 步

(2)助记符

应用指令的助记符是采用应用指令的英文缩写词。如加法指令“ADDITION”简写为

ADD。采用这种方式容易了解指令的应用。如图 6-69 中②所示。

(3)数据长度

应用指令依处理数据的长度分为 16 位指令和 32 位指令。其中 32 位指令前要用 D 表示,无 D 符号的指令为 16 位指令。图 6-69 中③为数据长度符号,若指令为 DADD,则将(D11、D10)中 32 位数据与(D13、D12)中 32 位数据相加,结果存入(D15、D14)中。

(4)执行形式

应用指令有脉冲执行型和连续执行型。指令后若标有(P)的为脉冲执行型(如图 6-69 中④所示)。脉冲执行型指令在执行条件满足时仅执行一个扫描周期。这点对数据处理有很重要的意义。比如在执行条件满足时执行的是脉冲执行型加法指令,只在第一个扫描周期将加数和被加数做一次加法运算。而连续型加法运算指令在执行条件满足时,每一个扫描周期都要相加一次,使目的操作数内容在不断变化,对于这类"使用时需要注意的指令"在指令标示栏的右上角用"◥"警示,见图 6-69 中⑤。

(5)操作数

在图 6-69 中⑥为操作数。操作数是应用指令涉及或产生的数据。操作数分为源操作数、目标操作数及其他操作数。源操作数是指令执行后不改变其内容的操作数,用[S(·)]表示。目标操作数是指令执行后将改变其内容的操作数,用[D(·)]表示。其他操作数用 m 与 n 表示。其他操作数常用来表示常数或者对源操作数和目标操作数作出补充说明。表示常数时,K 为十进制,H 为十六进制。在一条指令中,源操作数、目标操作数及其他操作数都可能不止一个,也可以一个都没有。当某种操作数较多时,可用标号区别,如[S1(·)]、[S2(·)]。

操作数一般来说是指参加运算数据的地址(有的也可以是常数)。地址是依元件的类型分布在存储区中的。由于不同指令对参与操作的元件类型有一定限制,因此操作数的取值就有一定的范围(可按图 6-70 操作数可用元件的类型及范围选取)。正确地选取操作数类型,对正确使用指令有很重要的意义。

(6)变址应用

操作数可进行变址应用。操作数旁加有"(·)"的即具有变址应用的操作数。例如指令 ADD D10Z0 D12 D14 中的源操作数是变址应用,该指令表示将(D(10+(Z0))中数据与(D12)中数据相加,结果存入(D14)中。

(7)程序步数

程序步数是 PLC 执行该指令所需的基本步数。应用指令的应用号和指令助记符占个程序步,每个操作数占 2 个或 4 个程序步(16 位操作数是 2 个程序步,32 位操作数是 4 个程序步)。因此,一般 16 位指令为 7 个程序步,32 位指令为 13 个程序步。

熟悉应用型指令的以上要素,查阅 FX_{2N} 编程手册中应用指令的用法,减少编程的语法错误,提高编程效率是有积极意义的。

2. 应用指令分类及汇总

FX_{2N}系列 PLC 的应用指令,是在 FX_2 应用指令的基础上又增加了浮点运算、触点形比较和时钟应用等指令,指令数达到了 128 种 298 条。现列表于表 6-25 中,便于读者在使用时查阅。

FX_{2N}系列PLC的应用指令分类及汇总表 表6-25

分类	指令编号 FNC	指令助记符	指令格式、操作数(可用软元件)	指令名称及功能	D命令	P命令
程序流程	000	CJ	S(·)(指针P0~P127)	条件跳转： 程序跳转到[S(·)]P指针指定处，P63为END步序，不需指定		○
	001	CALL	S(·)(指针P0~P127)	调用子程序： 程序调用[S(·)]P指针所指定的子程序，嵌套5层以内		○
	002	SRET		子程序返回： 从子程序返回主程序		
	003	IRET		中断返回主程序		
	004	EI		中断允许		
	005	DI		中断禁止		
	006	FEND		主程序结束		
	007	WDT		监视定时器： 顺控指令中执行监视定时器刷新		○
	008	FOR	S(·)(W4)	循环开始： 嵌套5层以内		
	009	NEXT		循环结束		
传送和比较	010	CMP	S1(·)(W4)，S2(·)(W4)，D(·)(B′)	比较：[S1(·)]和[S2(·)]→[D(·)]	○	○
	011	ZCP	S1(·)(W4)，S2(·)(W4)，S(·)(W4)，D(·)(B′)	区间比较：[S(·)]同[S1(·)]~[S2(·)]比较→[D(·)]，[D(·)]占3点	○	○
	012	MOV	S(·)(W4)，D(·)(W2)	传送：[S(·)]→[D(·)]	○	○
	013	SMOV	S(·)(W4)，m1(·)(W4″)，m2(·)(W4″)，D(·)(W2)，n(W4″)	移位传送：[S(·)]第m1位开始的m2个数位移到[D(·)]的第n个位置。m1、m2、n=1~4		○
	014	CML	S(·)(W4)，D(·)(W2)	取反：[S(·)]取反→[D(·)]	○	○
	015	BMOV	S(·)(W3′)，D(·)(W2′)，n(W4″)	块传送： [S(·)]→[D(·)]，(n点→n点)，[S(·)]包括文件寄存器，n≤512		○

续上表

分类	指令编号 FNC	指令助记符	指令格式、操作数(可用软元件)	指令名称及功能	D命令	P命令
传送和比较	016	FMOV	S(·)(W4),D(·)(W2′),n(W4″)	多点传送:[S(·)]→[D(·)],(1点~n点),n≤512	○	○
	017	XCH ◥	D1(·)(W2),D2(·)(W2)	数据交换:[D1(·)]←→[D2(·)]	○	○
	018	BCD	S(·)(W3),D(·)(W2)	求BCD码:[S(·)]16/32位二进制数转换成4/8位BCD码→[D(·)]	○	○
	019	BIN	S(·)(W3),D(·)(W2)	求二进制码:[S(·)]4/8位BCD码转换成16/32位二进制数→[D(·)]	○	○
四则运算和逻辑运算	020	ADD	S1(·)(W4),S2(·)(W4),D(·)(W2)	二进制加法:[S1(·)]+[S2(·)]→[D(·)]	○	○
	021	SUB	S1(·)(W4),S2(·)(W4),D(·)(W2)	二进制减法:[S1(·)]-[S2(·)]→[D(·)]	○	○
	022	MUL	S1(·)(W4),S2(·)(W4),D(·)(W2′)	二进制乘法:[S1(·)]×[S2(·)]→[D(·)]	○	○
	023	DIV	S1(·)(W4),S2(·)(W4),D(·)(W2′)	二进制除法:[S1(·)]÷[S2(·)]→[D(·)]	○	○
	024	INC ◥	D(·)(W2)	二进制加1:[D(·)]+1→[D(·)]	○	○
	025	DEC ◥	D(·)(W2)	二进制减1:[D(·)]-1→[D(·)]	○	○
	026	AND	S1(·)(W4),S2(·)(W4),D(·)(W2)	逻辑字与:[S1(·)]∧[S2(·)]→[D(·)]	○	○
	027	OR	S1(·)(W4),S2(·)(W4),D(·)(W2)	逻辑字或:[S1(·)]∨[S2(·)]→[D(·)]	○	○
	028	XOR	S1(·)(W4),S2(·)(W4),D(·)(W2)	逻辑字异或:[S1(·)]⊕[S2(·)]→[D(·)]	○	○
	029	NEG ◥	D(·)(W2)	求补码:[D(·)]按位取反+1→[D(·)]	○	○

续上表

分类	指令编号 FNC	指令助记符	指令格式、操作数(可用软元件)	指令名称及功能	D 命令	P 命令
循环移位与位移	030	ROR ◥	D(·)(W2),n(W4″)	循环右移:执行条件成立,[D(·)]循环右移 n 位(高位→低→高位)	○	○
	031	ROL ◥	D(·)(W2),n(W4″)	循环左移:执行条件成立,[D(·)]循环左移 n 位(低位→高→低位)	○	○
	032	RCR ◥	D(·)(W2),n(W4″)	带进位循环右移:[D(·)]带进位循环右移 n 位(高位→低位→+进位→高位)	○	○
	033	RCL ◥	D(·)(W2),n(W4″)	带进位循环左移:[D(·)]带进位循环左移 n 位(低位→高位→+进位→低位)	○	○
	034	SFTR ◥	S(·)(B),D(·)(B′),n1(W4″),n2(W4″)	位右移:n2 位[S(·)]右移→n1 位的[D(·)],高位进,低位溢出		○
	035	SFTL ◥	S(·)(B),D(·)(B′),n1(W4″),n2(W4″)	位左移:n2 位[S(·)]左移→n1 位的[D(·)],低位进,高位溢出		○
	036	WSFR ◥	S(·)(W3′),D(·)(W2′),n1(W4″),n2(W4″)	字右移:n2 字[S(·)]右移→[D(·)]开始的 n1 位,高字进,低字溢出		○
	037	WSFL ◥	S(·)(W3′),D(·)(W2′),n1(W4″),n2(W4″)	字左移:n2 字[S(·)]左移→[D(·)]开始的 n1 位,低字进,高字溢出		○
	038	SFWR ◥	S(·)(W4),D(·)(W2′),n(W4″)	FIFO 写入:先进先出控制的数据写入,2≤n≤512		○
	039	SFRD ◥	S(·)(W2′),D(·)(W2′),n(W4′)	FIFO 读出:先进先出控制的数据读出,2≤n≤512		○

续上表

分类	指令编号 FNC	指令助记符	指令格式、操作数(可用软元件)	指令名称及功能	D 命令	P 命令
数据处理	040	ZRST ◥	D1(・)(W1′、B′),D2(・)(W1′、B′)	成批复位:[D1(・)]~[D2(・)]复位,[D1(・)] < [D2(・)]		○
	041	DECO ◥	S(・)(B/W1/W4″),D(・)(B′/W1),n(W4″)	解码:[S(・)]的n(1~8)位二进制数解码为十进制数α→[D(・)],使[D(・)]的第α位为"1"		○
	042	ENCO ◥	S(・)(B/W1),D(・)(W1),n(W4″)	编码:[S(・)]的2^n(n=1~8)位中的最高"1"位代表的位数(十进制数)编码为二进制数后→[D(・)]		○
	043	SUM	S(・)(W4),D(・)(W2)	求置ON位的总和:[S(・)]中"1"位的数目→[D(・)]	○	○
	044	BON	S(・)(W4),D(・)(B′),n(W4″)	ON位判断:[S(・)]中的第n位为ON时,[D(・)]为ON(n=0~15)		○
	045	MEAN	S(・)(W3′),D(・)(W2),n(W4″)	平均值:[S(・)]中n点的平均值→[D(・)](n=1~64)		○
	046	ANS	S(・)(T),m(・)(K),D(・)(S)	标志置位:若执行条件为ON,[S(・)]中定时器定时m毫秒后标志位[D(・)]置位,[D(・)]为S900~S999		○
	047	ANR ◥		标志复位:被置位的定时器复位		○
	048	SOR	S(・)(D/W4″),D(・)(D)	二进制平方根:[S(・)]的平方根值→[D(・)]	○	○
	049	FLT	S(・)(D),D(・)(D)	二进制整数与二进制浮点数转换:[S(・)]的二进制整数→[D(・)]二进制浮点数	○	○

续上表

分类	指令编号 FNC	指令助记符	指令格式、操作数(可用软元件)	指令名称及功能	D命令	P命令
高速处理	050	REF	D(·)(X/Y),n(W4″)	输入输出刷新:指令执行[D(·)]立即刷新,[D(·)]为 X000、X010、…, Y000、Y010、…,n=8,16…256		○
	051	REFF	n(W4″)	滤波调整:输入滤波时间调整为 n 毫秒,刷新 X0 ~ X17,n=0 ~60		○
	052	MTR	S(·)(X),D1(·)(Y),D2(·)(B′),n(W4″)	矩阵输入(使用一次):n 列 8 点数据以 D1(·)输出的选通信号分时将[S(·)]数据读入[D2(·)]		
	053	HSCS	S1(·)(W4),S2(·)(C),D(·)(B′)	高速计数比较置位:[S1(·)]=[S2(·)]时,[D(·)]置位,中断输出到Y。S2(·)为 C235 ~ C255	○	
	054	HSCR	S1(·)(W4),S2(·)(C),D(·)(B′C)	高速计数比较复位:[S1(·)]=[S2(·)]时,[D(·)]复位,中断输出到Y。[D(·)]为C时自复位	○	
	055	HSZ	S1(·)(W4),S2(·)(W4),S(·)(C),D(·)(B′)	高速计数区间比较:[S(·)] 与 [S1(·)] ~ [S2(·)]比较,结果驱动[D(·)]	○	
	056	SPD	S1(·)(X0 ~ X5),S2(·)(W4),D(·)(W1)	脉冲密度:在[S2(·)]时间内,将[S1(·)]输入的脉冲存入[D(·)]		
	057	PLSY	S1(·)(W4),S2(·)(W4),D(·)(Y0 或 Y1)	脉冲输出(使用一次):以[S1(·)]的频率从[D(·)]中送出[S2(·)]个脉冲。[S1(·)]=1 ~1000Hz	○	
	058	PWM	S1(·)(W4),S2(·)(W4),D(·)(Y0 或 Y1)	脉宽调制(使用一次):输出周期[S2(·)]、脉宽[S1(·)]的脉冲至[D(·)]。周期、脉宽=1 ~32767ms		
	059	PLSR	S1(·)(W4),S2(·)(W4),S3(·)(W4),D(·)(Y0 或 Y1)	可调速脉冲输出(使用一次):以[S1(·)]最高频率 10 ~20000Hz,[S2(·)]总输出脉冲数,[S2(·)]增减数时间,≤5000ms,[D(·)]输出脉冲	○	

续上表

分类	指令编号 FNC	指令助记符	指令格式、操作数(可用软元件)	指令名称及功能	D 命令	P 命令
方便类指令	060	IST	S1(·)(X/Y/M), D1(·)(S20~S899), D2(·)(S20~S899)	状态初始化(使用一次):自动控制步进顺控中的状态初始化。[S(·)]为运行模式的初始输入,[D1(·)]为自动模式中的实用状态的最小号码,[D1(·)]为自动模式中的实用状态的最大号码		
	061	SER	S1(·)(W3′), S2(·)(C′), D(·)(W2′), n(W4″)	查找数据:检索以[S1(·)]为起始的n个与[S2(·)]相同的数据,并将其个数存于[D(·)]	○	○
	062	ABSD	S1(·)(W3′), S2(·)(C′), D(·)(B′), n(W4″)	绝对值式凸轮控制(使用一次):对应[S2(·)]计数器的当前值,输出[D(·)]开始的n点由[S1(·)]内数据决定的输出波形		
	063	INCD	S1(·)(W3′), S2(·)(C), D(·)(B′), n(W4″)	增量式凸轮控制(使用一次):对应[S2(·)]计数器的当前值,输出[D(·)]开始的n点由[S1(·)]内数据决定的输出波形,[S2(·)]的第二个计数器统计复位次数		
	064	TIMR	D(·)(D), n(0~2)	示数定时器:用[D(·)]开始的第二个数据寄存器测定执行条件ON的时间,乘以n指定的倍率存入[D(·)], n=0~2		
	065	STMR	S1(·)(T), m(W4″), D(·)(B′)	特殊定时器:m指定的值作为[S(·)]指定定时器的设定值,使[D(·)]指定的4个器件构成延时断开定时器、输入ON→OFF后的脉冲定时器、输入OFF→ON后的脉冲定时器、滞后输入信号向相反方向变化的脉冲定时器		
	066	ALT ◥	D(·)(B′)	交替输出:每次执行条件由OFF→ON的变化时,[D(·)]由OFF→ON、ON→OFF…交替输出	○	

续上表

分类	指令编号 FNC	指令助记符	指令格式、操作数(可用软元件)	指令名称及功能	D 命令	P 命令
方便类指令	067	RAMP	S1(·)(D),S2(·)(D),D(·)(B′),n(W4″)	斜坡信号:[D(·)]的内容从[S1(·)]的值到[S2(·)]的值慢慢变化,其变化时间为n个扫描周期。N=1~32767		
	068	ROTC	S1(·)(D),m1(W4″),m2(W4″),D(·)(B′)	旋转工作台控制(使用一次):[S(·)]指定开始的D为工作台位置检测计数寄存器,其次指定的D为取出位置号寄存器,再次指定的D为要取工件号寄存器,m1为分度区数,m2为低速运行行程。完成上述设定,指令就自动在[D(·)]指定输出控制信号		
	069	SORT	S1(·)(D),m1(W4″),m2(W4″),D(·)(D),n(W4″)	表数据排序(使用一次):[S(·)]为排序表的首地址,m1为行号,m2为列号。指令将以n指定的列号,将数据从小开始进行整理排列,结果存入以[D(·)]指定的为首地址的目标元件中,形成新的排序表。m1=1~32;m2=1~6;n=1~m2		
外部机器I/O	70	TKY	S(·)(B),D1(·)(W2′),D2(·)(B′)	十键输入(使用一次):外部十键键号依次为0~9,连接于[S(·)],每按一次键,其键号依次存入[D1(·)]、[D2(·)]指定的位元件依次为ON	○	
	71	HKY	S(·)(X),D1(·)(Y),D2(·)(W1),D3(·)(B′)	十六键输入(使用一次):以[D1(·)]为选通信号,顺序将[S(·)]所按键号存入[D2(·)],每次按键以BIN码存入,超出上限9999,溢出;按A~F键,[D3(·)]指定的位元件依次为ON	○	
	72	DSW	S(·)(X),D1(·)(Y),D2(·)(W1),n(W4″)	数字开关(使用两次):四位一组(n=1)或四位两组(n=2)BCD数字开关由[S(·)]输入,以[D1(·)]为选通信号,顺序将[S(·)]所键入数字送到[D2(·)]		

续上表

分类	指令编号 FNC	指令助记符	指令格式、操作数(可用软元件)	指令名称及功能	D 命令	P 命令
外部机器 I/O	73	SEGD	S(·)(W4),D(·)(W2)	七段码译码:将[S(·)]低4位指定的0~F的数据译成七段码显示的数据格式存入[D(·)],[D(·)]高8位不变		○
	74	SEGL	S(·)(W4),D(·)(X),n(W4″)	带锁存七段码显示(使用2次);四位一组(n=0~3)或四位两组(n=4~7)七段码,由[D(·)]的第2个四位为选通信号,顺序显示由[S(·)]经[D(·)]的第1个四位或[D(·)]的第3个四位输出的值		○
	75	ARWS	S(·)(B),D1(·)(W1),D2(·)(Y),n(W4″)	方向开关(使用1次):[S(·)]指定位移位与各位数字增减用的箭头开关,[D1(·)]指定的元件中存放显示的二进制数,根据[D2(·)]指定的第2个四位输出的选通信号,依次从[D2(·)]指定的第1个四位输出显示。按位移开关,顺序选择所要显示位;按数字增减开关,[D1(·)]数值由0~9或9~0变化,选择选通位		
	76	ASC	S(·)(字母数字),D(·)(W1)	ASCⅡ码转换:[S(·)]存入微机输入8个字节以下的字母数字,指令执行后,将[S(·)]转换为ASC码后送到[D(·)]		
	77	PR	S(·)(W1′),D(·)(Y)	ASCⅡ码打印(使用二次):将[S(·)]的ASC码存入[D(·)]		
	78	FROM	m1(W4″),m2(W4″),D(·)(W2),n(W4″)	BFM读出:将特殊单元缓冲存储器(BFM)的n点数据读到[D(·)];m1=0~7,特殊单元特殊模块号;m2=0~31,缓冲存储器(BFM)号码;n=1~32,传送点数	○	○
	79	TO	m1(W4″),m2(W4″),S(·)(W4),n(W4″)	写入BFM:将可编程控制器[S(·)]的n点数据写入BFM。m1=0~7,特殊单元特殊模块号;m2=0~31,缓冲存储器(BFM)号码;n=1~32,传送点数	○	○

续上表

分类	指令编号 FNC	指令助记符	指令格式、操作数(可用软元件)	指令名称及功能	D 命令	P 命令
外部机器 SER	80	RS	S(·)(D),m(W4″),D(·)(D),n(W4″)	串行通信传递:使用功能扩展板进行发送接收串行数据。发送[S(·)]的 m 点数据至[D(·)]n 点数据,m、n = 0~256		
	81	PRUN	S(·)(KnM、KnX)(n = 1~8) D(·)(KnY、KnM)(n = 1~8)	八进制位传送:[S(·)]转换为八进制,送到[D(·)]	○	○
	82	ASCI	S(·)(W4),D(·)(W2′),n(W4″)	HEX→ASCⅡ码变换:将[S(·)]内的十六进制数的各位转换为 ASCⅡ码向[D(·)]的高低 8 位传送。传送的字符数由 n 指定。N = 1~256		○
	83	HEX	S(·)(W4′),D(·)(W2),n(W4″)	ASCⅡ码→HEX 变换:将[S(·)]内高低 8 位的 ASCⅡ(十六进制)数据的各位转换为 ASCⅡ码向[D(·)]的高低 8 位传送。传送的字符数由 n 指定。N = 1~256		○
	84	CCD	S(·)(W3′),D(·)(W1″),n(W4″)	检验码:用于通信数据的校验,以[S(·)]指定的元件为起始的 n 点数据,将其高低 8 位数据的总和校验检查[D(·)]与[D(·)]+1 的元件		○
	85	VRRD	S(·)(W4″),D(·)(W2)	模拟量输入:将[S(·)]指定的模拟量设定模板的开关模拟值 0~255 转换为 8 位 BIN 传送到[D(·)]		○
	86	VRSC	S(·)(W4″),D(·)(W2)	模拟量开关设定:[S(·)]指定的开关刻度 0~10 转换为 8 位 BIN 传送到[D(·)]。[S(·)]:开关号码 0~7		○
	87					
	88	PID	S1(·)(D),S2(·)(D),S3(·)(D),D(·)(D)	PID 回路运算:[S1(·)]设定目标值;[S2(·)]设定测定当前值;[S3(·)]~[S3(·)]+6 设定控制参数值。执行程序时,运算结果被存入[D(·)]。[S3(·)]:D0~D975		

续上表

分类	指令编号 FNC	指令助记符	指令格式、操作数(可用软元件)	指令名称及功能	D 命令	P 命令
浮点运算	110	ECMP	S1(·),S2(·),D(·)	二进制浮点数比较：[S1(·)]与[S2(·)]比较，结果值→[D(·)]	○	○
	111	EZCP	S1(·),S2(·),S(·),D(·)	二进制浮点数比较：[S1(·)]与[S2(·)]比较，结果值→[D(·)]。[D(·)]占3点，[S1(·)] < [S2(·)]	○	○
	118	EBCD	S(·),D(·)	二进制浮点转为十进制浮点：[S(·)]转为十进制浮点→[D(·)]	○	○
	119	EBIN	S(·),D(·)	十进制浮点转为二进制浮点：[S(·)]转为二进制浮点→[D(·)]	○	○
	120	EADD	S1(·),S2(·),D(·)	二进制浮点相加：[S1(·)] + [S2(·)]→[D(·)]	○	○
	121	ESUB	S1(·),S2(·),D(·)	二进制浮点相减：[S1(·)] - [S2(·)]→[D(·)]	○	○
	122	EMUL	S1(·),S2(·),D(·)	二进制浮点相乘：[S1(·)] × [S2(·)]→[D(·)]	○	○
	123	EDIV	S1(·),S2(·),D(·)	二进制浮点相除：[S1(·)] ÷ [S2(·)]→[D(·)]	○	○
	127	ESOR	S(·),D(·)	开方：[S(·)]开方→[D(·)]	○	○
	129	INT	S(·),D(·)	二进制浮点数转换成二进制整数：[S(·)]转换成BIN整数→[D(·)]	○	○
	130	SIN	S(·),D(·)	二进制浮点数的正弦运算：[S(·)]的正弦值→[D(·)]。0≤[S(·)]≤360	○	○
	131	COS	S(·),D(·)	二进制浮点数的余弦运算：[S(·)]的余弦值→[D(·)]。0≤[S(·)]≤360	○	○
	132	TAN	S(·),D(·)	二进制浮点数的正切运算：[S(·)]的正切值→[D(·)]。0≤[S(·)]≤360	○	○

续上表

分类	指令编号 FNC	指令助记符	指令格式、操作数(可用软元件)	指令名称及功能	D命令	P命令
数据处理2	147	SWAP	S(·)	高低位变换:16 位时,低 8 位与高 8 位交换;32 位时,两个 16 位的低 8 位与高 8 位同时交换	○	○
时钟运算	160	TCMP	S1(·),S2(·),S3(·),S(·),D(·)	时钟数据比较:指定时刻[S(·)]与时钟数据[S1(·)]时[S2(·)]分[S3(·)]秒比较,结果在[D(·)]中显示。[D(·)]占 3 点		○
	161	TZCP	S1(·),S2(·),S(·),D(·)	时钟数据区域比较:指定时刻[S(·)]与时钟数据区域[S1(·)]~[S2(·)]比较,结果在[D(·)]中显示。[D(·)]占 3 点。[S1(·)]≤[S2(·)]		○
	162	TADD	S1(·),S2(·),D(·)	时钟数据加法:以[S2(·)]起始的 3 点时刻数据加上存入[S1(·)]起始的 3 点时刻数据,结果存入[D(·)]起始的 3 点中		○
	163	TSUB	S1(·),S2(·),D(·)	时钟数据减法:以[S1(·)]起始的 3 点时刻数据减去存入[S2(·)]起始的 3 点时刻数据,结果存入[D(·)]起始的 3 点中		○
	166	TRD	D(·)	时钟数据读出:将内藏的实时计算器的数据在[D(·)]占有的 7 点数据读出		○
	167	TWR	S(·)	时钟数据写入:将[D(·)]占有的 7 点数据写入内藏的实时计算器		○
格雷码转换	170	GRY	S(·),D(·)	格雷码转换:将[S(·)]的格雷码转换为二进制,存入[D(·)]	○	○
	171	GBIN	S(·),D(·)	格雷码逆变换:将[S(·)]的二进制值转换为格雷码,存入[D(·)]	○	○

续上表

分类	指令编号 FNC	指令助记符	指令格式、操作数(可用软元件)	指令名称及功能	D命令	P命令
触点比较	224	LD =	S1(·),S2(·)	连接母线形比较指令:连接母线形接点。当[S1(·)] = [S2(·)]时接通	○	
	225	LD >	S1(·),S2(·)	连接母线形比较指令:连接母线形接点。当[S1(·)] > [S2(·)]时接通	○	
	226	LD <	S1(·),S2(·)	连接母线形比较指令:连接母线形接点。当[S1(·)] < [S2(·)]时接通	○	
	228	LD < >	S1(·),S2(·)	连接母线形比较指令:连接母线形接点。当[S1(·)] < > [S2(·)]时接通	○	
	229	LD≤	S1(·),S2(·)	连接母线形比较指令:连接母线形接点。当[S1(·)] ≤ [S2(·)]时接通	○	
	230	LD≥	S1(·),S2(·)	连接母线形比较指令:连接母线形接点。当[S1(·)] ≥ [S2(·)]时接通	○	
	232	AND =	S1(·),S2(·)	串联形触头比较指令:串联形接点。当[S1(·)] = [S2(·)]时接通	○	
	233	AND >	S1(·),S2(·)	串联形触头比较指令:串联形接点。当[S1(·)] > [S2(·)]时接通	○	
	234	AND <	S1(·),S2(·)	串联形触头比较指令:串联形接点。当[S1(·)] < [S2(·)]时接通	○	
	236	AND < >	S1(·),S2(·)	串联形触头比较指令:串联形接点。当[S1(·)] < > [S2(·)]时接通	○	
	237	AND≤	S1(·),S2(·)	串联形触头比较指令:串联形接点。当[S1(·)] ≤ [S2(·)]时接通	○	
	238	AND≥	S1(·),S2(·)	串联形触头比较指令:串联形接点。当[S1(·)] ≥ [S2(·)]时接通	○	
	240	OR =	S1(·),S2(·)	并形触头比较指令:并联形接点。当[S1(·)] = [S2(·)]时接通	○	

续上表

分类	指令编号 FNC	指令助记符	指令格式、操作数(可用软元件)	指令名称及功能	D 命令	P 命令
触点比较	241	OR >	S1(·),S2(·)	并形触头比较指令:并联形接点。当[S1(·)] > [S2(·)]时接通	○	
	242	OR <	S1(·),S2(·)	并形触头比较指令:并联形接点。当[S1(·)] < [S2(·)]时接通	○	
	244	OR < >	S1(·),S2(·)	并形触头比较指令:并联形接点。当[S1(·)] < > [S2(·)]时接通	○	
	245	OR≤	S1(·),S2(·)	并形触头比较指令:并联形接点。当[S1(·)] ≤ [S2(·)]时接通	○	
	246	OR≥	S1(·),S2(·)	并形触头比较指令:并联形接点。当[S1(·)] ≥ [S2(·)]时接通	○	

注:D 命令栏有“○”的表示可以是32位的指令,P 命令栏有“○”的表示可以是脉冲执行型指令。

在表6-25中,表示各操作数可用元件类型的范围符号是:B、B′、W1、W2、W3、W4、W1′、W2′、W3′、W4′、W1″、W4″,其表示的范围如图6-70所示。

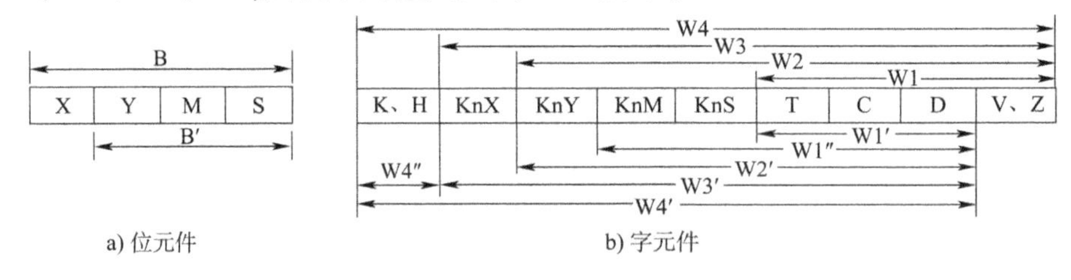

图6-70　操作数可用元件类型的范围符号

二、程序流程指令

1. 程序流程基础知识

(1)PLC程序结构和程序流程

PLC的用户程序一般分为主程序区和副程序区。主程序区存有用户控制字,简称主程序,是完成用户控制要求的PLC程序,是必不可少的。而且,主程序只能有一个,副程序区存有子程序和中断服务程序,子程序和中断服务程序是一个个独立的程序段,完成独立的功能,他们依照程序设计人员的安排依次放在副程序区。

主程序区和副程序区用主程序结束指令FEND间隔。PLC在扫描工作时,只扫描主程序区,不扫描副程序区。也就是说,当PLC扫描到主程序结束指令FEND时,和扫描到END结束指令一样,执行各种刷新功能,并返回到程序开始,继续扫描工作。

在小型控制程序中,可以只有主程序而没有副程序。其程序结束指令为END。这时,程

序流程有两种情况,一种是从上到下、从左到右的顺序扫描;另一种情况是程序会发生转移当转移条件成立时,扫描会跳过一部分程序,向前或向后转移到指定程序行继续扫描下去。

当系统规模很大、控制要求复杂时,如果将全部控制任务放在主程序中,主程序将会非常复杂,既难以调试,也难以阅读。而且,有一些随机发生的事件,也难以在主程序中安排处理,这时,就会把一些程序编成程序块而放到副程序区。PLC 是不会扫描副程序区的,这些程序块只能通过程序流程转移才能执行。这种程序转移与上面所讲的有程序转移指令所引起的转移有很大区别。如果上面的程序转移称为条件转移的话,这里的程序转移可以称为断点转移。

条件转移时在主程序区内进行,其转移后,PLC 扫描仍按顺序进行。直到执行到主程序结束指令或 END 指令又从头开始,它不存在转移断点和返回。

断点转移则不同,当 PLC 碰到断点转移时,会停止主程序区的扫描工作,在主程序区产生一个程序中断的点。然后转到副程序区去执行相应的程序块,执行完毕后,必须再次从副程序区回到主程序区的断点处,由断点处的下一条指令继续扫描下去。程序结构和转移流程如图 6-71 所示。

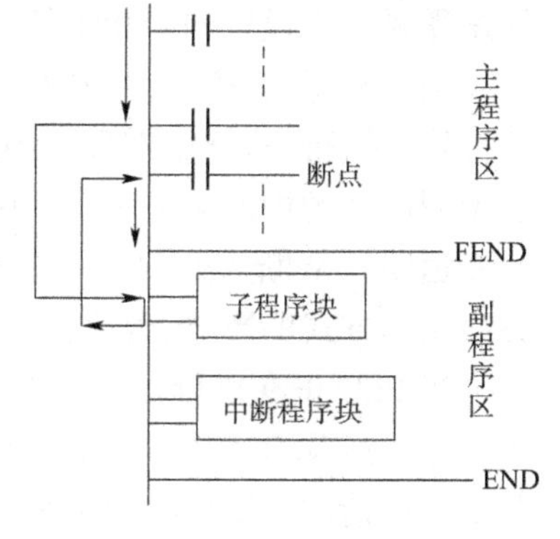

图 6-71　程序结构和转移流程示意图

(2)主程序结束

主程序结束用 FEND 指令。无操作数,无驱动条件。FEND 指令和 END 指令的功能一样,当 PLC 执行此指令时就执行输出刷新、输入刷新,WDT 指令刷新和向 0 步程序返回。

在主程序中,FEND 指令可以多次使用,但 PLC 扫描到任一 FEND 指令即向 0 步程序返回。在多个 FEND 指令时,副程序区的子程序和中断服务程序块必须在最后一个 FEND 指令和 END 指令之间编写。

FEND 指令不能出现在 FOR…NEXT 循环程序中,也不能出现在子程序中,否则程序会出错。

(3)子程序

子程序是相对于主程序而言的独立的程序段,子程序完成的是各自独立的程序功能。它和中断服务程序一样,存放在副程序区,因此,PLC 扫描时,是有条件地执行子程序的。仅当条件成立时,PLC 才由主程序区转移到副程序区去执行相应的子程序段。这个过程一般称为子程序调用。

当程序执行由主程序转移到子程序时,会在主程序区保存断点,这断点保存是由 PLC 自动完成的。而子程序调用指令必须指出程序转移地址。当 PLC 执行相应的子程序段后还必须返回到主程序区,因此,在子程序里必须有返回指令。子程序入口标志因 PLC 不同而不同,但子程序调用指令和子程序返回指令在子程序调用时应成对出现,这对所有品牌 PLC 都一样。

另外,子程序内还可调用其他子程序,称之为嵌套。但嵌套层数不是无限制的。三菱 PLC 的子程序嵌套最大层数为 4(西门子 PLC 为 8)。

(4)中断

中断是指 PLC 在平常按照顺序执行的扫描循环中,当有需要立即反应的请求发生时,立即中断其正在执行的扫描工作,优先地去执行要求所指定的服务工作;等该服务工作完成后,再回到刚才被中断的地方继续执行未完成的扫描工作。

中断也是一种程序流程转移,但这种转移大都是随机发生的,事先并不知道这些事件发生的时刻,可这些事件出现后就必须尽快地对他们进行相应的处理,这时可用中断功能来快速完成上述事件的处理。要实施中断,首先必须向 PLC 发生中断请求信号,发出中断信号的设备称为中断源。中断源可以是外部设备(各种开关信号)也可以是内部定时器、计数器及根据需要人为设置的中断源等。

当中断源向 PLC 发出中断请求信号后,PLC 正在执行的扫描程序在当前指令执行完成后被停止执行,这样就在程序中产生一个断点,PLC 必须记住这个断点,然后就转移去执行在副程序区的中断服务程序。中断程序被执行完后,PLC 会再回到刚才被中断的地方(称为中断返回),从断点处的下一条指令开始继续执行未完成的扫描工作。这一过程不受 PLC 扫描工作方式的影响,因此,使 PLC 能迅速响应中断事件。

当 PLC 正在执行程序且有多个中断源发出服务请求时,PLC 的 CPU 应响应谁的请求呢?这里涉及 CPU 响应中断请求的原则问题:①多个中断请求同时产生,CPU 先响应优先级别高的请求;②如果中断请求的优先级别相同,则按照先到先服务的原则响应;③当 CPU 正在执行中断服务时收到其他的中断请求,则 CPU 要判断新请求的优先级。如果新请求的优先级高于正在服务的请求,则转去服务新请求;否则所有的新请求都必须按照优先级排队等候。

2. 条件转移

(1)指令格式与功能

见表 6-26。

转移、子程序指令格式表 表 6-26

格式	程序跳转	子程序调用	子程序返回
LAD	─┤├── CJ S.	─┤├── CALL S.	───── SRET
操作组件	指针 P	指针 P	
STL	CJ(P)S	CALL(P)S	SRET
程序步	3	3	1

当驱动条件成立时,主程序转移到指针为 S 的程序段往下执行。当驱动条件断开时,主程序按顺序继续向下执行。

指令格式中的指针,又称标号、标签。在 FX 系列 PLC 里,指针有分支指针 P 和中断指针 I 两种。当程序发生转移时,必须要告诉 PLC 程序转移的入口地址,这个入口地址就是用指针来指示的。因此,指针的作用就是指示程序转移的入口地址。分支指针 P 主要用来指示条件转移和子程序调用转移时的入口地址。条件转移时分支指针 P 在主程序区;子程序调用时分支指针 P 在副程序区。FX_{2N}分指针的取值范围为:P0 ~ P127。

(2)CJ 指令使用注意事项

①分支指针 P 必须和转移指令 CJ 或子程序调用指令 CALL 组合使用。指针 P63 为

END 指令跳转用特殊指针当出现指令 CJP63 时驱动条件成立后马上转移到 END 指针执行 END 指令功能。因此 P63 不能作为程序入口地址标号而进行编程。如果对标号 P63 编程时 PLC 会发生程序错误并停止运行。

②CJ 指令有两种执行形式:连续执行型 CJ 和脉冲执行型 CJP。对于 CJ,只要条件成立时每个扫描周期都要执行一次 CJ;对于脉冲执行型 CJP,条件通断一次执行一次转移。

③利用 CJ 转移时可以向 CJ 指令的后面程序进行转移也可以向 CJ 指令的前面程序进行转移。但在向前面程序进行转移时如果驱动条件一直接通则会在转移地址入口(标号处)到 CJ 指令之间不断运行。这就会造成死循环和程序扫描时间超过监视定时器时间(出厂值为 200ms)而发生看门狗动作程序停止运行。一般来说如需要向前转移时建议用 CJP 指令仅执行一次。下一个扫描周期即使驱动条件仍然接通也不会再次执行转移。

④标号在程序中具有唯一性即在程序中不允许出现标号相同的两个或两个以上程序转移入口地址。但一个标号却可以是多个 CJ 指令的程序转移入口地址。

⑤CJ 是条件转移指令,但如果驱动条件常通(如特殊继电器 M8000 作为 CJ 指令的驱动条件),则变成无条件转移指令。

(3)CJ 指令使用举例

【例 6-21】 在工业控制中常常有自动、手动两种工作方式选择一般情况下自动方式作为控制正常运行的程序。手动方式则作为工作设定、调试等用。用 CJ 指令设计程序既简单又有较强的可读性。如图 6-72 所示两种程序梯形图均可达到控制要求。

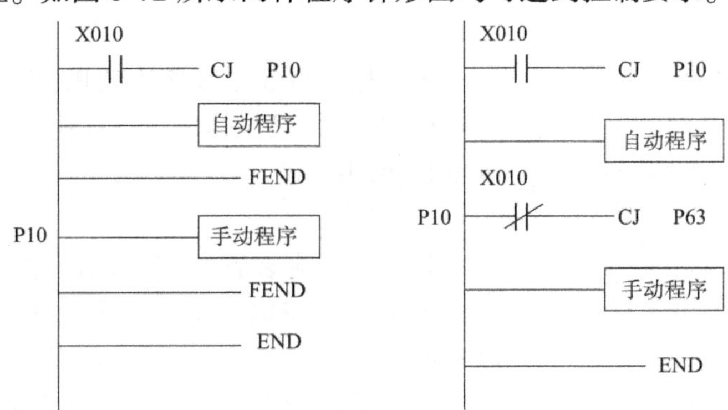

图 6-72 手动、自动程序梯形图

【例 6-22】 CJ 指令也常用来执行程序初始化工作。程序初始化是指在 PLC 接通后仅需要一次执行的程序段。利用 CJ 指令可以把程序初始化放在第一个扫描周期内执行而在以后的扫描周期内则被 CJ 指令跳过不再执行,如图 6-73 所示。

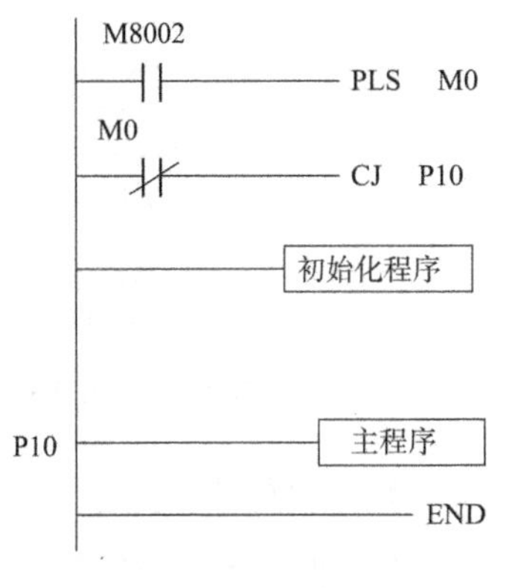

图 6-73 初始化程序梯形图

3. 子程序调用

(1)指令格式与功能

子程序调用指令 CALL 和 SRET 的格式和功能见表 6-26。

当驱动条件成立时,子程序调用指令 CALL 调用程序入口地址标号为 S 的子程序,即转移到标号为 S 的子程序去执行。

在调用并执行子程序的过程中,一旦执行到 SRET 指令时,立即结束子程序执行并返回主程序,接着子程序调用指令的下一行继续执行。

(2)指令应用

①指令执行流程

调用子程序也是一种程序转移操作,和CJ指令不同的是CJ指令是在主程序区中进行转移,而调用子程序则是转移到副程序区进行操作。CJ指令转移后不产生断点,无须再回到CJ指令的下一行程序,而调用子程序在完成子程序的运行后还必须回到调用子程序指令,并从下一行继续往下运行。它们的相同之处是程序转移入口地址都用分支标号P来表示调用子程序的程序流程图。

调用子程序指令可以嵌套使用。三菱FX PLC在子程序内的调用子程序指令CALL最多允许使用4次,也就是说一个用户程序最多允许进行五层嵌套。

②指针P的使用

指针P的标号不能重复使用,也不能与CJ指令共用同一个标号,但一个标号可以供多个调用子程序指令调用。子程序必须放在副程序区,在主程序结束指令FEND后面,子程序必须以子程序返回指令SRET结束。

③脉冲执行型

调用子程序指令CALL包括连续执行型和脉冲执行型。当为连续执行型CALL时,在每个扫描周期都会被执行。而CALLP仅在驱动条件的上升沿出现时执行一次,用CALLP指令也可以执行程序初始化,且比CJ指令还要方便。

④子程序调用

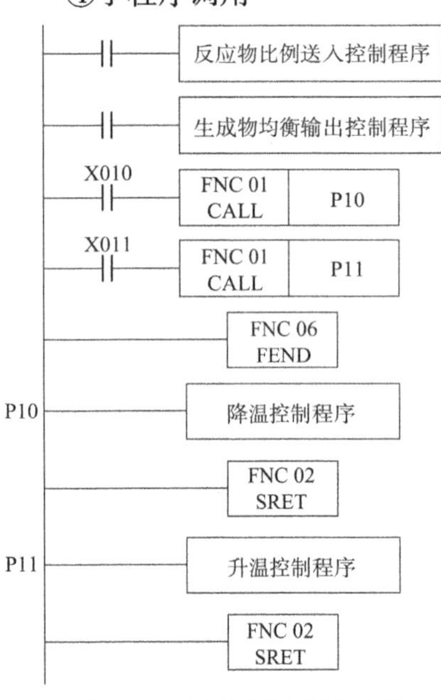

图6-74　温度控制子程序结构图

子程序可以在主程序中调用,也可以在中断服务程序中调用,还可以在其他子程序中调用。其调用执行过程都是相同的。

(3)举例

某化工反应装置可完成多液体物料的化合工作并能连续生产。该化工反应装置采用可编程控制器完成物料的比例投入及送出并实现反应温度的控制工作。反应物料的比例投入由PLC程序根据装置内酸碱度,经运算,控制相关阀门的开度,反应物的送出由PLC程序依进入物料的量,经运算控制出料阀门的开启程度。温度控制由PLC程序控制加温及降温设备。使温度维持在一个区间内。在设计程序的总体结构时将运算为主的程序内容作为主程序;将加温及降温等逻辑控制为主的程序作为子程序。子程序的执行条件X010及X011为温度高限继电器及温度低限继电器。

如图6-74所示为该程序结构示意图。

4. 中断服务

(1)指令格式与功能

见表6-27。

中断服务指令格式表

表6-27

格式	中断允许	中断禁止	中断返回
LAD	├──[EI]	├──[DI]	├──[IRET]
操作组件			
STL	EI	DI	IRET
程序步	1	1	1

执行中断允许指令 EI 后;在其后的程序直到出现中断禁止指令 DI 之间均允许去执行中断服务程序;EI 又称开中断指令。三菱 FX PLC 的开机后为中断禁止状态;因此,如果希望能进行中断处理;必须要在程序中首先编制中断允许指令。

执行 EI 指令后;如果不希望在某些程序段进行中断处理;则在该程序段前编制中断禁止指令 DI。执行中断禁止指令 DI 后;则下面的程序段直到出现 EI 指令之前均不能进行中断处理。DI 指令又称关中断指令。

在中断服务程序中;执行到中断返回指令 IRET;表示中断服务程序执行结束;无条件返回主程序继续往下执行。

EI、DI 指令可以在程序中多次使用。凡是在 EI ~ DI 之间或 EI ~ FEND 之间的为中断允许;凡是在 D1 ~ E1 之间或是 DI ~ FEND 之间的为中断禁止。

如果 PLC 只需要对某些特定的中断源进行禁止中断,也可以利用特殊辅助继电器置 ON 给予中断禁止。

(2)关于中断指针 I

FX 系列 PLC 有三种中断源:外部输入中断、定时器中断及高速计数器中断。不同中断源有不同的指针,分别如表 6-28 所示。

中 断 指 针 表

表6-28

外部输入中断	内部定时器中断	高速计数器中断
I000(上升沿),I001(下降沿),对应输入端 X0 I100(上升沿),I101(下降沿),对应输入端 X1 I200(上升沿),I201(下降沿),对应输入端 X2 I300(上升沿),I301(下降沿),对应输入端 X3 I400(上升沿),I401(下降沿),对应输入端 X4 I500(上升沿),I501(下降沿),对应输入端 X5	I6□□,对应禁止中断继电器 M8056 I7□□,对应禁止中断继电器 M8057 I8□□,对应禁止中断继电器 M8058 以上□□为定时中断时间,取值范围 10 ~ 99ms	I010 I020 I030 这些指针必须与 I040 DHSCS 一起使用 I050 I060

(3)中断处理注意事项

①中断源的禁止重复使用。三菱 FX PLC 的外部输入中断和高速计数器中断都使用输入口 X0 ~ X5,因此,当输入口 X0 ~ X5 用于高速计数器 SPD,ZRN,DSZR 等指令和普通开关量输入时,不能再重复使用他们做外部中断输入。

②中断程序中定时器的使用。在中断服务程序中如需要应用定时器,请使用子程序中定时器 T192 ~ T199。使用普通的定时器不能执行计时功能,如果使用了 1ms 计算型定时器 T246 ~ T249,当它达到设定值后,在最初执行线圈指令处输出触点动作。

③中断程序中软元件。在中断程序中被驱动输出置 ON 的软元件,中断程序结束后仍然被保持置 ON。在中断程序中对定时器、计数器执行 RST 指令后,定时器计数器的复位状态也被保持。

④关于 FROM/TO 指令执行过程中的中断。

FROM/TO 指令为 PLC 的特殊模块读写指令。该指令执行过程中,能否进行中断服务与特殊继电器 M8028 的状态有关。

M8028 = OFF:在 FROM/TO 指令执行中自动处于中断禁止状态,不执行外部输入中断和定时中断。如果在此期间,发生中断请求,则在指令执行后会立即执行中断服务。这时,FROMTO 指令可以在中断服务中使用。

M8028 = ON:在 FROMTO 指令执行过程中自动处于中断允许状态。一有中断请求,马上执行中断服务。这时,不能在中断服务程序中使用 FROM/TO 指令。

(4)举例

【例 6-23】 脉冲捕捉。

利用输入中断可以对短时间脉冲(大于 50μs 且远小于扫描周期的脉冲信号)进行监测,即脉冲捕捉功能。程序梯形图如图 6-75 所示。

图 6-75 脉冲捕捉中断程序梯形图

脉冲捕捉功能也可以直接利用特殊继电器 M8170 ~ M8175 来完成,PLC 设置了 M8170 ~ M8175 对输入口 X0 ~ X5 进行脉冲捕捉,其工作原理是:开中断后,当输入口 X0 ~ X5 有脉冲输入时,其相应的特殊继电器(X0 对应 M8170,X1 对应 M8171,以下类推)马上在上升沿进行中断置位。利用置位的继电器触点接通捕捉显示。当捕捉到脉冲后,M8170 ~ M8175 不能自动复位,必须利用程序进行复位,准备下一次捕捉。而且这种捕捉与中断禁止用特殊

继电器 M8050～M8057 的状态无关。

【例 6-24】 模拟量控制对实时值要求较高，总是希望输入当前值能及时参与控制处理，这时候用定时器中断来定时读取实时值比较及时。如图 6-76 所示为每隔 50ms 对 FX_{2N} 2AD 模拟量模块两个通道当前值读入的程序。

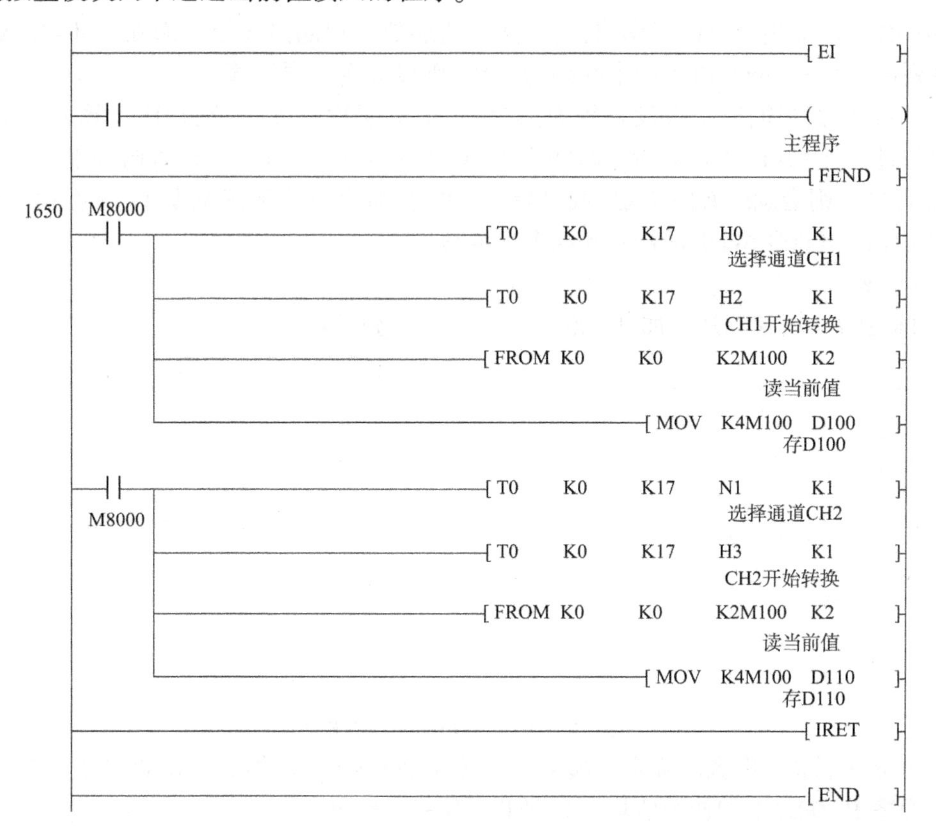

图 6-76 模拟量中断读取程序梯形图

5. 循环

(1)指令格式与功能

见表 6-29。

循环指令格式表 表 6-29

格式	循环开始	循环结束
LAD	FOR S.	NEXT
操作组件	KnX/ KnY/ KnM/ KnS/T/C/D/V/Z/常数	
STL	FOR S	NEXT
程序步	3	11

在程序中扫描到 FOR-NEXT 指令时，对 FOR-NEXT 指令之间的程序重复执行 S 次，执行后转入 NEXT 指令下一行程序继续执行。

(2)指令应用注意

①FOR-NEXT 指令必须成对出现在程序中。

②S 为循环重复次数,取值为 1 ~ 32767。如果取值为-32768 ~ 0,则 PLC 自动作 S = 1 处理。

③FOR-NEXT 指令可以嵌套编程,但嵌套的层数不得超过 5 层。而在 FOR-NEXT 指令间的并列嵌套(一个嵌套内有两个并列的循环)则以嵌套一层计算。

④必须注意,当循环次数设置较大,或循环嵌套层次过多时,则程序运算时间会加长。运算时间过长,会引起 PLC 的响应时间变慢,对实时控制会有影响,运算时间超过程序扫描时间(D8000),则会发生看门狗定时器出错。因此,为避免这种情况发生,可在循环程序中对看门狗定时器指令 WDT 进行一次或多次编程。

(3)举例

【例 6-25】 试编制从 1 加到 100 的求和程序。如图 6-77 所示。

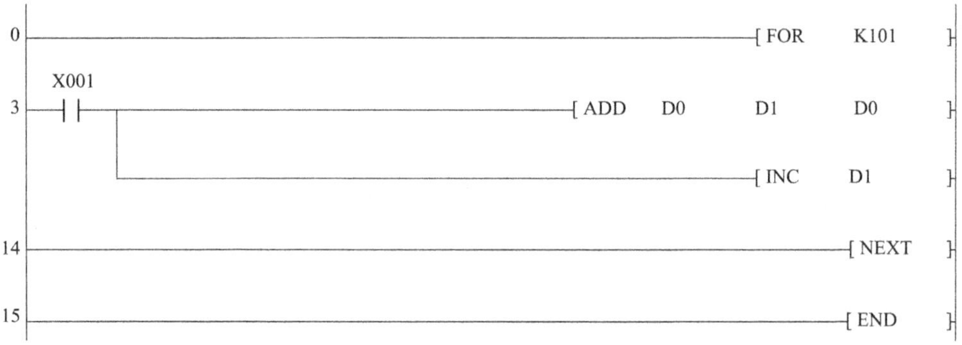

```
0  ----------------------------------------[ FOR   K101          ]
     X001
3  ---| |----+----------------------[ ADD   D0    D1    D0      ]
             |
             +----------------------------[ INC   D1            ]
14 ---------------------------------------------[ NEXT          ]
15 ---------------------------------------------[ END           ]
```

图 6-77　从 1 加到 100 程序梯形图

先讨论一下循环次数的确定。如果一开始就是 1 + 2 然后加到 100,循环次数应为 K99。但在该程序中,D0、D1 的初始值均为 0,所以,第一次相加为 0 + 0,第二次相加为 0 + 1,第三次才是 1 + 2,则循环次数为 k101。

再将程序进行仿真,如果程序正常,D0 的数应该是 5050。但当接通 X1,又断开 X1 后,D0 的数字每次都会有不同,但都远大于 5050。为什么会这样呢?这是因为 FOR-NEXT 指令是条无驱动条件的指令,程序的每个扫描周期都会执行一次循环,如果 X1 的接通时间只要大于一个扫描周期的时间,则在下一个扫描周期,仍然又会进行一次循环运算。实际上,X1 的接通时间总是大于一个扫描周期的时间,所以循环又再次进行,其和就远大于 5050 了。

如果将 X1 改成上升沿检测指令,那也不行,因为 X1 每接通一次,只执行一次 ADD 与 INC 指令,不能达到循环相加的要求。该如何改进,留给读者思考。

三、传送指令

传送指令和比较指令是功能指令中最常用的指令,在应用程序中使用十分频繁。可以说,这些指令是功能指令中的基本指令。其主要功能就是对软元件的读写和清零、字元件的比较与交换等。这些指令是 PLC 进行各种数据处理和数值运算的基础,而其本身的应用也可以使一些逻辑运算控制程序得到简化和优化。

1. 传送指令 MOV

(1)指令格式与功能

见表6-30。

数据与数位传送指令格式表 表6-30

格式	数据传送	数位传送
LAD	─┤├─ MOV | S. | D.	─┤├─ SMOV | S. | m1 | m2 | D. | n
操作组件	KnX/ KnY/ KnM/ KnS/T/C/D/V/Z/常数	KnX/ KnY/ KnM/ KnS/T/C/D/V/Z/常数
STL	MOV S D	SMOV S m1 m2 D n
程序步	5	11

当驱动条件成立时,指令将源址 S 中的二进制数传送至终址 D,S 的内容保持不变。

指令中,S 为待传送的数据或数据存储字软元件地址;D 为数据传送目标的字软元件地址。

(2)指令应用

【例 6-26】 MOV K25 D0

执行此指令,将 K25 写入 D0,(D0)=K25。常数 K、H 在执行过程中会自动转成二进制数写入 D0,在程序中,D0 可多次写入,存新除旧,(D0)以最后一次写入为准。

【例 6-27】 DMOV D10 D20

这是一个 32 位传送指令,执行此指令,是把(D11,D10)的存储数值传送到(D21,D20)中,在字元件 D 的传送中,源址执行前后均不变,终址执行前不管是多少,执行后与源址一样。

【例 6-28】 MOV C1 D20

指令中,C1 为计数器 C1 的当前值,当驱动条件成立时,把计数器 C1 的当前值马上存入 D20。如果是 32 位计数器 C200~C235,则必须用 32 位指令 DMOV。

2. 数位传送指令 SMOV

(1)指令格式与功能

指令的格式见表6-30。在驱动条件成立时, SMOV 将 S 中以 m1 数位为起始的共 m2 数位的数位数据移动到终址 D 中以 n 数位为起始的共 m2 数位中去。

指令中操作数的内容与取值范围规定如下:

①S 为进行数位移动的数据存储字元件地址。

②m1 为 S 中要移动的起始位的位置。1≤m1≤4。

③m2 为 S 中要移动的位移动位数。1≤m2≤4。

④D 为移入数位移动数据目标的存储字软元件地址。

⑤n 为移入 D 中的起始位的位置,1≤n≤4。

上述的移动数位是指由四位二进制数构成的一位,一个 D 寄存器共四位,由低位到高位顺序以 K1、K2、K3、K4 排列。

(2)指令应用

①数位传送

SMOV 指令是一个按数位进行位移传送指令,这里的数位不是二进制位,而是由 4 个二进制位所组成的数位。如图 6-78 所示,一个 16 位 D 寄存器由四个位组成,由低位到高位分别以 K1、K2、K3、K4 编号表示。

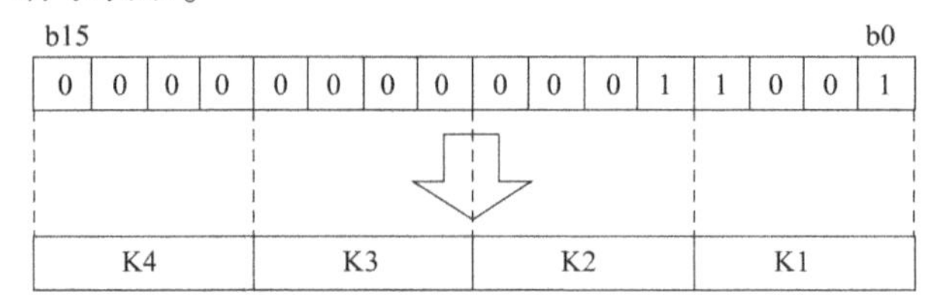

图 6-78 SMOV 指令中位的含义

②两种执行模式

SMOV 指令执行有两种模式,以标志继电器 M8168 的状态来区分。

M8168 = OFF,BCD 码执行模式:

在这种模式下,源址 S 和终址 D 中所存放的是以数位表示的 BCD 码数(0000 ~ 9999 即源址 S 和终址 D 中的数必须小于 K9999,如果大于 K9999 出现非 BCD 码数则指令会出现超出 BCD 码范围错误,不再执行。

指令执行传送前,会自动先把源址 S 和终址 D 中的十进制转换成 BCD 码,如图 6-79 所示。然后再进行数位传送,传送完毕,又会自动转换成十进制数。

【例 6-29】 设(D10) = K9876,(D20) = K4321,SMOV D10 K4 K2 D20 K3。

指令执行数位移动传送可用图 6-79 说明。该指令是把 D10 中的 K4 位的连续 2 位 BCD 码数即 98 传送到 D20 中的 K3 位的连续 2 位中,即用 98 代替 32,对于 D20 中未被移动的位(H4,Hl)则保持不变,这样移动后的寄存器内容为(D10) = K9876,(D20) = K4981。

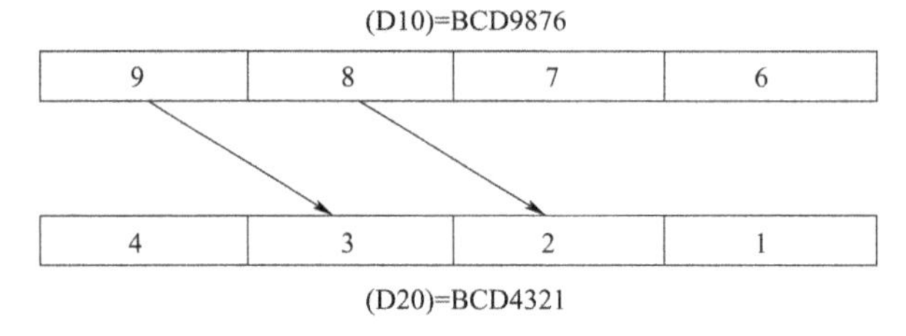

图 6-79 SMOV 指令位移动图解

M8168 = ON,十六进制数执行模式。

在这种模式下,仍然执行数位移位传送功能,但并不要求一定是 BCD 码数,而是普通的十六进制数。

【例 6-30】 设计移位程序,将 D0 的高 8 位移动到 D2 的低 8 位,将 D0 的低 8 位移动到 D4 的低 8 位。

程序梯形图如图 6-80 所示。

3. 取反传送指令 CML

(1)指令格式与功能

见表 6-31。

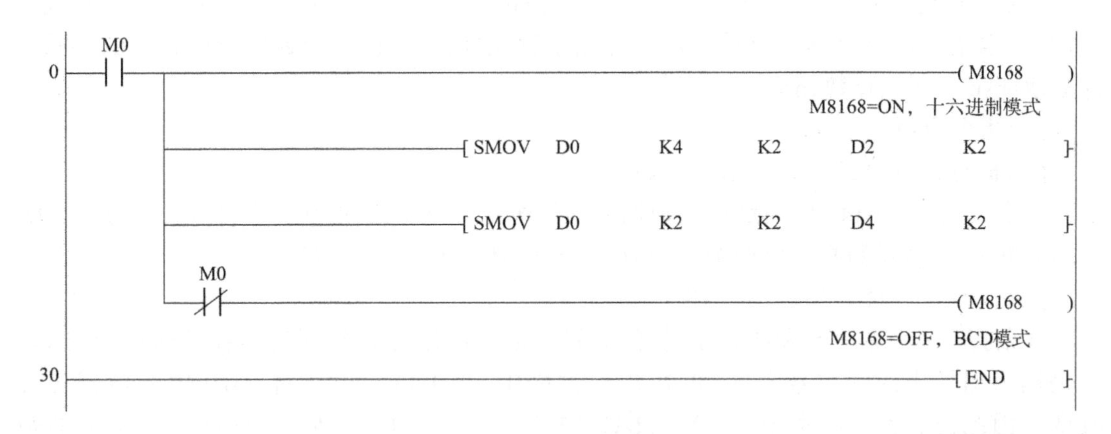

图 6-80　举例程序梯形图

取反、成批、多点传送指令格式表　　　　表 6-31

格式	取反传送	成批传送	多点传送
LAD	CML S. D.	BMOV S. D. n	FMOV S. D. n
操作组件	KnX/ KnY/ KnM/ KnS/T/C/D/V/Z/常数	KnX/ KnY/ KnM/ KnS/T/C/D/V/Z/常数	KnX/ KnY/ KnM/ KnS/T/C/D/V/Z/常数
STL	(D)CML(P)　S　D	BMOV(P)　S　D　n	(D)BMOV(P)　S　D　n
程序步	5/9	7	5/9

当驱动条件成立时，将原址 S 所指定的数据或数据存储字软元件按位求反后传送至终址 D。指令中，S 为待传送的数据或数据存储字软元件地址；D 为数据传送目标的字软元件地址。

(2)指令应用

①源址中为常数 K 和 H 时，会自动转换成二进制数再按位求反传送。

【例 6-31】　CML　K25　D10

指令执行时，K25 先转为二进制，然后再取反传送到 D10 中，结果如下：

0	0	0	0	0	0	0	0	0	1	1	0	0	1	K25

↓

1	1	1	1	1	1	1	1	1	0	0	1	1	0	D10

②组合位元件和字元件传送。

【例 6-32】　CML　D10　K1Y0

该指令中，源址 D0 为 16 位，而终址 D0 仅 4 位位元件，传送时，仅把 D0 中的最低位 4 位(b3 ~ b0)求反后传送至(Y3 ~ Y0)，如(D0) = H1234，则 KlY0 = 1011。

4. 成批传送指令 BMOV

(1)指令格式与功能

见表 6-31。

当驱动条件成立时，将以S为首址的n个寄存器的数据一一对应传送到以D为首址的n个寄存器中。指令中，S为待传送数据存储字软元件首地址；D为数据传送目标的字软元件首地址；n为传送点数，n≤512。

(2)指令应用

【例6-33】 BMOV D0 D10 K3

此指令执行，将D0、D1、D2中的数据分别传送到D10、D11和D12中，传送后D0、D1、D2中的数据不变，传送数据的对应关系是D0→D10，D1→D11，D2→D12。

【例6-34】 BMOVP D10 D9 K3

这条指令中，源址S和终址D中有一部分寄存器编号是相同的。在传送中，传送顺序仍然由编号小的到编号大的，但在传送过程中，当D11→D10时，D10中的数据已经改变。因此，执行结束后，D10、D11、D12中的数据部分已经改变，不再是传送前的数据。例如：

设(D10)=K1，(D11)=K2，(D12)=K3，则执行此指令后：(D9)=K1，(D10)=K2，(D11)=K3，(D12)=K3。

这里，因为源址和终址有部分重合，所以使用BMOVP指令。

BMOV指令还有一个特殊之处，它有双向传送功能，其传送方向由特殊继电器M8024状态决定。

①M8024=OFF，正向传送功能。这时，传送方向由源址S向终止D传送，如上面例题所示。

②M8024=ON，反向传送功能。这时，由终址D向源址S传送数据。

5. 多点传送指令FMOV

(1)指令格式和功能

见表6-31。当驱动条件成立时，把源址S的数据(1个数据)传送到以D为首址的n个寄存器中(1批数据)。

S. 为进行传送的数据或数据存储字软元件地址；D. 为传送数据目标的字软元件首址；n为传送的字软元件的点数，n≤512。

(2)指令应用

FMOV指令又称一点多传送指令，它的操作就是把同一个数传送到多个连续的寄存器中，传送结果所有寄存器都存储同一数据。

【例6-35】 FMOV K0 D0 K10

该指令把K0传送到D0~D9的10个寄存器中，即对寄存器组清零。故FMOV指令常用在对字元件清零和位元件复位上，应用在定时器和计数器复位时仅能对定时器和计数器的当前值复位，不能对其触点进行复位。

四、比较指令

1. 比较指令CMP

(1)指令格式与功能

见表6-32。

比较指令格式表 表6-32

格式	数据比较	区域比较
LAD	─┤├─ [CMP | S1. | S2. | D.]	─┤├─ [ZCP | S1. | S2. | S. | D.]
操作组件	KnX/ KnY/ KnM/ KnS/T/C/D/V/Z/ Y/M/S	KnX/ KnY/ KnM/ KnS/T/C/D/V/Z/ Y/M/S
STL	(D)CMP(P) S1 S2 D	(D)CMP(P) S1 S2 S D
程序步	CMP(P):7;DCMP(P):13	ZCP(P):7;DZCP(P):17

CMP指令,将S1与S2的内容进行比较,当S1与S2的内容相等时D动作。比较按照代数形式进行。S1、S2都被看成二进制进行处理,目标D占用3点,一旦被指定某一软元件的地址,则地址加1和加2的软元件被自动占用。

如果没有使用CMP指令想要清除目标软元件的值,则可使用复位指令。

(2)指令应用

【例6-36】 CMP K100 C20 M0

此指令执行结果如图6-81所示。当X000接通时,K100与C20的当前值进行比较,如果C20 < K100,则M0为ON;如果C20 = K100,则M1为ON;如果C20 > K100,则M2为ON。

如果没有执行此指令想要清除M0、M1、M2的值,则可使用复位指令RST复位M0、M1、M2。

注意:在X000 = OFF时,此指令不执行,M0、M1、M2仍保持X000没有接通前的值。

2. 区域比较指令ZCP

(1)指令格式与功能

见表6-32。当驱动条件成立时,将S与源址S1、S2分别进行比较,并根据比较结果(S < S1,S1≤S≤S2,S > S2),置终址位元件D、D+1、D+2中的一个为ON。如图6-82所示。

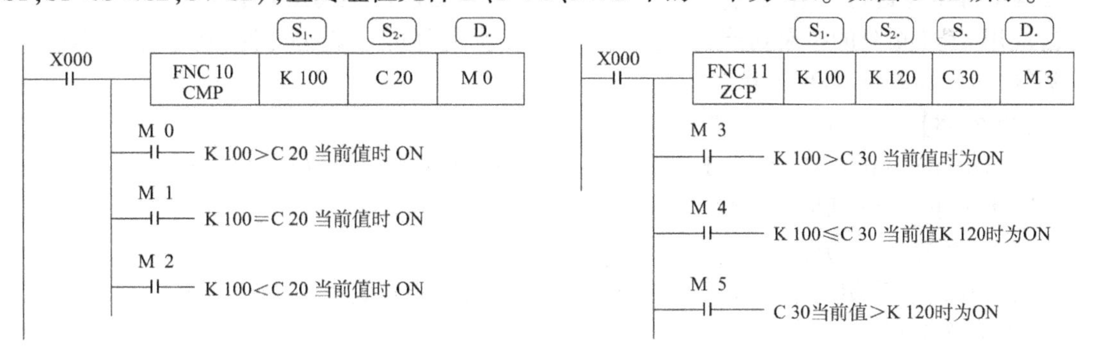

图6-81 比较指令CMP举例

图6-82 比较指令ZCP举例

比较按照代数形式进行。目标D占用3点,一旦被指定某一软元件的地址,则地址加1和加2的软元件被自动占用。

(2)指令应用

【例6-37】 ZCP K100 K120 C30 M3

此指令执行结果如图6-82所示。当X000接通时,C30的当前值与K100、K120分别进行比较,如果 C30 < K100,则 M3 为 ON;如果 K100≤C30≤K120,则 M4 为 ON;如果 C30 > K120,则 M5 为 ON。

如果没有执行此指令,想要清除 M3、M4、M5 的值,则可使用复位指令 RST 复位 M3、M4、M5。

注意:在 X000 = OFF 时,此指令不执行,M3、M4、M5 仍保持 X000 没有接通前的值。

五、数据交换指令

1. 交换指令 XCH

(1)指令格式与功能

指令格式见表 6-33。当驱动条件成立时,源址 D1 与源址 D2 的数据进行交换。

交换指令格式表　　表 6-33

格式	数据交换	上下字节交换
LAD	─┤├─[XCH D1. D2.]	─┤├─[SWAP S.]
操作组件	KnY/ KnM/ KnS/T/C/D/V/Z/ X/Y/M/S	KnY/ KnM/ KnS/T/C/D/V/Z/
STL	(D)XCH(P) D1 D2	(D)SWAP(P) S D
程序步	XCH(P):5;DXCH(P):9	SWAP(P):3;DSWAP(P):5

(2)指令应用

XCH 指令一般情况下应采用脉冲执行型。因为,如果驱动条件成立期间每个扫描周期都执行一次,很难保证执行结果是什么。

XCH 还有扩展功能,与 SWAP 指令的功能一样。当终址 D1 和 D2 为同一终址时,XCH 指令对终址本身进行字节交换。这时,必须首先将特殊继电器 M8160 置 ON。

应用 XCH 指令的扩展功能时,终址 D1、D2 必须使用同一编号的字元件。如果不一致,则运算出错,标志位 M8067 置 ON。

【例 6-38】 XCHP　D10　D11

设(D10) = 100,(D11) = 101,则此指令执行后,(D10) = 101,(D11) = 100。

2. 上下字节交换指令 SWAP

(1)指令格式与功能

见表 6-33。当驱动条件成立时,将 S 字元件的高 8 位和低 8 位进行互换。

(2)指令应用

SWAP 指令和 XCH 指令的扩展功能一样,但该指令不需要将特殊继电器 M8160 置 ON。所以,一般需要字元件上下字节交换时都使用 SWAP 指令。

同样,在 32 位数据形式时,SWAP 指令执行的是高位(S+1)和低位(S)寄存器各自的低 8 位和高 8 位的互换。

使用连续执行型指令在每个扫描周期都会执行一次,所以,常使用的是脉冲执行型指令 SWAPP。

【例 6-39】　DSWAP　D10

设 D10 = H1234,D11 = H5678,则执行此指令后,D10 = H3412,D11 = H7856。

六、移位指令

1. 循环位右移 ROR

(1)指令格式与功能

见表 6-34。

循环移位指令格式表　　表 6-34

格式	循环右移	循环左移
LAD	ROR　D.　n	ROL　D.　n
操作组件	KnY/ KnM/ KnS/T/C/D/V/Z/常数	KnY/ KnM/ KnS/T/C/D/V/Z/常数
STL	(D)ROR(P)　D n	(D)ROL(P)　D n
程序步	ROR(P):5;DROR(P):9	ROL(P):5;DROL(P):9

当驱动条件成立时,D 中的数据向右移动 n 个二进制位,移出 D 的低位数据循环进入 D 的高位。最后移出 D 的低位,同时将位值传送给进位标志位 M8022。

D 为循环右移数据存储字元件地址,n 为循环移动位数。在 16 位数据中,n≤16;在 32 位数据中,n≤32。

(2)指令应用

假设 D 中的数据如下图上表,取 n = K4,则字中的数据向右移 4 位,且右侧数据被挤出的四位将依次填入左侧各位。循环移位 4 次后,结果数据如下:

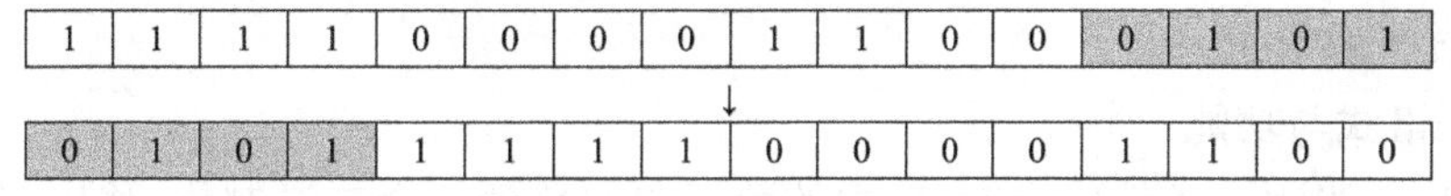

ROR 指令是一个循环移位,其移出的低位顺序进入空出的高位,移动四次后,相对于整体把 b3 ~ b0 移动到 b15 ~ b12,而 b15 ~ b4 则整体移动到 b11 ~ b0,其最后移出的 b3 位的位值(图中为 0),同时传送给进位标志位 M8022。

此指令在应用中需注意:

①如果使用连续执行型指令 ROR,则每个扫描周期都要执行一次,因此,在使用时,最好使用脉冲执行型指令 RORP。

②当终址 D 使用组合位元件时,位元件的组数在 16 位指令 ROR 时,为 K4;在 32 位指令 DROR 时,为 K8,否则指令不能执行。

【例 6-40】　当 n = K4(或 K8)时,利用循环移位指令可以输出循环的波形信号,例如有 A、B、C 三个灯(代表"欢迎您"三个字),控制要求是 A、B、C 轮流亮,然后一起亮 1s,如此反复循环。其时序图如图 6-83 所示。

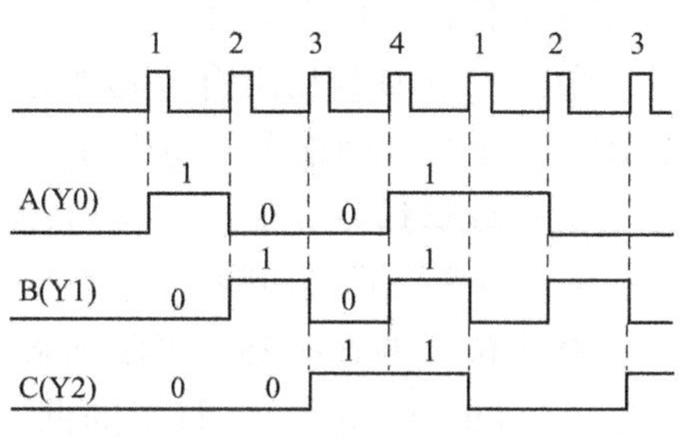

图 6-83　控制时序图

解答：如果把 Y2～Y0 看成一组三位二进制数，则每次其输出为 001，010，100，111。为保证循环输出，取 n＝K4，则其输出为 0001（H1），0010（H2），0100（H4），0111（H7），因此，只要将 Y15～Y0 的值设定为 H7421 且按 1s 一次的速度向右移位，每次移动 4 位，那么在 Y3～Y0 的输出就会得到如图 6-83 所示的时序输出，Y15～Y10 的控制赋值如图 6-84 所示。

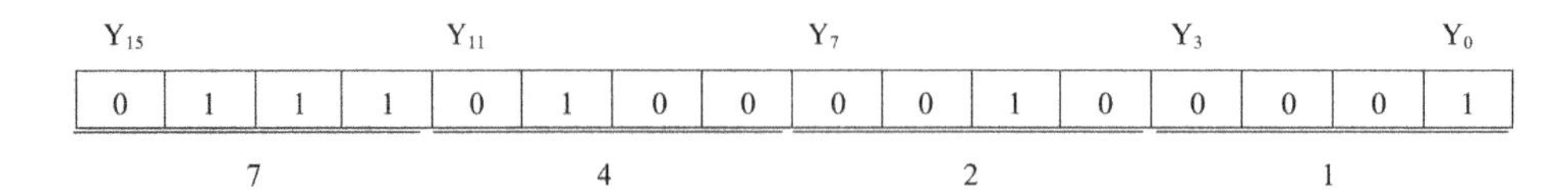

图 6-84　Y15～Y0 设定控制值图

现编程序如图 6-85 所示。

```
      X000   T0                                              K10
0  ───┤ ├───┤/├──────────────────────────────────────────( T0       )
      M8002
5  ───┤ ├─────────────────────────────────[ MOV   Ⅱ7421    K4Y000  ]
                                                       送循环数据
      X001   T0
11 ───┤ ├───┤/├───────────────────────────[ RORP  K4Y000   K4      ]
                                                       右移循环输出
18 ──────────────────────────────────────────────────[ END         ]
```

图 6-85　例 8-20 程序及梯形图

但是，这个程序存在一个严重的缺陷，即是实际输出用 Y0～Y2 三个口就可以了，现在用了 Y15～Y0 共 16 个口。如何优化改进，留给读者自己思考。

2. 循环位左移 ROL

（1）指令格式与功能

见表 6-34。当驱动条件成立时，D 中的数据向左移动 n 个二进制位，移出 D 的高位数据循环进入 D 的低位。最后移出 D 的高位，同时将位值传送给进位标志位 M8022。

其他同 ROR 指令。

（2）指令应用

指令应用所示需要注意：

①如果使用连续执行型指令 ROL，则每个扫描周期都要执行一次，因此，在使用时，最好使用脉冲执行型指令 ROLP。

②当终址 D 使用组合位元件时，位元件的组数在 16 位指令 ROL 时，为 K4；在 32 位指令 DROL，为 K8，否则指令不能执行。

3. 带进位循环右移指令 RCR、左移指令 RCL

（1）指令格式与功能

指令格式见表 6-35。当驱动条件成立时，D 中的数据连带进位标志位 M8022 一起向右（左）移动 n 个二进制位，移出的低（高）位连带标志位 M8022 的数据循环进入 D 的高（低）位，最后移出的位值移入标志位 M8022。

带进位循环移位指令格式表　　表6-35

格式	循环右移	循环左移
LAD	RCR D. n	RCL D. n
操作组件	KnY/ KnM/ KnS/T/C/D/V/Z/ 常数	KnY/ KnM/ KnS/T/C/D/V/Z/ 常数
STL	(D)RCR(P) D n	(D)RCL(P) D n
程序步	RCR(P):5;DRCR(P):9	RCL(P):5;DRCL(P):9

和ROR(ROL)指令不同的是,RCR(RCL)是带进位标志位M8022一起进行右(左)移,实际上它是一个17位(或33位)数据进行(n+1)个数据右(左)移n次的处理功能。

(2)指令应用

指令应用所示需要注意:

①如果使用连续执行型指令RCR(RCL),则每个扫描周期都要执行一次,因此,在使用时,最好使用脉冲执行型指令RCRP(RCLP)。

②当终址D使用组合位元件时,位元件的组数在16位指令RCR(RCL)时,为K4;在32位指令DRCR(DRCL),为K8,否则指令不能执行。

4. *位右移*SFTR、*左移*SFTL

(1)指令格式与功能

见表6-36。

位右移、左移指令格式表　　表6-36

格式	位右移	位左移
LAD	SFTR S. D. n1 n2	SFTL S. D. n1 n2
操作组件	X/Y/M/S 常数	KnX/ KnY/ KnM/ KnS 常数
STL	SFTR(P) S D n1 n2	SFTL(P) S D n1 n2
程序步	9	9

当驱动条件成立时,将以D为首址的位元件组合向右(左)移动n2位,其高(低)位由n2位的位元件组合S移入,D移出的n2个低(高)位被舍弃,而位元件组合S保持原值不变。

(2)指令应用

前面所介绍的循环右移(左移)或带进位循环右移(左移)的指令是一种对字元件的二进制位进行移动的指令,虽然其操作数也用到组合元件,但是把组合元件当成字元件看待的,组合仅限于K4或K8。而这所介绍的位元件移动,是指位元件组合(以区别组合位元件)的移动。其位元件的组合的个数是没有限制的($n \leq 1024$)。一次移位的位数也比循环移位指令多,在实际应用中,也比循环移位指令方便。

【例6-41】　STFR X0 M0 K16 K4

在指令中,有两个位元件组合。一个是位元件X的组合,它的个数是4个(n2),即X3~X0;另一个是位元件M的组合,它的个数是16个(n1),即M15~M0。

在驱动条件成立时,指令执行两个功能。

①对位元件组合 M5 ~ M0 进行右移 4 次(n2)。移出的 M3 ~ M0 四位数值为舍弃。

②将位元件组合 X3 ~ X0 的值复制到位元件组合 M 的高位 M15 ~ M12。位元件组合 X3 ~ X0 值保持不变。

【例 6-42】 STFL X0 M0 K5 K1

在指令中,有两个位元件组合。一个是位元件 X 的组合,它的个数是 1 个(n2),即 X0;另一个是位元件 M 的组合,它的个数是 5 个(n1),即 M4 ~ M0。

在驱动条件成立时,指令执行两个功能。

①对位元件组合 M4 ~ M0 进行左移 1 次(n2)。移出的 M4 的值舍弃。

②将位元件组合 X0 的值复制到位元件组合 M 的低位 M0。位元件组合 X0 的值保持不变。

指令使用时需要注意:

n2≤n1≤1024。

如果使用连续执行型指令 SFTR 或 SFTL,则每个扫描周期都要执行一次,因此,在使用时,最好使用脉冲执行型指令 SFTRP 或 SFTLP。

位元件组合 S 和位元件组合 D 的编号可用同一类型软元件,但编号不能重叠,否则会发生运算错误(错误代码:K6710)。

5. *字右移* WSFR、*字左移* WSFL

(1)指令格式与功能

见表 6-37。

字右移、左移指令格式表 表 6-37

格式	字右移	字左移
LAD	─┤├─ [WSFR | S. | D. | n1 | n2]	─┤├─ [WSFL | S. | D. | n1 | n2]
操作组件	KnX/ KnY/ KnM/ KnS/T/C/D 常数	KnX/ KnY/ KnM/ KnS/T/C/D 常数
STL	WSFR(P) S D n1 n2	WSFL(P) S D n1 n2
程序步	9	9

当驱动条件成立时,将以 D 为首址字元件组合向右(左)移动 n2 位,其高(低)位由 n2 位字元件组合 S 移入,移出的 n2 个低(高)位被舍弃,而字元件组合 S 保持原值不变。

(2)指令应用

字移和位移的执行功能是一样的,只不过把位移中的位元件换成了字元件,位移移动的是开关量的状态,字移移动的是寄存器数值(16 位二进制数据)。通过组合位元件,也可以是位元件的组合状态。

【例 6-43】 WSFR D20 D0 K8 K2

在赋予寄存器值后,执行此条字右移指令的过程如图 6-86 所示。

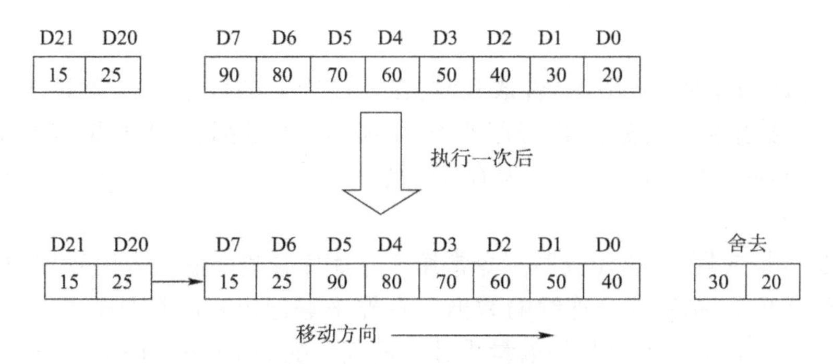

图 6-86 字右移指令执行过程示意图

【例 6-44】 WSFL D0 D10 K5 K1

在赋予寄存器值后,执行此条字左移指令的过程如图 6-87 所示。

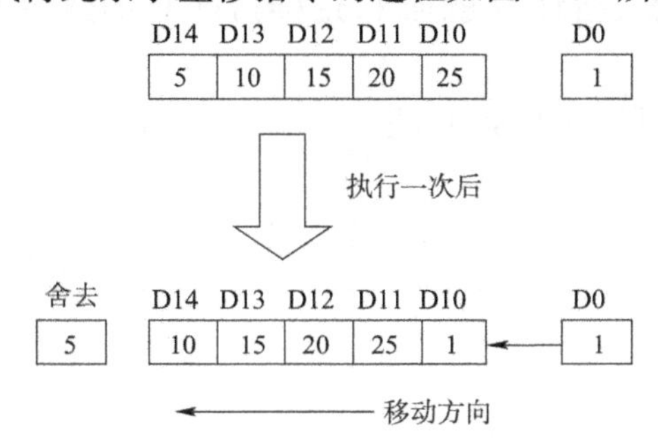

图 6-87 字左移指令执行过程示意图

· 如果使用连续执行型指令 WSFR(WSFL),则每个扫描周期都要执行一次,因此,在使用时,最好使用脉冲执行型指令 WSFRP(WSFLP)。

· 字元件组合 S 和字元件组合 D 的编号可用同一类型软元件,但编号不能重叠,则会发生运算错误(错误代码:K6710)。

· n2≤n1≤1024。

6. 移位写 SFWR、读 SFRD

(1)指令格式与功能

见表 6-38。

移位写、读指令格式表 表 6-38

格式	移位写	移位读
LAD	─┤├─ SFWR S. D. n	─┤├─ SFRD S. D. n
操作组件	KnX/ KnY/ KnM/ KnS/T/C/D/V/Z 常数	KnX/ KnY/ KnM/ KnS/T/C/D/V/Z 常数
STL	SFWR(P) S D n	SFRD(P) S D n
程序步	7	7

SFWR 指令的功能是,当驱动条件成立时,在长度为 n 的数据寄存器区中向以 D+1 开始的数据寄存器中依次写入 S 中所存储的当前值。每写入一个数据到数据库中,指针 D 就

自动加1。

SFRD 指令的功能是,当驱动条件成立时,在长度为 n 的数据寄存器中,把以 S+1 开始的数据寄存器的数据依次传送到 D 寄存器中,每读出一个数据,整个数据寄存器数据都依次向 S+1 寄存器移动 1 位。而 S+n-1 寄存器数据保持不变,且指针 S 减 1。

(2)指令应用

在 PLC 的早期应用中,移位读写指令常用于仓库库存物品的出入库管理中。

在数据存储区中,指定 n 个连续的数据寄存器来登记出入库物品的编号,称为数据区,这个数据区的首址 D 为入库物品的数量指针。而其后的 D+1…D+n-1 的 n-1 个数据寄存器为入库物品编号的寄存地址。每次进行入库登记时,物品的编号必须先存在数据寄存器 S 里,然后通过驱动条件的接通依次将入库物品的编号顺序存入从 D+1 到 D+n-1 的 n-1 个寄存器中,每存入一个数据,指针 D 就加 1,这样指针 D 的数值就是数据区中所存物品的个数。

SFWR 指令执行过程可用图 6-88 描述。

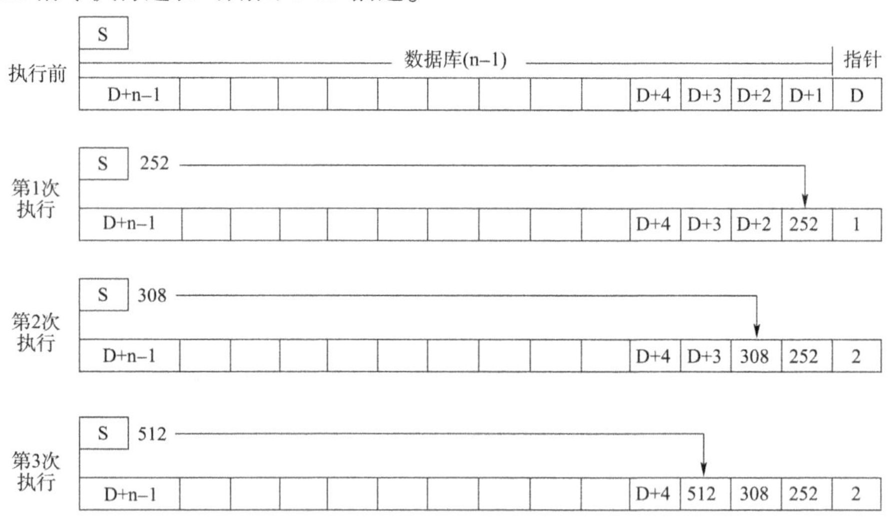

图 6-88 SFWR 指令执行过程示意图

执行前,数据区与指针都为 0,第一次执行后将 S 的当前值 252 送至 D+1,指针 D 为 1。第二次执行后,将 S 当前值送到 D+2,指针 D 又加 1 为 2,表示区内有两个数据,以此类推,直到数据区存满。

SFRD 对数据的读取操作,根据其读取数据方式的不同有两种读取方式:一是先入先出,后入后出,即按数据存入数据区的先后,最先存入的数,最先取出,好像储米桶一样,因出米口在底部,所以,先倒入储米桶的米先从出米口出来。二是先入后出,后入先出,即按数据存入的先后,最先存入的数据最后取出,好像出米口就是入米口的米缸,最上面的米是最后进去的,取米时即最先取出。上面两种读取方法可用图 6-89 说明。

数据是按照 91,804,…,35,784,512 顺序写入的,最先写入数据是 91,最后写入数据为 512,如最先读出是 91,则为先入先出,如最先读出是 512,则为后入先出。FX_{2N} PLC 没有后入先出指令,FX_{3U} PLC 才有后入先出指令 POP。

SFRD 指令为先入先出读取指令,其功能可以用图 6-90 来说明。

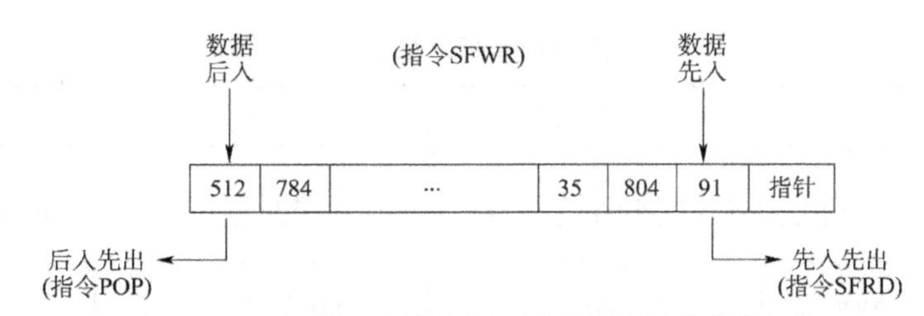

图 6-89　FX 系列 PLC 的先入先出和后入先出读数据方式

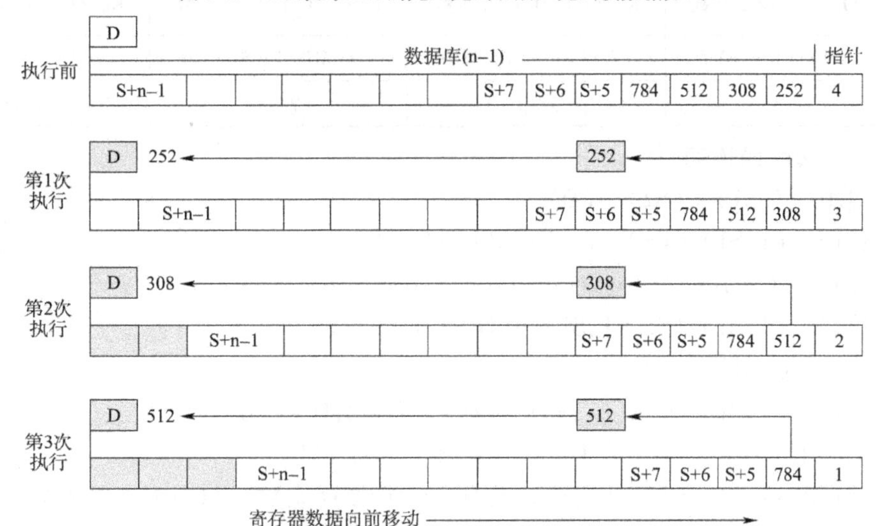

图 6-90　SFRD 先入先出读取数据示意图

执行前，数据区中有 4 个数，指针 S = 4。第一次执行读取指令时，将最前面的数 252 传送到 D，同时，后面所有的数据均向前移动一位，S + 1 变成了 308，S + 2 变成了 512 等。最后一位数据，S + n-1 也向前移动一位，但 S + n-1 位图中灰色格本身数据仍然保持不变。指针 S 自动减 1 变为 3。以后每执行一次，均按上述功能进行，当指针为 0 时，不再执行指令功能，且零标志位 M8020 置 ON。

指令在应用中需要注意：

①在应用时请用脉冲执行型指令或用边沿触发触点作为驱动条件。

②在 SFWR 指令应用中，源址 S 和数据存储区均采用数据寄存器 D 时，注意其编号不能重复，否则会发生运算错误（错误代码 K6710）。指针 D 的内容不能超过数值（n-1），如果超过（含义是数据区已满）则指令不执行写入，且进位标志位 M8022 置 ON。

③在 SFRD 指令运行前，必须选用比较指令判断指针 S 中的数据当前值是否在 1≤S≤（n-1）期间。如 S 为 0，哪怕数据区中有数据，执行也不会进行。

④实际应用时为保持数据区的数据，最好使用停电保持型数据寄存器（D512 ~ D7999）。

⑤2≤n≤512。

七、数据运算指令

1. 四则运算指令

（1）指令格式与功能

四则运算指令格式与功能，如表 6-39 所示。

四则运算指令格式表　　表 6-39

格式	加	减	乘	除
LAD	ADD S1. S2. D.	SUB S1. S2. D.	MUL S1. S2. D.	DIV S1. S2. D.
操作组件	KnX/ KnY/ KnM/ KnS/T/C/D/V/Z/常数	KnX/ KnY/ KnM/ KnS/T/C/D/V/Z/常数	KnX/ KnY/ KnM/ KnS/T/C/D/V/Z/常数	KnX/ KnY/ KnM/ KnS/T/C/D/V/Z/常数
STL	(D)ADD(P) S1 S2 D	(D)SUB(P) S1 S2 D	(D)MUL(P) S1 S2 D	(D)DIV(P) S1 S2 D
程序步	7/13	7/13	7/13	7/13

四则运算功能描述如下：

ADD：①16 位(S1)+(S2)→(D)；

②32 位(S1+1,S1)+(S2+1,S2)→(D+1,D)；

SUB：①16 位(S1)-(S2)→(D)；

②32 位(S1+1,S1)-(S2+1,S2)→(D+1,D)；

MUL：①16 位(S1)×(S2)→(D+1,D)；

②32 位(S1+1,S1)+(S2+1,S2)→(D+3,D+2,D+1,D)；

DIV：①16 位(S1)÷(S2)→(D+1)（余数），(D)（商）；

②32 位(S1+1,S1)+(S2+1,S2)→(D+3,D+2)(余数)，(D+1,D)(商)。

(2)指令应用

四则运算指令应用时需要注意：

①如果希望驱动条件满足一次指令执行一次时，请用脉冲执行型指令或用边沿触发触点作为驱动条件。

②执行除法指令时，除数不能为 0；否则，指令不能执行，且标志位 M8067 = ON。

③应用乘法、除法指令，只有当使用 16 位时可以指定 V/Z 元件。

④除法不能除尽时，其余数一般不再参加后续运算，造成运算精度不够高。此时，可以使用浮点运算代替整数运算。

2. 自增、减指令

(1)指令格式与功能

自增指令 INC、自减指令 DEC 的格式如表 6-40 所示。

自增、自减和开方指令格式表　　表 6-40

格式	增 1	减 1	开方
LAD	INC D.	DEC D.	SQR S. D.
操作组件	KnY/ KnM/ KnS/T/C/D/V/Z	KnY/ KnM/ KnS/T/C/D/V/Z	D/常数
STL	(D)INC(P) D	(D)DEC(P) D	(D)SQR(P) S D
程序步	3/5	3/5	5/9

执行一次 INC 指令,将对 D 中的二进制值自动加 1,即(D) +1→(D);执行一次 DEC 指令,将对 D 中的二进制值自动减 1,即(D)-1→(D)。

(2)指令应用

①当驱动条件成立时间大于扫描周期时,自增减指令将执行多次,运算结果很难预料。建议此时使用脉冲执行型。

②在当前值为最大(32767)或最小(-32768)时,增减指令执行将使 D 中值发生很大变化(当前值为 32767 再加 1 时,D 中的值变为-32768;当前值为-32768 再减时,D 中的值变为 32767),溢出和结果为 0 都不影响标志位。

【例 6-45】 用一个按钮控制三台电机的顺序启动,逆序停止控制,即按一下,电机按 Y0、Y1、Y2 顺序启动,再按一下,电机按 Y2、Y1、Y0 顺序停止。

程序设计如图 6-91 所示。

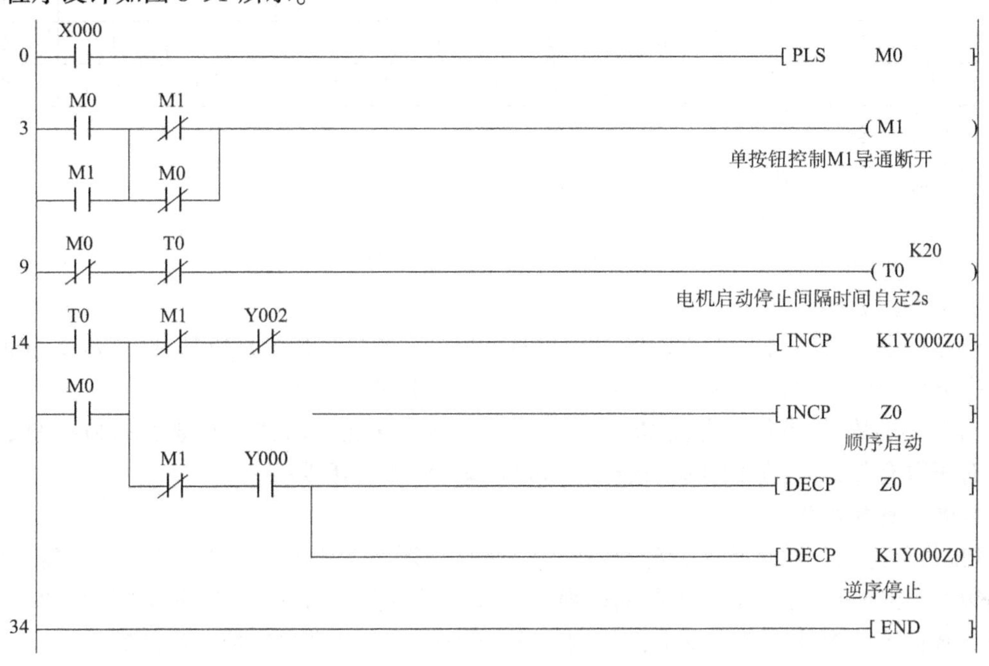

图 6-91 三台电机顺序启停的程序设计

程序中,比较难以理解的是 INCP K1Y0 和 INCP KIY0Z0 的功能含义。实际上,它们是利用加 1 计数的功能对输出 Y 口进行巧妙控制,表 6-41 表示了当 INCP K1Y0 每驱动次输出口的变化。

INCP K1Y0 取值输出变化表 表 6-41

INCP	K1Y0 值	Y3	Y2	Y1	Y0
初始	0	0	0	0	0
加 1	1	0	0	0	1
加 1	2	0	0	1	0
加 1	3	0	0	1	1
加 1	4	0	1	0	0

指令 INCP K1Y0Z0 是一个变址寻址。当 Z0 = 0 时,变址为 Y0 + 0 = Y0,加 1 就是 KY0 加 1,即 Y3Y2Y1Y0 = 0001。当 Z0 = 1 时,变址为 Y0 + 1 = Y1,加 1 就是 KY1 加 1,即 Y4Y3Y2Y1 = 0001,以此类推,得到表 6-42。由表可以看出, INCP K1Y0Z0 每通断一次,输出口接按照 Y0,Y1,Y2 顺序接通。当 Y2 接通后 Y2 的常闭触点断开,使 INCP K1Y0Z0 处于断开状态,不再继续加 1 操作,这时 Z0 = 3 顺序启动已完成。停止时再按下 X0,M1 断开,其常闭触点 M1 闭合,因为这时 Y0 是闭合的,驱动减 1 指令作逆序停止,具体分析读者可自行完成。

INCP K1Y0Z0 取值输出变化表　　表 6-42

INCP	Z0	K1Y0 值	Y6	Y5	Y4	Y3	Y2	Y1	Y0
初始	0	0	0	0	0	0	0	0	0
加 1	0	1	0	0	0	0	0	0	1
加 1	1	1	0	0	0	0	0	1	0
加 1	2	1	0	0	0	0	1	0	0

3. 开方指令

(1)指令格式与功能

指令格式见表 6-40。

指令 SQR 的功能,是将 S 中值开平方,结果值放在 D 中。

(2)指令应用

开方指令 SQR 用于对整数求平方根运算,其运算结果只保留整数部分,小数部分舍弃;对非平方数的整数而言,运算结果误差较大,一般多用浮点数开方指令 ESQR。

当舍去小数时,借位标志位 M8021 = ON,当计算结果为 0 时,“0”标志 M8020 = ON,该指令只对正数有效,如为负数,则错误标志 M8067 = ON,指令不执行。

4. 浮点数转换指令

FX PLC 进行小数运算时,浮点数指令的原址必须是二进制浮点数。因此,当寄存器中为整数时,必须进行整数到浮点数的转换。FX PLC 规定十进制或十六进制常数可以直接作为浮点数运算的源址写入指令中,而浮点运算指令会自动把常数转换成浮点数。

(1)指令格式与功能

浮点数转换指令主要有 FLT、INT、EBCD、EBIN,格式如表 6-43 所示。

浮点数转换指令格式表　　表 6-43

格式	整数转二进制小数	二进制小数转整数	二进制小数转十进制小数	十进制小数转二进制小数
LAD	├┤├─[FLT | S. | D.]	├┤├─[INT | S. | D.]	├┤├─[EBCD | S. | D.]	├┤├─[EBIN | S. | D.]
操作组件	D	D	D	D
STL	(D)FLT(P) S D	(D)INT(P) S D	(D)EBCD(P) S D	(D)EBIN(P) S D
程序步	5/9	5/9	9	9

FLT:将 S 中的二进制整数转换为二进制小数,存入 D + 1 和 D 两个寄存器中,即(S)→

(D+1,D);

INT:将S+1、S中的二进制小数转换为二进制整数,存入D寄存器中,即(S+1,S)→(D);

EBCD:将S+1、S中的二进制小数转换为十进制小数,存入D+1和D两个寄存器中,即(S+1,S)→(D+1,D) ;

EBIN:将S+1、S中的十进制小数转换为二进制小数,存入D+1和D两个寄存器中,即(S+1,S)→(D+1,D) 。

(2)指令应用

①FLT和INT是一对互为逆变换的指令,它们的源址和终址只能是寄存器D,不能是常数K、H或其他软元件。

②在进行浮点数运算时,除了必须将整数转成浮点数外,小数常数也不能直接写入源址中,也必须先将它们转成浮点数后才能进行运算。小数常数转换成浮点数的方法:先乘以个10的倍数变成整数,再通过指令FLT转成浮点数,再把这个浮点数除以10的倍数复原为小数的浮点数。

③INT指令实际为取整指令,即取出浮点小数的整数部分存入终址单元。在执行INT指令时,如果浮点数的整数部分为0,则取整数为"0",舍去小数部分,这时,借位标志M802=ON,当结果为0时,标志M8020=ON,结果发生溢出时(超出16位或32位整数范围)溢出标志M8022=ON。

④二进制浮点数和十进制浮点数都是用两个相邻的寄存器单元,但其表示方样的。这在9.节中已经介绍。浮点数运算在PLC内部全部是以二进制浮点数来运算的。但是由于二进制浮点数值不易判断,因此,把二进制浮点数转换成十进制浮点数,就可以通过外部设备对数据进行监测。

⑤ DEBIN指令为小数转换成二进制浮点数提供了另一种转换方法。其方法是先将小数变成十进制浮点数,再通过DEBN指令转换成二进制浮点数。

5.浮点数四则运算指令

(1)指令格式与功能

见表6-44。

浮点数四则运算指令格式表　　表6-44

格式	加	减	乘	除
LAD	DEADD S1. S2. D.	DESUB S1. S2. D.	DEMU S1. S2. D.	DEDIV S1. S2. D.
操作组件	D/常数	D/常数	D/常数	D/常数
STL	DEADD(P) S1 S2 D	DESUB(P) S1 S2 D	DEMUL(P) S1 S2 D	DEDIV(P) S1 S2 D
程序步	13	13	13	13

四则运算功能描述如下:

DEADD:(S1+1,S1)+(S2+1,S2)→(D+1,D);

DESUB:(S1+1,S1)-(S2+1,S2)→(D+1,D);

DEMUL:(S1+1,S1)+(S2+1,S2)→(D+3,D+2,D+1,D);

DEDIV:(S1+1,S1)+(S2+1,S2)→(D+3,D+2)(余数),(D+1,D)(商)。

(2)指令应用

①浮点数的四则运算指令均为32位指令,所以,指令前必须全部加“D”。

②常数KH作为源址时,会在程序执行时自动转化为二进制浮点数处理。

③当应用连续执行型指令时,在驱动条件成立期间,每一个扫描周期指令都会执行一次。可参考整数四则运算指令的应用说明。

④如果除数(S2)为0,则运算错误,指令不执行,且错误标志M8067=ON。

6. 浮点数开方指令

(1)指令格式与功能

见表6-45。

浮点数开方与三角函数指令格式表 表6-45

格式	开方	正弦	余弦	正切
LAD	┤├─[DESQR S. D.]	┤├─[DSIN S. D.]	┤├─[DCOS S. D.]	┤├─[DTAN S. D.]
操作组件	D/常数	D/常数	D/常数	D/常数
STL	DESQR(P) S D	DSIN(P) S D	DCOS(P) S D	DTAN(P) S D
程序步	9	9	9	9

DESQR指令就是将S所指内容开方,其值存于D中。

(2)指令应用

①DESQR指令为32位指令,源址是指S+1、S;目标址是D+1、D。

②当常数K、H为源址时,自动转换成二进制浮点数处理。当运算结果为零时,零标志M8020为ON。如果被开方数为负数时,指令不能执行,且错误标志M8067为ON。

7. 浮点数三角函数指令

浮点数三角函数指令格式见表6-45。分别求取(S)的正弦、余弦和正切值。源址S值的单位为弧度。如果要求取角度的三角函数值,需要先将角度换算为弧度后,再进行运算。

8. 逻辑运算指令

(1)指令格式与功能。

见表6-46。

逻辑位运算指令格式表 表6-46

格式	字与	字或	字异或	求补
LAD	┤├─[WAND S1. S2. D.]	┤├─[WOR S1. S2. D.]	┤├─[WXOR S1. S2. D.]	┤├─[NEG D.]
操作组件	KnX/ KnY/ KnM/ KnS/T/C/D/V/Z/常数	KnX/ KnY/ KnM/ KnS/T/C/D/V/Z/常数	KnX/ KnY/ KnM/ KnS/T/C/D/V/Z/常数	KnY/ KnM/ KnS/ T/C/D/V/Z
STL	(D)WAND(P) S1 S2 D	(D)WOR(P) S1 S2 D	(D)WXOR(P) S1 S2 D	(D)NEG(P) D
程序步	7/13	7/13	7/13	3/5

WAND:当驱动条件成立时,将S1和S2按位进行逻辑与运算,结果存于D中;

WOR：当驱动条件成立时，将 S1 和 S2 按位进行逻辑或运算，结果存于 D 中；

WXOR：当驱动条件成立时，将 S1 和 S2 按位进行逻辑异或运算，结果存于 D 中；

NEG：当条件成立时，对 D 进行求补码运算（按位求反加 1），并将结果存回 D 中。

（2）指令应用

【例 6-46】　编写一程序，求任一两数相减所得的绝对值。

编程如图 6-92 所示。

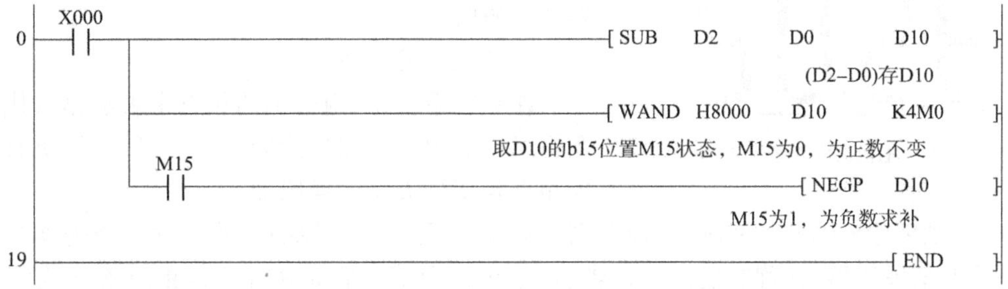

```
    X000
0 ──┤├──┬──────────────────────[SUB    D2     D0     D10  ]
        │                             (D2-D0)存D10
        ├──────────────────────[WAND   H8000  D10    K4M0 ]
        │          取D10的b15位置M15状态，M15为0，为正数不变
        │ M15
        └─┤├───────────────────────────[NEGP   D10  ]
                                 M15为1，为负数求补
19 ────────────────────────────────────[END  ]
```

图 6-92　【例 6-46】的程序设计

八、数据处理指令

广义讲，数据处理是针对数据的采集、存储、检索、变换、传送显示及数表的处理。实际上，PLC 的控制功能就是对控制系统的数据进行处理的功能。这里介绍码制的转换，编码解码，数据的采集，检索、排序及一些不能归于其他门类的指令。

1. 码制转换指令

（1）指令格式与功能

见表 6-47。

码制转换指令格式表　　表 6-47

格式	BIN 转 BCD	BCD 转 BIN	BIN 转格雷码	格雷码转 BIN
LAD	├┤├─[BCD │ S. │ D.]	├┤├─[BIN │ S. │ D.]	├┤├─[GRY │ S. │ D.]	├┤├─[GBIN │ S. │ D.]
操作组件	KnX/ KnY/ KnM/ KnS/T/C/D/V/Z	KnX/ KnY/ KnM/ KnS/T/C/D/V/Z	KnX/ KnY/ KnM/ KnS/T/C/D/V/Z /常数	KnX/ KnY/ KnM/ KnS/T/C/D/V/Z /常数
STL	(D)BCD(P) S D	(D)BIN(P) S D	(D)GRY(P) S D	(D)GBIN(P) S D
程序步	5/9	5/9	5/9	5/9

BCD：当驱动条件成立时，将源址 S 中的二进制数转换为 8421BCD 码，存于终址 D 中；

BIN：当驱动条件成立时，将源址 S 中的 8421BCD 码转换为二进制数，存于终址 D 中；

GRY：当驱动条件成立时，将源址 S 中的二进制数转换为格雷码，存于终址 D 中；

GBIN：当驱动条件成立时，将源址 S 中的格雷码转换为二进制数，存于终址 D 中。

（2）指令应用

【例 6-47】　七段数码管显示 BCD 码。

四个七段数码管与 PLC 的接线如图 6-93 所示。

设（D10）= H3502，运用 BCD 指令编程：

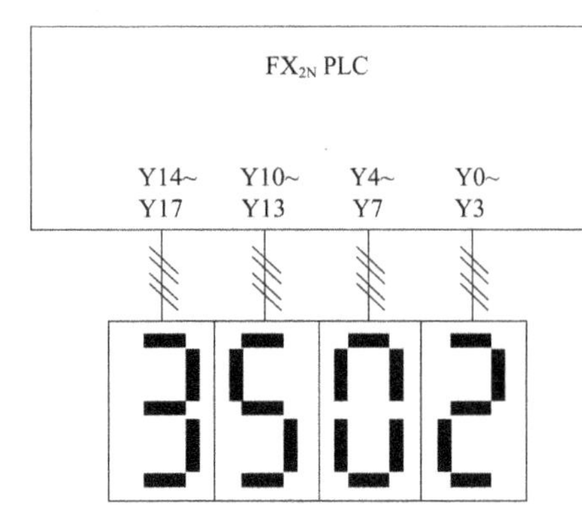

图 6-93 七段数码管显示 BCD 码

BCD D10 K4Y0

四个七段数码管分别显示 2、0、5、3。

图中,数码管显示的位数与输出组合位元件的组数有关。K1Y0 表示仅接入 1 位数码管,仅能显示 0 ~ 9。K8Y0 表示接入 8 位数码管,可显示 0 ~ 99999999。

图中,七段数码管位带 8421BCD-7 段数码译码器的数码管。

2. 译码编码指令

在数字系统中,由输出的状态来表示输入代码的逻辑组合的数字电路称为译码器。可以说,所有组合电路都是某种类型的译码器。

译码器又称解码器。实际上,译码器的译码过程就是一种翻译的过程。译码器分为三类:一是变量译码器,又称二进制译码器、最小项译码器。它是用输出端的状态来表示输入端数据线的编码,有 3 线-8 线译码器、4 线-10 线译码器、4 线-16 线译码器等。二是码制转换译码器,有 8421BCD 转换十进制译码器、余 3 码转换十进制码译码器等。三是显示译码器,这是将代码译成用显示器进行数字、文字、符号显示的电路。

编码器为译码器的反操作,把译码器的输入和输出交换一下就是一个 8 线-3 线编码器。这时,每一个输入端信号对应于一个输出二进制码。其功能可仿译码器理解,不再叙述。

(1)指令格式与功能

见表 6-48。

译码编码指令格式表 表 6-48

格式	译码	编码
LAD	─┤├─ DECO S. D. n	─┤├─ ENCO S. D. n
操作组件	X/ Y/ M/ S/T/C/D/V/Z/常数	X/ Y/ M/ S/T/C/D/V/Z/常数
STL	DECO(P) S D n	ENCO(P) S D n
程序步	7	7

表中 S 为译码(编码)输入数据或其存储字元件地址或其位元件组合首址;D 为译码(编码)输出数据存储字元件地址或其位元件组合首址;n 为 D 中数据的位点数,n = 1 ~ 8。

DECO:在驱动条件成立时,把源址 S 中置 ON 的位元件或字元件中置 ON 的 bit 的位置值转换成二进制整数传送到终址 D。S 的位数指定为 2^n位。

ENCO:在驱动条件成立时,由源址 S 所表示的二进制值 m 使终址 D 中编号为 m 的位元件或字元件中 b_m位置 ON。S 的位数指定为 2^n位。

(2)指令应用

【例 6-48】 说明指令 DECO X0 M10 K3 执行功能。

分析:K3 表示源址为三位位元件 X2,X1,X0 组成的输入编码。M10 表示译码输出控制

为 M10 ~ M17 八个位元件。

执行功能:(X2X1X0) = Km 则编号为 M(10 + m)置 ON。如图 6-94 所示,(X2,X1,X0) = (101) = K5,则 M15 置 ON。

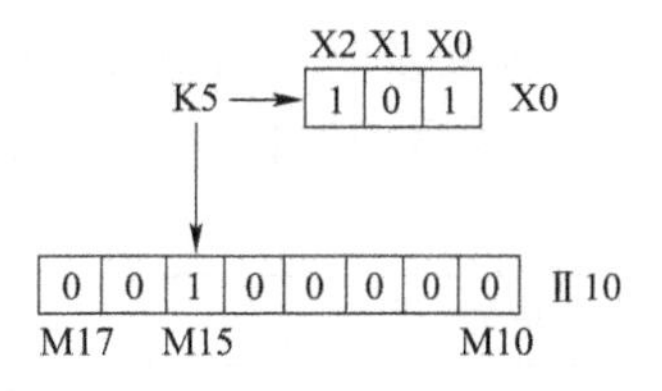

图 6-94 DECO 指令应用解析

【例 6-49】 说明指令 ENCO D0 D10 K3 的执行功能。

分析:K3 表示取源址 D0 的低 $2^3 = 8$ 位,b0 ~ b7。

执行功能:将 b0 ~ b7 中置 ON 的 bit 位的位置编号转换成 8421BCD 码传送到 D10 中,如图 6-95 所示。

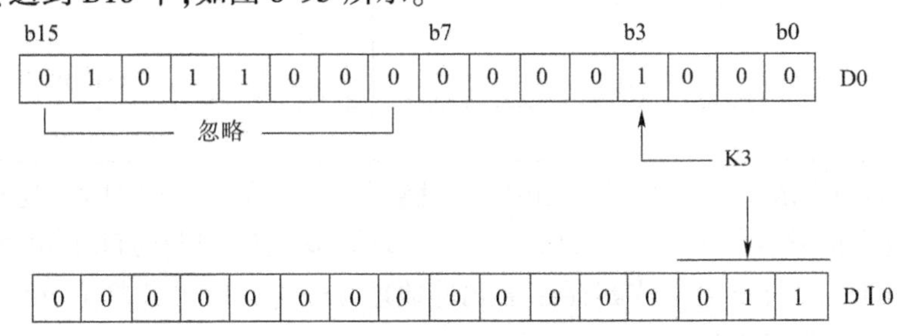

图 6-95 ENCO 指令应用解析

指令使用时需注意:

①n 的取值。当源址为位元件时,1≤n≤8,其编码范围 0 ~ 255;当源址为字元件时 1≤n≤4,其编码范围为 0 ~ 15。

②如果源址中有多个“1”时,对最高位的“1”位进行编码,而忽略其余的“1”位。

③驱动条件位 OFF 时,指令停止执行,但已经运行的编码输出会保持状态。

3. 位“1”处理指令

位“1”处理包括位“1”统计和位“1”判别。指令格式和功能见表 6-49。

位“1”处理指令格式表 表 6-49

格式	统计	判别
LAD	─┤├─ SUM S. D.	─┤├─ BON S. D. n
操作组件	KnX/ KnY/ KnM/ KnS/T/C/D/V/Z /常数	Y/M/S/KnX/ KnY/ KnM/ KnS/T/C/D/V/Z /常数
STL	(D)SUM(P) S D	(D)BON(P) S D n
程序步	5/9	7/13

SUM:在驱动条件成立时,对源址 S 表示的二进制数(16 位或 32 位)中的“1”个数进行统计,结果存于 D 中。

BON:在驱动条件成立时,用源址 S 中的第 n 位(位元件)或第 b_n 位(字元件)的状态值(1 或 0)控制 D 的状态。n = K0 ~ K15(16 位)或 n = K0 ~ K31(32 位),用于指定 S 的第几位。该指令常常用于判别某数的正负(n 指定为最高位)或某数的奇偶性(n 指定为最低位)。

4. 信号报警指令

在工业控制系统中,因多种原因会引起机械、电路等出现越限、超时、未反馈等不正常行为，需要及时发出报警。FX_{2N}PLC 提供两个指令 ANS 和 ANR。

信号报警指令格式见表 6-50。

报警指令格式表 表 6-50

格式	报警设置	报警复位
LAD	ANS S. m D.	ANR
操作组件	S/T/D/常数	
STL	ANS(P) S m D	ANR(P)
程序步	7	1

ANS：当驱动条件成立的时间大于由 S 所设置的定时器的定时时间（定时时间 = m × 100ms）时，则报警信号位元件 D 为 ON。其中，S 为故障发生判断时间的定时器编号 T0 ~ T199；m 为定时器的定时设定值或其存储字元件地址，m = 1 ~ 32767（单位 100ms）；D 为设定的信号报警位元件，S900-S999。

ANR：当驱动条件成立时，信号报警状态继电器 S900-S999 中已经置 ON 的编号 S 的状态继电器复位。

【例 6-50】 某输送带输送物件如图 6-96 所示。当机械手把物件 A 放到输送带上时，输送带开始前进，到达位置（开关 B 处）停止，期间输送运行时间为 5s。如果因机械等故障，物件 A 在输送带运行中停止前进时，要求给予报警。

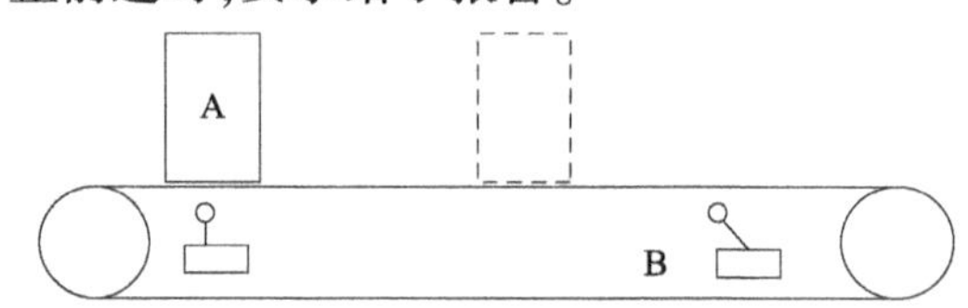

图 6-96 传送带控制示意图

分析：此题报警的前提条件是物件停止传送，但是电机应该是一直开着，传输带可能停止转动，也可能没有转动，故障的原因很多。那么报警的条件应该是物件从 A 到 B 超时。

将问题解答设计成程序如图 6-97 所示。

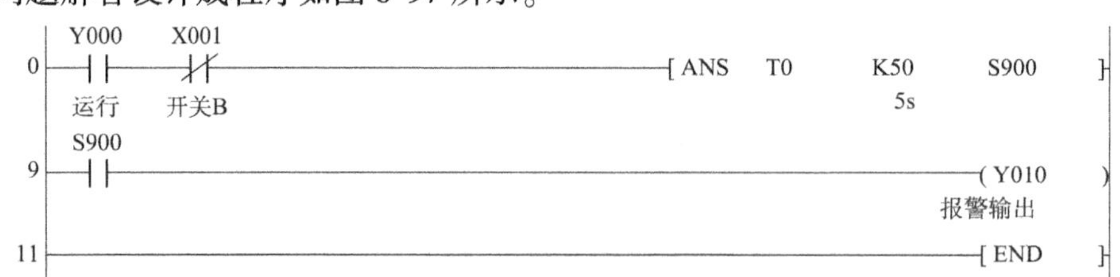

图 6-97 传送带故障报警程序

5. 数据处理

(1) 指令格式与功能

这里的数据处理指令，主要针对一组数据的获取、搜寻和排序等进行处理。主要包括 MTR、SER、SORT。指令格式见表 6-51。

数据指令格式表 表6-51

格式	数据采集	数据检索	数据排序
LAD	├┤├─[MTR | S. | D1 | D2 | n]	├┤├─[SER | S1 | S2. | D | n]	├┤├─[SER | S | m1. | m2. | D | n]
操作组件	X/ Y/ M/ S/常数	KnX/ KnY/ KnM/ KnS/T/C/D/V/Z/常数	D/常数
STL	MTR S D1 D2 n	(D)SER(P) S1 S2 D n	SORT S m1 m2 D n
程序步	9	9/17	11

MTR:当驱动条件成立时,指令以选通的方式,依次从S所确定的输入口分时读取n列开关量状态信号送入以D2为首址所确定的位元件中。分时选通信号由D1为首址所确定的输出口发出。其中,S为采集信号输入口位元件首址,只能以X0、X10、X20等作为首址,占用8个点。D1为选通信号输出口位元件首址,只能以Y0、Y1、Y20等作为首址,占用n个点。D2为采集信号存储位元件首址,只能以Y0、Y1、Y20等及M0、M10、M20等和S0、S10、S20等作为首址,占用n×8点或n×8点个位软元件,不能与D1取值重复。N为采集信号矩阵输入的列数,每列8个信号输入,2≤n≤8。

SER:当驱动条件成立时,从源址S1为首址的n个数据中检索出符合条件S2的数据的位置值,并把它们存放在以D为首址的5个寄存器中。其中,S1为要检索的n个数据存储字元件首址,占用S1~S1+n个寄存器。S2位检索目标数据或其存储字元件地址。D为检索结果存储字元件首址,占用D~D+5个寄存器。n为要检索数据的个数,16位:n=1~256;32位:n=1~128。

SORT:当驱动条件成立时,在数据表格S中,对以n指定的列数重新进行升序排列(由小到大)。排列结果重新存储到数据表格D中。其中,S为数据表格存储字元件首址,占用m1×m2点。m1为数据表格行数,m1=kl~k32。m2为数据表格列数,m2=k1~k6。D为排列结果存储字元件首址,占用m1×m2点。n为指定排序的列数,n=1~m2。

(2)指令应用

①MTR指令,本质是从PLC的输入口采集数据,在外部开关接入输入口时,每个开关必须串接一个二极管;MTR的驱动要求常置ON,可用M8000作为指令的驱动条件;开关矩阵输入的列数,最少2列,最多8列。也就是说最多能采集8×8个开关量的状态;不论是源址还是终址,其位元件起始编号最低位的位数编号只能是0,例如10、20、30等,而对于源址输入,通常使用X20以后编号;为了防止信号的丢失,MTR指令对外接开关的ON/OFF时间有一定要求。在读取期间,开关的ON/OFF时间必须大于n×20ms时间。当输入为2列时,必须大于40ms。以此类推,最大为8×20ms=160ms。

②SER指令执行时,如检索结果不存在相同数据时,仅在D+3,D+4寄存器中保持最小值和最大值的位置值,而D、D+1、D+2三个寄存器均保存0值;在模拟量控制中,由于工业控制对象的环境比较恶劣,干扰较多,如环境温度、电场、磁场等,因此,为了减少对采样值的干扰,对输入的数据进行滤波是非常必要的。模拟量控制的滤波就有硬件滤波和软件滤波两种方式。软件滤波又称为数字滤波。它是利用计算机强大而快速的运算功能,对采样

信号编制滤波处理程序,由计算机用滤波程序进行运算处理,从而消除或削弱干扰信号的影响,提高采样值的可靠性和精度,达到滤波的目的。数字滤波中,有一种称中位值平均滤波,其算法为:连续采集个数值,去掉一个最小值,然后计算剩下的 n-2 个数据的平均值。可用 SER 指令实现。

③SORT 指令所排序的表格为 m1 行 × m2 列,其存储方式为:一列一列依顺序存入相应寄存器。SORT 指令在程序中仅可以使用 1 次,但如果需要多次执行时,请将驱动条件 OFF/ON 一次在指令执行过程中,请勿改变操作数和数据表格存储内容,但排序的列数 n 可以改变。源址 S 和终址 D 可以指定同一寄存器,这样指令执行后,源址 S 的数据结构就变成写入排序结果的数据结构;如果并不需要保留原来的数据结构,可以节省很多内存;如果在设计数据表格时,将第一列设计成行的编号,则排序后可以由第一列的内容判断出原来所在的行号,这对使用非常方便。SORT 指令影响执行完成标志位 M8029,当数据表格行数较多,指令执行时间也较长,这时,可利用 M8029 转入后续运行。利用 SORT 指令也可以编写求中位值平均滤波程序。程序设计思路是取 10 个数据,编制成 10 行 × 1 列数据表格,对其进行排序。因其最小数存 D1,最大数存 D10,仅对其中间 8 个数(D2 ~ D9)求平均值即可。

6. 求平均值指令

指令格式见表 6-52。

求平均值、区间复位指令格式表 表 6-52

格式	求平均值	区间复位
LAD	─┤├─ MEA | S. | D | n	─┤├─ ZRST | D1 | D2.
操作组件	KnX/ KnY/ KnM/ KnS/T/C/D/V/Z/常数	Y/ M/S/T/C/D
STL	(D)MEAN(P) S D n	ZRST(P) D1 D2
程序步	7/13	5

MEAN 指令,当驱动条件成立时,将以源址 S 为首址的 n 个数据求其算术平均值并传送至终址。其中,S 为参与求平均值的数据存储字元件首址,D 为求得平均值的数据存储字元件地址,n 为参与求平均值的数据个数或其存储字元件地址,n = 1 ~ 64。

MEAN 指令执行时,只保留整数部分,余数会舍去。n 取值为 1 ~ 64。当 n 为负数或大于 64 时,运算出错标志 M8067 置 ON。

7. 区间复位指令

指令格式见表 6-52。

区间复位指令解读:当驱动条件成立时,将终址 D1 和终址 D2 之间的所有软元件进行复位处理。对位元件,全部置于 OFF,对字元件,全部写入 K0。

D1 和 D2 分别为进行区间复位的软元件存储首址和终址,它们必须是同一类型软元件,且软元件编号必须为 D1 ≤ D2。如果出现不同类型的软元件或 D1 > D2 的情况,指令虽能够执行,但仅对 D1 软元件进行复位处理。

ZRST 指令是 16 位处理指令,一般不能对 32 位软元件进行区间复位处理。但对 32 位计数器 C200 ~ C234 来说,也可以应用 ZRST 指令进行区间复位,但不允许出现 D1 为 16 位

计数器而D2为32位计数器的混搭情况。

ZRST指令在对定时器、计数器进行区间复位时,不但将TC的当前值写入K0,还将其相应的触点全部复位。

九、外部设备指令

所谓外部设备指令,就是有关PLC与外部设备打交道的指令类,主要包括:一是外部I/O设备操作的有关指令,二是外部选用设备指令。

1. 外部设备触发输入的指令

(1)指令格式与功能

外部设备触发输入主要包括10键输入、16键输入和接口值选读等,其指令格式见表6-53。

外部设备触发输入指令格式表　　表6-53

格式	16键输入	10键输入	接口值选读
LAD	┤├─[HKY S. D1 D2 D3.]	┤├─[TKY S D1. D2.]	┤├─[DSW S D1. D2 n]
操作组件	X/Y/M/S/T/C/D/V/Z	X/Y/M/S/KnY/KnM/KnS/T/C/D/V/Z	Y/T/C/D/V/Z/常数
STL	(D)HKY S D1 D2 D3	(D)TKY S D1 D2	DSW S D1 D2 n
程序步	9/17	7/13	9

TKY指令的功能是,从PLC的以S为首址的输入口通过按键的动作顺序把一个4位十进制数(或8位十进制数)送入指定字元件(一般为数据寄存器D)中,同时,驱动相应的位元件动作。其中,S为按键输入接口位元件首址,占用(S~S+9)10个点;D1为十进制数存储字元件地址;D2为按键相对应动作的位元件首址,占用(D2~D2+10)11个点。

HKY指令功能是,根据不同的模式从PLC输入口S通过按键的动作顺序选通输入1个十进制数(4位或8位)或输入1个十六进制数到字元件D2中,同时,驱动相应位元件动作。其中S为按键输入接口位元件首址,占用(S~S+3)4个点。D1为按键选通接口位元件首址,占用(Dl~D1+3)4个点。D2为按键输入数据存储字元件地址。D3为与按键相对应动作的元件首址,占用(D3~D3+6)7个点。

DSW指令的功能是,当驱动条件成立时,把S中X接口所连接的数字开关的值(BCD码表示)通过D1选通口选通信号的处理转换成相应的二进制数保存在D2中。如果n=1,则为1组数字开关(4位),若n=2,为2组数字开关(各4位)。其中,S为连接数字开关的输入口位元件首址,占用4点或8点。D1为连接选通信号的输出口位元件首址,占用4点。D2为数字开关数值的存储字元件地址。n为数字开关的组数,n=1或2(4位/组)。

(2)指令应用

①执行TKY指令,必须在PLC的输入接口上接入10个按键开关,每一个按键对应一个十进制数,当按下某个按键后,对应的十进制数输入到PLC软元件,并接通一个辅助继电器M。按键接线如图6-98所示。

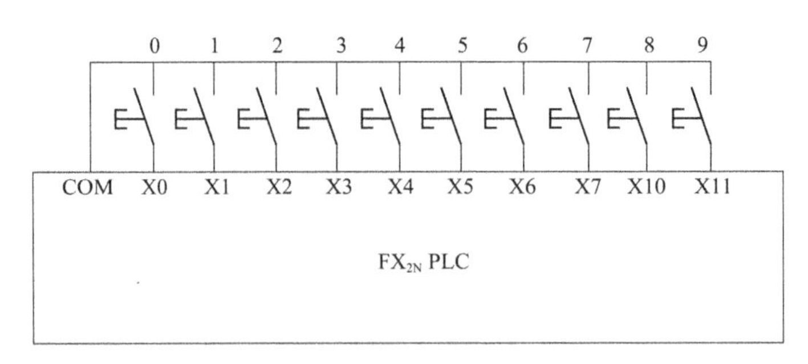

图 6-98 TKY 指令的按键接线示意图

如果驱动条件为 X20 的常开触点,且 X20 = 1,则 TKY X0 D0 M10 执行时,可以按 4 次输入键,把一个 4 位十进制数送入 D0。例如,按下 X2-X0-X1-X3 则 2013 就会被送入 D0。16 位的 TKY 指令只能输入 4 位,如果在 X20 = 1 期间,按下了超过 4 个按键,则 PLC 按照先按先出、后按后出的原则溢出,如按下 X2-X0-X1-X3-X5,则 0135 被送入 D0。若使用 32 位指令,则可在 X20 = 1 期间输入 8 个十进制数到 D0。

外部键按下同时,对应的中间继电器动作,并保持到下一个按键按下时复位。如按下 X5,则 M15 动作。当 X20 = 0 时,所对应的中间继电器全部复位。

TKY 指令在编程时只能使用一次,可以用作从外部按键来设定 PLC 内部定时器和计数器的设定值,也可作为某些需要经常做调整的参数输入,其缺点是需要占用 10 个输入口。

②HKY 指令的执行,要求在 PLC 的 I/O 之间接入 16 个按键。开关键接线如图 6-99 所示。

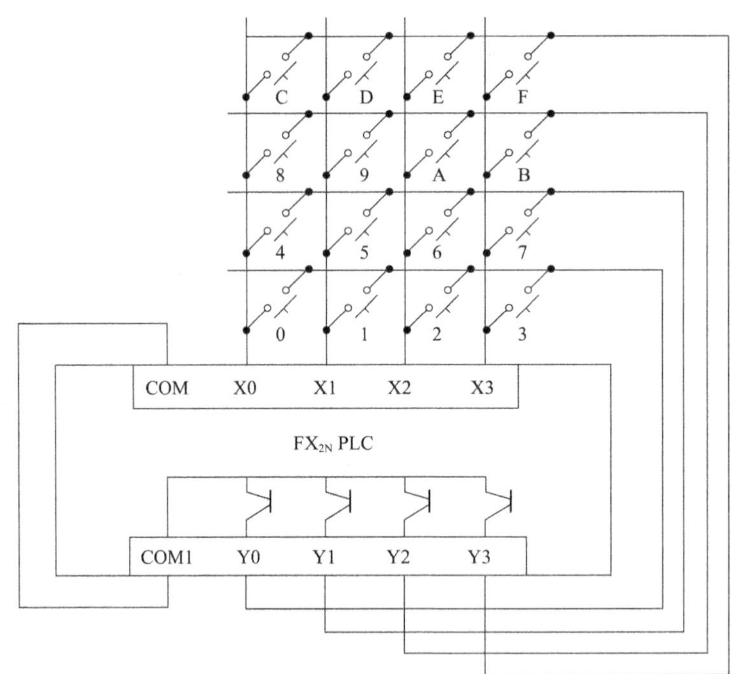

图 6-99 HKY 指令的外部开关接线

HKY 指令有两种工作模式:

一是十进制处理模式。M8167 = 0。在这种模式下,键盘分成两部分。数字键 0 ~ 9:按

键向 PLC 输入 4 位十进制数，超过 4 位，溢出情况同指令 TKY；同时，相应的辅助继电器 M7 为 ON，并随按键松开而复位。32 位指令 DHKY 可输入 8 位十进制数。功能键 A ~ F：按下任一功能键，其相对应的继电器（M0 ~ M5）接通，同时，M6 接通，并随按键的复位而复位。

二是十六进制处理模式。M8167 = 1。这种模式下，键盘为十六进制输入键盘，将一个 4 位的十六进制数输入 D0，32 位指令 HKY 将一个 8 位十六进制数输入 D1、D0 中。

③DSW 指令，实际就是一个读取 PLC 外接数字开关设定值的指令。下面以指令 DSW X0 Y0 D0 K1 为例进行说明。指令操作相对应的外部接线图如图 6-100 所示。

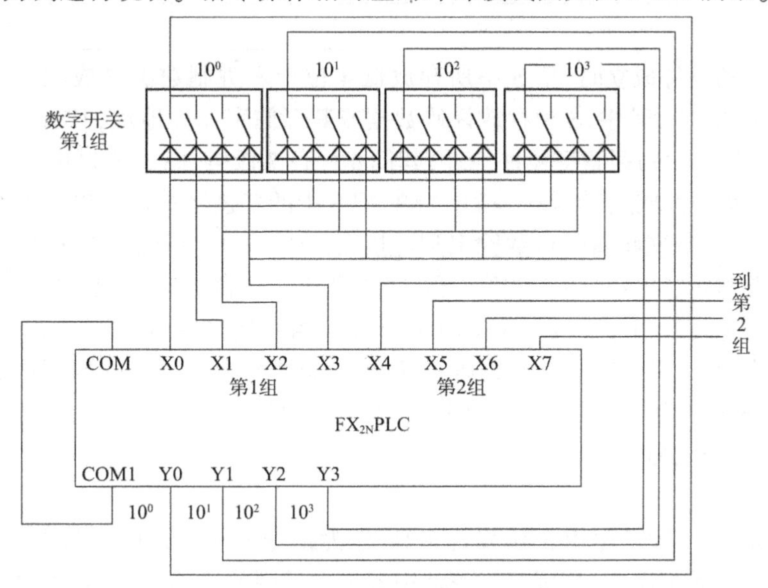

图 6-100　DSW 指令外部接线图

和 HKY 指令外部接线类似，Y0 ~ Y3 为选通信号，在 X030 为 ON 期间，Y0 ~ Y3 每隔 100ms 依次置 ON，循环一次后，结束标志位 M8029 置 ON。如果 X030 继续为 ON，则重复 Y0 ~ Y3依次置 ON，直到 X030 为 OFF，Y0 ~ Y3 全部置 OFF。指令中 n 值决定数字开关的组数，每一组由 4 个数字组成。

当 n = K1 时（本例），通过选通信号 Y0 ~ Y3 依次读取 X0 ~ X3 所连接的 BCD 码输出的 4 位数的数字开关，并将其值转换成二进制数保存到 D0 中，其最大输入值为 9999。

当 n = K2 时，表示有二组 4 位 BCD 码输出的数字开关分别接入 X0 ~ X3 和 X4 ~ X7（图中，数字开关第 2 组未画出），这时，通过选通信号 Y0 ~ Y3 分别将第一组数字开关读入 D0，而将第二组数字开关读入 D1。DSW 指令是 16 位指令，这两组数字开关不能组成 8 位十进制数，而是互相独立的，最大输入值均为 9999。

在实际使用中，常常只需要 1 位、2 位或 3 位数字开关，对于没有使用的位数，其相应的选通信号输出 Y 可以不接线，但这个输出口已被指令占用了，所以，也不能用于其他用途，只能空着。

2. 数码显示指令

(1)指令格式与功能

见表 6-54。

数码显示和方向开关指令格式表　　表6-54

格式	七段码显示	七段码锁存显示	方向开关
LAD	SEGD S. D	SEGL S. D. n	ARWS S D1. D2. n
操作组件	KnX/ KnY/ KnM/ KnS/T/C/D/V/Z/常数	Y/KnX/ KnY/ KnM/ KnS/T/C/D/V/Z/常数	X/Y/M/S/T/C/D/V/Z/常数
STL	SEGD(P) S D	SEGL(P)S D n	ARWS S D1 D2 n
程序步	5	7	9

SEGD：当驱动条件成立时，把S中所存放低4位十六进制数编译成相应的7段显示码保存在D中的低8位。其中，S为存放译码数据或其存储字元件地址，其低4位存一位十六进制数0～F；D为7段码存储字元件地址，其低8位存7段码，高8位为0。

SEGL：当驱动条件成立时，如n=K0～K3，把S中的二进制数(0～9999)转换成BCD码数据，采用选通方式依次将每一位数输出到连接在(D)～(D+3)输出口上带锁存BCD译码器的7段数码管显示，如n=4～7。把S和S+1两组二进制数转换成BCD码数据，采用选通方式分别送到连接在(D)～(D+3)输出口上第1组和连接在(D+4)～(D+7)输出口上第2组的带锁存BCD译码器的两组数码管显示。其中，S为需显示的数据或其存储字元件地址，范围0～999；D为7段码显示管所接输出口位元件首址，占用8个点；n为PLC与7段码显示管的逻辑选择，K0～K7。

(2)指令应用

①SEGD指令，一般采用组合位元件K2Y作为指令的终址，这样，只要在输出口Y(如Y0～Y6)接上7段显示器，可直接显示源址中的十六进制数。7段显示器有共阳极和共阴极二种结构，如果PLC的晶体管输出为NPN型，则应选共阳极7段显示器，PNP型则选择共阴极。

一个SEGD指令只能控制一个7段显示器，且要占用8个输出口，如果要显示多位数，占用的输出口点数更多，显然在实际控制中，很少采用这样的方法。

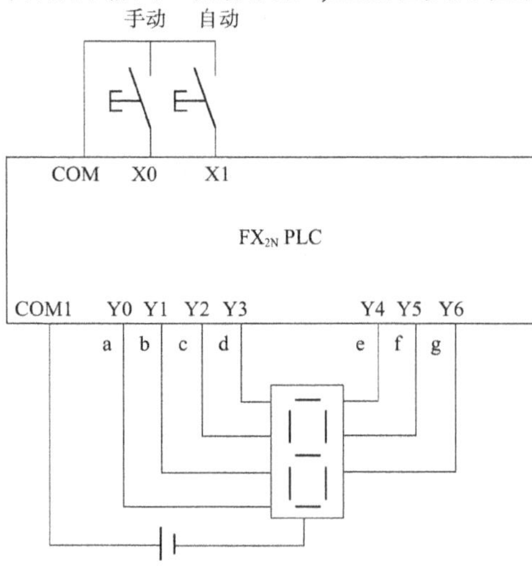

图6-101　[例6-51]接线

【例6-51】　7段数码管循环点亮程序控制。

控制要求：能手动自动切换；手动控制时，按一次手动按钮，数码管按0～9依次轮流点亮；自动控制时，每隔1s，数码管按0～9依次轮流点亮。试画出接线图及梯形图程序。

接线图如图6-101所示。

梯形图和程序如图6-102。

②SEGL指令的输出接线和外部时序，分两种情况。

一是，n=K0～K3，输出一组4位7段数码管。接线图如图6-103所示。由于指令的输出为8421BCD码，所以，不能直接与7段数码管相连，中间必须要有BCD码到7段码的译码器。其数

据信号选通的输出过程与 DSW 指令类似，Y0 ~ Y3 为数据线输出口，Y4 ~ Y7 为相应的选通并锁存信号输出口，当 X10 接通后把 D0 中的数转换成 BCD 码并从 Y0 ~ Y3 依次对每一位数进行输出，并根据相应位的选通信号送入相应位的 7 段数码管锁存显示。

```
    M8002
 0 ─┤├─┬──────────────────────────[ MOV   K0      D10   ]
    M11 │                                  显示值清零
   ─┤├─┘
         手动
    X000     X001
 7 ─┤├─────┤/├──┬─────────────────[ INCP          D10   ]
    T10         │                          显示值加1
   ─┤├──────────┘
         自动
    X001     T10                                   K10
13 ─┤├─────┤/├────────────────────( T10                 )
                                           自动定时1s
    M8000
18 ─┤├──┬─────────────────[ CMP   D10     K10     M10   ]
        │                      循环到10则显示值清零
        └─────────────────[ SEGD  D10             K2Y000 ]
                                   显示值输出到数码管
31 ───────────────────────────────[ END                 ]
```

图 6-102　【例 6-51】的控制程序

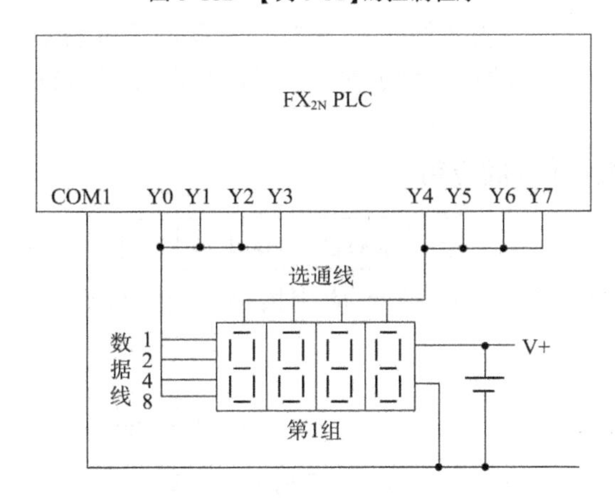

图 6-103　输出一组数码管显示接线图

二是，n = K4 ~ K7，这时，输出 2 组 4 位 7 段数码管，接线图如图 6-104 所示。这时，除了把 D0 中的数据送到第 1 组的 4 个数码管，还把 D1 中的数据转换成 BCD 码后，从 Y10 ~ Y13 依次对每一位数据进行输出，并根据相应位的选通信号 Y4 ~ Y7 送入第 2 组相应位的 7 段数码管锁存及显示。

指令使用时还需注意：

(1) 驱动条件为 ON 时，指令重复执行输出过程，当驱动条件变为 OFF 时，马上中断输出。当驱动条件再次为 ON 时，重新开始执行输出，选通信号依次执行后，结束标志 M8029 置 ON。

(2)如果实际应用位不是4位,则相应的选通信号口Y4~Y7可以空置,但不能用于他用。

(3)SEGL指令与PLC的扫描周期同步执行。为执行一连串的显示,PLC的扫描周期应大于10ms,如不满足10ms,需使用恒定扫描模式设定扫描时间大于10ms。

(4)执行SEGL指令请选择晶体管输出型的PLC。

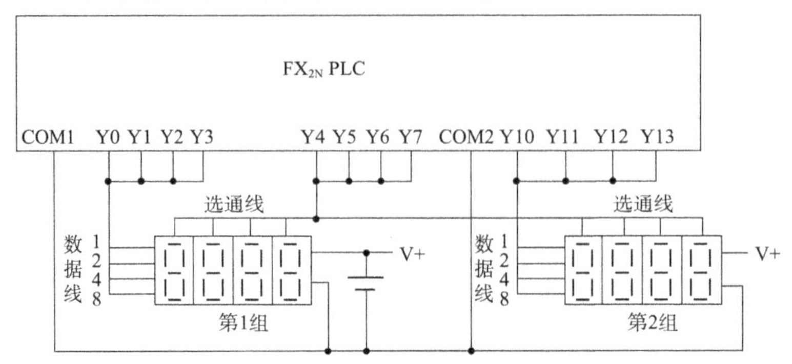

图6-104　输出两组数码管显示接线图

3.方向开关指令

指令格式见表6-54。

ARWS的功能解释:当驱动条件成立时,通过使用连接在S输入口的4个方向开关的动作对连接在输出口上的7段数码管的显示值进行设定调整。其中,S为方向开关接到输入口的位元件首址,占用4个点;D1为7段数码管显示值存储字元件,范围0~9999;D2为7段数码管数据线及选通线输出口的位元件首址,占用8个点;n为PLC与7段数码管的逻辑选择,n=K0~K3。

下面举一例来说明ARWS的应用。

```
 X0
─┤├─[ARWS | X10 | D0 | Y0 | K0]
```

ARWS指令按键功能如图6-105所示,应用指令对应的接线图如图6-106所示。

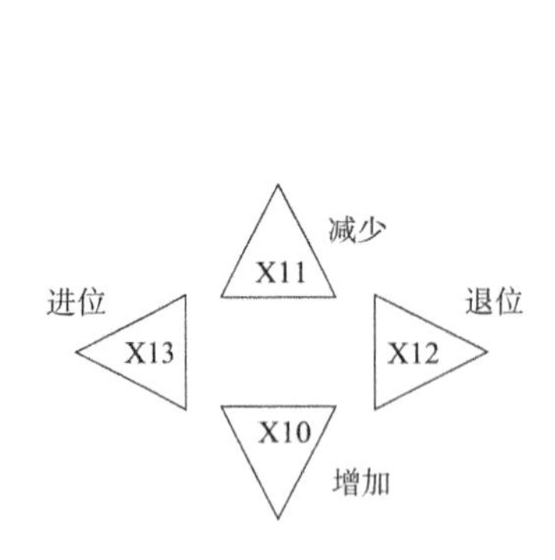

图6-105　ARWS指令按键功能图

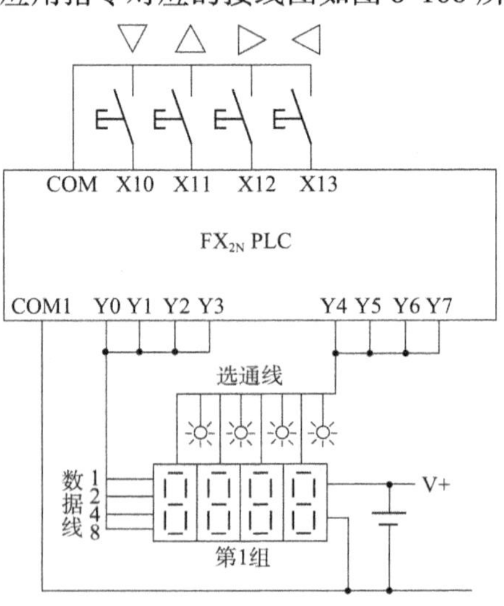

图6-106　ARWS应用接线

假定这时D0中的数值为K206,则四位数码管显示为0206。当X0 =1时,可利用连接在X10~X13输入口上的4个键对显示值进行调整,这4个功能键的含义如图6-105所示。

调整分两步进行:

(1)选择要调整的位数。

X13:进位功能键,每按一次,由个位→十位→百位→千位→个位……循环移动。选中的位数,其相应的位指示灯不亮(因本例选通逻辑为负逻辑)。

X2:退位功能键和X13键一样,仅是移动方向相反。

(2)选择调整位的数据。

确定要调整的位后,即可对该位数据进行设定,设定方法:

X10:数据加1键,每按一次数字按加1变化。例如,调整个位数据则按6-7-8-9-0-1-2…循环变化。

X11:数据减1键,每按一次数字按减1变化。例如,调整十位数据则按0-9-8-7-6-5-4…循环变化。

(3)调整时7段数码管会及时显示调整的数据,调整后的数据被写入D0中。

指令应用时需要注意:

①ARWS指令在程序中只可以使用1次,要是用多个时,可采用变址寻址方式编程。

②ARWS指令与PLC的扫描周期同步执行。为了执行一连串的显示,PLC的扫描周期必须大于10ms,如不足10ms,请使用恒定扫描模式,或定时中断,按一定时间间隔运行。

③ARWS指令执行时必须选用晶体管输出型PLC。

4. ASCⅡ码输入输出指令

(1)指令格式与功能

见表6-55。

ASCⅡ码输入输出指令格式表　　　　表6-55

格式	ASCⅡ码输入	ASCⅡ码输出
LAD	─┤├─[ASC S. D]	─┤├─[PR S. D.]
操作组件	T/C/D	Y/T/C/D
STL	ASC S D	PR S D
程序步	11	5

ASC:当驱动条件成立时,将由计算机输入S的8个半角英文、数字字符串转换成ASCⅡ码,存放在以D为首址的寄存器中。

PR:当驱动条件成立时,根据输出字符的模式,将S中存储的ASCⅡ码字符通过D输出口串行输出打印机或显示器。

(2)指令应用

①ASC有两种应用模式:

一是M8161 =0,16位数据处理模式。

在这种模式下,指令先将S中所指定的8个字符的字符串转换成ASCⅡ码(一个字符转换成两个十六进制数)。然后按照低8位、高8位的顺序依次将ABCD1234的ASCⅠ码存放在D0~D3中。也就是说,每一个寄存器D存放两个字符,前一个字符存放在D的低8位,后一个字符存放在D的高8位。

二是M8161=1,8位数据处理模式。

这种模式与上面不通的是,转换后的ASCI码仅存储在D寄存器的低8位,其高8位为0。也就是说,每一个寄存器D仅存一个字符,存放在低8位。这时,寄存器D的个数比16位模式多1倍。

指令应用时需要注意:ASC指令的操作数S规定输入是8个字符,如果少于8个字符,指令自动以空格符SP(H20)补充到8个;如果多于8个字符,指令会自动取消多余的字符。状态标志M8161,是与通信指令RS(FNC80)、ASCI(FNC82)、HEX(FNC83)、CCD(FNC84)共同使用的标志,不论在哪一个指令中设定了M8161的状态,这5个指令都必须按照设定状态处理数据。

②PR指令是专为打印机或显示器输送字符串用,需要连接外部专门单元。M8027的状态决定着输出字符串的数量。当M8027=0时,输出固定8个字符;当M8027=1时,输出可以是1~16个字符,少于16个字符时,自动在后面补齐0。PR使用时还需要注意:该指令在编程时使用一次,一般是ASC和PR同时使用;不论是执行连续型,还是执行脉冲型,只要循环1次结束,指令执行就结束。

5.特殊功能模块读写指令

三菱电机为FX PLC开发了众多的特殊功能模块,它们大致分成:模拟量输入/输出模块、温度传感器输入模块、高速计数模块、定位控制模块、定位专用单元和通信模块。

这些特殊的功能模块实质上都是带微处理器的智能模块。特殊功能模块通过数据线与PLC的基本单元直接相连接。PLC和特殊功能模块的数据交换是通过对特殊功能模块的读写指令来完成的。PLC识别特殊功能模块是通过模块的编号实现的,编号顺序:从靠近基本单元的特殊功能模块开始编0#,由近至远至7#。

每个特殊功能模块都带一个缓冲存储器BFM,起着模块与PLC之间交换信息的中间作用。不同模块有不同容量的BFM,具体的BFM容量要查看用户手册。

(1)指令格式与功能

见表6-56。

特殊功能模块读写指令格式表 表6-56

格式	模块读	模块写
LAD	─┤├─ [FRO | m1 | m2 | D. | n]	─┤├─ [TO | m1 | m2 | S. | n]
操作组件	KnY/ KnM/ KnS/T/C/D/V/Z/常数	KnX/ KnY/ KnM/ KnS/T/C/D/V/Z/常数
STL	(D)FROM(P) m1 m2 D n	(D)TO(P) m1 m2 S n
程序步	9/17	9/17

注:m1为模块编号,取0~7;m2为BFM首址,取0~32767;D为BFM传送到PLC的存储字元件首址;S为写入BFM数据的字元件存储首址;n为传送数据个数,取值为1~32767。

FROM:当驱动条件成立时,把位置编号为 m1 的特殊模块中以 BFM#m2 为首址的 n 个缓冲存储器的内容读到 PLC 中以 D 为首址的 n 个字元件中。

TO:当驱动条件成立时,把 PLC 中以 S 为首址的 n 个字元件的内容写入到位置编号为 m1 的特殊模块中以 m2 为首址的 n 个缓冲存储器 BFM 中。TO 指令在程序中常用脉冲执行型 TOP。

(2)指令应用

①中断标志位 M8028:当 M8028 =0 时,FROM、TO 指令执行时自动进入中断禁止状态,在这期间发生的输入中断或定时器中断均不能执行,在 FROM、TO 指令执行完毕后,立即执行。另外 FROM、TO 指令可以在中断程序中使用。当 M8028 =1 时,在 FROM、TO 指令执行期间,可以进入中断状态,但 FROM、TO 指令却不能在中断程序中使用。

②运算时间延长的处理。当一台 PLC 直接连接多台特殊功能模块时,可编程控制器对特殊功能模块的缓冲存储器初始化运行时间会变长,运算的时间也会变长。另外,当执行多个 FROM、TO 指令或传送多个缓冲存储器的时间也会变长,过长的运算时间则会引起监视定时器超时。为了防止这种情况,可以用在程序的初始步加入延长监视定时时间的程序来解决。也可错开 FROM、TO 指含执行的时间。

6. 通信指令

与外部设备的通信指令分为串行和并行两类。

(1)指令格式与功能

见表 6-57。

通信指令格式表　表 6-57

格式	串行	并行	校 验 码
LAD	RS S. m D. n	PRUN S. D.	CCD S. D n
操作组件	D/常数	KnX/ KnY/ KnM	KnX/ KnY/ KnM / KnS/T/C/D/常数
STL	RS S m D n	(D)PRUN(P) S D	CCD(P) S D n
程序步	9	5/9	7

RS:当驱动条件成立时, PLC 以 S 为首址的 m 个数据等待发送并准备接收最多 n 个数据存于以 D 为首址的寄存器中。其中,S 为发送数据存储字元件首址;m 为发送数据个数或其存储字元件地址,m =0 ~4096;D 为接收数据存储字元件首址;n 为接收数据个数或其存储字元件地址,0 ~4096,(m + n)8000。

PRUN:当驱动条件成立时,将 S 中的组合位元件状态传至 D 中的组合位元件。其中,S 为传送源址的组合元件(八进制或十进制);D 为传送终址的组合位元件(八进制或十进制)。

CCD:当驱动条件成立时,将以 S 为首址的寄存器中的 n 个数据进行求和校验,和校验码存(D)中,列偶校验码(异或校验码)存(D +1)中。其中,S 为求和校验码存储字元件首址;D 为参与校验数据的存储字元件首址;n 为参与校验数据的个数,n =1 ~256。

(2)指令应用

①RS 功能举例说明

驱动条件为 X000,指令为:RS　D100　K10　D500　K5。

这条指令的意思是,PLC 有 10 个存于 D100 ~ D109 中的数据等待发送,最多接收 5 个数据并依次存于 PLC 的 D500 ~ D504。S 和 m 是一组,D 和 n 是一组,这是两组不相干的数据,具体多少根据通信程序确定。但 S 和 D 不能使用相同编号的数据寄存器。m 和 n 也可以使用 D 寄存器,这时,其发送和接收的数据个数由 D 寄存器内容决定。

RS 指令执行时,对所传送或接收数据的处理有两种处理模式,这两种模式分别由特殊继电器 M8161 的状态所决定。

M8161 = ON,处理 8 位数据模式。这时,RS 指令只对发送数据寄存器 D 的低 8 位数据进行传送,接收到的数据也只存放在接收数据寄存器 D 的低 8 位。

M8161 = OFF,处理 16 位数据模式。这时 RS 指令对发送数据寄存器 D 的 16 位进行处理,按照先低 8 位后高 8 位的顺序进行传送,接收到的数据按先低 8 位后高 8 位的方式存放在接收数据寄存器 D 中。

②PRUN:PRUN 指令实际功能是一个八进制数的组合位元件传送指令。因为 PLC 的 X、Y 口均是按照八进制数编制的,所以,组合位元件的元件号末位数必须为 0,如 KnXO、KnY10、KnM800、KnX20 等。最初,PRUN 指令是为两台 PLC 之间的通信控制设计的,在进行通信控制时,先对自己的链接软元件进行编程控制,另一方则根据相应的链接软元件按照控制要求进行编程处理。因此,两台 PLC 并联连接进行通信控制时,双方都要进行程序编制,才能达到控制要求。

③CCD 指令有两种数据模式。

a. CCD 指令 16 位数码模式。是把以 S 为首址的寄存器中的 n 个 8 位数据,将其高低各 8 位的数据进行求和与列偶校验,和存 D 寄存器中,列偶校验码存(D+1)。注意,一个寄存器有两个 8 位数据参与校验。例如,易能变频器 EDS1000 系列采用 16 位模式求和校验码。

b. CCD 指令 8 位数据模式。是把以 S 为首址的寄存器中的 n 个低 8 位进行求和与列偶校验。和存 D 寄存器中。列偶校验码存(D+1)中。

求和校验码和异或校验码虽然也可以通过人工计算得到,但一般情况下都是通过校验码指令 CCD 计算自动获得,然后再到相关的寄存器中。

十、高速处理和 PLC 控制指令

PLC 内部高速计数器是计数功能的扩展,高速计数器指令和定位控制指令使 PLC 的应用范围从逻辑控制、模拟量控制扩展到了运动量控制领域。

高速处理指令的最大特点是其执行处理输出不受 PLC 扫描周期的影响,而是按中断方式工作并立即输出的。

三菱 FX PLC 的高速计数器共 21 个,其编号为 C235 ~ C255。在实际使用时,高速计数器的类型有下面四种:

(1)一相无启动无复位高速计数器 C235 ~ C240。

(2)一相带启动带复位高速计数器 C241 ~ C245。

(3)一相双输入(双向)高速计数器 C246 ~ C250。

(4)二相输入(A-B 相)高速计数器 C251 ~ C255。

这里的相即从输入端口输入脉冲的路数。一相双输入指增减计数端同时输入该相。

高速计数器均为32位双向计数器，与内部信号计数器不同的是，高速计数器信号只能由输入端口X输入。

PLC控制指令是能够直接控制和影响PLC操作系统处理的指令，有UO刷新、输入滤波时间设定和监视定时器调整。

1. 高速计数器指令

高速计数器指令有三个：比较置位指令HSCS、比较复位指令HSCR和区间比较指令HSZ。这三个指令功能虽不相同，但在指令实际应用中，有很多应用说明和使用注意的理解是相同的，因此，用高速计数器指令HS(或DHS)代表三个指令的全体。

(1)指令格式与功能

见表6-58。

高速计数器指令格式表 表6-58

格式	比较置位指令	比较复位指令	区间比较指令
LAD	├┤├─[HSCS | S1. | S2. | D.]	├┤├─[HSCR | S1. | S2. | D.]	├┤├─[HSZ | S1. | S2. | S. | D]
操作组件	Y/M/S/KnX/ KnY/ KnM /KnS/T/C/D/Z/常数	Y/M/S/KnX/ KnY/ KnM /KnS/T/C/D/V/Z/常数	Y/M/S/KnX/ KnY/ KnM /KnS/T/C/D/Z/常数
STL	DHSCS S1 S2 D	DHSCR S1 S2 D	(D)HSZ S1 S2 S D
程序步	13	13	17

DHSCS：当驱动条件成立时，在高速计数期间，将高速计数器的计数值与设定值比较，如果计数值等于设定值时，立即以中断处理方式置D为ON或立即转移至指定的中断服务子程序执行。其中，S1为与高速计数器当前值比较的数据或数据存储地址；S2为高速计数器C235～C255；D为当前值为S1时置位的位元件或指定计数器中断指针Ⅰ010～Ⅰ060。

DHSCR：当驱动条件成立时，在高速计数器计数期间，将高速计数器的计数值与设定值比较，如果计数值等于设定值时，立即以中断处理方式将D复位或立即转移至指定的中断服务子程序执行。其中，S1为与高速计数器当前值比较的计数数据或数据存储地址；S2为高速计数器C235～C255；D为当前值为S1时，复位的位元件或指定计数器中断指针Ⅰ010～Ⅰ060。

HSZ：当驱动条件成立时，将S所指定的高速计数器当前值与S1和S2进行比较，并根据比较结果($S<S2$，$S1\leq S\leq S2$，$S>S2$)驱动D、D+1、D+2，其中一个为ON。其中，S1为与高速计数器当前值比较的数据下限值或保存数据值字元件；S2为与高速计数器当前值比较的数据上限值或保存数值字元件，$S1\leq S2$；S为高速计数器，C235～C255；D为根据比较结果驱动的位元件首址。

(2)指令应用

①DHSCS为32位高速计数器，其执行功能与普通计数器一样，但是，其执行过程完全不一样。普通计数器触点驱动的输出要等到扫描周期结束时才能执行，而高速计数器采用中断方式，一旦当前值达到设定值，其触点驱动的输出将立即执行。该指令在程序中可以多次

使用,但针对FX_{2N},其高速计数器被同时驱动的数量为6个,而FX_{3U}可达32个。该指令在执行中断子程序时,6个中断指针Ⅰ010~Ⅰ060中的指针号不能在同一程序中重复使用。

②DHSCR指令的终址如为指令中指定计数器本身时,有特殊功能——计数器自行复位。其他注意事项同DHSCS。

③DHSZ执行的功能与ZCP类似,但DHSZ采用立即执行方式,其他说明与DHSCS相同。DHSZ还有两个特殊功能,这里简单介绍一下,读者要使用这些功能时,可详细参阅有关手册。

DHSZ指令主要用于区间比较,但是,如果将指令中的终址D指定为特殊辅助继电器M8130,则这是DHSZ将执行表格高速比较模式,即可进行多点比较和多次输出:当驱动条件成立时,高速计数器S的当前值与由S1、S2所组成的比较表格中的各行比较值进行比较,如果相等,则以中断方式对相应的输出进行置位或复位驱动。

将终址D指定为特殊辅助继电器M8132,DHSZ指令还可以作为频率控制模式使用,指令执行频率控制模式功能。

频率控制模式和表格比较模式都是在高速计数的过程中,进行多点比较和多次输出。表格比较是针对PLC的输出口Y的ON/OFF操作。而频率控制是针对脉冲输出指令PLSY的输出频率控制。因此,DHSZ指令的频率控制模式必须和DPLSY指令组合使用,才能完成频率控制功能。

2. PLC内部处理指令

(1)指令格式与功能

见表6-59。

内部处理指令格式表 表6-59

格式	输入输出刷新	输入滤波时间调整	监视定时器刷新
LAD	─┤├─[REF D. n]	─┤├─[REFF n]	─┤├─[WDT]
操作组件	X/Y/常数	D/常数	
STL	REF(P) D n	REFF n	WDT(P)
程序步	5	3	1

REF:当驱动条件成立时,在程序扫描过程中,将最新获得的X信息马上送入映像寄存器或将输出Y扫描结果马上送至输出锁存寄存器并立即输出控制。其中,D为需刷新的位元件编首址;n为要刷新位元件的点数,8≤n≤256,且为8的倍数。

REFF:当驱动条件成立时,将输入口X0~X17的数字滤波器的滤波时间改为n毫秒。其中,n为需要调整的时间,取值为0~60ms。

WDT:当驱动条件成立时,刷新监视定时器当前值,使当前值为0。

(2)指令应用

①PLC集中采样输入刷新与输出刷新是PLC的一大特点,存在着响应滞后的问题,如果程序过长、程序内含有循环程序、中断服务程序及子程序(程序执行时间长)及高速处理时,则实时响应就更差。在某些控制情况下,希望最新的输入信号能马上在程序运行中得到响

应,或是希望程序运行中的输出状态马上能及时输出控制,而不是等到下一个扫描周期或执行到 END。这种需要及时处理的输入和输出可以利用输入输出刷新指令 REF 来完成。在程序中安排 REF 指令,可立即对 UO 映像区刷新或立即对输出锁存寄存器进行刷新。

指令应用时需要注意:

一是,终址 D 的位元件只能是 X 和 Y。其编号的低位数一定为 0,如 X0、X10…Y0、Y10 等;N 为刷新点数,必须为 8 的倍数,如 K8、K16、K24 等,除此以外的数都是错误的。

二是,刷新指令可在程序任意地方使用,但常在循环程序、子程序和中断服务程序中使用。PLC 是顺序扫描的,当执行 REF 后,映像区的状态被当前的状态所更新。因此,在 REF 前的指令已经执行完毕,那么在 REF 后的执行的值,将使用更新后的映像区的值。

三是,执行 REF 指令后,输出(Y)在下述响应时间后接通输出信号:继电器输出型:约 10ms,在输出继电器响应时间后,输出触点动作;晶体管输出型:Y0,Y1 为 15 ~ 30μs,其他 Y 为 0.2μs 以下。

②为防止输入触点的振动和噪声影响,通常会在 PLC 的输入口设置 RC 滤波器或数字滤波器。虽然,这样保证了触点状态能正确的送入映像存储区中,但是,滤波需要一定的时间,触点状态改变时必须经过一定的延时才能把变化后的值送到映像寄存区,造成控制精度下降。为此,PLC 设置了滤波时间调整指令或改变特殊数据寄存器的内容来调整输入滤波时间,为用户提供调整滤波延迟时间的方便。

滤波时间的调整有两种方式:一是通过调整指令 REFF 在程序中调整,二是通过修改滤波时间存储特殊寄存器 M8020 的内容进行调整。FX_{1S}、FX_{1N}没有调整指令,只能通过 MOV 指令修改 D8020 的值进行调整。

如果程序中使用输入中断功能中指定的中断指针输入,高速计数器中使用的输入和 SPD 指令中所使用的输入,输入滤波时间会自动更改为 50μs (X0、X1 为 20μs),但是如果在一般程序中采用这些高速处理指令已使用的输入口,则会变为 REFF 指令所指定的或 D8120 所设定的滤波时间,而不是 50μs 或 20μs。

③在 PLC 内部有一个由系统自行启动运行的定时器,这个定时器称为监视定时器(俗称看门狗定时器或看门狗)。它的主要作用是监视 PLC 程序的运行周期时间,它随程序从 0 行开始启动计时,到 END 或 FEND 结束计时。如果计时时间一旦超过监视定时器的设定值就出现看门狗出错(检测运行异常),然后 CPU 出错,LED 灯亮并停止所有输出。

FX PLC 的看门狗设定值为 200ms,一旦超过 200ms,看门狗就会出错。为了解决一些长时运行程序能够正常运行,一般采用了两种办法解决。一是改变监视定时器的设定值。二是利用看门狗指令对监视定时器不断刷新,让其当前值在不到 200ms 时复位为 0,又重新开始计时,从而达到在分段计时时不超过 200ms 的目的。

使用 WDT 指令,可以有两种方式:

一是,分段监视。即是当一个程序运行周期时间较长时,可以在程序中插入 WDT 指令,把程序运行进行分段监视。每一段耗时不能超过 200ms。

二是,如果程序中的循环程序运行时间超过 200 ms,可在循环程序中插入 WDT 指令,将循环程序运行进行分段监视。

PLC 的监视定时器设定值存储在 D8000 寄存器中,初始值为 200ms,可以通过 MOV 指令直接修改监视定时器的设定值,如 MOV K300 D8000,可将监视定时器的初始值改为300ms。修改的最大值为32767ms。

十一、脉冲输出与定位指令

1.位置控制预备知识

(1)位置控制

①位置控制的含义

位置控制是指当控制器发出控制指令后,使运动件(如机床工作台)按指定速度、完成指定方向上的指定位移。位置控制是运动量控制的一种,又称定位控制、点位控制。

位置控制应用非常广泛,例如,机床工作台的移动、电梯的平层、定长处理、立体仓库的堆垛机存取货、送货及各种包装机械、输送机械等。和模拟量控制、运动量控制一样,位置控制已成为当今自动化技术的一个重要内容。在继电接触控制中,工作台的往复运动就是一种最简单的位置控制。它利用行程开关的位置来控制电机的正反转而控制工作台的往复移动。在这个控制中,运动件的速度是通过机械结构传动比的改变而达到的(是一种有级变速),电动机转速是不变,其位置控制精度较低。当步进电机和伺服电机被引入位置控制系统作为执行器后,位置控制(包括其他运动量控制)的速度和精度都得到了很大的提高,能够满足更高的控制要求。同时,由于电子技术的迅速发展和成本的大幅度降低,使位置控制的应用越来越普及。

步进电机是一种控制用的特种电机,它的旋转是以固定的角度(称为"步距角")一步一步运行的,其特点是没有累积误差,所以广泛应用于各种定位控制中。步进电机的运行要有一电子装置进行驱动,这种装置就是步进电机驱动器,它是把控制系统发出的脉冲信号转化为步进电机的角位移。因为步进电机是受脉冲信号控制的,把这种定位控制系统称为数字量定位控制系统。

伺服电机,按其使用的电源性质不同可分为直流伺服电机和交流伺服电机两大类。目前,在位置控制中采用的主要是交流永磁同步电机。伺服电机是受模拟量信号控制的,因此,采用伺服电机做定位控制的称为模拟量控制系统。但是,随交流变频调速技术的发展,产生了交流伺服数字控制系统。交流伺服驱动器是个带有CPU的智能装置,它不但可以接收外部模拟信号,也可以直接接收外部脉冲信号来完成定位控制功能。因此,目前在位置控制中,不论是步进电机,还是伺服电机,基本上都是采用脉冲信号控制的。

采用脉冲信号作为位置控制信号,其优点是:第一,系统的精度高,而且精度可以控制。只要减少脉冲当量就可以提高精度,而且精度可以控制。这是模拟量控制无法做到的;第二,抗干扰能力强,只要适当提高信号电平,干扰影响就很小,而模拟量在低电平时的抗干扰能力较差;第三,成本低廉、控制方便。位置控制只要一个能输出高速脉冲的装置即可,调节脉冲频率和输出脉冲数就可以很方便地控制运动速度和位移,程序编制简单方便。

②位置控制系统组成

采用步进电机或伺服电机的位置控制系统框图,如图6-107所示。

PLC控制步进或伺服驱动器进行位置控制大致有下列方式:数字I/O控制、模拟量输出控制、通信方式控制和高速脉冲方式控制。

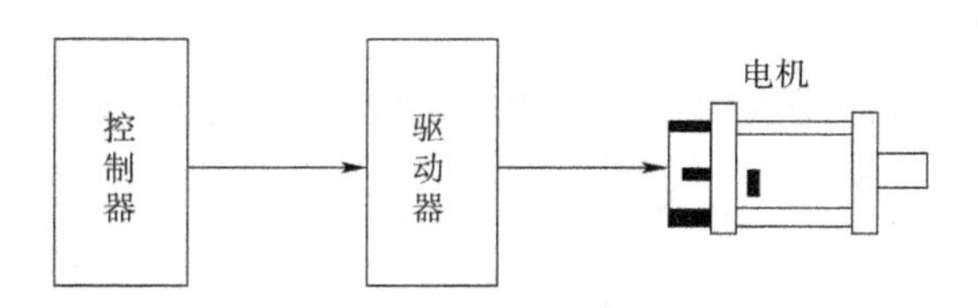

图 6-107　位置控制系统框图

图 6-107 中,控制器为发出位置控制命令的装置。其主要作用是通过编制程序下达控制指令,使步进电机或伺服电机按控制要求完成位移和定位。控制器可以是单片机、工控机、PLC 和定位模块等。驱动器又称放大器,作用是把控制器送来的信号进行功率放大,用于驱动电机运转。可以说,驱动器是集功率放大和位置控制为一体的智能装置。

使用 PLC 作为位置控制系统的控制器已成为当前应用的一种趋势。目前,PLC 都能提供一轴或多轴的高速脉冲输出及高速硬件计数器,许多 PLC 还设计多种脉冲输出指令和定位指令,是定位控制的程序编制十分简易方便。与驱动器的硬件连接也十分简单容易。特别是 PLC 的用户程序的可编性,使 PLC 在位置控制中如鱼得水。

通过输出高速脉冲进行位置控制,这是目前比较常用的方式。PLC 的脉冲输出指令和定位指令都是针对这种方法设置和应用的。输出高速脉冲进行位置控制又有三种控制模式。

a. 开环控制。

当用步进电机进行位置控制时,因为步进电机没有反馈元件,因此,该系统是一个开环控制系统。如图 6-108 所示。

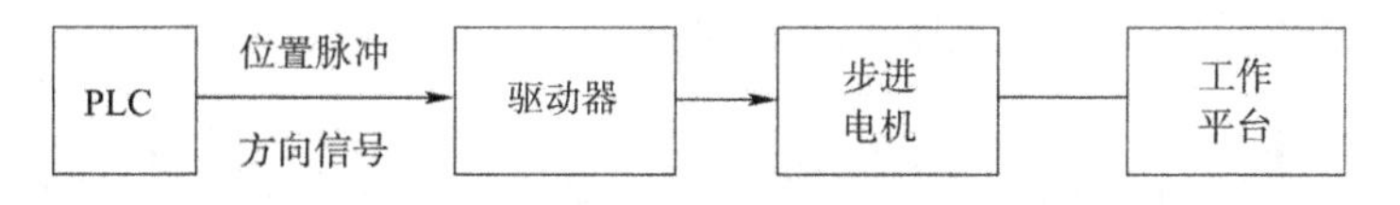

图 6-108　开环控制系统图

PLC 每发一个脉冲信号,驱动器就使步进电机旋转一个角度。若连续输入脉冲信号,则转子就一步一步地转过一个一个角度,故称步进电机根据步距角的大小和实际走的步数,只要知道其初始位置,便可知道步进电机的最终位置。

每输入一个脉冲,电机旋转一个步距角,电机总的回转角与输入脉冲数成正比例关系,所以,控制步进脉冲的个数,可以对电机精确定位。同样,每输入一个脉冲电机旋转一个步距角,当步距角大小确定后,电机旋转一周所需脉冲数是一定的,所以,步进电机的转速与脉冲信号的频率成正比。控制步进脉冲信号的频率,可以对电机精确调速。

步进电机作为一种控制用的特种电机,因其没有积累误差(精度为 100%)而广泛应用于各种开环控制。步进电机的缺点是控制精度较低,电机在较高速或大惯量负载时,会造成失步(电机运转时运转的步数,不等于理论上的步数,称为失步)。特别是步进电机不能过负载运行,哪怕是瞬间,都会造成失步,严重时停转或不规则原地反复动。

当用伺服电机做定位控制执行元件时,由于伺服电机末端都带有一个与电机同时运动的编码器。当电机旋转时,编码器就发出表示电机转动状况(角位移量)的脉冲个数。编码器是伺服系统的速度和位置控制的检测和反馈元件。根据反馈方式的不同,伺服定位系统又分为半闭环回路控制和闭环回路控制两种控制方式。

b. 半闭环控制。

如图 6-109 所示,增加一个编码器从伺服电机取回信号送到驱动器中的偏差计数器。

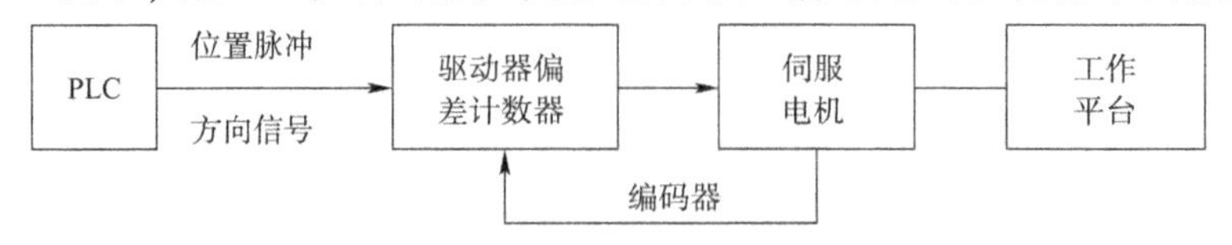

图 6-109　半闭环控制系统图

当 PLC 发出位置脉冲指令后,电机开始运转,同时,编码器也将电机运转状态(实际位移量)反馈至驱动器的偏差计数器中。当编码器所反馈的脉冲个数与位置脉冲指令的脉冲个数相等时,偏差为 0,电机马上停止转动,表示定位控制之位移量已经到达。

这种控制方式控制简单且精度足够(已经适合大部分的应用)。为什么称为半闭环呢?这是因为编码器反馈的不是实际经过传动机构的真正位移量(工作台),而且反馈也不是从输出(工作台)到输入(PLC)的闭环,所以称为半闭环。而它的缺点也是因为不能真正反映实际经过传动机构的真正位移量,所以,当机构磨损、老化或不良,就没有办法给予检测或补偿。

和步进电机一样,伺服电机总的回转角与输入脉冲数成正比例关系,控制位置脉冲的个数,可以对电机精确定位;电机的转速与脉冲信号的频率成正比,控制位置脉冲信号的频率,可以对电机精确调速。

c. 闭环控制。

位置控制系统的控制目标是位置的精准度,所以,必须从控制结果取回信息才能正确知晓目标的偏差。闭环控制系统图如图 6-110 所示。

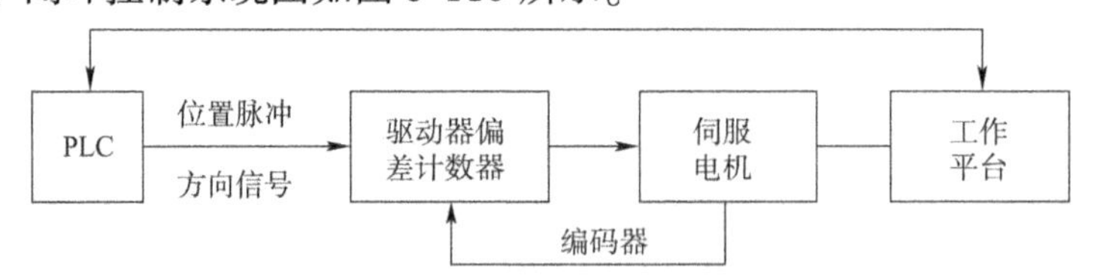

图 6-110　闭环控制系统图

在闭环回路控制中,除了装在伺服电机的编码器位移检测信号直接反馈到伺服驱动器外,还外加位移检测器装在传动机构的位移部件上,真正反映实际位移量,并将此信号反馈到 PLC 内部的高速硬件计数器,这样就可作更精确的控制,并且可避免上述半闭环回路的缺点。

在定位控制中,一般采用半闭环回路控制就已能满足大部分控制要求。除非是对精度要求特别高的定位控制才采用闭环回路控制。PLC 中的各种定位指令也是针对半闭环回路控制的。

(2)定位控制分析

①相对定位和绝对定位

在定位控制中,经常碰到相对定位和绝对定位的概念。相对定位和绝对定位是针对起始位置的设置而言的。现用图 6-111 来说明。

假定工作台当前位置在 A 点,要求工作台移位后停在 C 点,即位移量应是多少呢?在

PLC 中，用两种方法来表示工作台的位移量。

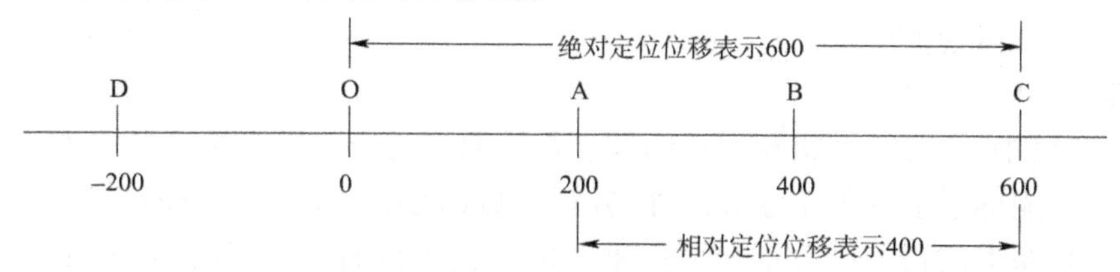

图 6-111 相对定位与绝对定位

a. 相对位移。

相对位移是指定位置坐标与当前位置坐标的位移量。由图可以看出，工作台的当前位置为 200，只要移动 400 就到达 C 点，因此，移动位移量为 400。也就是说，相对位移量与当前位置有关，当前位置不同，位移量也不一样。如果设定向右移动为正值（表示电机正转），则向左移动为负值（表示电机反转）。例如，从 A 点移到 D 点，相对位移量为 -400，以相对位移量来计算的位移称相对位移，相对位移又称为增量式位移。

b. 绝对位移。

绝对位移是指定位位置与坐标原点（机械量点或电气量点）的位移量。同样，由当前位置 A 点移到 C 点时，绝对定位的位移量为 600，也就是 C 点的坐标值，可见，绝对定位仅与定位位置的坐标有关，而与当前位置无关。同样，如果从 A 点移动到 D 点，则绝对定位的位移量为 -200。在实际伺服系统控制中，这两种定位方式的控制过程是不一样的，执行相对定位指令时，每次执行的以当前位置为参考点进行定位移动，而执行绝对定位指令时，是以原点为参考点，然后再进行定位移动。

②单速定位运行模式分析

当电机驱动执行机构从位置 A 向位置 B 移动时，要经历升速、恒速和减速过程。如图 6-112 所示，其中涉及一些定位控制的基本知识。

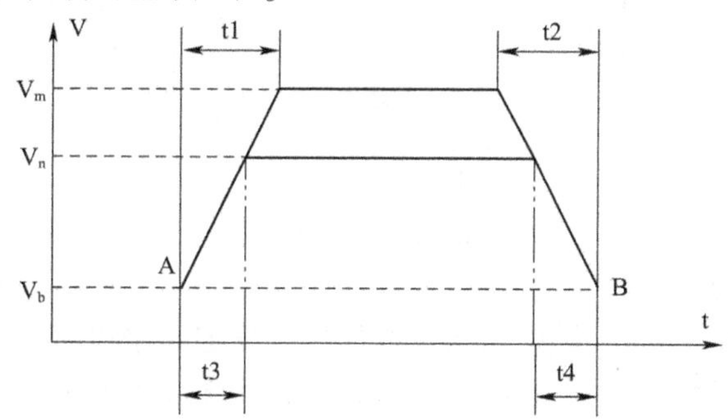

图 6-112 定位控制分析

图中：V_m为电机运行的最高速度。

V_n为电机运行的实际速度，即运行速度。

V_b为基底速度，电机运行的启动速度，也即当电机从位置 A 向位置 B 移动时，并不是从 0 开始加速，而是从基底速度开始加速到运行速度。基底速度不能太高，一般小于最高速度的十分之一。

t1：加速时间，指电机从当前位置加速到最高转速 V_m的时间。

t2:减速时间,指电机从 V_m 下降到当前位置的时间。

t3、t4:实际加减速时间。

③原点回归模式分析

在定位控制中,常常涉及机械原点问题。机械原点是指机械坐标系的基准点或参考点,一旦原点确定,坐标系上其他位置的尺寸均以与原点的距离来标记,也即绝对坐标。这样做的好处是,坐标系上的任一位置的尺寸是唯一的。在定位时,只要知道绝对坐标,就能非常准确地定位,而且也马上知道该位置在哪里。

机械原点的确定涉及原点回归问题,也就是说,在每次断电后,重复工作前,都先要做一次原点回归操作。这是因为每次断电后,机械所停止的位置不一定是原点,但 PLC 内部当前位置数据寄存器都已清零,这样就需要机械做一次原点操作而保持一致。

如图 6-113 所示为原点回归动作示意图。

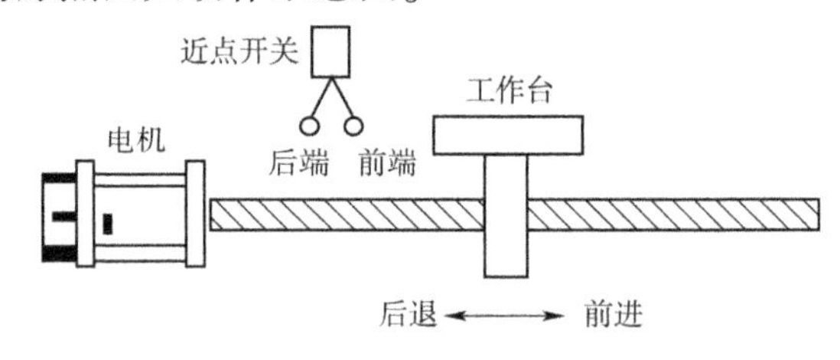

图 6-113　原点回归动作示意图

原点回归分析如图 6-114 所示。

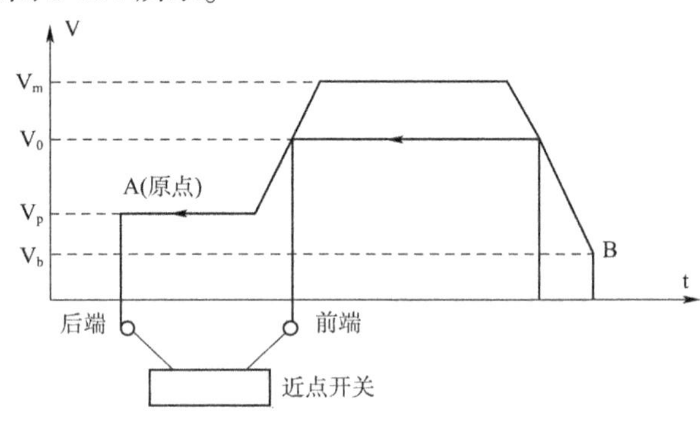

图 6-114　原点回归分析

原点回归控制分析如下:

a. 启动原点回归指令后,机械由当前位置加速至设定的原点回归速度 V_0。

b. 以原点回归速度快速向原点移动。一般原点回归速度比较大,这样可以较快地使原点回归。

c. 当工作台碰到近点信号前端(近点开关 DOG 由 OFF 变为 ON 时),机械由原点回归速度 V 开始减速到爬行速度 V_p 为止。

d. 机械以爬行速度 V_p 继续向原点移动。爬行速度一般较低,目的是能在慢速下准确地停留在原点。

e. 当工作台碰到近点信号前端(近点开关 DOG 由 ON 变成 OFF)时,马上停止,停止位置即回归的机械原点。

FX 系列 PLC 除了用功能指令来进行定位控制外,还有专用定位模块和定位单元,它们

的配套使用就能发挥出更为强大的定位控制能力。FX_{2N}有FX_{2N}-1PG、FX_{2N}-10PG两种定位模块,有FX_{2N}-10GM、FX_{2N}-20GM两种定位专用单元。它们的具体使用方法参见有关产品手册。

2.脉冲输出指令

(1)指令格式与功能

见表6-60。

脉冲输出指令格式表 表6-60

格式	脉冲输出	带加减速的脉冲输出	可变速脉冲输出
LAD	─┤├─[PLSY S1. S2. D.]	─┤├─[PLSR S1. S2. S3. D.]	─┤├─[PLSV S. D1. D2.]
操作组件	Y/KnX/ KnY/ KnM/ KnS/T/C/D/V/Z/常数	Y/KnX/ KnY/ KnM/ KnS/T/C/D/V/Z/常数	Y/M/S//KnX/ KnY/ KnM/ KnS/T/C/D/V/Z/常数
STL	(D)PLSY S1 S2 D	(D)PLSR S1 S2 S3 D	(D)PLSV S D1 D2
程序步	7/13	9/17	9/17

PLSY:当驱动条件成立时,从输出口D输出一个频率为S1,脉冲个数为S2,占空比为50%的脉冲串。其中,S1为输出脉冲频率或其存储地址;S2为输出脉冲个数或其存储地址;D为指定脉冲串输出口,仅限Y0或Y1。

PLSR:当驱动条件成立时,从输出口D输出一最高频率为S1,脉冲个数为S2,加减速时间为S3,占空比为50%的脉冲串。其中,S1为输出脉冲最高频率或其存储地址;S2为输出脉冲个数或其存储地址;S3为加减速时间或其存储地址;D为指定脉冲输出口,仅限Y0或Y1。

PLSV:当驱动条件成立时,从输出口D1输出频率为S的脉冲串,脉冲串所控制的电机转向信号由D2口输出,如S为正值,则D2输出为ON,电机正转。如S为负值,则D2输出为OFF,电机反转。其中,S为脉冲输出频率或其存储地址,16位:S = -32768 ~ +32767,0除外;32位:S = -100000 ~ +100000,0除外,输出脉冲端口,仅能Y0或Y1。指定旋转方向的输出端口,ON:正转,OFF:反转。

(2)指令应用

①PLSY指令是一个既能输出频率,又能输出脉冲个数的指令,因此,常在定位控制中作定位控制指令用,但必须配合旋转方向输出一起进行。输出频率S1,对FX_{2N},S1 = 2 ~ 20kHz;对$FX_{1N}FX_{1S}$,S1 = 1 ~ 100kHz。输出脉冲个数,16位,S2 = 1 ~ 32767;32位,S2 = 1 ~ 2147483647。脉冲个数S2必须在指令未驱动时进行设置。如指令执行过程中,改变脉冲个数,指令不执行新的脉冲个数数据,而是要等到再次驱动指令后才执行新的数据。而输出频率S1则不同,其在执行过程中,随S1的改变而马上改变。

指令驱动后,采用中断方式输出脉冲串,因此,不受扫描周期影响。如果在执行过程中指令驱动条件断开,输出马上停止,再次驱动后,又从最初开始输出。如果输出连续脉冲(S2 = K0),则驱动条件断开,输出马上停止。

如果在脉冲执行过程中,当驱动条件不能断开时,又希望脉冲停止输出,则可利用驱动特殊继电器M8145(对应Y0)和M8146(对应Y1)来立即停止输出。如果希望监控脉冲输出，则可利用 M8147 和 M8148 的触点驱动相应显示。

把指令中脉冲个数设置为 K0，则指令的功能变为输出无数个脉冲串。如果停止脉冲输出，只要断开驱动条件或驱动 M8145(Y0 口)、M8146(Y1 口)即可。

②为了克服步进电机失步(达不到预期的位置)和过冲(超过了目标位置)现象，应该在启动停止时加入适当的加减速控制。通过一个加速和减速过程，以较低的速度启动而后逐渐加速到某一速度运行，再逐渐减速直至停止，可以减少甚至完全消除失步和过冲现象。为此，三菱 PLC 提供了 PLSR 指令。

输出频率 S1 的设定范围：10～20000Hz，频率设定必须是 10 的整数倍。

输出脉冲数的设定范围：16 位运算为 110～32767，32 位运算为 110～2147486947。当设定值不满 110 时，脉冲不能正常输出。

PLSR 指令在脉冲输出的开始及结束阶段可以实现加速和减速过程，其加速时间和减速时间一样，由 S3 指定。

S3 具体设定范围由下式决定：

$$5 \times \frac{90000}{S1} \leqslant S3 \leqslant 818 \times \frac{S2}{S1}$$

按照上述公式计算时，其下限值不能小于 PLC 扫描时间最大值的 10 倍以上(扫描时间最大值可在特殊数据寄存器 D8012 中读取)，其上限值不能超过 5000ms。

FX_{2N}系列 PLSR 指令的加减速时间是根据和所设定的时间进行 10 级均匀阶梯式的方式进行，如图 6-115 所示。

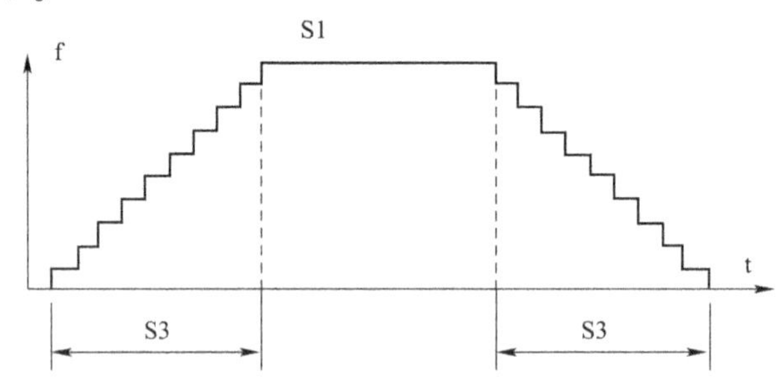

图 6-115　PLSR 加减速示意

图中的阶梯频率为 S1 的 1/10，如果步进电机还是存在失步和过冲问题，则应适当降低 S1 的频率。

③PLSV 指令使用时需要注意：

一是，在脉冲输出过程中如果将 S 变为 K0，则脉冲输出会马上停止。同样，如果驱动条件在脉冲输出过程中断开，则输出马上停止。如需再次输出，请在输出中标志位(M8147 或 M8148)处于 OFF，并经过 1 个扫描周期以上时间输出其他频率的脉冲。

二是，虽然 PLSV 指令为可随时改变脉冲的频率，但在脉冲输出过程中，最好不要改变输出脉冲的方向(由正频率变为负频率或相反)，由于机械的惯性瞬间改变电机旋转方向可能会造成想不到的意外事故。如果要变更方向，可先将输出频率设为 KO，并设定电机充分停止时间，再输出不同方向的频率值。

三是，PLSV 指令的缺点，是在开始、频率变化和停止时均没有加减速动作。这就影响了

指令的使用,因此,常常把 PLS 指令和斜坡指令 RAMP 配合使用,利用斜坡指令 RAMP 的递增,递减速功能来实现 PLSY 指令的加、减速。

3. 脉宽调制指令

(1)指令格式与功能

见表 6-61。

脉宽调制格式表　　表 6-61

格式	脉宽调制
LAD	─┤├─ PWM S1. S2. D.
操作组件	Y/KnX/ KnY/ KnM/ KnS/T/C/D/V/Z/常数
STL	(D)PWM S1 S2 D
程序步	7/13

PWM:当驱动条件成立时,从脉冲输出口 D 输出一周期为 S2、脉宽为 S1 的脉冲串。其中,S1 为输出脉冲的脉宽或其存储地址,S1 = 0 ~ 32767;S2 为输出脉冲周期或其存储地址,S2 = 1 ~ 3276;D 为脉冲输出口,仅限于 Y0 或 Y1。

(2)指令应用

①PWM 指令的输出脉冲频率比较低,其最小脉冲周期为 2ms,则其输出脉冲频率最高为 500Hz。实际上,为了等到较宽的调制范围和调整精度,一般设置周期都远大于 2ms 脉宽 S1 必须小于脉冲周期 S2,如果 S1 大于 S2,则会出现错误,指令不能执行。

脉冲串输出采用中断方式进行,不受 PLC 扫描周期影响。驱动条件一旦断开,输出立即中断,PLC 必须采用晶体管输出型的 PWM 指令在程序中只能使用一次,PWM 所占用的高速脉冲输出口不能再为其他高速脉冲指令所用。

指令在执行中可以改变脉宽 S1 和周期 S2 的数值,一旦改变,指令会立即执行新的脉宽和周期。但在实际应用时,常常是周期 S2 不变,而变化脉宽 S1 来调整脉冲的占空比,从而去控制模拟量的变化。

②PWM 指令多用在模拟量控制中,例如,把 PID 控制指令的输出作为 PWM 指令的脉宽,然后用 PwM 指令的输出调制脉冲去控制一个执行器而完成控制任务。通常情况下 PWM 指令输出的调制脉冲是通过外接电子电路或器件(固态继电器)才能控制执行器。

十二、变频器通信指令

利用串行数据传送指令 RS 进行 PLC 和变频器通信的缺点是程序编制复杂,程序容量大,占用内存多,易出错,难调试。仿照特殊功能模块读写指令 FROM 和 TO 直接对特殊功能模块进行读写的形式,直接用指令对变频器的运行和参数的读写进行通信控制,而不去编制复杂的通信程序。变频器通信指令就是在这种情况下推出的。目前,已逐渐被越来越多的 PLC 生产厂家所采用。

FX_{2N}PLC 与变频器之间采用 EXTR 指令进行通信，其基本格式为：

EXTR　S　S1　S2　S3

其中，S 为功能编号，S1 为变频器站号，S2 为变频器功能代码，S3 为操作数据。

(1)根据数据通信的方向，S 分为四种类型，即有四种通信功能：

①S = K10，执行变频运行监视功能，数据信息从变频器传向 PLC；

②S = K11，执行变频运行控制功能，数据信息从 PLC 传向变频器；

③S = K12，执行变频器参数读出功能，数据信息从变频器传向 PLC；

④S = K13，执行变频器参数写入功能，数据信息从 PLC 传向变频器。

(2)变频器站号 S1。三菱变频器通信规格规定了 PLC 与变频器应用通信指令进行通信控制时，最多可以连接 8 台变频器。当 PLC 与多台变频器连接时，必须对每台变频器设置通信地址，这就是变频器站号。编号为 K0 ~ K31，可任意选取，但不能重复。当与某台变频器通信时，站号必须与变频器通信参数中所设置的站号一致。

(3)变频器功能代码 S2。当 PLC 与变频器进行通信控制时必须要告诉变频器做什么？怎么做？而功能代码就表示做什么，即通信控制操作功能，它是由代码(2 位十六进制数)来表示的。每个代码所表示的操作功能是由三菱变频器专用通信协议规定的，三菱 500 系列变频器专用通信协议基本一致，仅在个别地方有些差异。

操作功能代码由两个表格组成：一个是“参数字址定义表”，另一个是“参数数据读出和写入指令代码表”。应用通信指令时，必须根据控制要求去查询相应的指令代码，再填入 S2 中。

(4)操作数据 S3。操作数据是指通信指令的具体操作内容或其存储地址。当进行运行监视和参数读出时，是从变频器内取出数据传送到指定的 PC 的数据寄存器 D 中(或组合位元件中)，当进行运行控制和参数写入时，是将指定的数据值传送给变频器进行运行控制或修改相应参数的内容。

1. 变频器运行监视指令

(1)指令格式与功能

指令格式见表 6-62。

变频器监控指令格式表　　表 6-62

格式	变频器运行监视	变频器运行控制
LAD	─┤├─ [EXTR | K10 | S1. | S2. | D.]	─┤├─ [EXTR | K11 | S1. | S2. | S3.]
操作组件	KnY/ KnM/ KnS/D/常数	KnX/ KnY/ KnM/ KnS/D/常数
STL	EXTR K10 S1 S2 D	EXTR K11 S1 S2 S3
程序步	9	9

当驱动条件成立时，按指令代码 S2 的要求，将站址为 S1 的变频器的运行监视数据读到 PLC 的 D 中。其中，S1 为变频器站号或站号存储地址，S1 = 0 ~ 31；S2 为功能操作指令代码或代码存储地址，十六进制表示，见表 6-63；D 为读出值的保存地址字软元件。

变频器功能代码　　表 6-63

功能操作指令代码（十六进制）	读出内容	对应变频器		
		A500	E500	S500
H7B	运行模式（内/外）	●	●	●
H6F	输出频率	●	●	●
H70	输出电流	●	●	●
H71	输出电压	●	●	
H72	特殊监控	●		
H73	特殊监控的选择编号	●		
H74	异常内容	●	●	●
H75	异常内容	●	●	●
H76	异常内容	●	●	
H77	异常内容	●	●	
H7A	变频器状态监控	●	●	●
H6E	输出设定频率（EEPROM）	●	●	●
H6D	输出设定频率（RAM）	●	●	●

（2）指令应用

变频器运行状态见表 6-64。

变频器运行监视字各位内容　　表 6-64

位	ON 时含义	位	ON 时含义
b0	运行中	b5	—
b1	正转	b6	超过设定频率
b2	反转	b7	发生异常
b3	到达设定频率	b8-b15	—
b4	过载		

【例 6-52】　试说明 EXTR　K10　K1　H6F　D100 的功能。

将 01 号站址的变频器运行频率读到 PLC 的数据寄存器 D100 中来。

注意：读出的数为 16 进制，频率单位为 0.01Hz。例如，读出数据为 H09F6 = K2550，实际频率 = 2550 ÷ 100 = 25.5（Hz）。

2. 变频器运行控制指令

（1）指令格式与功能

指令格式见表 6-62。

指令的功能：当驱动条件成立时，按指令代码 S2 的要求，将要求的控制内容 S3 写入站址为 S1 的变频器中，控制变频器的运行。其中，S1 为变频器站号或站号存储地址，S1 = 0 ~ 31；S2 为功能操作指令代码或代码存储地址，十六进制表示，见表 6-65；S3 为写入变频器中数值或数值存储地址字软元件。

变频器控制功能代码 表6-65

功能操作指令代码（十六进制）	控制内容	对应变频器		
		A500	E500	S500
HFB	运行模式	●	●	●
HF3	特殊监控的选择	●		
HFA	运行指令	●	●	●
HEE	写入设定频率(EEPROM)	●	●	●
HED	写入设定频率(RAM)	●	●	●
HFD	变频器复位	●	●	●
HF4	异常内容的成批清除	●	●	●
HFC	参数全部清除	●	●	●
HFC	用户清除	●		

(2)指令应用

【例6-53】 试说明EXTR K11 K5 H0FA H4的功能。

H0FA为运行控制,H4是反转。所以,此指令的功能是:对5号站的变频器进行反转控制。

【例6-54】 在运行中改变站址为00的变频器的速度。

设计要求:变频器初始运行速度为50Hz,当X1接通时,切换到30Hz运行,当X2接通时,切换到20Hz速度运行。

通信程序梯形图如图6-116所示。

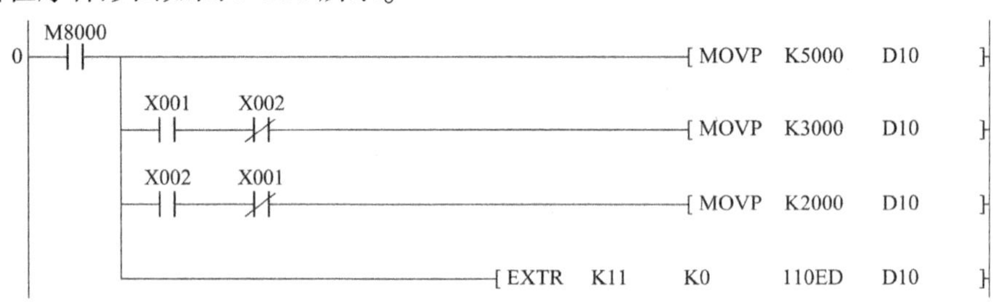

图6-116 改变频率运行程序

3.变频器参数读出指令

(1)指令格式与功能

见表6-66。

变频器读写参数指令格式表 表6-66

格式	变频器参数读出	变频器参数写入
LAD	EXTR K12 S1. S2. D.	EXTR K13 S1. S2. S3.
操作组件	KnY/ KnM/ KnS/D/常数	D/常数
STL	EXTR K12 S1 S2 D	EXTR K13 S1 S2 S3
程序步	9	9

当驱动条件成立时,将站址为 S1 的变频器中编号为 S2 所表示的参数内容读出并存入到 PLC 的数据寄存器 D 中。其中,S1 为变频器站号或站号存储地址,S1 =0 ~31;S2 为变频器的参数编号或编号存储地址,十进制表示;D 为读出的变频器参数保存地址。

(2)指令应用

注意两点:

一是,参数编号是以十进制数表示的,而非十六进制。查看变频器编程手册。

二是,部分参数是不能读出的。

【例 6-55】 对于三菱 FREE-E500 变频器,试说明 EXTR K12 K3 K7 D100 的功能。

查三菱 FREE-E500 变频器编程手册,K7 为加速时间。所以,此条指令的功能是:将 3 号站址变频器的加速时间存入 PLC 的 D100 寄存器中。

4. 变频器参数写入指令

(1)指令格式与功能

指令格式见表 6-66。

指令的功能:将站址为 S1 的变频器中编号为 S2 所表示的参数内容修改成 S3 的值。其中,S1 为变频器站号或站号存储地址,S1 = 0 ~31;S2 为变频器的参数编号或编号存储地址,十进制表示;S3 为写入变频器参数 S2 的数值或数值存储地址。

(2)指令应用

【例 6-56】 对于三菱 FREE-E500 变频器,试说明 EXTR K13 K2 K8 D10 的功能。

查三菱 FREE-E500 变频器编程手册,K8 为减速时间。所以,此条指令的功能是:将 2 号站址变频器,设定其减速时间为 D10 中的值。

十三、方便指令

方便指令是三菱 FX 系列 PLC 专门为某些特定机械设备开发的功能指令,因此,它们的应用对外部设备 PLC 的 I/O 口和 PLC 内部软元件都有一些规定,只有在满足这些规定的条件下,才能显示出程序设计的方便。其中 IST 指令应用最多,也是三菱 FX 系列 PLC 最有特色的一个指令,而其他方便指令由于应用较少,几乎变成了“休眠”指令。

定时器指令和信号输出指令应该说不属于方便指令的范围,定时器指令是时间控制指令,ALT 指令是数据处理指令,RAMP 指令则应属于脉冲控制指令,把它们放这里,只是依据惯例而已。

1. 状态初始化指令

如果一个负载的系统要求有多种工作方式,那么如何对多种工作方式编程,把它们融合到一个程序中,这是程序编制的一个难点。

三菱 FX 系列 PLC 的状态初始化指令 IST 就是生产商为多种方式控制系统开发的一种方便指令。IST 指令和步进指令 STL 结合使用,专门用来自动设置具有多种工作方式控制系统的初始状态和相关特殊辅助继电器状态,用户不必去考虑这些初始化状态的激活和多种方式之间的切换,简化了设计工作,节省了大量时间。

(1)指令格式与功能

见表 6-67。

状态初始化指令格式表 表6-67

格式	状态初始化	示教定时器指令	特殊定时器指令
LAD	IST S. D1. D2.	TTMR D. n	STMR S. m D.
操作组件	X/Y/M/S	D/常数	Y/M/S/T/D/常数
STL	IST S D1 D2	TTMR D n	STMR S m D
程序步	7	5	7

在驱动条件成立时，在规定的多种方式输入情况下，指令完成对多种工作方式控制系统的初始化状态和特殊辅助继电器的自动设置。其中，S为多种工作方式的选择开关输入位元件起始地址；D1为自动程序SFC中的最小状态元件编号；D2为自动程序SFC中的最大状态元件编号（D1 < D2）。

（2）指令功能和PLC外部接线

下面以一个例子说明IST指令的功能和需要的硬件接线。

IST是一个应用宏指令，使用时对PLC的外部接线和内部元件都有一定的要求。现举例：

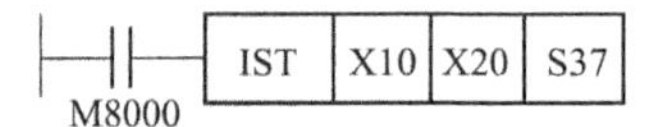

源址操作数X10规定了占用PLC的输入口是以X10为起始地址的连续8个点，即占用X10～X17，而且这8个口的功能分配规定见表6-68。

IST指令PLC源址规定功能表 表6-68

源址	应用例	规定开关功能	源址	应用例	规定开关功能
S	X10	手动	S+4	X14	自动
S+1	X11	原点回归	S+5	X15	原点回归启动
S+2	X12	单步	S+6	X16	启动
S+3	X13	单周期	S+7	X17	停止

为保证X10～X14不同时为ON，必须使用波段开关，PLC的外部接线如图6-117所示。由图中可以看出，X10～X14使用波段开关接入，X15～X17为按钮接入，但它们所表示的操作功能已由IST指令所规定，不可随意变动。其余的输入口为“手动操作负载按钮”和“输入开关及其他”用，它们的地址可任意分配，一旦分配好，则梯形图程序必须按照分配地址编程。

IST指令的外部接线及操作都是规定的，因此，只要是应用IST指令给多方式控制系统编程，其控制面板设计也是一致的，如图6-118所示。

面板上各按钮的操作及工作内容见表6-69。

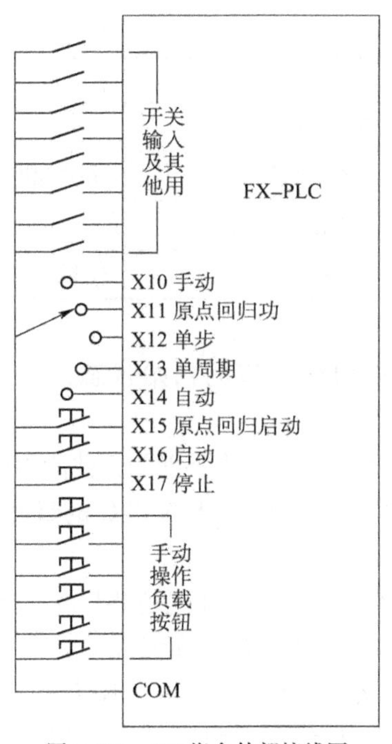

图 6-117　IST 指令外部接线图

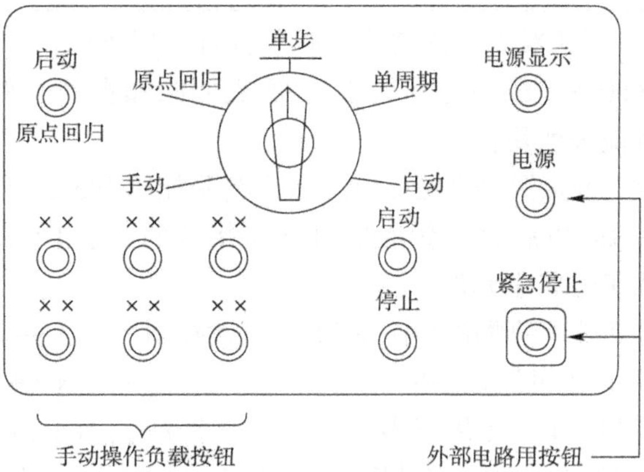

图 6-118　IST 指令控制面板图

面板操作内容和工作内容　　表 6-69

选择开关位置	操 作 按 钮	工 作 内 容
手动	手动操作	手动操作，相应负载动作
原点回归	原点回归启动	做原点回归工作
单步	启动	每按动次启动按钮，顺序前进一个工步
单周期	启动	工作一个周期后，结束在原点位置
	停止	中途按下停止按钮，停止在该工步，再次启动后会在刚才停止的工步继续运行，直到一个周期结束，在原点停止
自动	启动	进行自动的连续
	停止	按下停止按钮，运行一个周期后才结束运行，停止在原点位置
任意	电源	接通 PLC 电源
	紧急停止	断开 PLC 电源

(3)软元件应用和程序结构

IST 指令对编程软元件的使用也做了相关规定，状态元件的使用规定和特殊辅助继电器的使用功能见表 6-70。

IST 指令软元件指定及功能表　　表 6-70

状态元件		特殊辅助继电器		
编号	指定功能	编号	功能	备注
S0	手动方式初始状态元件	M8040	状态转移禁止	IST 指令自动控制
S1	原点回归方式初始状态元件	M8041	自动方式开始状态转移	
S2	自动方式初始状态元件	M8042	自动脉冲	

续上表

状态元件		特殊辅助继电器		
S3~S9	其他流程初始状态元件	M8043	原点回归方式结束	用户程序驱动
S10~S19	原点回归方式专用状态元件	M8044	原点标志	
S20~S899	自动方式及其他流程用状态元件	M8045	禁止所有输出复位	
		M8047	STL 监控有效	IST 指令自动控制

IST 对于状态元件的使用必须符合下列要求：

· S0、S1、S2 规定了为手动、原点回归和自动三种方式 SFC 对应的初始状态元件，不能为其他流程所用；

· 在原点回归的 SFC 中，状态元件只能使用 S10~S19，而 S10~S19 也不能为其他流程所用；

· S20 以后的状态元件，由 IST 指令的终址 D1 和 D2 确定自动方式的 SFC 的最小编号和最大编号状态元件。

在特殊辅助继电器中，IST 指令自动控制是指这些继电器的 ON/OFF 处理是 IST 指令自动执行的，用户程序驱动是指用户根据需要可以进行 ON/OFF。这点在下面的程序程式中给予说明。

使用 IST 指令用于多种方式控制系统时，由于初始化状态的激活，各种工作方式之间的切换，都是由指令去自动完成的，因此，只要编写公用程序、手动方式程序、原点回归程序和自动运行程序即可，而这些程序编写都有一定的程式可循。

①公用程序（梯形图快程序）

公用程序为驱动原点标志 M8044（含义是确保开始运行前在原点位置，并作为自动方式的运行条件），输入 IST 指令，程序如图 6-119 所示。

②手动和原点回归程序

手动方式和原点回归方式程序程式如图 6-120 所示。

在原点回归方式程序中，必须使用状态 S10~S19。原点回归结束后，驱动 M8043，并执行 S1×状态自复位。

如果无原点回归方式，则不需要编程，但是在运行自动程序前，需要先将 M8043 置位次。

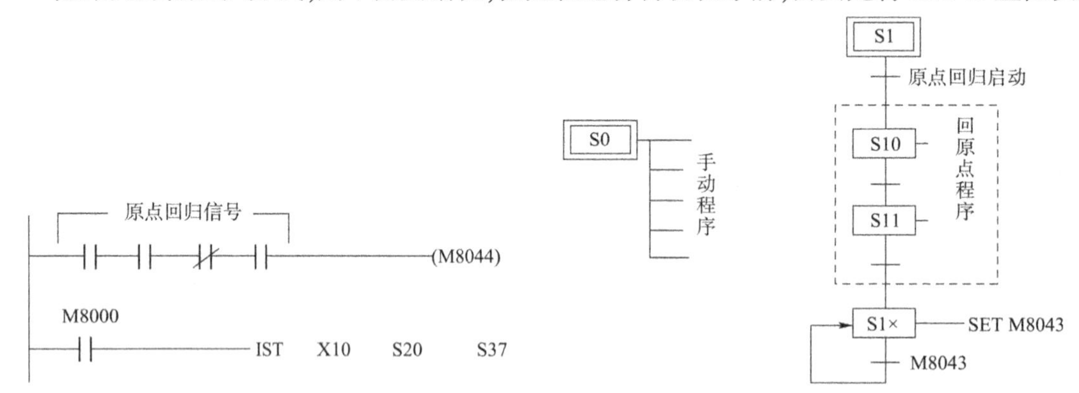

图 6-119 IST 指令公用程序程式

图 6-120 IST 手动指令和原点回归程序程式

③自动程序程式

自动程序程式如图 6-121 所示，在自动程序程式中利用 M8044 和 M8041 作为状态转移条件，

因此,如果系统位置不在原点,即使在单步/单周期/自动方式下按下启动按钮程序也不运行。

④程序结构

在上述程序设计好后,IST 指令对整体程序的结构也有一定的要求。

整体程序是上述四个程序的依次叠加,注意,IST 指令必须安排在程序开始的地方,而 SFC 程序必须放在它的后面。在程序中,IST 指令只能使用一次。

整体程序结构顺序如图 6-122 所示,相应的 STL 指令程序如图 6-123 所示,梯形图程序如图 6-124 所示。

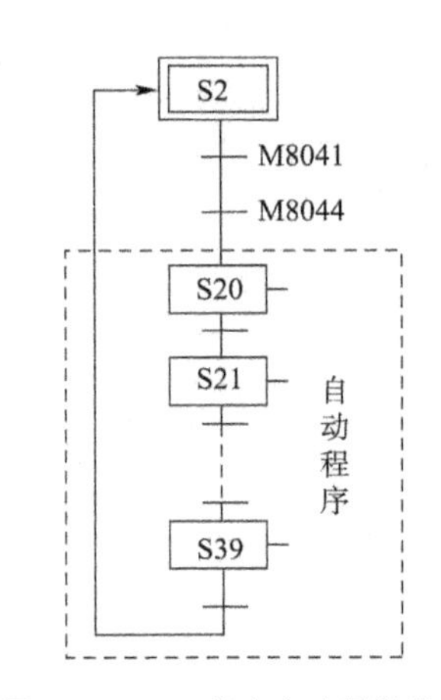

图 6-121 IST 指令自动程序程式

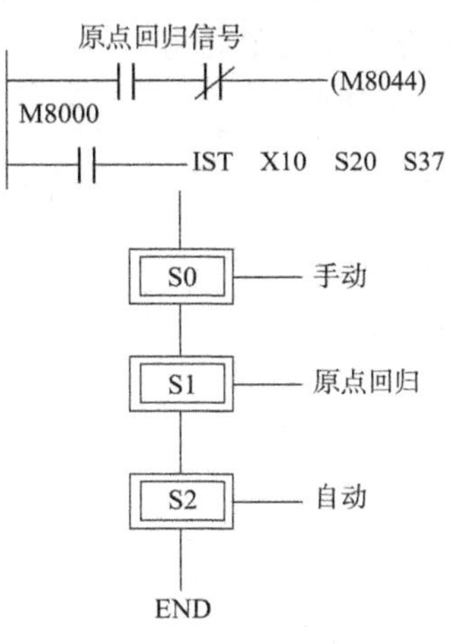

图 6-122 IST 指令程序结构

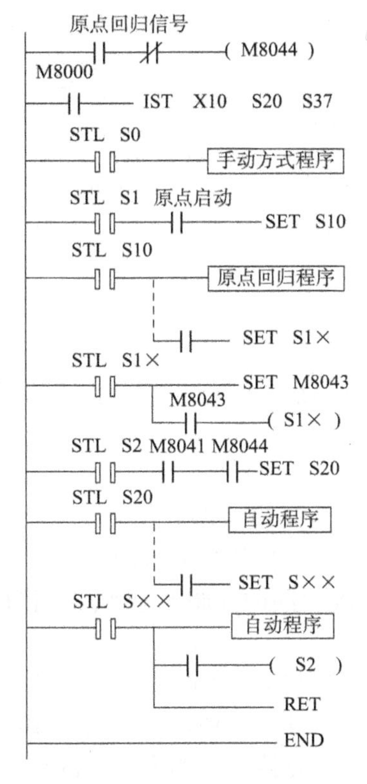

图 6-123 多方式控制 STL 指令程序

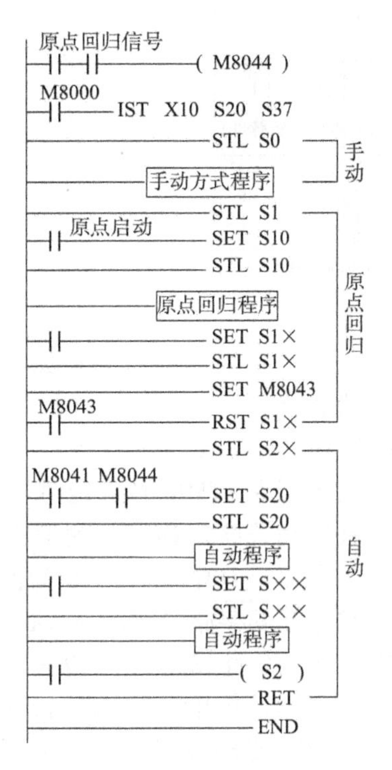

图 6-124 多方式控制梯形图程序

由梯形图程序可见，它是4个程序的依次叠加，它没有操作方式选择程序，没有手动/原点回归/自动方式的转换程序。只要严格按照指令的外部接线和内部软元件的使用规定，就不需要进行以上程序的设计，为程序设计提供了极大的方便，故三菱又称“方便指令”。

(4)指令内部控制等阶梯形图

IST指令是如何完成控制任务的，这可用如图6-125所示的内部控制等阶梯形图来说明。这个梯形图仅是一个控制过程说明，有些指令(如PLS M8042)仅是等阶表示而已，实际上是不能编写这样的程序。程序主要是通过操作面板上的选择开关盒按钮对特殊继电器进行巧妙的操作来完成控制任务。

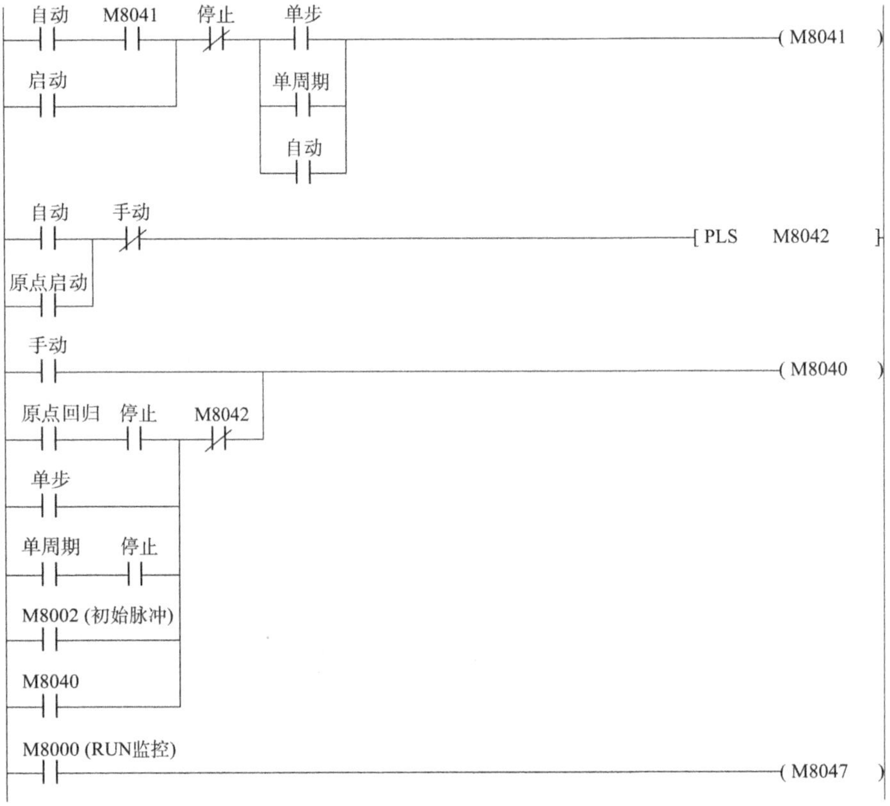

图6-125　指令内部控制等阶梯形图

2. 定时器指令

(1)指令格式与功能

示教定时器指令TTMR、特殊定时器指令STMR格式见表6-67。

TTMR：在驱动条件为ON时，测量驱动条件闭合的时间，其测量时的当前值存储在D+1，而测量结果存储于D中。其中，D为保存驱动为ON时间的存储器地址，占用两个点；n为时间计时的倍率或其存储器地址，n=k0~k2。

STMR：在驱动条件成立时，可以获得以S所指定定时器定时值m为参考的断电延时断开、单脉冲、通电延时断开和通电延时接通及断电延时断开等四种辅助继电器输出触点。其中，S为指令使用的定时器编号，S=T0~T199(100ms定时器)；m为定时器的设定值或其存储器地址，m=1~32767；D为输出位元件起始地址，占用4个点。

(2)指令应用

①TTMR 指令计时单位为秒,功能与 HOUR 指令类似,只是 HOUR 指令的计时单位为小时而已。下面举例说明。

下列程序可以对 X0 的多次闭合时间进行累加统计。如图 6-126 所示。

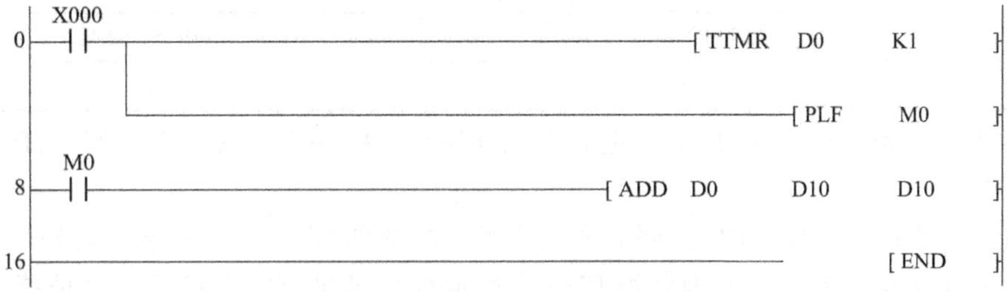

```
    X000
 0 ─┤├─┬──────────────────[TTMR  D0   K1   ]
       └──────────────────[PLF   M0        ]
    M0
 8 ─┤├────────────────────[ADD   D0   D10  D10 ]
16 ───────────────────────[END             ]
```

图 6-126　按钮时间累加统计程序

②FX 系列 PLC 内部定时器的触点为通电延时接通,但在实际应用中,也需要其他方式的触点,例如,断电延时断开触点、通电延时断开触点等,遇到这种情况常常自编程序解决。STMR 指令则是一个可以同时输出以上几种定时触点的多路输出功能指令。

指令中所指定的定时器的编号不能在程序中重复使用,如果重复使用,该定时器不能正常工作,指令中占用四点位元件也不能与程序中其他控制使用。当驱动条件断开时,定时器被即时复位。

【例 6-57】 STMR 指令虽然有多种输出功能,但在实际应用中很少用到,利用 M3 的常闭触点作为指令的驱动,可以得到 M1 和 M2 轮流输出的闪烁程序,如图 6-127 所示。利用这个程序可以控制十字路口晚上 21:00 到早晨 6:30 期间无人值班时红绿灯轮流转换。程序中 M8013 为 1s 周期的振荡器,红绿灯转换时间为 50s,红灯亮时每秒闪烁 1 次,而绿灯不闪烁。

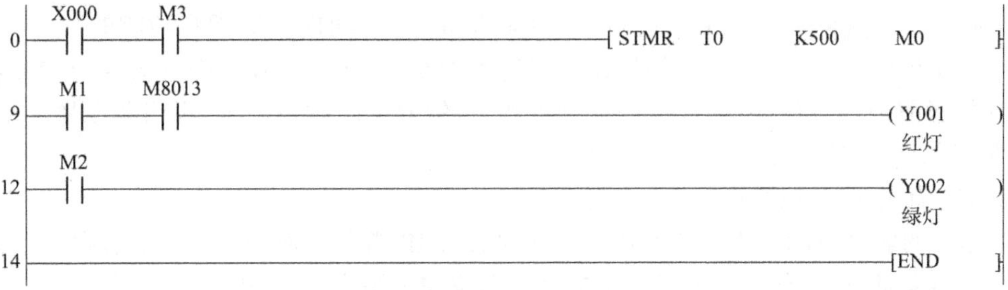

```
    X000    M3
 0 ─┤├─────┤├──────────────[STMR  T0   K500   M0 ]
    M1      M8013
 9 ─┤├─────┤├──────────────(Y001 )
                            红灯
    M2
12 ─┤├─────────────────────(Y002 )
                            绿灯
14 ────────────────────────[END  ]
```

图 6-127　STMR 指令输出闪烁程序

3. 信号输出指令

(1)指令格式与功能

见表 6-71。

信号输出指令格式表　　表 6-71

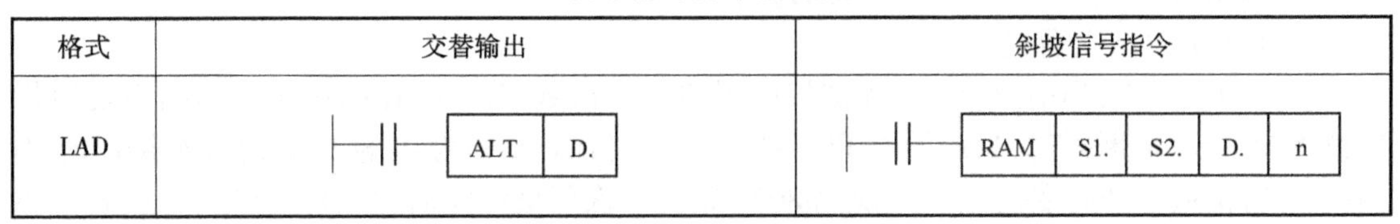

格式	交替输出	斜坡信号指令
LAD	ALT　D.	RAM　S1.　S2.　D.　n

续上表

格式	交替输出	斜坡信号指令
操作组件	Y/M/S	D/常数
STL	ALT(P) D	RAMP S1 S2 D n
程序步	3	9

ALT:当驱动条件成立时,D 中指定的位元件执行 ON/OFF 反转一次。其中,D 为位元件(Y/M/S 之一)。

RAMP:在驱动条件成立时,按照 n 所指定的扫描周期数内,D 由 S 指定的初始值变化到 S2 所指定的结束值。其中,S1 为斜坡初始值指定存储地址;S2 为斜坡结束值指定存储地址;D 为斜坡输出当前值存储地址,占用两个点;n 为完成斜边输出的扫描周期数或其存储器地址,n 不能为 0。

(2)指令应用

①位元件 D 的动作频率为驱动动作频率的 1/2,因此,ALT 是一个分频指令;如果连续使用 ALT 指令,则可以实现 4 分频、8 分频等。在驱动条件成立期间,每个扫描周期 ALT 都要执行一次,因此,希望驱动 ON 或 OFF 时 ALT 都要执行一次,建议使用脉冲执行型指令 ALTP。

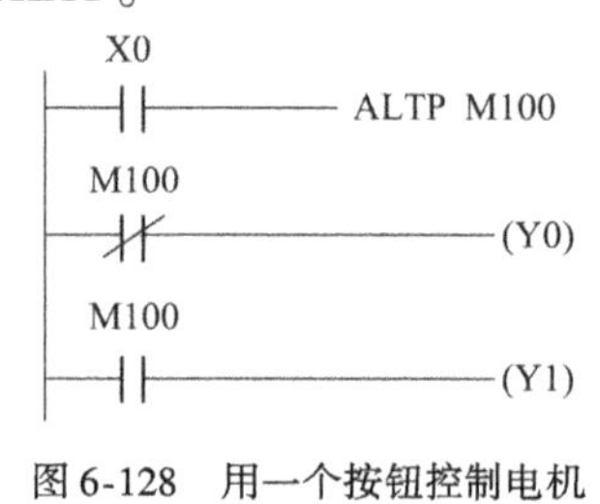

图 6-128 用一个按钮控制电机正反转

【例 6-58】 用一个按钮实现电机的正反转控制。

如图 6-128 所示,用一个按钮 X0 和 ALTP 指令,即可实现 Y0、Y1 输出的切换,可以用此控制电机的正反转。

②RAMP 指令在执行时,其由初始值(S1)变化至结束值(S2)的当前值存于 D 中,而其执行的扫描周期 T 的次数存于(D+1)中,指令是在 n×T 时间内完成指令功能的。

如果在执行过程中断开指令的驱动,则变为执行中断状态,这时 D 的当前值得以保持,而执行扫描周期次数的(D+1)则被清零,再将驱动置 ON,D 的当前值清除,又重新从初始值 S1 开始执行。

RAMP 有两种工作模式:

当指令的驱动时间大于指令的执行时间时,RAMP 指令有两种工作模式,两种工作模式下的执行结果是不一样的,两种工作模式由标志位 M8026 状态决定。

a. M8026 = OFF 时,为重复执行模式。

在这种模式下,当前值 D 在一次斜坡结束后马上又复位到 0,重复执行 RAMP 指令,进行下一次斜坡,如此反复直到驱动断开,保持当前值不变,而(D+1)则随之变化,但驱动断开后马上为 0。当驱动又接通时,D 和(D+1)均又从 0 开始,结束标志 M8029 则在每一次斜坡结束,当 D = S2 时,导通一个扫描周期。

b. M8026 = ON 为保持模式。

在这种模式下,当前值(D)和存储扫描周期 T 的次数(D+1)在第一次到达结束之后均保持不变,但驱动断开时,当前值 D 仍保持不变,而(D+1)则为 0,直到驱动再次接通时,D 和(D+1)都从 0 开始变化,结束标志 M8029 则在一次斜坡结束后,当 D = S2 时导通,直到驱

动断开后才断开。

十四、时钟处理指令

时钟处理指令是对时间数据(时、分、秒)和 PLC 内部实时时钟进行处理的指令,包括时间数据的比较、运算和累计及 PLC 内部实时时钟的读写。

1. 时钟数据比较指令

(1)指令格式与功能

见表 6-72。

时钟数据比较指令格式表

表 6-72

格式	时钟数据比较指令	时钟数据区间比较指令
LAD	─┤├─ TCMP S1. S2. S3. S. D.	─┤├─ TZCP S1. S2. S. D.
操作组件	Y/M/S/ KnX/KnY/KnM/KnS/T/C/D/V/Z/常数	Y/M/S/T/C/D
STL	TCMP(P) S1 S2 S3 S D	TZCP(P) S1 S2 S D
程序步	11	9

TCMP:当驱动条件成立时,将制定的时间数据 S(时)、S+1(分)、S+2(秒)与基准时间 S1(时)、S2(分)、S3(秒)进行比较,并根据比较结果驱动位元件 D、D+1、D+2 中的一个。其中,S1 为指定比较基准时间的“时”或其存储字元件地址,0~23;S2 为指定比较基准时间的“分”或其存储字元件地址,0~59;S3 为指定比较基准时间的“秒”或其存储字元件地址,0~59;S 为指定时间数据(时,分,秒)的字元件首址,占用 3 点;D 为根据比较结果 ON/OFF 位元件首址,占用 3 点。

TZCP:当驱动条件成立时,将指定的时间数据 S(时)、S+1(分)、S+2(秒)与上、下限比较基准时间 S1(时)、S1+1(分)、S1+2(秒)吸 S2(时)、S2+1(分)、S2+2(秒)进行比较,并根据比较结果置 D、D+1、D+2 位元件中一个为 ON。其中,S1 为指定时间比较的下限时间的“时”的字元件地址,占用 3 点;S2 为指定时间比较的上限时间的“时”的字元件地址,占用 3 点;S 为指定时间数据的“时”的字元件地址,占用 3 点;D 为根据比较结果 ON/OFF 位元件首址,占用 3 点。

(2)指令应用

①TCMP 与 CMP、ECMP 等指令一样,都属于比较指令,只不过 TCMP 比较的时间而已。

【例 6-59】 TCMP K8 K0 K0 D0 M10

指令执行的梯形图如图 6-129 所示。

指令执行后即使驱动条件 X10 断开,D、D+1、D+2 均会保持当前状态,不会随 X10 断开而改变。

时间比较的准则:时、分、秒数值大的为大。仅在时、分、秒完全一样为相等,例如,图中,D0 时、D1 分、D2 秒在 0 时 0 分 0 秒到 7 时 59 分 59 秒之间为小于 8 时 0 分 0 秒,而 8 时 0 分 1 秒到 23 时 59 分 59 秒则大于 8 时 0 分 0 秒,仅在 8 时 0 分 0 秒为相等。

TCMP 指令占用较多的软元件,使用时,不要与其他程序段共享。时钟比较指令一般都是与 PLC 的内置实时时钟进行比较,已达到规定时间进行预先设置的控制,因此,在与实时时钟比较时,首先要把实时时钟通过时钟数据读取指令 TRD 将实时时钟值送到 S,S+1,S+2 中去,然后再应用 TCMP 指令进行操作。

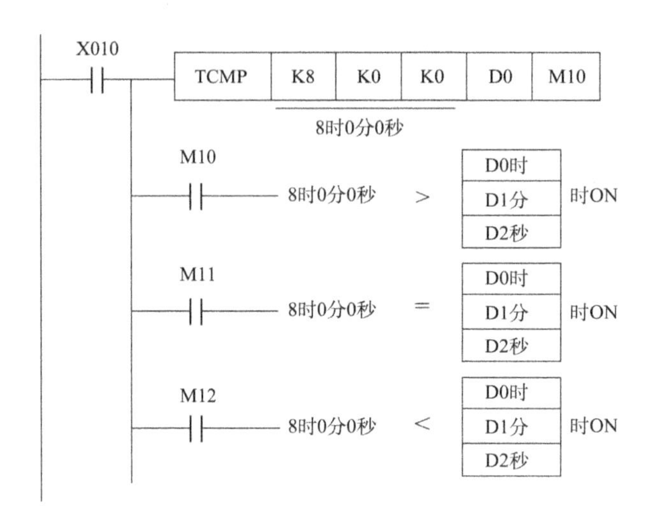

图 6-129 TCMP 应用实例的梯形图

②TZCP 指令与 ZCP、EZCP 指令功能类似,TZCP 比较的是时间数据。

【例 6-60】 TZCP D10 D20 D0 M10

执行此指令,梯形图描述如图 6-130 所示。

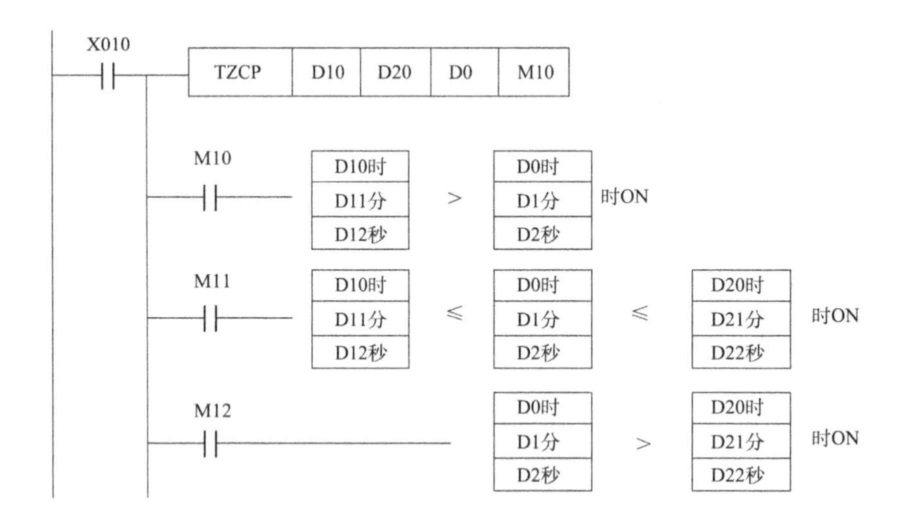

图 6-130 TZCP 应用实例梯形图

2. 时钟数据加减运算指令

(1)指令格式与功能

见表 6-73。

时钟数据比较与计时器指令格式表　　表 6-73

格式	时钟数据加法	时钟数据减法	计时器指令
LAD	─┤├─[TADD S1. S2. D.]	─┤├─[TSUB S1. S2. D.]	─┤├─[HOUR S. D1. D2.]
操作组件	T/C/D	T/C/D	Y/M/S/ KnX/KnY/KnM/KnS/ T/C/D/V/Z/常数
STL	TADD(P) S1 S2 D	TSUB(P) S1 S2 D	(D)HOUR S D1 D2
程序步	7	7	7/13

TADD：当驱动条件成立时，将 S1(时)1 +1(分)、S +2(秒)和 S2(时)、S2 +1(分)、2 +2(秒)所表示的时间进行时间进制的相加，相加结果存于 D(时)、D +1(分)、D +2(秒)。其中，S1 为参与加法运算的时间数据的"时"的字元件地址，占用 3 点；S2 为参与加法运算的时间数据的"时"的字元件地址，占用 3 点；D 为存放 S1 + S2 和时间数据的"时"的字元件地址，占用 3 点。

TSUB：当驱动条件成立时，将 S1(时)、S1 +1(分)、S1 +2(秒)的时间数据减去 S(时)、S2 +1(分)、S2 +2(秒)的时间数据，其结果存放于 D(时)、D +1(分)、D +2(秒)。其中，S1 为参与减法运算的时间数据的"时"的字元件地址，占用 3 个点；S2 为参与减法运算的时间数据的"时"的字元件地址，占用 3 个点；D 为存放 S1-S2 的时间数据的"时"的字元件地址，占用 3 个点。

(2)指令应用

①两个时间数据相加，其进制不是十进制，而是六十进制(分、秒)和二十四进制(时)。

【例 6-61】　3 时 10 分 20 秒加 8 时 40 分 10 秒。

S1 =3 时 10 分 20 秒，S2 =8 时 40 分 10 秒，则：

　3 时 10 分 20 秒
+8 时 40 分 10 秒
―――――――――――
D =11 时 50 分 30 秒

当计算结果超过 24 小时时，进位标志位 M8022 为 ON。当计算结果为 0 小时 0 分 0 秒时，零位标志位 M8020 为 ON。

②时间相减，借 1 当 60(分、秒)和借 1 当 24(时)，若不够减时，不能为负时间数据，而是借 1 当 24，再减为答案。

【例 6-62】　10 时 40 分 20 秒 −8 时 25 分 10 秒

S1 =10 时 28 分 50 秒

S2 =8 时 40 分 53 秒。

10 时 28 分 50 秒
−8 时 40 分 53 秒
―――――――――――
D = 1 时 47 分 57 秒

当运算结果小于 0 时(不够减)，借位标志位 M8021 为 ON；当运算结果为 0 时(两个时间数据完全相等)零位标志位 M8020 为 ON。

3. 计时器指令

(1)指令格式与功能

指令 HOUR 的格式见表 6-73。

HOUR 的功能解读:当驱动条件成立时,对驱动条件闭合的时间进行累加检测,当累加时间超过了 S 所设定的时间,D2 输出为 ON。其中,S 为检测 D2 为 ON 的时间设定数据或其存储字元件地址(单位:时);D1 为时间运行当前值存储地址(单位:时);D2 为输出为 ON 的位元件地址。

(2)指令应用

HOUR 指令实际上是一个以小时为单位的计时器,它针对驱动触点进行计时,计时的当前值占用两个存储单元,其中 D 存计时时间小时数,不满 1h 的计时时间以秒为单位存储在 D+1。指令要求 D、D+1 均为停电保持寄存器(D200 ~ D7999),这样,在断开电源后,计时数据仍能得到保存,而再次通电后,仍然可以继续计时。

【例 6-63】 某控制场合,需要两台电机轮流工作,以有效地保护电机,延长使用寿命。现有两台电机,其运行控制是 1 号电机运行 24h 后,自动切换到 2 号电机运行,2 号电机运行 24h 后,自动切换到 1 号电机运行……如此反复循环,试编制控制程序。

控制程序梯形图如图 6-131 所示。

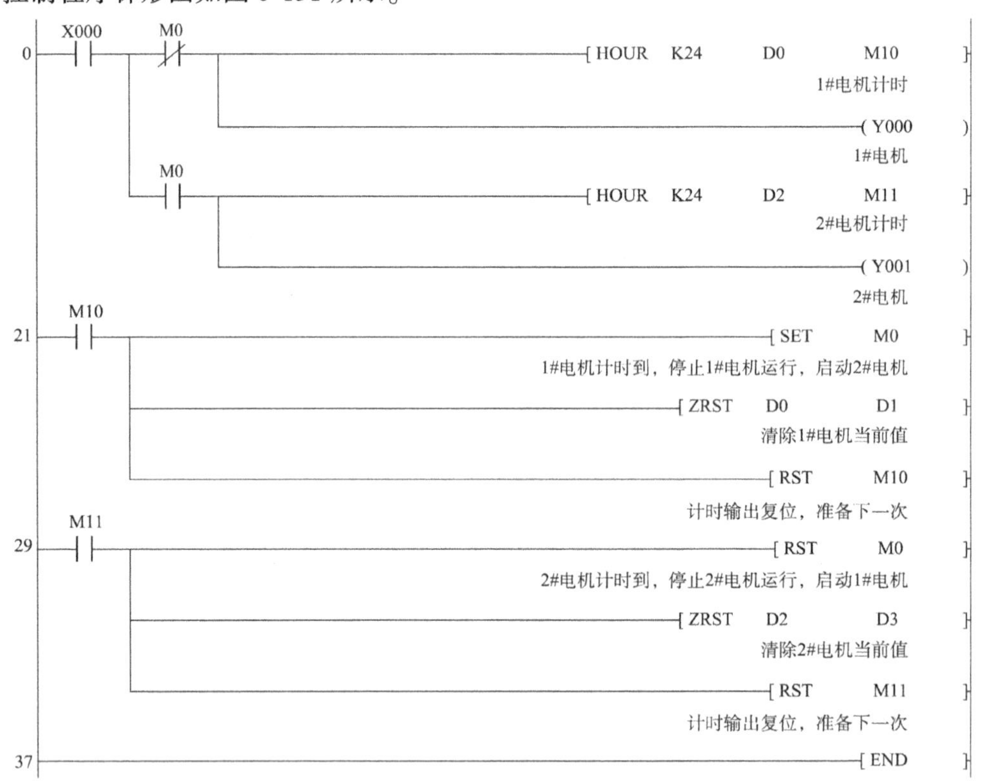

图 6-131 【例 6-63】的梯形图和指令

4. 时钟数据读写指令

(1)指令格式与功能

时钟数据读写指令主要是 TRD 和 TWR,其格式见表 6-74。

时钟数据读写指令格式表　　表6-74

格式	时钟数据读	时钟数据写
LAD	─┤├─[TRD D.]	─┤├─[TWR S.]
操作组件	T/C/D	T/C/D
STL	TRD(P) D	TWR(P) S
程序步	3	3

TRD：当驱动条件成立时，将PLC中的特殊寄存器D8013～D8019的实时时间数据传送到数据寄存器D～D+6中。

其中，PLC实时数据存储单元与传送终址单元的对应关系见表6-75。

实时时间数据存储单元与传送终址单元的对应关系　　表6-75

内容	设定范围	特殊数据寄存器	传送终址
年	0～99	M8018	D
月	1～12	M8017	D+1
日	1～31	M8016	D+2
时	0～23	M8015	D+3
分	0～59	M8014	D+4
秒	0～59	M8013	D+5
星期	0(日)～6(六)	M8019	D+6

TWR：当驱动条件成立时，将存储于S～S+6的设定时钟数据写入PLC的特殊时钟寄存器D8013～D8018中。指令执行后，PLC的实时时钟数立刻被更改，其对应关系见表6-75。

(2)指令应用

①TWR指令是TRD指令的反向操作指令，当PLC的实时时间数据需要校准时，可利用该指令进行校准。当驱动条件成立时，马上就将校准的实时时间数据送入PLC，因此，先将快几分钟的时间数据送到S～S+6中，等到变成正确时间后才执行指令。

时间校准时，应使用脉冲执行型TWRP指令。TWRP指令对实时时钟数据的修正不需要驱动特殊继电器M8015。

②PLC通常用两位数据来表示实时时钟数据的公元年份，但也可以改变为用四位数据来表示，例如，2011年，二位数据表示为11，而四位数据表示为2011，更为直观。这时，需在程序中增加MOV K2000 D8018程序行。

PLC仅在RUN后的一个周期内执行上述程序行，当PLC第一次扫描到END指令后，才由二位数切换成四位数，传送K2000到D8018仅表示切换为四位数据显示，而对当前时间没有影响。

③TWR指令通常用来写入实时时间数据，作为PLC的标准时间用来显示和控制，但TWR指令也可以写入任意实时时钟数据，只要输入数据符合规定就行，不一定是标准的时间数据，这时，TWR指令可作特长时间定时器用。

【例6-64】　某工厂上下班有4个响铃时刻，上午8点，中午12点，下午1:30，下午

5:30,每次铃响 lmin,试编制响铃程序。

程序梯形图如图 6-132 所示。

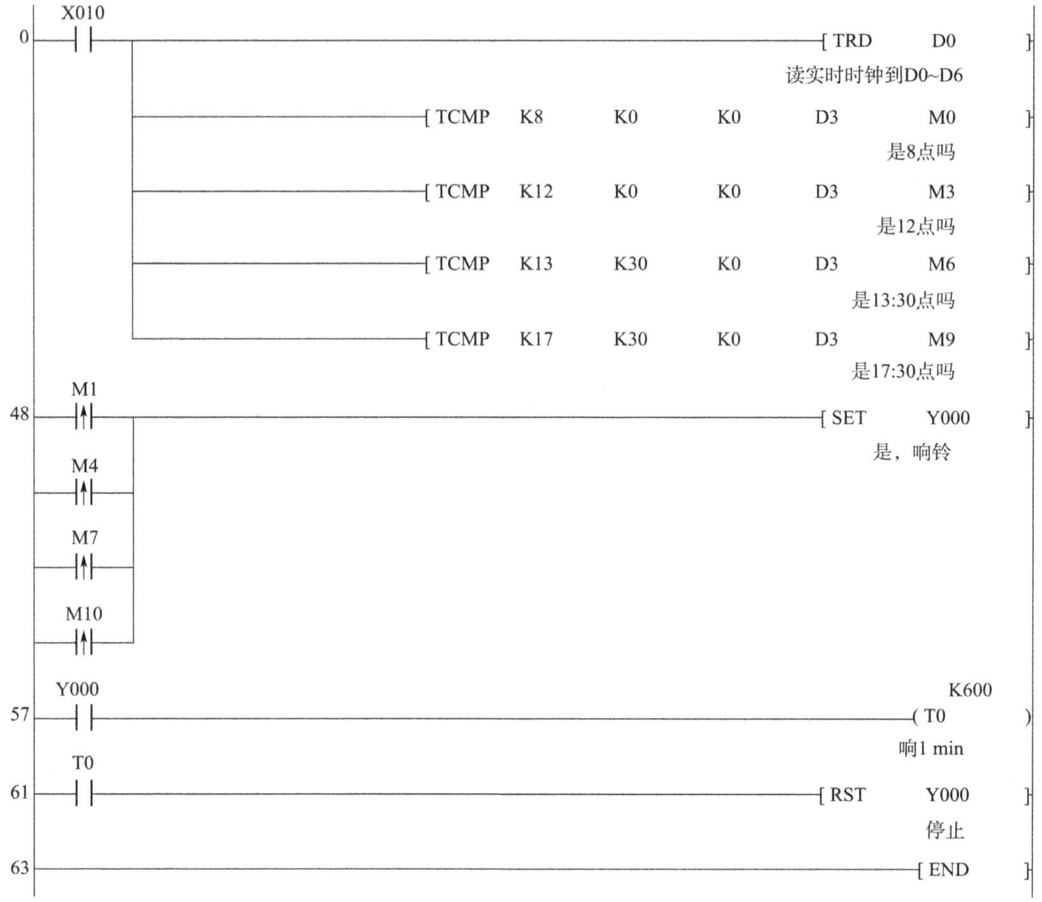

```
0   X010 ┤├ ──────────────────────────────[TRD  D0]
                                           读实时时钟到D0~D6
         ├──────[TCMP  K8   K0   K0  D3  M0]
         │                               是8点吗
         ├──────[TCMP  K12  K0   K0  D3  M3]
         │                               是12点吗
         ├──────[TCMP  K13  K30  K0  D3  M6]
         │                               是13:30点吗
         └──────[TCMP  K17  K30  K0  D3  M9]
                                         是17:30点吗
48  M1  ┤↑├ ──────────────────────────────[SET  Y000]
    M4  ┤↑├                                是，响铃
    M7  ┤↑├
    M10 ┤↑├
57  Y000 ┤├ ───────────────────────────────(T0  K600)
                                           响1 min
61  T0   ┤├ ──────────────────────────────[RST  Y000]
                                           停止
63  ──────────────────────────────────────[END]
```

图 6-132 【例 6-64】程序梯形图

习题及思考题

6-1 简述 FX_{2N} 的基本单元、扩展单元和扩展模块的用途。

6-2 简述输入继电器、输出继电器、定时器及计数器的用途。

6-3 定时器和计数器各有哪些使用要素？如果梯形图线圈前的触点是的工作条件有什么不同？

6-4 画出与下列语句表对应的梯形图。

0	LD	X001	10	OUT	Y032	20	RST	C60
1	OR	M100	11	LD	T50	22	LD	X005
2	ANI	X002	12	OUT	T51	23	OUT	C60
3	OUT	M100		SP	K35		SP	K10
4	OUT	Y031	15	OUT	Y033	26	OUT	Y034

5	LD	X003	16	LD	X004	27	END
7	OUT	T50	17	PLS	M101		
	SP	K2550	19	LD	M101		

6-5 画出与下列语句表对应的梯形图。

0	LD	X000	6	AND	X005	12	AND	M103
1	AND	X001	7	LD	X006	13	ORB	
2	LD	X002	8	AND	X007	14	AND	M102
3	ANI	X003	9	ORB		15	OUT	Y034
4	ORB		10	ANB		16	END	
5	LD	X004	11	LD	M101			

6-6 写出题6-6图所示梯形图对应的指令表。

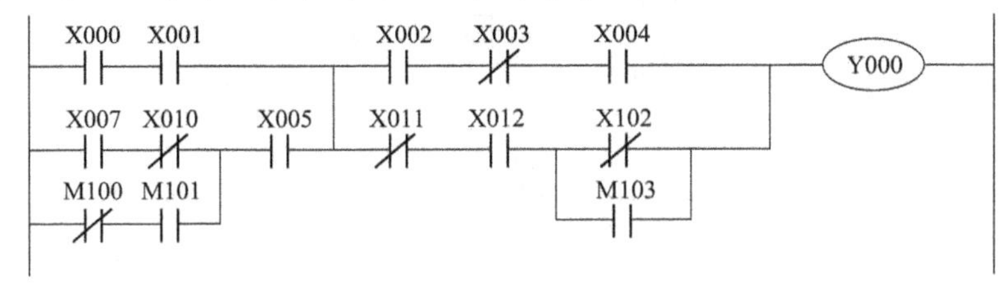

题6-6图

6-7 写出题6-7图所示梯形图对应的指令表。

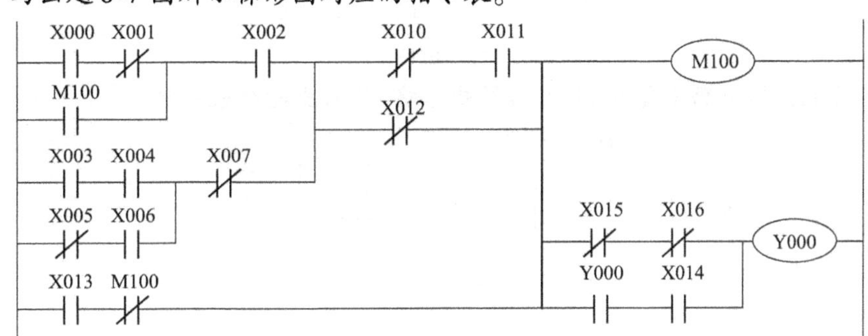

题6-7图

6-8 写出题6-8图所示梯形图对应的指令表。

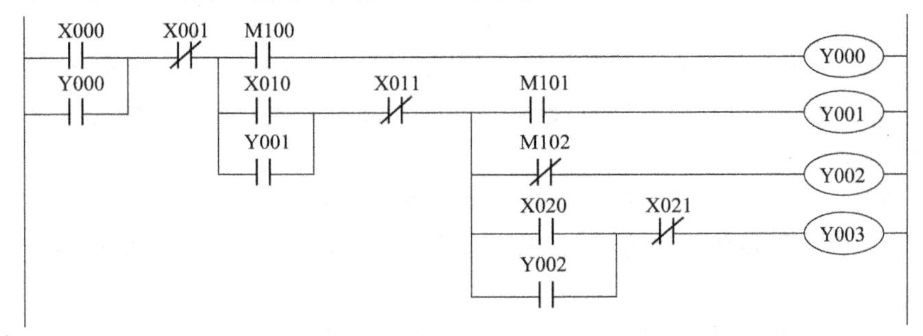

题6-8图

6-9　画出题6-9图中M206的波形。

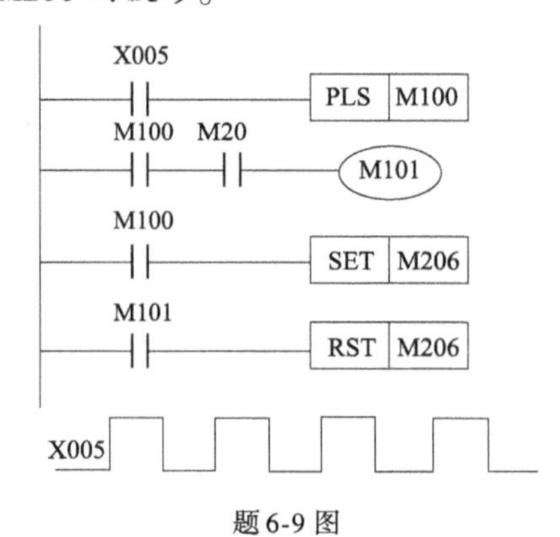

题6-9图

6-10　画出题6-10图中Y000的波形。

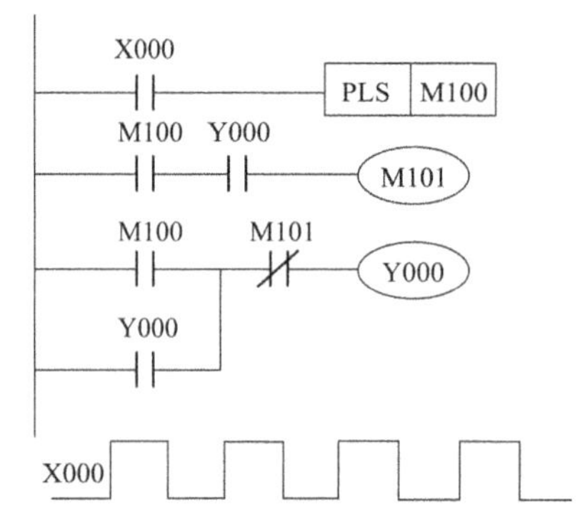

题6-10图

6-11　用主控指令画出题6-11图的等效电路，并写出指令表程序。

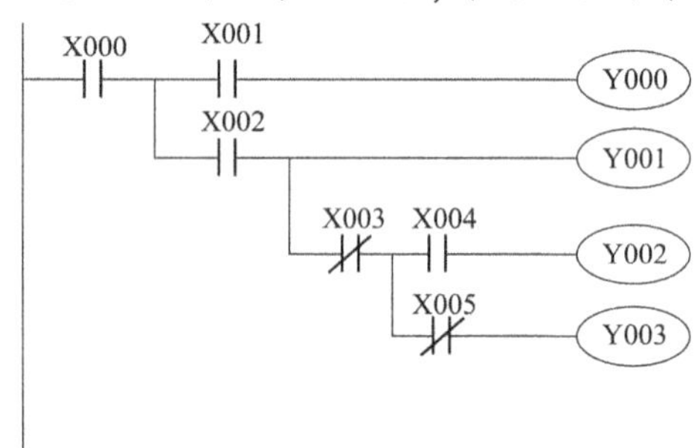

题6-11图

6-12　设计一个四组抢答器，任一组抢先按下按键后，显示器能及时显示该组的编号并使蜂鸣器发出响声，同时锁住抢答器，使其他组按下按键无效。抢答器有复位开关，复位后可重新抢答，设计其PLC程序。

6-13　设计一个节日礼花弹引爆程序。礼花弹用电阻点火引爆器引爆。为了实现自动引爆，以减轻工作人员频繁操作的负担，保证安全，提高动作的准确性，采用PLC控制，要求编制以下两种控制程序：

(1)1～12个礼花弹，每个引爆间隔为0.1s；13～14个礼花弹，每个引爆间隔为0.2s。

(2)1～6 个礼花弹引爆间隔 0.1s,引爆完后停 10s,接着 7～12 个礼花弹引爆,间隔 0.1s,引爆完后又停 10s,接着 13～18 个礼花弹引爆,间隔 0.1s,引爆完后再停 10s,接着 19～24 个礼花弹引爆,间隔 0.1s。引爆用一个引爆启动开关控制。

6-14　某大厦欲统计进出大厦内的人数,在唯一的门廊里设置了两个光电检测器,如题 6-14 图 a)所示,当有人进出时就会遮住光信号,检测器就会输出"1"状态信号;光不被遮住时,信号为"0"。两个检测信号 A 和 B 变化的顺序将能确定人走动的方向。

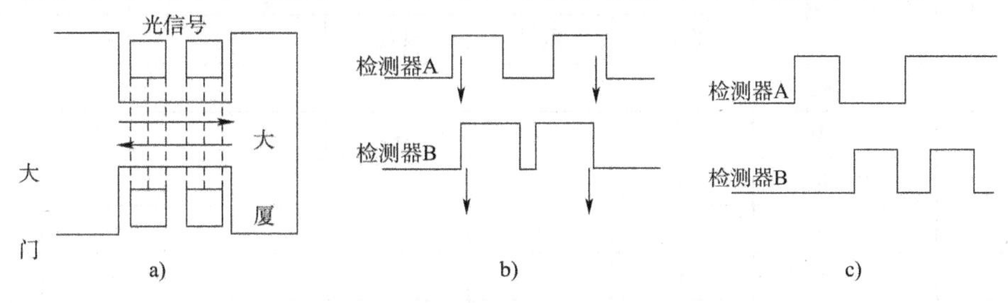

题 6-14 图

设以检测器 A 为基准,当检测器 A 的光信号被人遮住时,检测器 B 发出上升沿信号时,就可以认为有人进入大厦,如果此时 B 发出下降沿信号则可认为有人走出大厦,如题 6-14 图 b)所示。当检测器 A 和 B 都检测到信号时,计数器只能减少一个数字;当检测器 A 或 B 只有其中一个检测到信号时,不能认为有人出入;或者在一个检测器状态不改变时,另一个检测器的状态连续变化几次,也不能认为有人出入了大厦,如题 6-14 图 c)所示,相当于没有人进入大厦。

用 PLC 实现上述控制要求,设计一段程序,统计出大厦内现有人数,达到限定人数(例如 500 人)时发出报警信号。

6-15　设计 3 分频、6 分频功能的梯形图。

6-16　说明状态编程思想的特点及适用场合。

6-17　有一小车运行过程如题 6-17 图所示。小车原位在后退终端,当小车压下后限位开关 SQ1 时,按下启动按钮 SB,小车前进。当运行至料斗下方时,前限位开关 SQ2 动作,此时打开料斗给小车加料,延时 8 后关闭料斗。小车后退返回,碰撞后限位开关 SQ1 动作时,打开小车底门卸料,6s 后结束,完成一次动作。如此循环。请用状态编程思想设计其状态转移图。

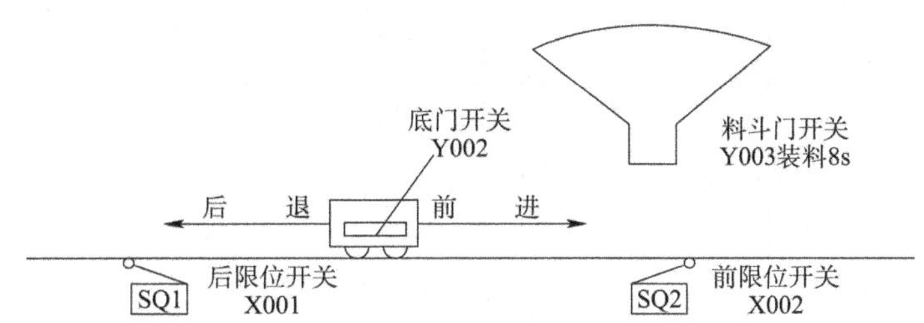

题 6-17 图

6-18　使用状态法设计本章讨十字路口交通灯的程序。

6-19　在氯碱生产中,碱液的蒸发、浓缩过程往往伴有盐的结晶,因此要采取措施对盐碱进行分离。分离过程为一个顺序循环工作过程,共分 6 个工序,靠进料阀、洗盐阀、化盐阀、升刀阀、母液阀、熟盐水阀6个电磁阀完成上述过程，各阀的动作如题6-19表所示。当系统启动时，首先进料，5s后甩料，延时5s后洗盐，5s后升刀，在延时5s后间歇，间歇时间为5s，之后重复进料、甩料、洗盐、升刀、间歇工序，重复8次后进行洗盐，20s后再进料，这样为一个周期。请设计其状态转移图。

盐碱分离动作表　　　　题6-19表

电磁阀序号	名　　称	步　　骤					
		进料	甩料	洗盐	升刀	间歇	清洗
1	进料阀	+	−	−	−	−	−
2	洗盐阀	−	−	+	−	−	+
3	化盐阀	−	−	−	+	−	−
4	升刀阀	−	−	−	+	−	−
5	母液阀	+	+	+	+	+	−
6	熟盐水阀	−	−	−	−	−	+

注："＋"表示电磁阀得电，"－"表示电磁阀失电。

6-20　某注塑机，用于热塑料的成型加工。它借助于八个电磁阀YV1～YV8完成注塑各工序。若注塑模子在原点SQ1动作，按下启动按钮SB，通过YV1、YV3将模子关闭，限位开关SQ2动作后表示模子关闭完成，此时由YV2、YV8控制射台前进，准备射入热塑料，限位开关SQ3动作后表示射台到位，YV3、YV7动作开始注塑，延时10s后YV7、YV8动作进行保压，保压5s后，由YV1、YV7执行预塑，等加料限位开关SQ4动作后由YV6执行射台的后退，限位开关SQ5动作后停止后退，由YV2、YV4执行开模，限位开关SQ6动作后开模完成，YV3、YV5动作使顶针前进，将塑料件顶出，顶针终止限位SQ7动作后，YV4、YV5使顶针后退，顶针后退限位SQ8动作后，动作结束，完成一个工作循环，等待下一次启动。编制控制程序。

6-21　选择性分支状态转移图如题6-21图所示。请绘出状态梯形图并对其进行编程。

6-22　选择性分支状态转移图如题6-22图所示。请绘出状态梯形图并对其进行编程。

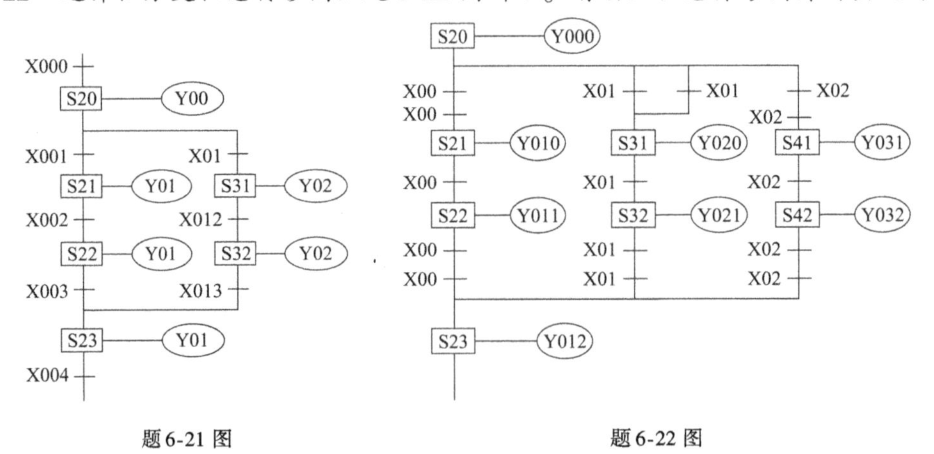

题6-21图　　　　题6-22图

6-23　并行分支状态转移图如题6-23图所示。请绘出状态梯形图并对其进行编程。

6-24　并行分支状态转移图如题6-24图所示。请绘出状态梯形图并对其进行编程。

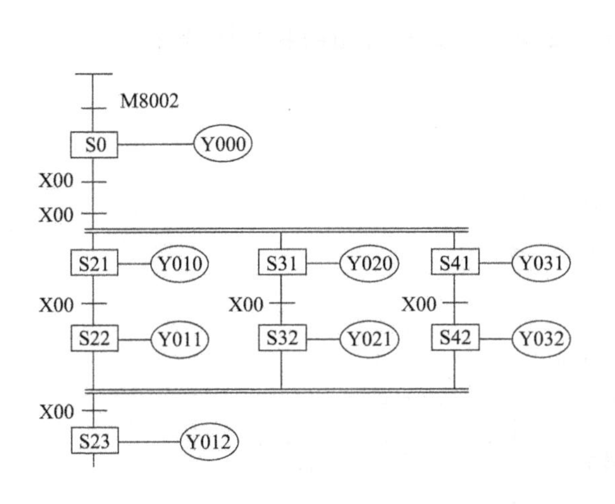

题 6-23 图

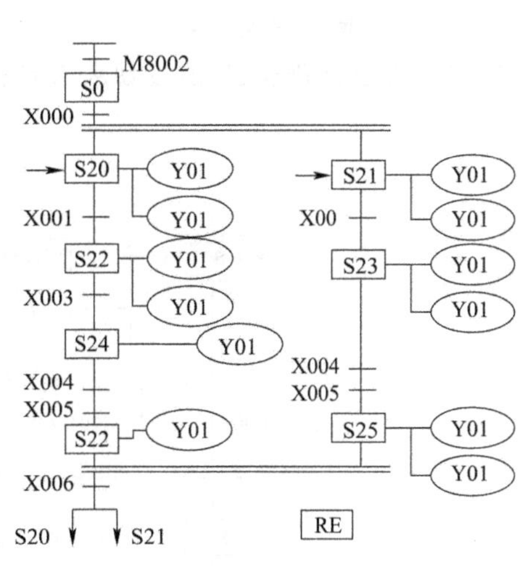

题 6-24 图

6-25　有一状态转移图如题 6-25 图所示。请绘出状态梯形图并对其进行编程。

6-26　某一冷加工自动线有一个钻孔动力头,如题 6-26 图所示。动力头的加工过程如下。编控制程序。

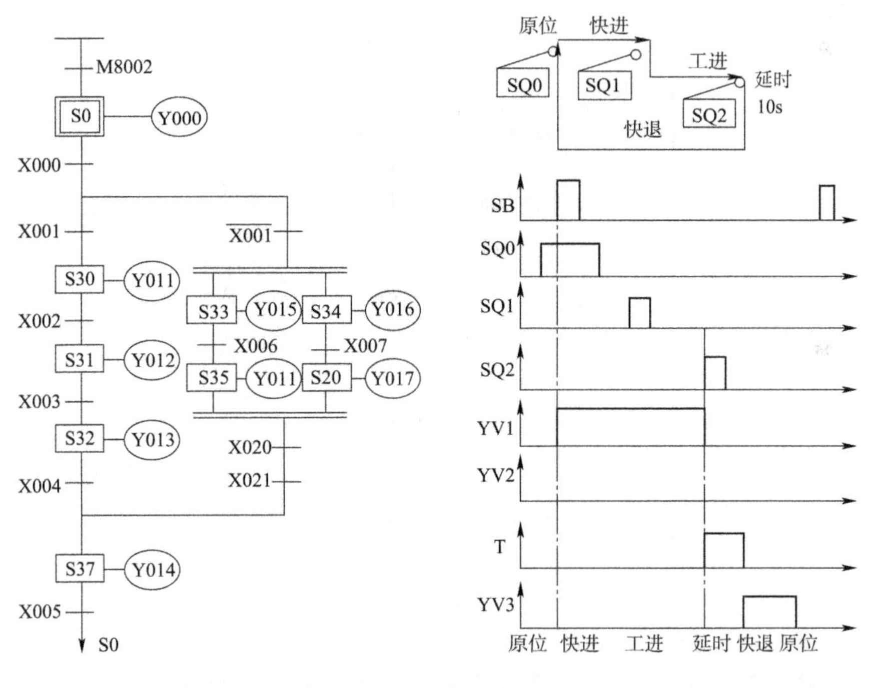

题 6-25 图　　　　题 6-26 图

(1)动力头在原位,加上启动信号(SB)接通电磁阀 YV1,动力头快进。

(2)动力头碰到限位开关 SQ1 后,接通电磁阀 YV1、YV2,动力头由快进转为工进。

(3)动力头碰到限位开关 SQ2 后,开始延时,时间为 1。

(4)当延时时间到,接通电磁阀 YV3,动力头快退。

(5)动力头回原位后,停止。

6-27　试绘出题6-27图按钮式人行横道交通灯控制SFC图的状态梯形图。

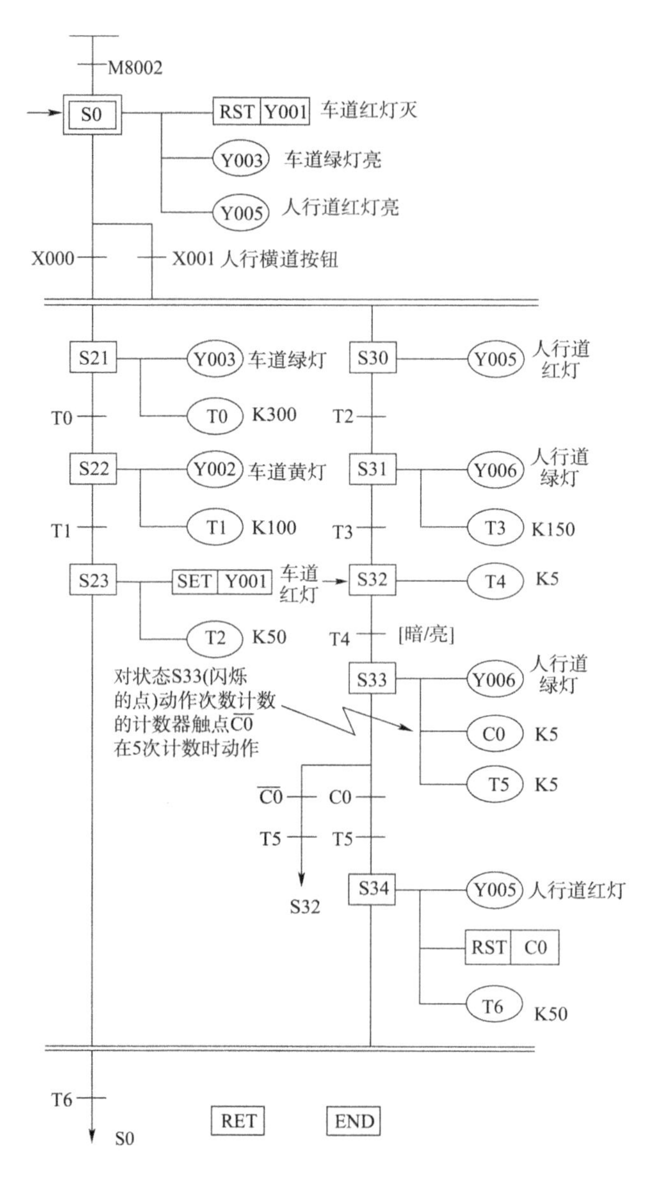

题6-27图

6-28　请写出题6-28图的语句表程序。

6-29　如题6-29图所示是用计数器控制循环操作次数的状态转移图,试画出它的ST图,并写出其程序。

6-30　四台电动机动作时序如题6-30图所示。M1的循环动作周期为34s,M1动作10s后M2、M3启动,M1动作15s后,M4动作,M2、M3、M4的循环动作周期为34s,用步进顺控指令,设计其状态转移图,并进行编程。

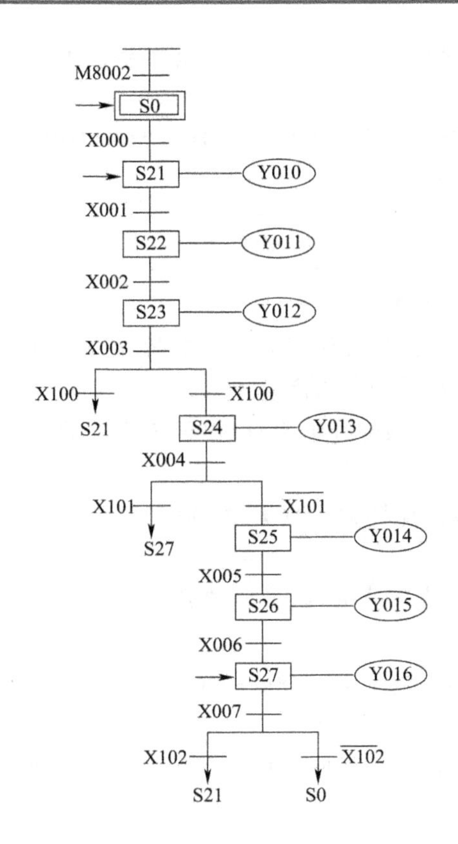

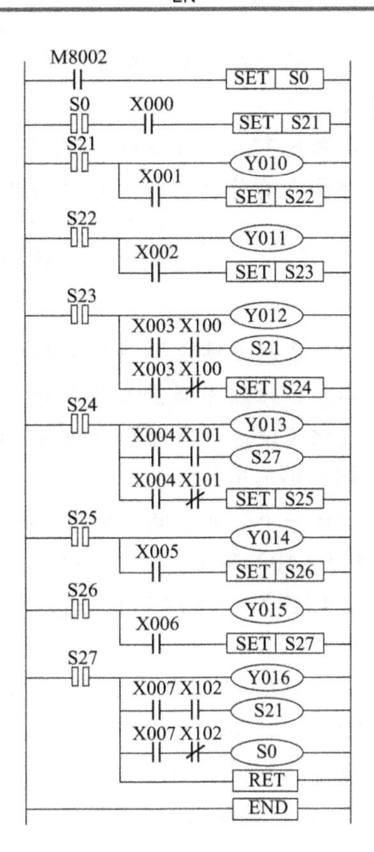

题 6-28 图

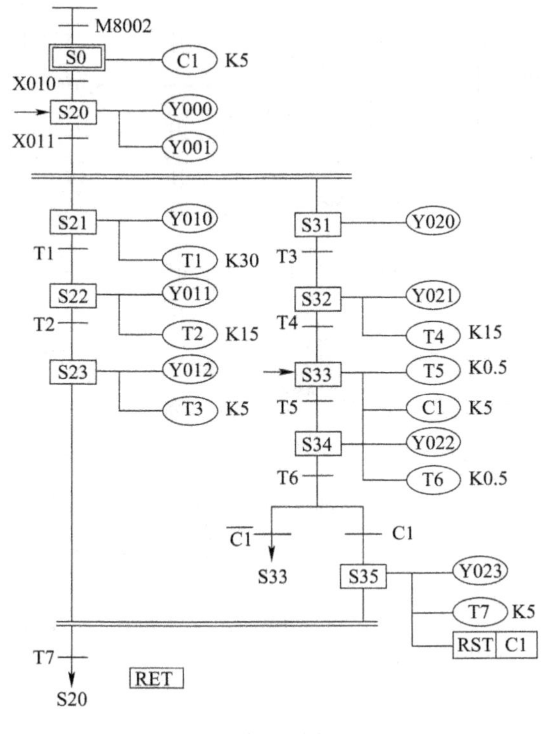

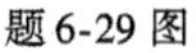
题 6-29 图

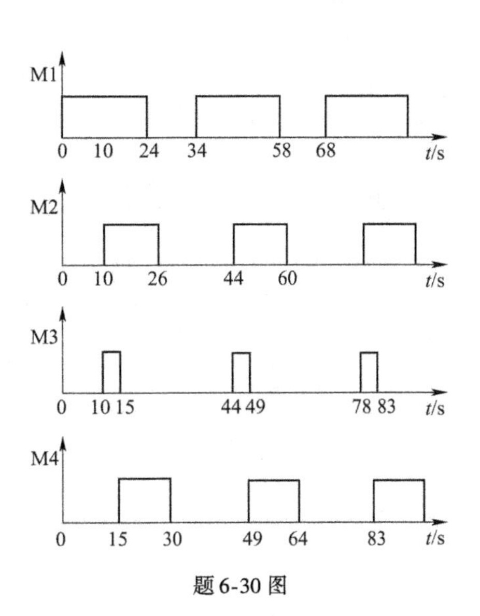

题 6-30 图

6-31　应用指令在梯形图中是采用怎样的结构表达形式？它有哪些使用要素？叙述它们的使用意义。

6-32　在题6-32图所示的应用指令表示形式中，“X000”“(D)”“P”“D10”“D14”分别表示什么？该指令有什么功能？程序为几步？

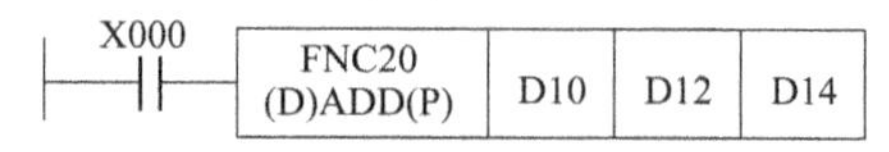

题6-32图

6-33　FX_{2N}系列可编程控制有哪些中断源？如何使用？这些中断源所引出的中断在程序中如何表示？试比较中断子程序和普通子程序的异同点。

6-34　某化工设备设有外应急信号，用以封锁全部输出口，以保证设备的安全。试用中断方法设计相关梯形图。

6-35　设计一个时间中断子程序，每20ms读取输入口K2X000数据一次，每1s计算一次平均值，并送D100存储。

6-36　用CMP指令实现下面功能：X000为脉冲输入，当脉冲数大于5时，Y001为ON；反之，Y000为ON。编写此梯形图。

6-37　分析题6-37图所示程序，当X001 = OFF时，Y000 ~ Y003是如何输出的？当D0中数据为1000时，时间为多少秒？

6-38　分析题6-38图所示程序，程序运行后，分析四个跳转程序段的输出状态。若跳转程序段不执行，输出是什么状态？

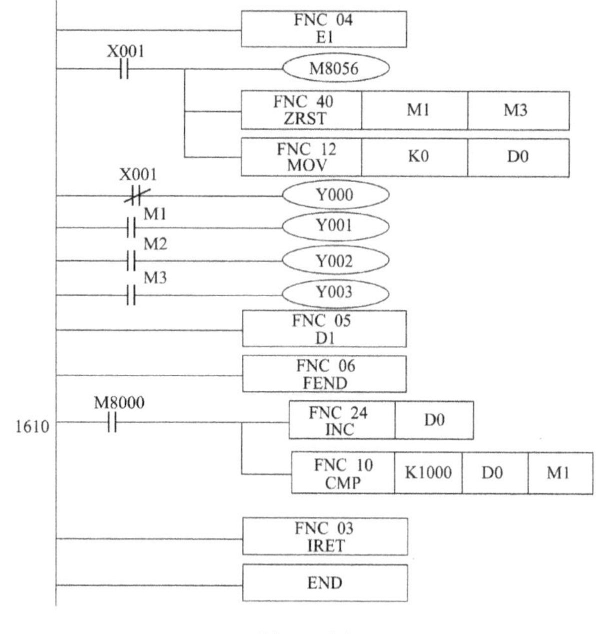

题6-37图

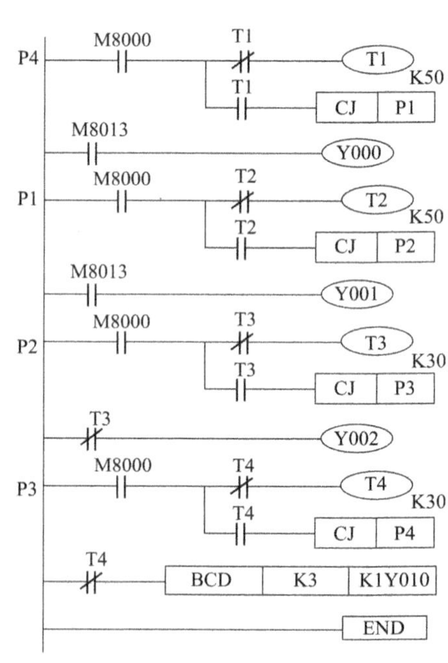

题6-38图

参考文献

[1] Siemens AG. SIMATIC S7-200 SMART 系统手册[M]. 德国:Siemens AG,2020.

[2] 王海文,李世涛,等. 电气控制与 PLC[M]. 武汉:华中科技大学出版社,2018.

[3] 王永华. 现代电气控制及 PLC 应用技术[M]. 3 版. 北京:北京航空航天大学出版社,2013.

[4] 郑凤翼. 工控经典应用实例:三菱 FX_{2N}系列 PLC 应用 100 例[M]. 北京:电子工业出版社,2013.

[5] 杨后川,张春平,张学民,等. 三菱 PLC 应用 100 例[M]. 北京:电子工业出版社,2011.

[6] 史国生,等. 电气控制与可编程控制器技术[M]. 3 版. 北京:化学工业出版社,2010.

[7] 莫操君. 自学自会 PLC 指令——三菱 FX_{2N}编程技术及其应用[M]. 北京:机械工业出版社,2009.

[8] 刘建清,高广海,李凤伟,等. 从零开始学电气控制与 PLC 技术[M]. 北京:国防工业出版社,2006.

[9] 许翏,王淑英. 电器控制与 PLC 控制技术[M]. 北京:机械工业出版社,2005.

[10] 孙平. 电气控制与 PLC[M]. 北京:高等教育出版社,2004.

[11] 张桂香,李国厚,薛波. 电气控制与 PLC 应用[M]. 北京:化学工业出版社,2003.